設計模式之美

```
public interface Iterator {
  boolean hasNext();
  String next();
  String remove();
}

public class ArrayIterator implements Iterator {
  private String[] data;
  public boolean hasNext() { ... }
  public String next() { ... }
  public String remove() { ... }
  //... 省略其他方法 ...
}

public class LinkedList implements Iterator {
  private LinkedListNode head;
  public boolean hasNext() { ... }
  public String next() { ... }
  public String remove() { ... }
  //... 省略其他方法 ...
}

public class Demo {
  private static void print(Iterator iterator) {
    while (iterator.hasNext()) {
      System.out.println(iterator.next());
    }
  }

  public static void main(String[] args) {
    Iterator iterator = new Array();
    print(iterator);
  }
}
```

內容摘要

本書結合真實專案案例，從物件導向程式設計範例、設計原則、程式規範、重構技巧和設計模式 5 個方面詳細介紹如何寫出高品質程式。

第 1 章為概述，簡單介紹了本書涉及的各個模組，以及各個模組之間的聯繫；第 2 章介紹物件導向程式設計範例；第 3 章介紹設計原則；第 4 章介紹程式規範；第 5 章介紹重構技巧；第 6 章介紹建立型設計模式；第 7 章介紹結構型設計模式；第 8 章介紹行為型設計模式。

本書可以作為各類研發工程師的學習、進階讀物，也可以作為高等院校相關專業師生的教學和學習用書，以及電腦培訓學校的教材。

很多年前,我在 Google 工作時,同事們都非常重視程式品質,對程式品質的追求甚至到了「吹毛求疵」的程度,程式註解中一個小小的標點符號錯誤都會被指出並要求改正。而正是得益於對程式品質的嚴格把關,專案的維護成本變得非常低。

離開 Google 之後,我任職過多家公司。很多國內的企業,包括很多頂尖的互聯網公司,都不是很重視程式品質。因為需求多、時間少,所以專案負責人往往只關心團隊開發了多少功能,並不關心程式寫得是好還是壞。在開發中,很少有人寫單元測試程式,也沒有 CodeReview 環節,程式能用即可。在這種「快、糙、猛」的研發氛圍以及「爛」程式的「薰陶」下,很多工程師都沒有時間和心思,更沒有能力去寫高品質的程式。

在清楚地認識到國內開發現狀之後,我就有了寫本書的打算,希望將我多年積累的開發經驗彙集成一本書,幫助那些對程式品質有追求的程式設計師。

本書的書名為《設計模式之美》,不過書名有點「以偏概全」,因為本書不僅僅講解設計模式,而是以寫高品質程式為主旨,全面講解了與此有關的 5 個方面:物件導向程式設計範例、設計原則、程式規範、重構技巧和設計模式。

儘管市面上有很多講解如何寫高品質程式的圖書,但大部分圖書為了在簡短的篇幅內將重點講清楚,大多選擇比較簡單的程式範例,這就導致很多讀者在讀完這些書之後,感覺理論知識都懂了,但仍然不知道如何將理論知識應用到真實的專案開發中。因此,在本書寫作的過程中,我竭盡全力讓本書的講解更加貼近實戰。

在權衡篇幅和學習效果的情況下,對於每個重點,我都結合真實的專案程式來做講述,並且,側重講解本質的或貼近應用的知識,例如,為什麼會有這種設計模式?它用來解決什麼樣的程式設計問題?應用時有何利弊需要權衡?等等。讓讀者知其然,知其所以然,並學會應用。

實際上,我還出版過一本資料結構和演算法相關的圖書——《資料結構與演算法之美》。在寫那本書時,我希望做到「一本在手,演算法全有」。參考那本書的寫作風格,對於本書,我希望做到「一本在案,程式不爛」,透過閱讀本書,讀者能夠全面、系統地掌握寫高品質程式所需的所有技能!

本書內容

本書分為 8 章，每章包含的主要內容如下：

第 1 章 為概述，簡單介紹了本書涉及的各個模組，以及各個模組之間的聯繫。本章作為全書的開篇，可以幫助讀者建構系統的知識體系。

第 2 章 介紹物件導向程式設計範例。物件導向程式設計範例是目前流行的一種程式設計範例，是設計原則、設計模式寫程式實作的基礎。

第 3 章 介紹設計原則，包括 SOLID 原則、KISS 原則、YAGNI 原則、DRY 原則和 LoD 原則。

第 4 章 介紹程式規範，主要包括命名與註解、程式風格，以及程式設計技巧。

第 5 章 介紹重構技巧，包括重構四要素、程式的可測試性、單元測試和解耦等。

第 6 章 介紹建立型設計模式，包括單例模式、工廠模式、生成器模式和原型模式。

第 7 章 介紹結構型設計模式，包括代理模式、修飾模式、配接器模式、橋接模式、外觀模式、組合模式和享元模式。

第 8 章 介紹行為型設計模式，包括觀察者模式、模板方法模式、策略模式、責任鏈模式、狀態模式、迭代器模式、訪問者模式、備忘錄模式、命令模式、直譯器模式和中介模式。

注意，儘管書中大部分程式以 Java 寫，但本書講解的重點與具體的程式設計語言無關。

本書內容適合熟悉任何程式設計語言的讀者。

致謝

感謝我的微信公眾號「小爭哥」的讀者，是他們的鼓勵和支援，才能讓我持續輸出優質內容。感謝極客時間（本書對應專欄的發表網站），沒有「設計模式之美」專欄，就沒有本書的誕生。同時，感謝人民郵電出版社的編輯，有了他們的編輯工作，本書才得以順利出版。當然，也要感謝我的家人，是他們幫我處理好生活中的瑣事，我才能全身心地投入本書的寫作中。

本書配套服務

由於筆者水準有限，書中難免出現錯誤或講解不夠清楚的地方，如果讀者在閱讀過程中發現此類問題或存在疑問，那麼歡迎到我的微信公眾號「小爭哥」中留言並參與討論。在我的微信公眾號「小爭哥」中，回覆「勘誤」，即可獲取本書的勘誤。除此之外，我還整理了一份互聯網大公司的程式開發規範，讀者可以透過在我的微信公眾號「小爭哥」中回覆「開發規範」獲取。

「小爭哥」微信公眾號

王爭

1 概述

2　物件導向程式設計範例

3　設計原則

4　程式規範

5　重構技巧

7　結構型設計模式

8　行為型設計模式

1 概述

撰寫本書的主要目的是幫助讀者寫高品質的程式。在正式學習程式設計的方法論之前，我們有必要先弄清楚一些與程式品質有關的問題，如什麼是高品質的程式。

本章可以作為本書的大綱或學習框架，幫助讀者有系統地瞭解本書涉及的重點。

1.1 為什麼學習程式設計

雖然本書的書名是《設計模式之美》，但本書並不僅講解設計模式，還包括一系列與程式設計相關的知識，如物件導向程式設計範例、設計原則、程式規範和重構技巧等。如果說資料結構和演算法可以幫助讀者寫出高效能程式，那麼程式設計相關的知識可以幫助讀者寫出可擴展、可讀和可維護的高品質程式。上述重點可以直接應用到平時的開發中，對它們的掌握程度直接影響程式設計師的開發能力。不過，有些讀者認為，這些程式設計相關的知識像「屠龍刀」，看起來很厲害，但平時的開發根本用不上。基於這種觀點，我就具體談一下為什麼要學習程式設計。

1.1.1 寫高品質的程式

我相信，軟體工程師都很重視程式品質，畢竟誰也不想寫出被人詬病的「爛」程式。但是，就我的瞭解來看，毫不誇張地講，很多軟體工程師，甚至一些知名互聯網公司的員工，寫的程式都不盡如人意。一方面，在目前很多盲目追求速度的開發環境下，很多軟體工程師並沒有太多時間去思考如何寫高品質的程式；另一方面，在「爛」程式的影響和沒有人指導的情況下，很多軟體工程師不太清楚高品質程式到底應該是什麼樣子。

這導致很多軟體工程師雖然寫了多年程式，但功力沒有太大長進，對於寫的程式，只追求「能用即可，能執行就好」。很多軟體工程師一直在重複勞動，工作多年，但能力只停留在初級工程師的水準。

儘管我已經工作近十年，但一直在程式語言的第一線工作，現在每天都在堅持寫程式、審查同事寫的程式、重構遺留系統中的「爛」程式。在這些年的工作中，我見過太多的「爛」程式，如不規範命名方式、類別設計不合理、分層不明確、沒有模組化概念、程式結構混亂和高度耦合等。維護這樣的程式非常費力，因為增加或修改一個功能，經常會牽一髮而動全身，維護者無從下手，恨不得將全部程式刪除並重寫！

如何提高寫高品質程式的能力呢？首先要對程式設計方面的理論知識有一定的了解。理論知識既是前人智慧的結晶，又是解決問題的工具。沒有理論知識，相當於遊戲時沒有厲害的「武器裝備」，一定會影響到自身水準的發揮。

1.1.2　應對複雜程式的開發

軟體發展的難度通常會展現在兩個方面：一方面是技術難，程式量不一定大，但要解決的問題比較難，如自動駕駛、影像辨識和高性能訊息佇列等，需要用到比較高深的技術或演算法，不是依靠「人海戰術」就能完成的；另一方面是複雜，技術不高深，但專案龐大、商業複雜、程式量大和參與開發的人多，如物流系統、財務系統和大型 ERP 系統等。「技術難」方面涉及細分專業領域的知識，與本書介紹的程式設計主題無關，因此，我們圍繞「複雜」方面來展開，即如何應對軟體發展的複雜性問題。

大多數的軟體工程師均具備可以輕鬆寫出簡單的「Hello World」程式的能力，幾千行的程式基本上維護不成問題。隨著程式從幾萬行、十幾萬，達到幾十萬行，甚至上百萬行，這時候軟體的複雜度呈指數級提升。在這種情況下，我們不僅要求程式可以執行、正確執行，還要求寫的程式易懂和可維護。此時，程式設計相關的知識就有了用武之地，真正成為軟體工程師手中的「屠龍刀」。

大部分軟體工程師熟悉程式設計語言、開發工具和開發框架，他們的日常工作就是在使用框架，根據商業需求填充程式。我剛出社會的時候，也是做這類事情。其實，這樣的工作並不需要我們具備很強的程式設計能力，只要理解商業，並將商業翻譯成程式就可以了。但是，當我的上司突然安排了一個與商業無關的通用功能模組的開發任務時，面對這樣一個稍微複雜的程式的設計和開發任務，我發現就有點力不從心，不知從何下手。單純實作功能並做到程式可用可能並不複雜，但要寫出可用又好用的程式，其實並不容易。

如何分層和分模組？如何劃分類別？每個類別有哪些屬性和方法？怎麼設計類別之間的互動？應該使用繼承還是組合？應該使用介面還是抽象類別？怎樣做到解耦，以及高內聚、低耦合？應該使用單例模式還是靜態方法？應該使用工廠模式建立物件還是直接用 new 建立？如何在引入設計模式提高擴展性的同時避免帶來可讀性降低問題？這一系列問題是我之前都沒有思考過的。

而當時的我對程式設計並沒有太多的知識儲備和經驗積累，有些手足無措。正因如此，我意識到了程式設計方面的重要性，在之後的很多年，一直刻意鍛鍊自己的程式設計能力。面對複雜程式的設計和開發，我也越來越得心應手。

1.1.3 程式設計師的基本功

對於程式設計師，技術的積累既要有廣度，又要有深度。其實，很多人早早意識到了這一點，在學習框架、中介軟體時，會抽空研究相關原理，並閱讀原始碼，希望能在深度上有所認識，而不只是略知皮毛，會用而已。

從我的經驗和同事的回饋來看，在看原始碼的時候，有些人經常看不懂，或者無法堅持看下去。讀者是否遇過這種情況？實際上，這個問題的原因很簡單，那就是基本功還不夠，自身能力還不足以完全看懂這些程式。

優秀開源專案、框架和中介軟體的程式量與類別的數量都比較大，類別結構、類別之間的關係都極其複雜，呼叫關係也是錯綜複雜。因此，為了確保程式的擴展性、靈活性和可維護性等，程式中會使用較多的設計模式和設計原則。如果讀者不理解這些設計模式和設計原則，那麼，在閱讀程式時，就可能不能完全理解我的設計思維。對於一些意圖明顯的設計思維，這些讀者可能需要花費很長時間才能參悟。如果讀者對設計模式和設計原則非常瞭解，一眼就能看出程式如此設計的原因，那麼閱讀程式就會變得輕鬆。

實際上，除看不懂、無法堅持看下去的問題以外，還有一個隱藏問題：讀者認為自己看懂了，實際上，並沒有理解程式的精髓。優秀的開源專案、框架和中介軟體就像一個集各種頂尖技術於一身的「戰鬥機」。如果想剖析它的原理、學習它的技術，在沒有深厚的基本功的情況下，就算把這台「戰鬥機」擺在我們面前，我們也不能完全理解它的精髓，只是瞭解了「皮毛」而已。

因此，程式設計相關的知識是程式開發的基本功，不僅能讓我們輕鬆地讀懂開源專案，還能幫助我們瞭解程式中的技術精髓。

1.1.4 職場發展的必備技能

初級開發工程師只需要學會熟練操作框架、開發工具和程式設計語言,再做幾個專案練習,基本上就能應付平時的開發工作。但是,如果讀者不想一輩子只當個初級工程師,想成長為高級工程師,希望在職場中獲得更高的成就和更好的發展,就要重視基本功的訓練和基礎知識的積累。

我們發現,一些優秀軟體工程師寫的程式相當「優雅」。如果我們只是將框架用得很好,聊起架構時頭頭是道,但程式寫得很「爛」,那麼我們永遠都不會成為優秀的軟體工程師。

在技術這條職場道路上,當我們成長到一定階段之後,勢必要承擔一些培養和指導技術新人與初級工程師,以及 Code Review 的工作。如果我們自己都對什麼是高品質的程式,以及不瞭解如何寫出高品質的程式,那麼又該如何指導別人?如何讓他人信服?

還有,當我們成長為技術上司之後,需要負責專案的整體開發工作,為開發進度、開發效率和專案品質負責。我們不希望團隊堆砌「垃圾」程式,讓整個專案變得無法維護,新增、修改一個功能都很困難,最終拉低了整個團隊的開發效率。

除此之外,程式品質低還會導致線上 bug 頻繁發生,檢查困難,整個團隊陷在不斷修改無意義的低級 bug、修補爛程式之類的事情中。而一個設計良好、易維護的系統,可以讓我們有時間去做更加有意義的事情。

1.1.5 思考題

請讀者談一下對學習程式設計相關知識的重要性的看法。

1.2 如何評價程式品質

在我的工作經歷中,每當同事評論專案程式品質的時候,我聽到最多的評論是「程式寫得很爛」或「程式寫得很好」。我認為,用「好」、「爛」這樣的字眼來描述程式品質是非常籠統的。當我詢問程式到底「爛」在何處或「好」在哪裡時,儘管大部分同事都能簡單地舉幾個「爛」或好的例子,但他們的回答往往都不夠全面,重點零碎,也無法切中要害。

當然，也有一些軟體工程師對如何評價程式品質有所認識，如認為好程式是易擴展、易讀、簡單、易維護的，等等，但他們對於這些評價的理解往往只停留在表面上，對於諸多更加深入的問題，如「怎麼才算可讀性好？什麼樣的程式才算易擴展、易維護？可讀、可擴展與可維護之間有什麼關係？可維護中的「維護」兩字該如何理解？」，等等，他們並沒有太清晰的認識。

實際上，對於程式品質的描述，除了簡單籠統「好」或「爛」之外，還有很多語義豐富、專業和細化的描述方式，包括：

靈活性（flexibility）、可擴展性（extensibility）、可維護性（maintainability）、可讀性（readability）、可理解性（understandability）、易修改性（changeability）、可複用性（reusability）、可測試性（testability）、模組化（modularity）、高內聚低耦合（high cohesion loose coupling）、高效率（high effciency）、高性能（high performance）、安全性（security）、相容性（compatibility）、易用性（usability）、簡潔（clean）、清晰（clarity）、簡單（simple）、直接（straightforward）、少即是多（less code is more）、文件詳盡（well-documented）、分層清晰（well-layered）、正確性（correctness、bug free）、強健性（robustness）、可靠性（reliability）、可伸縮性（scalability）、穩定性（stability）和優雅（elegant）等。

面對如此多的名詞，我們到底應該使用哪些名詞來描述一段程式的品質呢？

實際上，我們很難透過其中的某個或某幾個名詞來全面地評價程式品質，因為這些名詞是從不同角度描述程式品質的。例如，在評價一個人的時候，我們往往透過多個方面進行綜合評價，如性格、能力等，否則，對一個人的評價可能是片面的。同樣，對於程式品質，我們也需要綜合多種因素進行評價，不應該從單一的角度去評價。例如，一段程式的可擴展性很好，但可讀性很差，那麼，我們不能片面地認為這段程式的品質高。

注意，不同的評價角度並不是完全獨立的，有些之間存在包含關係、重疊關係等，或者可以互相影響。例如，程式的可讀性和可擴展性好，可能意味著程式的可維護性好。而且，各種評價角度不是「非黑即白」。例如，我們不能簡單地將程式評價為可讀或不可讀。如果用數字來量化程式的可讀性，那麼應該是一個連續的區間值，而非 0、1 這樣的離散值。

不過，我們真的可以客觀地量化一段程式的品質嗎？答案是否定的。對一段程式品質的評價，常常帶有很強的主觀性。例如，對於什麼樣的程式才算是可讀性好，每個人的評判標準都不一樣。

正是因為程式品質評價的主觀性，使得這種主觀評價的準確度與軟體工程師自身的經驗有極大的關係。軟體工程師的經驗越豐富，提供的評價往往越準確。形成差異的是，資歷較淺的軟體工程師常常覺得沒有一個可量化的評價標準作為參考，很難準確判斷一段程式的品質。如果無法辨別程式寫得好或壞，那麼，即使寫再多的程式，寫程式能力也可能沒有太大提高。

在仔細閱讀前面舉例的程式品質評價標準之後，讀者會發現，有些名詞過於籠統、抽象，而且偏向於對整體的描述，如優雅、好、壞、整潔和清晰等；有些過於注重細節、偏重方法論，如模組化、高內聚低耦合、檔案詳盡和分層清晰等；有些可能並不僅僅局限於寫程式，與架構設計等也有關係，如可伸縮性、可複用性和穩定性等。

為了讀者有重點地進行學習，我挑選了 7 個常用且重要的評價標準來詳細講解，包括可維護性、可讀性、可擴展性、靈活性、簡潔性、可複用性和可測試性。

1.2.1 可維護性（maintainability）

對於程式開發，「維護」無外乎修改 bug、修改舊的程式和增加新的程式等。「程式易維護」是指，在不破壞原有程式設計、不引入新的 bug 的情況下，能夠快速修改或增加程式。「程式不易維護」是指，修改或增加程式需要冒極大引入新 bug 的風險，並且需要很長的時間才能完成。

對於一個專案，維護程式的時間可能遠遠大於寫程式的時間。軟體工程師可能將大部分時間花在修復 bug、修改舊的功能邏輯，和增加新的功能邏輯之類的工作上。因此，程式的可維護性就顯得格外重要。

對於維護、易維護和不易維護這 3 個概念，我們不難理解。不過，對於實際的軟體發展，更重要的是需要清楚如何判斷程式可維護性的高低。

事實上，可維護性是一個難以量化、偏向對程式整體進行評價的標準，它類似之前提到的「好」、「壞」、「優雅」之類的籠統評價。程式的可維護性高低是由很多因素共同作用的結果。程式簡潔、可讀性好、可擴展性好，往往就會使得程式易維護。更深入地說，如果程式分層清晰、模組化程度高、高內聚低耦合、遵守基於介面而非實作程式設計的設計原則等，就可能意味著程式易維護。除此之外，程式的易維護性還與專案的程式量、商業的複雜程度、技術的複雜程度、檔案的全面性和團隊成員的開發水準等諸多因素有關。

1.2.2 可讀性（readability）

軟體設計專家 Martin Fowler 曾經說過：「Any fool can write code that a computer can understand. Good programmers write code that humans can understand.」（任何人都可以寫電腦能理解的程式，而好的程式設計師能夠寫人能理解的程式。）在 Google 內部，有一個稱為「Readability」的認證。只有拿到這個認證的軟體工程師，才有資格在 Code Review 的時候批准別人提交的程式。可見，程式的可讀性有多麼重要，畢竟，程式被閱讀的次數有時候遠遠超過被寫和執行的次數。

程式的可讀性如此重要，在寫程式的時候，我們要隨時考慮程式是否易讀、易理解。程式的可讀性很大程度上會影響程式的可維護性，因為無論是修復 bug 還是增加 / 修改功能程式，我們首先要讀懂程式。如果我們對程式一知半解，就有可能因為考慮不周而引入新 bug。

既然程式的可讀性如此重要，那麼我們如何評判一段程式的可讀性呢？

我們需要查看程式是否符合程式規範，如命名是否達意、註解是否詳盡、函式長度是否合適、模組劃分是否清晰，以及程式是否「高內聚、低耦合」等。除此之外，Code Review 也是一個很好的測試程式可讀性的手段。如果我們的同事可以輕鬆地讀懂我們寫的程式，往往能夠說明我們的程式的可讀性不差；如果同事在讀我們寫的程式時有很多疑問，那麼可能在提示我們，程式的可讀性存在問題，需要重點關注。

1.2.3 可擴展性（extensibility）

程式的可擴展性是指在不修改或少量修改原有程式的情況下，能夠透過擴展方式增加新功能程式。換句話說，程式的可擴展性是指在寫程式時預留了一些功能擴展點，我們可以把新功能程式直接插入擴展點，而不會因為增加新的功能程式而改動大量的原始程式。可擴展性也是評價程式品質的重要標準。程式的可擴展性表示程式應對未來需求變化的能力。與程式的可讀性一樣，程式是否易擴展也在很大程度上決定了程式是否易維護。

1.2.4 靈活性（flexibility）

靈活性也可以用來描述程式品質。例如，我們經常會聽到這樣的描述：「程式寫得很靈活」。那麼，我們如何理解這裡提到的「靈活」呢？

儘管很多人用「靈活」描述程式品質，但實際上，「靈活」是一個抽象的評價標準，給「靈活」下定義是很難的。不過，我們可以想一下，我們在什麼情況下才會說程式寫得很靈活呢？

我舉了 3 種情境，幫助讀者理解什麼是程式的靈活性。

1）當我們增加新功能程式時，由於原有程式中已經預留了擴展點，因此，我們不需要修改原有程式，只需要在擴展點上增加新程式。這個時候，我們除了可以說程式易擴展之外，還可以說程式寫得很靈活。

2）當我們要實作一個功能時，如果原有程式中已經提取出了很多位於底層且可複用的模組、類別等，那麼我們可以直接使用。這種情況下，我們不僅可以說程式易複用，還可以說程式寫得很靈活。

3）當我們使用某個類別時，如果這個類別可以應對多種使用情境，滿足多種不同需求，那麼，我們除可以說這個類別易用以外，還可以說這個類別設計得很靈活或程式寫得很靈活。

從上述情境來看，如果一段程式易擴展、易複用，或者易用，我們一般可以認為這段程式寫得很靈活。因此，「靈活」的含義廣泛，很多情境都可以使用。

1.2.5　簡潔性（simplicity）

有一條非常著名的設計原則，大部分讀者應該都聽過，那就是 KISS 原則：「Keep It Simple，Stupid」。該原則的意思是「儘量保持程式簡單」。程式簡單、邏輯清晰往往意味著程式易讀、易維護。在寫程式的時候，我們通常會把「簡單、清晰」原則放到首位。

不過，很多程式設計經驗不足的程式設計師會覺得，簡單的程式沒有技術含量，喜歡在專案中引入一些複雜的設計模式，覺得這樣才能體現自己的技術水準。實際上，思從深而行從簡，真正的程式設計高手往往能用簡單的方法解決複雜的問題。

除此之外，雖然我們都能認識到，程式要儘量寫得簡潔，要符合 KISS 原則，但怎樣的程式才算足夠簡潔？怎樣的程式才算符合 KISS 原則呢？實際上，不是每個人都能準確地做出判斷，因此，在第 3 章介紹 KISS 原則的時候，我們會透過具體的程式範例詳細說明。

1.2.6 可複用性（reusability）

我們可以將程式的可複用性簡單地理解為「儘量減少重複的程式，複用已有程式」。在後續章節中，我們會經常提到「可複用性」這一程式評價標準。例如，當介紹物件導向特性的時候，我們會提到繼承、多型存在的目的之一，就是提高程式的可複用性；當介紹設計原則的時候，我們會提到單一職責原則與程式的可複用性相關；當介紹重構技巧的時候，我們會提到解耦、高內聚和模組化等能夠提高程式的可複用性。可見，可複用性是一個重要的程式評價標準，也是很多設計原則、設計思維和設計模式等所要實作的最終效果。

實際上，程式的可複用性與 DRY（Don't Repeat Yourself）原則的關係緊密，因此，在第 3 章介紹 DRY 原則的時候，我們還會介紹程式複用相關的更多知識，如提高程式的可複用性的程式設計方法等。

1.2.7 可測試性（testability）

相較於上述 6 個程式品質評價標準，程式的可測試性較少被提及，但它同樣重要。程式可測試性的高低可以從側面準確地反映程式品質的高低。程式的可測試性低，難以寫單元測試，那麼，基本能夠說明程式的設計有問題。關於程式的可測試性，我們將在重構部分（見 5.3 節）詳細講解。

1.2.8 思考題

除本節提到的程式品質評價標準，還有哪些程式品質評價標準？讀者心目中的高品質程式是什麼樣子的呢？

1.3 如何寫出高品質程式

每位軟體工程師都想寫出高品質程式，那麼，如何才能寫出高品質程式呢？在 1.2 節中，我們提到了 7 個常用且重要的程式品質評價標準。高品質的程式也就等同於易維護、易讀、易擴展、靈活、簡潔、可複用、可測試的程式。

想要寫出滿足上述程式品質評價標準的高品質程式，我們需要掌握一些細化、可落地的程式設計方法論，包括物件導向設計範例、設計原則、程式規範、重構技巧和設計模式等。而掌握這些程式設計方法論的最終目的是寫出高品質的程式。這些程式設計方法論是後續章節講解的重點內容，我們先熟悉一下它們。

本節相當於本書的一個學習框架，先簡單介紹後續章節涉及的重點，使讀者對全書有整體性瞭解，幫助讀者將後面零散的知識重點在大腦中有系統地組織起來。

1.3.1 物件導向

目前，程式設計範例或程式設計風格主要有 3 種：程序導向、物件導向和函式語言程式設計。物件導向程式設計風格是其中的主流。現在流行的程式設計語言大部分屬於物件導向程式設計語言。另外，大部分專案也都是基於物件導向程式設計風格開發的。物件導向程式設計因其具有豐富的特性（封裝、抽象、繼承和多型），可以實作很多複雜的設計思維，所以，它是很多設計原則、設計模式寫程式實作的基礎。

對於物件導向，讀者需要掌握下面 7 個重點（詳見第 2 章）。

1）物件導向的四大特性：封裝、抽象、繼承和多型。

2）物件導向程式設計與程序導向程式設計的區別和聯繫。

3）物件導向分析、物件導向設計和物件導向程式設計。

4）介面和抽象類別的區別，以及各自的應用情境。

5）基於介面而非實作程式設計的設計思維。

6）「多用組合，少用繼承」設計思維。

7）程序導向的「貧血」模型和物件導向的「充血」模型。

1.3.2 設計原則

設計原則是程式設計時的一些經驗總結。設計原則有一個特點：這些設計原則看起來比較抽象，定義描述比較模糊，不同的人對同一個設計原則會有不同的解讀。因此，如果我們單純地記憶它們的定義，那麼對程式設計、設計能力的提高並沒有太大幫助。對於每一種設計原則，我們需要掌握它能解決什麼問題和應用情境。只有掌握這些內容，我們才能在專案中靈活、恰當地應用這些設計原則。實際上，設計原則是心法，設計模式是招式。因此，設計原則比設計模式普適、重要。只有掌握了設計原則，我們才能清楚地瞭解為什麼使用某種設計模式，並且恰到好處地應用設計模式，甚至還可以創造新的設計模式。

對於設計原則，讀者需要理解並掌握下列 9 種原則（詳見第 3 章）。

1）單一職責原則（SRP）。

2）開閉原則（OCP）。

3）里氏替換原則（LSP）。

4）介面隔離原則（ISP）。

5）依賴反轉原則（DIP）。

6）KISS 原則、YAGNI 原則、DRY 原則和 LoD 法則。

1.3.3 設計模式

設計模式是針對軟體發展中經常遇到的一些設計問題而總結的一套解決方案或設計思維。大部分設計模式解決的是程式的解耦、可擴展性問題。相對於設計原則，設計模式沒有那麼抽象，而且大部分不難理解，程式實作也並不複雜。對於設計模式的學習，我們需要重點掌握它們能夠解決哪些問題和典型的應用情境，並且不過度使用。

隨著程式設計語言的演進，一些設計模式（如單例模式）逐漸過時，甚至成為反模式，一些設計模式（如迭代器模式）則被內建在程式設計語言中，還有一些新設計模式出現，如單態模式。

在本書中，我們會重點講解 22 種經典設計模式，它們分為三大類：建立型、結構型和行為型。在這 22 種設計模式中，有些設計模式常用，有些設計模式很少被用到。對於常用的設計模式，我們要花費多一些時間理解和掌握。對於不常用的設計模式，我們瞭解即可。

按照類型，我們對本書中提到的設計模式進行了簡單的分類。

1）建立型設計模式：單例模式、工廠模式（包括簡單工廠模式、工廠方法模式、抽象工廠模式）、生成器模式和原型模式。

2）結構型設計模式：代理模式、修飾模式、配接器模式、橋接模式、外觀模式、組合模式和享元模式。

3）行為型設計模式：觀察者模式、模板方法模式、策略模式、責任鏈模式、狀態模式、迭代器模式、訪問者模式、備忘錄模式、命令模式、直譯器模式和中介模式。

1.3.4 程式規範

程式規範主要解決的是程式的可讀性問題。相對於設計原則、設計模式,程式規範更加具體且偏重程式細節。如果軟體工程師開發的專案並不複雜,那麼可以不必瞭解設計原則和掌握設計模式,但起碼需要熟練掌握程式規範,如變數、類別和函式的命名規範,程式註解的規範等。因此,相較於設計原則、設計模式,程式規範基礎且重要。

不過,相對於設計原則、設計模式,程式規範更容易理解和掌握。學習設計原則和設計模式需要融入很多個人的理解和思考,但學習程式規範並不需要。每條程式規範都非常簡單且明確,讀者只要照著做即可,所以,本書並沒有花費太大篇幅講解所有的程式規範,而是總結了我認為能夠有效改善程式品質的 17 條規範。

除程式規範以外,我還會介紹一些程式的「壞味道」,幫助讀者瞭解什麼樣的程式是不符合規範的,以及應該如何最佳化。參照程式規範,讀者可以寫出可讀性高的程式;在瞭解了程式的「壞味道」後,讀者可以找出程式存在的可讀性問題。

1.3.5 重構技巧

在軟體發展中,只要軟體不停迭代,就沒有一勞永逸的設計。隨著需求的變化,程式的不停堆砌,原有的設計必定存在問題。針對這些問題,我們需要對程式進行重構。重構是軟體發展中的重要環節。持續重構是保持程式品質不下降的有效手段,能夠有效避免程式「腐化」到「無可救藥」的地步。

重構的工具有物件導向程式設計範例、設計原則、設計模式和程式規範。實際上,設計原則和設計模式的重要應用情境就是重構。我們知道,雖然設計模式可以提高程式的可擴展性,但過度或不恰當地使用它,會增加程式的複雜度,影響程式的可讀性。在開發初期,除非必要,我們一定不要過度設計,應用複雜的設計模式,而是當程式出現問題的時候,我們再針對問題,應用設計原則和設計模式進行重構,這樣就能有效避免前期的過度設計問題。

關於重構,本書重點講解以下 3 方面的內容。透過對這些內容的講解,希望讀者不但可以掌握一些重構技巧,更重要的是建立持續重構意識,把重構當作開發的一部分,融入日常的開發中。

1)重構的目的(why)、物件(what)、時機(when)和方法(how)。

2)保證重構不出錯的技術手段:單元測試,以及程式的可測試性。

3）兩種不同規模的重構：大重構（大規模，高層次）和小重構（小規模，低層次）。

下面總結一下物件導向程式設計、設計原則、設計模式、程式規範和重構技巧的關係。

1）物件導向程式設計範例因其豐富的特性（封裝、抽象、繼承和多型），可以實作很多複雜的設計思維，所以，它是很多設計原則、設計模式寫程式實作的基礎。

2）設計原則是指導程式設計的一些經驗總結，是程式設計的心法，指明了程式設計的大方向。相較於設計模式，它更加無處不在。

3）設計模式是針對軟體發展中經常遇到的一些設計問題而總結的一套解決方案或設計思維。應用設計模式的主要目的是解耦，提高程式的可擴展性。從抽象程度上來講，設計原則比設計模式更抽象。設計模式更加具體，更加容易落地執行。

4）程式規範主要解決程式可讀性問題。相較於設計原則、設計模式，程式規範更加具體、更加偏重程式細節和更加可落地執行。持續的小重構主要依賴的理論就是程式規範。

5）重構作為保持程式品質不下降的有效手段，依靠的就是物件導向程式設計範例、設計原則、設計模式和程式規範這些理論知識。

實際上，物件導向程式設計範例、設計原則、設計模式、程式規範和重構技巧都是保持或提高程式品質的方法論，本質上都是服務於寫高品質的程式這一件事。當我們看清這個本質之後，很多選擇如何做就清楚了。例如，在某個情境下，是否使用某個設計模式，判斷的標準就是能否能夠提高程式品質。

想要寫高品質的程式，除了累積上述理論知識以外，我們還需要進行一定強度的刻意訓練。很多程式設計師提到過，雖然學習了相關的理論知識，但是容易忘記，而且在遇到問題時想不到對應的重點。實際上，這就是缺乏理論結合實踐的刻意訓練。例如，在上學的時候，老師在講解完某個重點之後，往往配合講解幾題範例，然後讓我們透過課後習題來強化這個重點。這樣，當我們再次遇到類似問題時，就能夠立即想到相應的重點。

除掌握理論知識、刻意訓練之外，具備程式品質意識也非常重要。在寫程式之前，我們要多思考未來有哪些擴展需求，哪部分程式是會變的，哪部分程式是不變的，這樣寫程式會不會導致以後增加新功能時比較困難、程式的可讀性不高等問題。具備了這樣的程式品質意識，也就離寫出高品質的程式不遠了。

1.3.6 思考題

結合自己的工作，讀者認為本節介紹的哪一部分內容能夠有效提高程式品質？讀者還知道哪些提高程式品質的方法？

1.4 如何避免過度設計

我們常說，一定要重視程式品質，寫程式之前，不要忽略程式設計環節。實際上，不做程式設計不好，過度設計也不好。在我過往的工作經歷中，遇到過很多同事，特別是開發經驗比較少的同事，喜歡對程式進行過度設計，濫用設計模式。在開始寫程式之前，他們會花很長時間進行程式設計。對於簡單的需求或簡單的程式，他們經常會在開發過程中應用各種設計模式，希望程式更加靈活，為未來的擴展打好基礎，實則過度設計，因為未來的需求並不一定會實作，這樣做徒增程式的複雜度。因此，我們有必要講一下如何避免過度設計，特別是如何避免濫用設計模式（物件導向程式設計範例、設計原則、程式規範和重構技巧等不容易被過度使用）。

1.4.1 程式設計的初衷是提高程式品質

談到創業，我們經常聽到一個詞：初心。「初心」的意思是我們到底為什麼做這件事。無論產品經過多少次迭代、轉變多少次方向，「初心」一般不會改變。當我們在為產品該不該轉型、該不該實作某個功能猶豫不決時，想想我們創業時的初心，自然就有答案了。

實際上，應用設計模式時也是如此。設計模式只是方法，應用它的最終目的（也就是初心）是提高程式的品質，也就是提高程式的可讀性、可擴展性和可維護性等。所有的程式設計都是圍繞這個初心來進行的。

因此，在進行程式設計時，我們一定要先思考一下為什麼要這樣設計，為什麼要應用這種設計模式，以及這樣做是否能夠真正提高程式品質，能夠提高程式哪些方面的品質。如果自己很難想清楚這些問題，或者提供的理由比較牽強，那麼基本上可以斷定這是一種過度設計，是「為了設計而設計」。

1.4.2　程式設計的原則是「先有問題，後有方案」

如果我們把程式看作產品，那麼，在做產品時，我們就要先思考產品的「痛點」在哪裡，用戶的真正需求是什麼，然後開發滿足需求的功能，而不是先實作一個「花俏」的功能，再東拼西湊出一個需求。

程式設計與此類似。我們先分析程式存在的「痛點」，如可讀性不高、可擴展性不高等，再有針對性地利用設計模式、設計原則對程式進行改善，而不是見到某個情境之後，就盲目地認為與之前看到的某個設計模式、設計原則的應用情境相似，隨意套用，不考慮是否合適。如果有人問起，就找幾個假需求隨便應付，如提高了程式的擴展性、滿足開閉原則等，這樣是不可取的。

實際上，很多沒有太多開發經驗的新手，往往在學完設計模式之後會非常「學生做派」，不懂得具體問題具體分析，手裡拿著錘子，看哪個都是釘子，不分青紅皂白，套用各種設計模式。寫完之後，看著自己寫的很複雜的程式，還沾沾自喜，這樣的做法很不可取。希望本節內容能夠給讀者帶來一些啟發。

1.4.3　程式設計的應用情境是複雜程式

一些設計模式書會給一些簡單的例子，但這些例子僅僅是為了能在有限的篇幅內向讀者講清楚設計模式的原理和實作，並沒有實戰意義。而有些讀者會誤以為這些簡單的例子就是這些設計模式的典型應用情境，常常依樣畫葫蘆，盲目地應用到自己的專案中，用複雜的設計模式去解決簡單的問題。在我看來，這是很多初學者在學完設計模式之後，在專案中進行過度設計的首要原因。

應用設計模式的目的是解耦，也就是利用更好的程式結構，將一大段程式拆分成職責單一的「小」類別，讓程式滿足「高內聚，低耦合」等特性。建立型設計模式是將建立程式和使用程式解耦，結構型設計模式是將不同的功能程式解耦，行為型設計模式是將不同的行為程式解耦。而解耦的主要目的是應對程式的複雜性問題。也就是說，設計模式是為了解決複雜程式問題而產生的。如果我們開發的程式不複雜，那麼就沒有必要引入複雜的設計模式。這與資料結構和演算法應對的是大規模資料的問題類似。如果資料規模很小，那麼再高效能的資料結構和演算法也發揮不了太大作用。例如，對幾十個字元長度的字串進行比對，使用簡單的樸素字串比對演算法即可，沒有必要使用具備更高性能的 KMP 演算法，因為 KMP 演算法儘管在性能上比樸素字串比對演算法高一個量級，但演算法本身的複雜度也高很多。

對於複雜程式，如專案的程式量大、開發週期長、參與開發的人員多，我們在前期要多花點時間在設計上。程式越複雜，我們花在設計上的時間就越多。不僅如此，對於每次提交的程式，我們都要確保品質，並經過足夠的思考和精心設計，這樣才能避免出現「爛程式效應」（每次提交的程式的品質都不高，累積起來，整個專案最終的程式品質就會很差）。如果我們參與的只是一個簡單的專案，程式量不大，開發人員也不多，那麼，簡單的問題用簡單的解決方案處理即可，不必引入複雜的設計模式，不要將簡單問題複雜化。

1.4.4 持續重構可有效避免過度設計

我們知道，應用設計模式可以提高程式的可擴展性，但同時會降低程式的可讀性。一旦我們引入某個複雜的設計，之後即便在很長一段時間都沒有擴展的需求，也不可能將這個複雜的設計刪除，整個團隊要一直背負著這個複雜的設計前行。

為了避免錯誤的需求預判導致的過度設計，我推薦持續重構的開發方法。持續重構不僅是保證程式品質的重要手段，也是避免過度設計的有效方法。在真正有痛點時，我們再考慮用設計模式來解決，而不是一開始就為不一定實作的未來需求而應用設計模式。

當對是否應用某種設計模式模稜兩可時，我們可以思考一下，如果暫時不用這種設計模式，隨著程式的演進，當某一天不得不去使用它時，需要改動的程式是否很多。如果不是，那麼能不用就不用，遵守 KISS 原則。對於 10 萬行以內的程式，如果團隊成員穩定，對程式涉及的商業熟悉，那麼，即便將所有的程式重寫，也不會花費太多時間，因此，不必為程式的擴展性過度擔憂。

1.4.5 不要脫離具體的情境談程式設計

程式設計是一件主觀的事。毫不誇張地講，程式設計可以稱為一種「藝術」。因此，程式設計的好壞很難評判。如果真的要進行評判，那麼儘量將其放到具體的情境中。我認為，脫離具體的情境探討程式設計是否合理是空談。這就像我們經常說的，脫離商業談架構是不切實際的。

例如，一個手機遊戲專案是否能被市場接受，往往非常不確定。很多手機遊戲開發出來之後，市場回饋很差，馬上就被放棄了。另外，儘快推出並佔領市場是手機遊戲致勝的關鍵。所以，對於一些手機遊戲專案的開發，前期往往不會在程式設計、程式品質上花費太多時間。但是，如果我們開發的是 MMORPG（大型多人線上角色扮演遊戲）類的大型使用者端遊戲,那麼資金和人力投資相當大,專案推倒重來的成本很大。這個時候,程式的品質就很重要了。因此,在專案前期,我們就要多花點時間在程式設計上,否則,程式品質太差,bug 太多,後期將無法維護,也會導致很多用戶放棄而選擇同類型的其他遊戲。

又如,如果我們開發的是偏底層的、框架類的、通用的程式,程式品質就比較重要,因為一旦出現問題或程式需要改動,影響面會比較大。如果我們開發的是商業系統或不需要長期維護的專案,那麼放低對程式品質的要求是可以接受的,因為自己開發的專案的程式與其他專案沒有太多耦合,即便出現問題,影響也不大。

在學習程式設計時,我們要重視分析問題能力和解決問題能力的鍛鍊。在看到某段程式時,我們要能夠分析程式的優秀之處和不足之處並說明原因,還需要知道如何改善程式。反之,如果我們只是掌握了理論知識,即便把 22 種設計模式的原理和程式實作背得滾瓜爛熟,若不具備具體問題具體分析的能力,那麼,在面對多種多樣的真實專案的程式時,也很容易濫用設計模式而過度設計。

1.4.6 思考題

如何避免過度設計?關於這個話題,讀者有哪些心得體會和經驗教訓?

2 物件導向程式設計範例

常用的程式設計範式（或稱程式設計風格）有 3 種：程序導向程式設計、物件導向程式設計，和函式語言程式設計。程序導向程式設計已經過時，函式語言程式設計並不能替代物件導向程式設計，只能用在一些特殊的商業領域，因此，物件導向程式設計是目前流行的程式設計範式。複雜的程式設計大多採用物件導向程式設計。本章將重點講解物件導向程式設計範式。

2.1 當我們在探討物件導向時，到底在探討什麼

提到物件導向，大部分程式設計師不會感到陌生，並且能夠說出物件導向的四大特性：封裝、抽象、繼承和多型。實際上，物件導向這個概念套件包含的內容遠不止這些。本節簡單介紹在談論物件導向時經常提及的一些概念和重點，為後續章節中細化的內容做鋪墊。

2.1.1 物件導向程式設計和物件導向程式設計語言

物件導向程式設計（Object Oriented Programming，OOP）中有兩個基礎且重要的概念：類別（class）和物件（object）。類別和物件的概念最早出現在 1960 年，在 Simula 程式設計語言中第一次使用。物件導向程式設計這個概念第一次被使用是在 Smalltalk 程式設計語言中。Smalltalk 被認為是第一個真正意義上的物件導向程式設計語言（Object Oriented Programming Language，OOPL）。

1980 年前後，C++ 的出現促進了物件導向程式設計的流行，使得物件導向程式設計被越來越多的人認可。如果不按照嚴格的定義劃分，那麼大部分程式設計語言都是物件導向程式設計語言，如 Java、C++、Go、Python、C#、Ruby、JavaScript、Objective-C、Scala、PHP 和 Perl 等。而且，大部分專案都是基於物件導向程式設計語言進行開發的。

在介紹物件導向程式設計的發展過程時，我提到了兩個概念：物件導向程式設計和物件導向程式設計語言。那麼，究竟什麼是物件導向程式設計？什麼程式設計語言

才是物件導向程式設計語言？如果我們一定要給一個定義的話，那麼可以用下面兩句話來概括：

1）物件導向程式設計是一種程式設計範式或程式設計風格。它以類別或物件作為組織程式的基本單元，並將封裝、抽象、繼承與多型 4 個特性作為程式的設計和實作的基石。

2）物件導向程式設計語言支援類別或物件的語法機制，有現成的語法機制能方便地實作物件導向程式設計的四大特性（封裝、抽象、繼承和多型）。

一般來講，物件導向程式設計是使用物件導向程式設計語言進行的，但是，不使用物件導向程式設計語言，我們照樣可以進行物件導向程式設計。即便我們使用物件導向程式設計語言，寫出來的程式也不一定是物件導向程式設計風格的，有可能是程序導向程式設計風格的。這裡的講解有點不太好理解，我們會在 2.5 節詳細討論。

理解物件導向程式設計和物件導向程式設計語言的關鍵是理解物件導向程式設計的四大特性：封裝、抽象、繼承和多型。關於物件導向程式設計的特性，還有另外一種說法，就是只包含三大特性：封裝、繼承和多型，不包含抽象。為什麼會產生這種分歧呢？為什麼抽象可以排除在物件導向程式設計的特性之外呢？我們在 2.2 節解答。其實，我們不必糾結到底是四大特性還是三大特性，關鍵是理解每種特性的內容、存在的意義和能夠解決的問題。

在技術領域，封裝、抽象、繼承和多型並不是固定地被稱為「四大特性」（feature），也經常被稱為物件導向程式設計的四大概念（concept）、四大基石（corner stone）、四大基礎（fundamental）或四大支柱（pillar）等。本書將這 4 個特性統一稱為「四大特性」。

2.1.2　非嚴格定義的物件導向程式設計語言

有些讀者可能已經注意到，在上面的介紹中，我們提到「如果不按照嚴格的定義劃分，大部分程式設計語言都是物件導向程式設計語言」。為什麼要加上「如果不按照嚴格的定義」這個前提呢？如果按照上述嚴格的物件導向程式設計語言的定義，前面提到的有些程式設計語言並不是嚴格意義上的物件導向程式設計語言，如 JavaScript，它不支援封裝和繼承特性，但在某種意義上，它又可以算是一種物件導向程式設計語言。為什麼這麼說呢？如何判斷一個程式設計語言到底是不是物件導向程式設計語言呢？

還記得前面提到的物件導向程式設計和物件導向程式設計語言的定義嗎？這裡必須說明一下，該定義是我自己的想法。實際上，對於物件導向程式設計和物件導向程式設計語言，目前並沒有官方的、統一的定義。而且，從 1960 年物件導向程式設計出現開始，這兩個概念一直都在不停演化，因此，無法提供明確的定義，其實也沒有必要給出明確的定義。

實際上，按照簡單、原始的方式理解，物件導向程式設計就是一種將物件或類別作為程式組織的基本單元，來進行程式設計的程式設計範式或程式設計風格，並不一定需要封裝、抽象、繼承和多型這 4 個特性的支援。但是，在進行物件導向程式設計的過程中，軟體工程師不停地總結並發現，有了這 4 個特性，就能更容易地實作各種物件導向的程式設計思維。例如，在物件導向程式設計的過程中，經常會遇到 is-a 這種類別關係（如狗是一種動物），而繼承這個特性就能很好地支持 is-a 的程式設計思維，並且可以解決程式複用的問題，因此，繼承就成為物件導向程式設計的四大特性之一。隨著程式設計語言的不斷迭代、演化，軟體工程師發現繼承這種特性容易造成層次不清、程式混亂，因此，很多程式設計語言在設計的時候摒棄了繼承特性，如 Go 語言。但是，我們並不能因為某種語言摒棄了繼承特性，就片面地認為它不是物件導向程式設計語言。

我認為，只要某種程式設計語言支援類別或物件的語法概念，並且以此作為組織程式的基本單元，就可以簡單地認為它是物件導向程式設計語言。是否有現成的語法機制，完全支援物件導向程式設計的四大特性，以及是否對四大特性有所取捨和優化，可以不作為判定的標準。也就是說，按照嚴格的定義，很多語言不能算是物件導向程式設計語言，但按照不嚴格的定義，現在流行的大部分程式設計語言是物件導向程式設計語言。

我們沒必要非給物件導向程式設計和物件導向程式設計語言下個定義，也不要過分爭論某種程式設計語言到底是不是物件導向程式設計語言，因為這樣做意義不大。

2.1.3 物件導向分析和物件導向設計

物件導向程式設計（OOP）不僅是一種程式設計風格，還可以是一種行為。提到物件導向程式設計，不得不提其他兩個概念：物件導向分析（Object Oriented Analysis，OOA）和物件導向設計（Object Oriented Design，OOD）。物件導向分析、物件導向設計和物件導向程式設計（實作）對應物件導向軟體發展的 3 個階段。

物件導向分析與物件導向設計中的「分析」和「設計」，只需要從字面上理解，不需要過度解讀，簡單類比軟體發展中的需求分析和系統設計。為什麼「分析」和「設計」前加了修飾詞「物件導向」呢？有什麼特殊意義嗎？

之所以在「分析」和「設計」前加上「物件導向」，是因為我們是圍繞物件或類別進行的需求分析和設計。分析和設計這兩個階段的最終產出是類別的設計，包括程式拆解為哪些類別，每個類別有哪些屬性和方法，以及類別之間如何互動等。它們比其他型別的分析和設計更加具體與貼近程式，更容易落地，能夠順利過渡到物件導向程式設計環節。這也是物件導向分析和物件導向設計與其他分析與設計的最大不同點。

那麼，物件導向分析、物件導向設計和物件導向程式設計各自負責哪些工作呢？簡單來說，物件導向分析就是要弄清楚做什麼，物件導向設計就是要弄清楚怎麼做，物件導向程式設計就是將分析和設計的結果翻譯成程式。在 2.3 節中，我們會透過一個實際案例詳細講解如何進行物件導向分析、物件導向設計和物件導向程式設計。

2.1.4　關於 UML 的說明

講到物件導向分析、物件導向設計和物件導向程式設計，我們不得不提 UML（ Unified Model Language，統一模組化語言 ）。很多講解物件導向或設計模式的圖書，常用它畫圖表達物件導向或設計模式的設計思維。實際上，UML 非常複雜，不僅包含我們經常提到的類別圖，還包含用例圖、順序圖、活動圖、狀態圖和元件圖等。在我看來，單單一個類別圖的學習成本就已經很高了。對於類別之間的關係，UML 定義了很多種，如泛化、實作、關聯、聚合、組合和依賴等。想要完全掌握類別之間的關係，並且熟練運用這些類別之間的關係畫 UML 類別圖，需要很多的學習時間。而且，UML 作為一種溝通工具，即便我們能夠完全按照 UML 規範畫圖，但對於不熟悉它的人，看懂的成本仍然很高。

根據我的開發經驗，在互聯網公司的專案開發中，UML 的用處並不大。為了檔案化軟體設計或方便討論軟體設計，大部分情況下，隨手畫個不那麼規範的草圖，能夠表達意思和方便溝通就足夠了，而如果完全按照 UML 規範將草圖標準化，那麼成本和實際收益可能不成正比。

本書中的很多類別圖並沒有完全遵守 UML 規範。為了兼顧圖的表達能力和學習成本，本書對 UML 類別圖規範做了簡化，但配上了詳細的文字說明，試著讓讀者一眼就能看懂，而不會反向增加讀者的學習成本。畢竟，本書提供類別圖的目的是讓讀者清晰地理解設計。

2.1.5 思考題

1）在本節中，我們提到，UML 的學習成本很高，不推薦在物件導向分析、物件導向設計中使用，讀者對此有何看法？

2）《設計模式：可複用物件導向軟體的基礎》（*Design Patterns: Elements of Reusable Object-Oriented Software*）是經典的設計模式圖書，請讀者思考一下，為什麼此書名中會特意提到「物件導向」？

2.2 封裝、抽象、繼承和多型為何而生

對於封裝、抽象、繼承和多型 4 個特性，只知道定義是不夠的，還要知道它們存在的意義，以及能夠解決哪些程式設計問題。因此，本節就針對每種特性，結合實際的程式，帶領讀者弄清楚這些問題。

這裡先強調一下，對於這 4 個特性，儘管大部分物件導向程式設計語言都提供了相應的語法機制來支援，但不同的程式設計語言實作這 4 個特性的語法機制可能有所不同。因此，本節對 4 個特性的講解並不與具體程式設計語言的特定語法掛鉤，讀者也不要將自己局限在熟悉的程式設計語言的語法框架裡。

2.2.1 封裝（encapsulation）

封裝也稱為資訊隱藏或資料讀取保護。類別透過暴露有限的讀取介面，授權外部僅能透過類別提供的方式（或者稱為函式）來讀取內部資訊或資料。如何理解呢？我們透過一個簡單的例子解釋一下。

在金融系統中，我們會給每個使用者建立一個虛擬錢包，用來記錄使用者在系統中的虛擬貨幣量。下面這段程式實作了金融系統中一個簡化版的虛擬錢包。

```
public class Wallet {
  private String id;
  private long createTime;
  private BigDecimal balance;
  private long balanceLastModifiedTime;
  // ... 省略其他屬性 ...

  public Wallet() {
    this.id = IdGenerator.getInstance().generate();
    this.createTime = System.currentTimeMillis();
```

```
        this.balance = BigDecimal.ZERO;
        this.balanceLastModifiedTime = System.currentTimeMillis();
    }

    // 注意：下面對 get 方法做了程式折疊，這是為了減少程式所占的篇幅
    public String getId() { return this.id; }

    public long getCreateTime() { return this.createTime; }

    public BigDecimal getBalance() { return this.balance; }

    public long getBalanceLastModifiedTime() { return this.
balanceLastModifiedTime }

    public void increaseBalance(BigDecimal increasedAmount) {
      if (increasedAmount.compareTo(BigDecimal.ZERO) < 0) {
          throw new InvalidAmountException("...");
      }
      this.balance.add(increasedAmount);
      this.balanceLastModifiedTime = System.currentTimeMillis();
    }

    public void decreaseBalance(BigDecimal decreasedAmount) {
      if (decreasedAmount.compareTo(BigDecimal.ZERO) < 0) {
          throw new InvalidAmountException("...");
      }
      if (decreasedAmount.compareTo(this.balance) > 0) {
          throw new InsufficientAmountException("...");
      }
      this.balance.subtract(decreasedAmount);
      this.balanceLastModifiedTime = System.currentTimeMillis();
    }
  }
```

在上述程式中，我們可以發現，Wallet 類別主要有 4 個屬性（也稱為成員變數），也就是上文提到的資訊或資料。其中，id 表示錢包的唯一編號，createTime 表示錢包建立的時間，balance 表示錢包中的餘額，balanceLastModifiedTime 表示最近一次錢包餘額變更的時間。參照封裝特性，Wallet 類別對其 4 個屬性的讀取方式進行了限制。呼叫者只允許透過下面這 6 個方法讀取或修改錢包裡的資料。

1）String getId()

2）long getCreateTime()

3）BigDecimal getBalance()

4）long getBalanceLastModifiedTime()

5）void increaseBalance(BigDecimal increasedAmount)

6）void decreaseBalance(BigDecimal decreasedAmount)

之所以這樣設計，是因為從商業的角度，id、createTime 在建立錢包的時候就確定了，之後不應該再被改動，因此，在 Wallet 類別中，並沒有提供 id、createTime 這兩個屬性的任何修改方法，如常用的 setter 方法。而且，對於 Wallet 類別的呼叫者，id、createTime 這兩個屬性的初始化應該是透明的，因此，我們在 Wallet 類別的構造函式內部將這兩個屬性初始化，而沒有透過構造函式的參數進行外部賦值。

從商業的角度來看，對於錢包餘額 balance 屬性，只能增或減，不會被重新設定。因此，在 Wallet 類別中，只提供了 increaseBalance() 和 decreaseBalance() 方法，並沒有提供 setter 方法。balanceLastModifiedTime 屬性與 balance 屬性的修改操作綁定在一起，也就是說，只有在 balance 修改的時候，balanceLastModifiedTime 屬性才會被修改。因此，我們把 balanceLastModifiedTime 屬性的修改操作完全封裝在 increaseBalance() 和 decreaseBalance() 兩個方法中，不對外暴露任何修改這個屬性的方法和商業細節，這樣可以保證 balance 和 balanceLastModifiedTime 這兩個資料的一致性。對於封裝特性，需要程式設計語言本身提供一定的語法機制來支援。這個語法機制就是存取權限控制。上面程式範例中的 private、public 等關鍵字就是 Java 語言中的存取權限控制語法。private 關鍵字修飾的屬性只能被類別本身讀取，可以保護其不被類別之外的程式直接讀取。如果 Java 語言沒有提供存取權限控制語法，那麼所有的屬性預設是 public，任意外部程式都可以透過類似「wallet.id=123;」方式直接讀取和修改屬性，沒辦法達到隱藏資訊和保護資料的目的，也就無法支援封裝特性。

上面介紹了封裝特性的定義，下面介紹封裝存在的意義，和它能夠解決程式設計中的什麼問題。

如果我們對類別中屬性的讀取不做限制，那麼任何程式都可以讀取、修改類別中的屬性。雖然這看起來更加靈活，但是，過度靈活意味著不可控，屬性可以透過各種奇怪的方式被隨意修改，而且修改邏輯可能散落在程式的各個角落，影響程式的可讀性、可維護性。例如，在不瞭解商業邏輯的情況下，在某段程式中重設了 wallet 中的 balanceLastModifiedTime 屬性，而沒有修改 balance，這就會導致 balance 和 balanceLastModifiedTime 的資料不一致。

除此之外，類別透過提供有限的方法暴露必要的操作，也能提高類別的易用性。如果我們把類別的屬性都暴露給類別的呼叫者，呼叫者想要正確地操作這些屬性，就要對商業細節有足夠的了解。

2.2.2 抽象（abstraction）

介紹完封裝特性，我們介紹抽象特性。封裝主要是隱藏資訊和保護資料，而抽象是隱藏方法的內部實作，讓呼叫者只需要關心方法提供了什麼功能，並不需要知道這個功能是如何實作的。

在物件導向程式設計中，我們經常借助程式設計語言提供的介面（如 Java 中的 interface 關鍵字）和抽象類別（如 Java 中的 abstract 關鍵字）這兩種語法機制來實作抽象特性。

對於抽象特性，我們透過程式範例進一步說明。

```java
public interface IPictureStorage {
  void savePicture(Picture picture);
  Image getPicture(String pictureId);
  void deletePicture(String pictureId);
  void modifyMetaInfo(String pictureId, PictureMetaInfo metaInfo);
}

public class PictureStorage implements IPictureStorage {
  // ... 省略其他屬性 ...
  @Override
  public void savePicture(Picture picture) { ... }

  @Override
  public Image getPicture(String pictureId) { ... }

  @Override
  public void deletePicture(String pictureId) { ... }

  @Override
  public void modifyMetaInfo(String pictureId, PictureMetaInfo metaInfo) {
... }
  }
```

上述程式利用 Java 中的 interface 介面語法實作抽象特性。呼叫者在使用圖片儲存功能的時候，只需要瞭解 IPictureStorage 這個介面類別暴露了哪些方法，不需要查看 PictureStorage 類別裡的具體實作邏輯。

實際上，抽象特性是非常容易實作的，並不一定需要依靠介面或抽象類別這些特殊的語法機制。換句話說，並不是一定要為實作類別（PictureStorage）提取出介面（IPictureStorage），才算是抽象。即便不使用 IPictureStorage 介面，PictureStorage 類別本身就滿足抽象特性。

之所以這麼說,是因為類別中的方法是透過程式設計語言中的「函式」這一語法機制實作的。透過函式包裹具體的實作邏輯,這本身就是一種抽象。在使用函式時,呼叫者並不需要研究函式內部的實作邏輯,只需要透過函式的命名、註解或檔案,瞭解其提供了什麼功能,就可以直接使用。例如,在使用 C 語言提供的 malloc() 函式時,我們並不需要瞭解它的底層程式是如何實作的。

在 2.1 節中,我們曾經提到,抽象有時會被排除在物件導向程式設計的四大特性之外,現在解釋一下。抽象是一個通用的設計思維,並不只用在物件導向程式設計中,還可以用來指導架構設計等。對於抽象特性的實作,不需要程式設計語言提供特殊的語法機制,只需要提供「函式」這一基礎的語法機制。因此,抽象沒有很強的「特異性」,有時候它並不被看作物件導向程式設計的特性之一。

介紹完抽象特性的定義,下面介紹抽象存在的意義和它能夠解決程式設計中的什麼問題。

實際上,上升到一個更高的層面,抽象和封裝都是人類處理複雜系統的有效手段。在面對複雜的系統時,人類大腦能承受的資訊複雜度是有限的,因此必須忽略一些非關鍵性的實作細節。抽象作為一種只關注功能而不關注實作的設計思維,正好幫助我們的大腦過濾掉許多非必要的資訊。

在程式設計中,抽象作為一種廣泛的設計思維,起到了重要的指導作用。很多設計原則都體現了抽象這種設計思維,如基於介面而非實作程式設計、開閉原則(對擴展開放、對修改關閉)和程式解耦(降低程式的耦合性)等,後續章節會具體說明。

在定義(或稱為命名)類別的方法時,我們也要具備抽象思維,即不要在方法的定義中暴露太多的實作細節,以確保在未來的某個時間點,需要改變方法的實作邏輯時,不需要修改方法的定義。舉個簡單例子,如 getAliyunPictureUrl() 就不是一個具有抽象思維的命名,因為如果未來的某一天,我們不再把圖片儲存在外部雲端設備上,而是儲存在私人雲端設備上,那麼這個函式的命名就要隨之修改。相反的,如果我們定義一個比較抽象的函式名,如 getPictureUrl(),那麼即便修改內部儲存方式,也不需要修改函式名。

2.2.3 繼承(inheritance)

如果讀者熟悉 Java、C++ 這類物件導向程式設計語言,那麼對繼承特性應該不會感到陌生。繼承用來表示類別之間的 is-a 關係,如貓是一種哺乳動物。從繼承關係來講，繼承可以分為兩種模式：單一繼承和多重繼承。單一繼承表示一個子類別只繼承一個父類別，多重繼承表示一個子類別可以繼承多個父類別。

為了實作繼承特性，程式設計語言需要提供特殊的語法機制，如 Java 使用 extends 關鍵字實作繼承，C++ 使用英文冒號（如 class B:public A）實作繼承，Python 使用「()」實作繼承，Ruby 使用「<」實作繼承。注意，有些程式設計語言只支援單一繼承，不支援多重繼承，如 Java、PHP、C# 和 Ruby 等，而有些程式設計語言既支援單一繼承，又支援多重繼承，如 C++、Python 和 Perl 等。

介紹完繼承特性，下面介紹繼承存在的意義和它能夠解決程式設計中的什麼問題。

繼承的最大作用是程式複用。如果兩個類別有一些相同的屬性和方法，我們就可以將這些相同的部分抽取到父類別中，讓兩個子類別繼承父類別。這樣，兩個子類別就可以複用父類別中的程式，避免重複寫相同的程式。

如果程式中有一個貓類別和一個哺乳動物類別，那麼貓屬於哺乳動物是 is-a 關係。透過繼承關聯兩個類別，從而反映真實世界中的這種關係，符合人類的認知。

繼承特性很好理解，也很容易使用。不過，如果過度使用繼承，即繼承層次過深、過複雜，就會導致程式的可讀性和可維護性變差。為了瞭解一個類別的功能，我們不僅需要查看這個類別的程式，還需要按照繼承關係逐層查看父類別、父類別的父類別等的程式。如果子類別和父類別高度耦合，那麼修改父類別的程式會直接影響子類別。

繼承是一個有爭議的特性。很多人認為繼承是一種反模式，應該少用，甚至不用。關於這個問題，在 2.9 節介紹「組合優於繼承」設計思維時，我們會詳細解答。

2.2.4　多型（polymorphism）

多型是指，在程式執行過程中，我們可以用子類別替換父類別，並呼叫子類別的方法。我們透過程式範例進一步解釋。

```java
public class DynamicArray {
  private static final int DEFAULT_CAPACITY = 10;
  protected int size = 0;
  protected int capacity = DEFAULT_CAPACITY;
  protected Integer[] elements = new Integer[DEFAULT_CAPACITY];

  public int size() { return this.size; }

  public Integer get(int index) { return elements[index];}
```

```
    //... 省略很多方法 ...

    public void add(Integer e) {
      ensureCapacity();
      elements[size++] = e;
    }

    protected void ensureCapacity() {
      // 如果陣列滿了，就擴充容量，程式省略
    }
  }

  public class SortedDynamicArray extends DynamicArray {
    @Override
    public void add(Integer e) {
      ensureCapacity();
      int i;
      for (i = size-1; i>=0; --i) { // 保證陣列中的資料有序
        if (elements[i] > e) {
          elements[i+1] = elements[i];
        } else {
          break;
        }
      }
      elements[i+1] = e;
      ++size;
    }
  }

  public class Example {
    public static void test(DynamicArray dynamicArray) {
      dynamicArray.add(5);
      dynamicArray.add(1);
      dynamicArray.add(3);
      for (int i = 0; i < dynamicArray.size(); ++i) {
        System.out.println(dynamicArray.get(i));
      }
    }

    public static void main(String args[]) {
      DynamicArray dynamicArray = new SortedDynamicArray();
      test(dynamicArray); // 輸出結果：1、3、5
    }
  }
```

我們知道，封裝特性需要程式設計語言提供特殊的語法機制來實作（private、public 等許可權控制關鍵字），多型特性也是如此。在上述程式中，使用了 3 種語法機制來實作多型。

1）程式設計語言要支援父類別物件引用子類別物件，也就是可以將 SortedDynamic-Array 傳遞給 DynamicArray。

2）程式設計語言要支援繼承，也就是 SortedDynamicArray 繼承了 DynamicArray，才能將 SortedDyamicArray 傳遞給 DynamicArray。

3）程式設計語言要支援子類別重寫（override）父類別中的方法，也就是 SortedDyamicArray 重寫了 DynamicArray 中的 add() 方法。

透過這 3 種語法機制的配合，在 test() 方法中，實作了子類別 SortedDyamicArray 替換父類別 DynamicArray，並執行子類別 SortedDyamicArray 的 add() 方法，也就是實作了多型特性。

對於多型特性的實作，除利用「繼承 + 方法重寫」以外，還有兩種常見的實作方式：利用介面語法和利用 duck-typing 語法。不過，並不是每種程式設計語言都支援介面和 duck-typing 這兩種語法機制，如 C++ 不支援介面語法，只有一些動態語言（如 Python、JavaScript 等）能支援 duck-typing。

我們先來看一下如何利用介面來實作多型特性。範例程式如下。

```java
public interface Iterator {
  boolean hasNext();
  String next();
  String remove();
}

public class Array implements Iterator {
  private String[] data;

  public boolean hasNext() { ... }
  public String next() { ... }
  public String remove() { ... }
  //... 省略其他方法 ...
}

public class LinkedList implements Iterator {
  private LinkedListNode head;

  public boolean hasNext() { ... }
  public String next() { ... }
  public String remove() { ... }
  //... 省略其他方法 ...
}

public class Demo {
  private static void print(Iterator iterator) {
    while (iterator.hasNext()) {
      System.out.println(iterator.next());
    }
  }
```

```
    public static void main(String[] args) {
      Iterator arrayIterator = new Array();
      print(arrayIterator);

      Iterator linkedListIterator = new LinkedList();
      print(linkedListIterator);
    }
  }
```

在上述程式中，Iterator 是一個介面，定義了一個可以搜尋集合資料的迭代器。
Array 和 LinkedList 都實作了介面 Iterator。透過傳遞不同型別的實作類別（Array、
LinkedList）到 print(Iteratoriterator) 函式，支援動態地呼叫不同的 next()、hasNext()
函式。

具 體 來 說， 當 向 print(Iteratoriterator) 函 式 傳 遞 Array 型 別 的 物 件 時，
print(Iteratoriterator) 函 式 就 會 呼 叫 Array 的 next()、hasNext() 函 式； 當 向
print(Iteratoriterator) 函式傳遞 LinkedList 型別的物件時，print(Iteratoriterator) 函式
就會呼叫 LinkedList 的 next()、hasNext() 函式。

上面介紹的是利用介面實作多型特性，下面介紹如何利用 duck-typing 實作多型特
性。按照慣例，我們先看一段 Python 範例程式。

```
    class Logger:
        def record(self):
            print("I write a log into file.")

    class DB:
        def record(self):
            print("I insert data into db. ")

    def test(recorder):
        recorder.record()

    def demo():
        logger = Logger()
        db = DB()
        test(logger)
        test(db)
```

從上述程式中可以發現，利用 duck-typing 實作多型的方式非常靈活。Logger 和 DB
兩個類別沒有任何關係：既不是繼承關係，也不是介面和實作類別的關係，但是，
只要它們都定義了 record() 方法，就可以被傳遞到 test() 方法中，在實際運作時，執
行對應的 record() 方法。

31

也就是說，只要兩個類別具有相同的方法，就可以實作多型，並不要求兩個類別之間有任何關係，這就是 duck-typing。duck-typing 是一些動態語言特有的語法機制。而對於 Java 這樣的靜態語言，透過繼承來實作多型特性時，要求兩個類別之間有繼承關係；透過介面實作多型特性時，要求類別實作對應的介面。

介紹完多型特性的定義，下面介紹一下多型特性存在的意義和它能夠解決程式設計中的什麼問題。

在上面的範例中，我們利用多型特性，僅用一個 print() 函式就可以實作搜尋輸出不同型別的集合（Array、LinkedList）的資料。當增加一種要搜尋輸出的集合型別時，如 HashMap，HashMap 只需要實作 Iterator 介面，並實作自己的 hasNext()、next() 等方法，不需要改動 print() 函式的程式。所以，多型能夠提高程式的可擴展性。

如果不使用多型特性，就無法將不同的集合型別（Array、LinkedList）傳遞給相同的函式（print(Iteratoriterator) 函式），需要針對每種要搜尋輸出的集合型別，分別實作不同的 print() 函式。對於 Array，要實作 print(Arrayarray) 函式；對於 LinkedList，要實作 print(LinkedList linkedList) 函式。而利用多型特性，我們只需要實作一個 print() 函式，就能應對各種集合型別的搜尋輸出操作。所以多型能夠提高程式的複用性。

多型是很多設計模式、設計原則和程式設計技巧的程式實作的基礎，如策略模式、基於介面而非實作程式設計、依賴倒置原則、里氏替換原則和利用多型去掉冗長的 if-else 語句等。關於這一點，讀者在學習本書後續內容後會有更深的體會。

2.2.5　思考題

1）讀者熟悉的程式設計語言是否支援多重繼承？如果不支援，請說明原因。如果支援，請說明它是如何避免多重繼承帶來的副作用的。

2）對於封裝、抽象、繼承和多型 4 個特性，讀者熟悉的程式設計語言是否有現成的語法支援？對於支援的特性，透過什麼語法機制實作？對於不支援的特性，請說明不支援的原因。

如何進行物件導向分析、物件導向設計和物件導向程式設計

物件導向分析（OOA）、物件導向設計（OOD）和物件導向程式設計（OOP）是物件導向開發的 3 個主要環節。在 2.1 節中，我們對三者進行了概述，目的是讓讀者對它們先有一個宏觀認識。

在以往的工作中，我發現，很多軟體工程師，尤其是初級軟體工程師，他們沒有太多的專案經驗，或者在參與的專案中，基本是基於開發框架編寫 CRUD 程式，導致欠缺程式的分析、設計能力。當他們拿到籠統的開發需求時，往往不知道從何入手。

如何做需求分析？如何做職責劃分？需要定義哪些類別？每個類別應該具有哪些屬性和方法？類別之間應該如何互動？如何將類別組裝成一個可執行的程式？對於上述問題的解決，他們往往沒有清晰的思路，更別提利用成熟的設計原則、設計模式開發出具有高內聚、低耦合、易擴展、易讀等特性的高品質程式了。

因此，本節透過一個開發案例，介紹基礎的需求分析、職責劃分、類別的定義、互動和組裝運作，進而幫助讀者瞭解如何進行物件導向分析、物件導向設計和物件導向程式設計，並為後面的設計原則和設計模式的學習打好基礎。

2.3.1 案例介紹和難點剖析

假設我們正在參與一個微服務的開發。微服務透過 HTTP 暴露介面給其他系統呼叫，換句話說，其他系統透過 URL 呼叫微服務的介面。某天，專案管理者對我們說：「為了保證介面呼叫的安全性，需要設計和實作介面呼叫的驗證功能，只有經過認證的系統，才能呼叫微服務的介面。希望你們負責這個任務，儘快上線這個功能。」這個時候，我們可能感到無從下手，原因有下列兩點。

（1）需求不明確

專案管理者提出的需求有些模糊和籠統，不夠具體和細化，與落地進行設計和程式還有一定的距離。人的大腦不擅長思考過於抽象的問題，而真實的軟體發展中的需求幾乎都不太明確。

前面講過，物件導向分析的主要分析物件是「需求」，因此，我們可以將物件導向分析看作「需求分析」。實際上，無論是需求分析還是物件導向分析，首先要做的是將籠統的需求細化到足夠清晰和可執行。為了達到這個目的，我們需要進行溝通、挖

掘、分析、假設和梳理，弄清楚有哪些具體需求、哪些需求是現在要實作的、哪些需求是未來可能要實作的和哪些需求是不必考慮的。

（2）缺少鍛鍊，經驗不足

相較於單純的商業 CRUD 開發，驗證功能的開發更有難度。驗證是一個與具體商業無關的功能，我們可以把它開發成一個獨立的框架，集成到很多商業系統中。而作為被很多系統複用的通用框架，相較於普通的商業程式，對程式品質的要求更高。

開發這樣的通用框架，對工程師的需求分析能力、設計能力、程式能力，甚至邏輯思維能力的要求，都比較高。如果讀者平時進行的是簡單的 CRUD 商業開發，那麼對這些能力的訓練肯定不會太多，一旦遇到過於籠統的開發需求，可能因為經驗不足而不知從何入手。

2.3.2　如何進行物件導向分析

實際上，需求分析工作瑣碎，沒有固定章法可尋，因此，我不打算介紹用處不大的方法論，而是透過驗證功能開發案例，給讀者展示需求分析的完整思路，希望讀者能夠舉一反三。

需求分析的過程是一個不斷迭代優化的過程。對於需求分析，我們不要試圖立即給出完善的解決方案，而是先提供一個簡略的基礎方案，這樣就有了迭代的基礎，然後慢慢優化，這種思路能夠讓我們擺脫無從下手的窘境。我們把整個需求分析過程分為循序漸進的 4 個步驟，最後形成一個可執行、可落地的需求列表。

（1）基礎分析

簡單、常用的驗證方式是使用使用者名和密碼進行認證。我們給每個允許讀取介面的呼叫方派發一個 AppID（相當於使用者名）和密碼。呼叫方在進行介面存取時，會「攜帶」自己的 AppID 和密碼。微服務在接收到介面呼叫存取之後，解析出 AppID 和密碼，並與儲存在微服務端的 AppID 和密碼進行比對，如果一致，則認證成功，允許介面呼叫存取；否則，拒絕介面呼叫存取。

（2）第一輪分析優化

不過，基於使用者名和密碼的驗證方式，每次都要明文傳輸密碼，密碼容易被截獲。如果我們先借助加密演算法（如 SHA）對密碼進行加密，再傳遞到微服務端驗證，那麼是不是就安全了呢？實際上，這樣也是不安全的，因為 AppID 和加密之後的密碼照樣可以被未認證系統（或者「駭客」）截獲。未認證系統可以「攜帶」這個加密之後的密碼和對應的 AppID，偽裝成已認證系統來讀取介面。這就是經典的「重送攻擊」。

先提出問題，再解決問題，這是一個非常好的迭代優化方法。對於上面的密碼傳輸安全問題，我們可以借助 Oauth 驗證的方式來解決。呼叫方將存取介面的 URL 與 AppID、密碼拼接，然後進行加密，生成一個 Token。在進行介面存取時，呼叫方將這個 Token 和 AppID 與 URL 一起傳遞給微服務端。微服務端接收這些資料之後，根據 AppID 從資料庫中取出對應的密碼，並透過同樣的 Token 生成演算法，生成另一個 Token。然後，使用這個新生成的 Token 與呼叫方傳遞過來的 Token 進行對比，如果一致，則允許介面呼叫存取；否則，拒絕介面呼叫存取。優化之後的驗證過程如圖 2-1 所示。

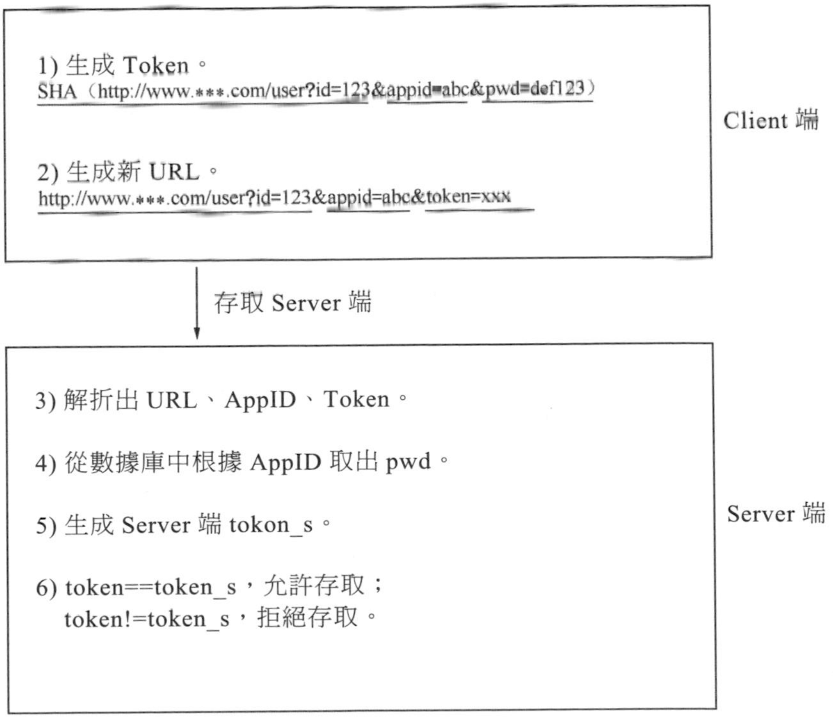

圖 2-1　基於 Token 的驗證過程

（3）第二輪分析優化

不過，上述設計仍然存在重送攻擊風險，還是不夠安全。每個 URL 拼接 AppID、密碼生成的 Token 都是固定的。未認證系統截獲 URL、Token 和 AppID 之後，仍然可以透過重送攻擊的方式，偽裝成認證系統，呼叫這個 URL 對應的介面。

為了解決這個問題，我們可以進一步優化 Token 生成演算法，即引入一個隨機變數，讓每次介面存取生成的 Token 都不一樣。我們可以選擇時間戳記作為隨機變數。原來的 Token 是透過對 URL、AppID 和密碼進行加密而生成的，現在，我們透過對 URL、AppID、密碼和時間戳記進行加密來生成 Token。在進行介面存取時，呼叫方將 Token、AppID、時間戳記與 URL 一起傳遞給微服務端。

微服務端在收到這些資料之後，會驗證當前時間戳記與傳遞過來的時間戳記是否在有效時間視窗內（如 1 分鐘）。如果超過有效時間，則判定 Token 過期，拒絕介面存取。如果沒有超過有效時間，則說明 Token 沒有過期，然後透過同樣的 Token 生成演算法，在微服務端生成新的 Token，並與呼叫方傳遞過來的 Token 比對，如果一致，則允許介面呼叫存取；否則，拒絕介面呼叫請求。優化之後的驗證過程如圖 2-2 所示。

（4）第三輪分析優化

不過，上述設計還是不夠安全，因為未認證系統仍然可以在 Token 時間視窗（如 1 分鐘）失效之前，透過截獲請求和重送請求呼叫我們的介面！

攻與防之間博弈，本來就沒有絕對的安全，我們能做的就是儘量提高攻擊的成本。上面的方案雖然還有漏洞，但是實作簡單，而且不會過多影響介面本身的性能（如回應時間）。權衡安全性、開發成本和對系統性能的影響，我們認為這個折衷方案是比較合理的。

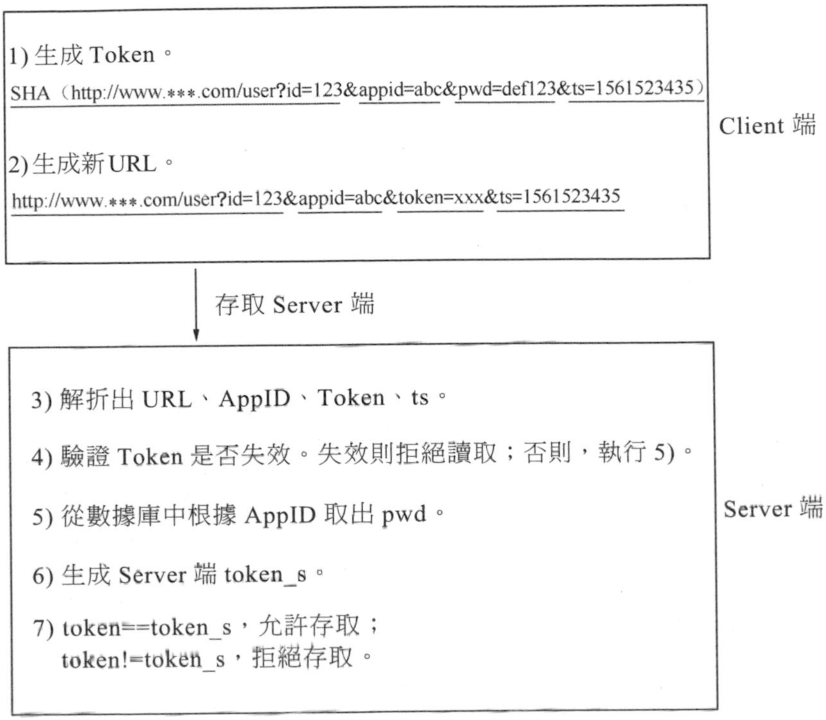

1) 生成 Token。

SHA（http://www.***.com/user?id=123&appid=abc&pwd=def123&ts=1561523435）

2) 生成新 URL。

http://www.***.com/user?id=123&appid=abc&token=xxx&ts=1561523435

Client 端

存取 Server 端

3) 解折出 URL、AppID、Token、ts。

4) 驗證 Token 是否失效。失效則拒絕讀取；否則，執行 5)。

5) 從數據庫中根據 AppID 取出 pwd。

6) 生成 Server 端 token_s。

7) token==token_s，允許存取；
　　token!=token_s，拒絕存取。

Server 端

圖 2-2　基於 Token 和時間戳記的驗證過程

實際上，還有一個細節需要考慮，那就是如何在微服務端儲存每個授權呼叫方的 AppID 和密碼。當然，這個問題不難解決。我們容易想到的解決方案是將它們儲存到資料庫中，如 MySQL。不過，對於驗證這樣的非商業功能開發，儘量不要與具體的第三方系統過度耦合。對於 AppID 和密碼的儲存，理想的情況是靈活地支援各種不同的儲存方式，如 ZooKeeper、本機設定檔、自研配置中心、MySQL 和 Redis 等。我們不需要對每種儲存方式都進行程式實作，但起碼留有擴展點，保證系統有足夠的靈活性和擴展性，能夠在切換儲存方式時，儘可能減少程式的改動。

2.3.3　如何進行物件導向設計

物件導向分析的產出是詳細的需求描述，物件導向設計的產出是類別。在物件導向設計環節，我們將需求描述轉化為具體的類別的設計。我們對物件導向設計環節進行拆解，分為以下 4 個步驟：

1）劃分職責進而識別有哪些類別；

2）定義類別及其屬性和方法；

3）定義類別之間的互動關係；

4）將類別組裝起來並提供執行入口。

接下來，我們按照上述 4 個細分步驟，介紹如何對驗證功能進行物件導向設計。

（1）劃分職責進而識別有哪些類別

物件導向有關的書中經常講到：類別是對現實世界中事物的建模。但是，並不是每個需求都能映射到現實世界，也並不是每個類別都與現實世界中的事物一一對應。對於一些抽象的概念，我們是無法透過映射現實世界中的事物的方式來定義類別的。大多數介紹物件導向的書都會提到一種識別類別的方法，那就是先把需求描述中的名詞條列出來，作為可能的候選類別，再進行篩選。對於初學者，這種方法簡單、明確，可以直接照著做。

不過，我更喜歡先根據需求描述，把其中涉及的功能點一個個條列出來，再去檢查哪些功能點的職責相近、操作同樣的屬性，判斷可否歸為同一個類別。針對驗證功能開發案例，我們來看一下具體如何來做。

2.3.2 節提供了詳細的需求描述，我們重新梳理並條列。

1）呼叫方進行介面請求時，將 URL、AppID、密碼和時間戳記進行拼接，透過加密演算法生成 Token，並將 Token、AppID 和時間戳記拼接在 URL 中，一併發送到微服務端。

2）微服務端接收呼叫方的介面請求後，從請求中拆解出 Token、AppID 和時間戳記。

3）微服務端先檢查傳遞過來的時間戳記與當前時間戳記是否在 Token 有效時間視窗內，如果已經超過有效時間，那麼介面呼叫驗證失敗，拒絕介面呼叫請求。

4）如果 Token 驗證沒有過期失效，那麼微服務端再從自己的儲存中取出 AppID 對應的密碼，透過同樣的 Token 生成演算法，生成另一個 Token，並與呼叫方傳遞過來的 Token 進行比對。如果二者一致，則驗證成功，允許介面呼叫；否則，拒絕介面呼叫。

接下來,我們將上面的需求描述拆解成「單一職責」(3.1 節將會介紹)的功能點,也就是說,拆解出來的每個功能點的職責要盡可能小。下面是將上述需求描述拆解後的功能點列表。

1)把 URL、AppID、密碼和時間戳記拼接為一個字串。

2)透過加密演算法對字串加密生成 Token。

3)將 Token、AppID 和時間戳記拼接到 URL 中,形成新的 URL。

4)解析 URL,得到 Token、AppID 和時間戳記。

5)從儲存中取出 AppID 和對應的密碼。

6)根據時間戳記判斷 Token 是否過期失效。

7)驗證兩個 Token 是否相符。

從上述功能點列表中,我們發現,1)、2)、6)和 7)都與 Token 有關,即負責 Token 的生成和驗證;3)和 4)是在處理 URL,即負責 URL 的拼接和解析;5)是操作 AppID 和密碼,負責從儲存中讀取 AppID 和密碼。因此,我們可以大致得到 3 個核心類別:AuthToken、Url 和 CredentialStorage。其中,AuthToken 類別負責實作 1)、2)、6)和 7)這 4 個功能點;Url 類別負責實作 3)和 4)兩個功能點;CredentialStorage 類別負責實作 5)這個功能點。當然,這只是類別的初步劃分,其他一些非核心的類別,我們可能暫時沒辦法條列全面,但也沒有關係,物件導向分析、物件導向設計和物件導向程式設計本來就是一個迴圈迭代與不斷優化的過程。根據需求,先提供一個「簡略」的設計方案,再在這個基礎上進行迭代優化,這樣的話,思路會更加清晰。

這裡需要強調一點,介面呼叫驗證功能開發的需求比較簡單,因此,對應的物件導向設計並不複雜,識別出來的類別也並不多。但是,如果我們面對的是大型軟體的開發,需求會更加複雜,涉及的功能點和對應的類別會更多。如果我們像上面那樣根據需求逐個條列功能點,那麼會得到一個很長的列表,會顯得凌亂和沒有規律。針對複雜的需求開發,首先要進行模組劃分,將需求簡單地劃分成若干小的、獨立的功能模組,然後再在模組內部,運用上面介紹的方法進行物件導向設計。而模組的劃分和識別與類別的劃分和識別可以使用相同的處理方法。

（2）定義類別及其屬性和方法

在上文中，透過分析需求描述，識別出了 3 個核心類別：AuthToken、Url 和 CredentialStorage。現在，我們看一下每個類別中有哪些屬性和方法。我們繼續對功能點列表進行挖掘。

AuthToken 類別相關的功能點有以下 4 個：

1）把 URL、AppID、密碼和時間戳記拼接為一個字串；

2）透過加密演算法對字串加密生成 Token；

3）根據時間戳記判斷 Token 是否過期失效；

4）驗證兩個 Token 是否相符。

對於方法的識別，很多物件導向相關的書中會這樣介紹：先將識別出的需求描述中的動詞作為候選的方法，再進一步過濾和篩選。類比方法的識別，我們可以把功能點中涉及的名詞作為候選屬性，然後進行過濾和篩選。

透過上述思路，根據功能點描述，我們可以識別出 AuthToken 類別的屬性和方法（函式），如圖 2-3 所示。

AuthToken類別
屬性
| ```
private static final long DEFAULT_EXPIRED_TIME_INTERVAL = 1*60*1000;
private String token;
private long createTime;
private long expiredTimeInterval = DEFAULT_EXPIRED_TIME_INTERVAL;
``` |
| **構造函式** |
| ```
public AuthToken(String token, long createTime);
public AuthToken(String token, long createTime, long expiredTimeInterval);
``` |
| **函式** |
| ```
public static AuthToken create(String baseUrl, long createTime,
Map<String, String> params);
public String getToken();
public boolean isExpired();
public boolean match(AuthToken authToken);
``` |

圖 2-3　AuthToken 類別的屬性和方法
```

透過圖 2-3，我們發現了下列 3 個細節。

細節一：並不是所有的名詞都被定義為類別的屬性，如 URL、AppID、密碼和時間戳記，我們把它們作為方法的參數。

細節二：我們需要挖掘一些沒有出現在功能點描述中的屬性，如 createTime 和 expiredTimeInterval，它們用在 isExpired() 函式中，用來判定 Token 是否過期失效。

細節三：AuthToken 類別中添加了一個功能點描述裡沒有提到的方法 getToken()。

透過細節一，我們可以知道，從商業模型上來說，不屬於這個類別的屬性和方法不應該放到這個類別中。對於 URL、AppID，從商業模型上來說，不應該屬於 AuthToken 類別，因此不應該放到這個類別中。

透過細節二和細節三，我們可以知道，類別具有哪些屬性和方法不能僅依靠當下的需求進行開發，還要分析這個類別在商業模型上應該具有哪些屬性和方法。這樣既可以保證類別定義的完整性，又能為未來的需求開發做好了準備。

Url 類別相關的功能點有兩個：

1）將 Token、AppID 和時間戳記拼接到 URL 中，形成新的 URL；

2）解析 URL，得到 Token、AppID 和時間戳記。

雖然在需求描述中，我們都是以 URL 代指介面請求，但是，介面請求並不一定是 URL 的形式，還有可能是 RPC 等其他形式。為了讓這個類別通用，命名更加貼切，我們接下來把它命名為 ApiRequest。圖 2-4 是根據功能點描述設計的 ApiRequest 類別。

圖 2-4　ApiRequest 類別的屬性和方法

CredentialStorage 類別的功能點只有一個：從儲存中取出 AppID 和對應的密碼。因此，CredentialStorage 類別非常簡單，類別圖如圖 2-5 所示。為了做到封裝具體的儲存方式，我們將 CredentialStorage 設計成介面，基於介面而非具體的實作程式設計。

（3）定義類別之間的互動關係

類別之間存在哪些互動關係呢？ UML（統一模組化語言）中定義了類別之間的 6 種關係：泛化、實作、聚合、組合、關聯和依賴。類別之間的關係較多，而且有些比較相似，如聚合和組合，接下來，我們逐一講解。

圖 2-5　CredentialStorage 介面

1）**泛化**（generalization）可以被簡單地理解為繼承關係。Java 程式範例如下所示。

```
public class A {...}
public class B extends A {...}
```

2）**實作**（realization）一般是指介面和實作類別之間的關係。Java 程式範例如下所示。

```
public interface A {...}
public class B implements A {...}
```

3）**聚合**（aggregation）是一種包含關係。A 類別的物件包含 B 類別的物件，B 類別的物件的生命週期可以不依賴 A 類別的物件的生命週期，也就是說，可以單獨銷毀 A 類別的物件而不影響 B 類別的物件，如課程與學生之間的關係。Java 程式範例如下所示。

```
public class A {
  private B b;   // 外部傳入
  public A(B b) {
    this.b = b;
  }
}
```

4）**組合**（composition）也是一種包含關係。A 類別的物件包含 B 類別的物件，B 類別的物件的生命週期依賴 A 類別的物件的生命週期，B 類別的物件不可單獨存在，如鳥與翅膀之間的關係。Java 程式範例如下所示。

```
public class A {
  private B b;   // 內部建立
  public A() {
    this.b = new B();
  }
}
```

5）**關聯**（association）是一種非常弱的關係，包含聚合和組合兩種關係。具體到程式層面，如果 B 類別的物件是 A 類別的成員變數，那麼 B 類別和 A 類別之間就是關聯關係。Java 程式範例如下所示。

```
public class A {
  private B b;
  public A(B b) {
    this.b = b;
  }
}
```

或者

```
public class A {
  private B b;
  public A() {
    this.b = new B();
  }
}
```

6）**依賴**（dependency）是一種比關聯關係更弱的關係，包含關聯關係。無論是 B 類別的物件為 A 類別的物件的成員變數，還是 A 類別的方法將 B 類別的物件作為參數，或者回傳值、局部變數，只要 B 類別的物件和 A 類別的物件有任何使用關係，我們都稱它們有依賴關係。Java 程式範例如下所示。

```
public class A {
  private B b;
  public A(B b) {
    this.b = b;
  }
}
```

或者

```
public class A {
  private B b;
  public A() {
    this.b = new B();
  }
}
```

抑或

```
public class A {
  public void func(B b) {...}
}
```

看完了上述 UML 中定義的類別的 6 種關係，讀者有何感受？我個人認為，這 6 種關係分類有點太細，增加了讀者的學習成本，對指導程式設計沒有太大意義。因此，我從更加貼近程式設計的角度出發，對類別之間的關係做了調整，只保留了其中的 4 種關係：泛化、實作、組合和依賴。

其中，泛化、實作和依賴的定義不變，組合關係替代 UML 中定義的組合、聚合和關聯 3 種關係，相當於將關聯關係重新命名為組合關係，並且不再區分 UML 中定義的組合和聚合兩種關係。之所以這樣重新命名，是為了與我們前面提到的「多用組合，少用繼承」設計原則中的「組合」統一含義。只要 B 類別的物件是 A 類別的物件的成員變數，我們就稱 A 類別與 B 類別是組合關係。

相關理論介紹完畢，我們看一下上面定義的類別之間存在哪些關係。因為目前只有 3 個核心類別，所以只用到了實作關係，即 CredentialStorage 類別和 MysqlCredentialStorage 類別之間的關係。接下來，在介紹組裝類別時，我們還會用到依賴關係、組合關係。注意，泛化關係在本案例中並沒有用到。

（4）將類別組裝起來並提供執行入口

在類別以及類別之間的互動關係設計好之後，接下來，我們將所有的類別組裝在一起，並提供一個執行入口。這個入口可能是一個 main() 函式，也可能是一組提供給外部呼叫的 API。透過這個入口，我們能夠觸發程式的執行。

因為介面驗證並不是一個獨立運作的系統，而是一個集成在系統上執行的元件，所以，我們封裝所有的實作細節，設計了一個頂層的介面類別（ApiAuthenticator 類別），並暴露一組提供給外部呼叫者使用的 API，作為觸發執行驗證邏輯的入口。ApiAuthenticator 類別的詳細設計如圖 2-6 所示。

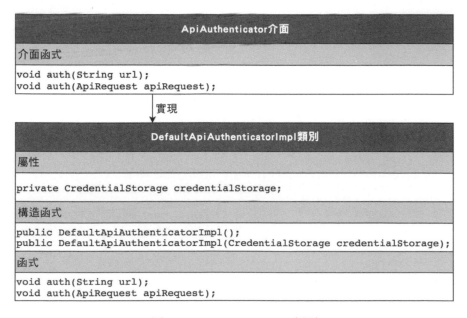

圖 2-6　ApiAuthenticator 類別

2.3.4　如何進行物件導向程式設計

在物件導向設計完成之後，我們已經定義了類別、屬性、方法和類別之間的互動，並且將所有的類別組裝起來，提供了統一的執行入口。接下來，物件導向程式設計的工作就是將這些設計思維「翻譯」成程式。有了前面的類別圖，這部分工作就簡單了。因此，這裡只提供複雜的 ApiAuthenticator 類別的程式實作。

```java
public interface ApiAuthenticator {
  void auth(String url);
  void auth(ApiRequest apiRequest);
}

public class DefaultApiAuthenticatorImpl implements ApiAuthenticator {
  private CredentialStorage credentialStorage;

  public DefaultApiAuthenticator() {
    this.credentialStorage = new MysqlCredentialStorage();
  }

  public DefaultApiAuthenticator(CredentialStorage credentialStorage) {
    this.credentialStorage = credentialStorage;
  }

  @Override
  public void auth(String url) {
    ApiRequest apiRequest = ApiRequest.buildFromUrl(url);
    auth(apiRequest);
  }

  @Override
  public void auth(ApiRequest apiRequest) {
    String appId = apiRequest.getAppId();
    String token = apiRequest.getToken();
    long timestamp = apiRequest.getTimestamp();
    String originalUrl = apiRequest.getOriginalUrl();
    AuthToken clientAuthToken = new AuthToken(token, timestamp);
    if (clientAuthToken.isExpired()) {
      throw new RuntimeException("Token is expired.");
    }
    String password = credentialStorage.getPasswordByAppId(appId);
    AuthToken serverAuthToken = AuthToken.generate(originalUrl, appId, password, timestamp);
    if (!serverAuthToken.match(clientAuthToken)) {
      throw new RuntimeException("Token verification failed.");
    }
  }
}
```

在前面的講解中，對於物件導向的分析、設計和程式設計，每個環節的界限劃分清楚。而且，物件導向設計和物件導向程式設計基本上是按照功能點的描述逐句進行的。這樣做的好處是，先做什麼和後做什麼非常清晰與明確，有跡可循，即便是沒有太多設計經驗的初級工程師，也可以參考這個流程按部就班地進行物件導向的分析、設計和程式設計。

不過，在平時的工作中，大部分程式設計師往往都是在腦子裡或草稿紙上完成物件導向的分析和設計，然後立即開始寫程式，一邊寫，一邊優化和重構，並不會嚴格地按照固定的流程來執行。在寫程式之前，即便我們花很多時間進行物件導向的分析和設計，繪製了相當好的類別圖、UML 圖，也不可能把每個細節、互動都想清楚。在落實到程式時，我們還是需要反復迭代、重構，甚至推倒重寫。畢竟，軟體發展本來就是一個不斷迭代、修補，以及遇到問題並解決問題的過程，是一個不斷重構的過程。我們無法嚴格地按照循序執行各個步驟。

2.3.5 思考題

軟體設計的自由度很大，這也是軟體設計的複雜之處。不同的人對類別的劃分、定義，以及類別之間互動的設計，可能都不一樣。對於驗證元件的設計，除本節提供的設計思維以外，讀者有沒有其他設計思維呢？

2.4 物件導向、程式導向、函式語言三種程式設計的區別

在 2.1 節和 2.2 節中，我們學習了物件導向程式設計這種現在流行的程式設計範式（程式設計風格）。實際上，除物件導向程式設計以外，大家熟悉的程式設計範式還有另外兩種：程序導向程式設計和函式語言程式設計。隨著物件導向程式設計的出現，程序導向程式設計已經逐漸退出了歷史舞臺，函式語言程式設計目前還沒有被程式設計師廣泛接受，只能作為物件導向程式設計的補充。為了更好地理解物件導向程式設計，我們在本節中補充講解程序導向程式設計和函式語言程式設計，並且將物件導向程式設計與程序導向程式設計和函式語言程式設計進行對比。

2.4.1 程式導向程式設計

什麼是程序導向程式設計？什麼是程序導向程式設計語言？實際上，我們可以透過對比物件導向程式設計和物件導向程式設計語言這兩個概念來理解它們。類比物件導向程式設計與物件導向程式設計語言的定義，程序導向程式設計和程序導向程式設計語言的定義如下。

1）程序導向程式設計也是一種程式設計範式或程式設計風格。它以過程（可以理解為方法、函式和操作）作為組織程式的基本單元，以資料（可以理解為成員變數、屬性）與方法相分離為主要特點。程序導向程式設計風格是一種流程化的程式設計風格，透過拼接一組循序執行的方法來運算元據實作一項功能。

2）程序導向程式設計語言的主要特點是不支援類和物件這兩個語法概念，不支援豐富的物件導向程式設計特性（如繼承、多型和封裝），僅支援程序導向程式設計。

不過，這裡必須聲明一點，就像之前提到的物件導向程式設計和物件導向程式設計語言沒有官方定義一樣，這裡提供的程序導向程式設計和程序導向程式設計語言的定義也並不是嚴格的官方定義。之所以提供這樣的定義，只是為了與物件導向程式設計和物件導向程式設計語言進行對比，方便讀者理解它們之間的區別。

因為定義不是很嚴格，也比較抽象，所以我們再用一個例子進一步解釋。假設有一個記錄了使用者資訊的文字檔 users.txt，每行文本的格式為 name&age&gender（如小王 &28& 男）。我們希望寫一個程式，從 users.txt 檔中逐行讀取使用者資訊，然後將其格式化為 name\tage\tgender（其中，\t 是分隔符號）這種文本格式，並且按照 age 對使用者資訊進行從小到大排序之後，重新將其寫入另一個文字檔 formatted_users.txt 中。針對這樣一個功能需求，我們分析一下利用程序導向程式設計和物件導向程式設計這兩種程式設計風格的程式寫法有什麼不同。

我們先看一下利用程序導向程式設計這種程式設計風格寫的程式是什麼樣子的。注意，下面這段程式是利用 C 語言這種程序導向程式設計語言寫的。

```
struct User {
  char name[64];
  int age;
  char gender[16];
};

struct User parse_to_user(char* text) {
  // 將文本（“小王 &28& 男”）解析成結構體 User
}

char* format_to_text(struct User user) {
  // 將結構體 User 格式化為文本（“小王 \t28\t 男”）
}

void sort_users_by_age(struct User users[]) {
  // 按照年齡從小到大排序 users
}

void format_user_file(char* origin_file_path, char* new_file_path) {
```

```
  // 此處省略打開檔案的程式
  struct User users[1024];   // 假設最多有 1024 個使用者
  int count = 0;
  while(1) {
    struct User user = parse_to_user(line);
    users[count++] = user;
  }

  sort_users_by_age(users);

  for (int i = 0; i < count; ++i) {
    char* formatted_user_text = format_to_text(users[i]);
    // 此處省略寫入新檔案的程式
  }
  // 此處省略關閉檔案的程式
}

int main(char** args, int argv) {
  format_user_file("/home/zheng/users.txt", "/home/zheng/formatted_users.txt");
}
```

我們再看一下利用物件導向程式設計這種程式設計風格寫的程式是什麼樣子的。注意，下面這段程式是利用 Java 這種物件導向程式設計語言寫的。

```
public class User {
  private String name;
  private int age;
  private String gender;

  public User(String name, int age, String gender) {
    this.name = name;
    this.age = age;
    this.gender = gender;
  }

  public static User praseFrom(String userInfoText) {
    // 將文本（"小王 &28& 男"）解析成類別 User
  }

  public String formatToText() {
    // 將類別 User 格式化為文本（"小王 \t28\t 男"）
  }
}

public class UserFileFormatter {
  public void format(String userFile, String formattedUserFile) {
    // 此處省略打開檔案的程式
    List users = new ArrayList<>();
    while (1) {
      // 將檔案中的資料讀取到 userText
      User user = User.parseFrom(userText);
      users.add(user);
```

```
      }
      // 此處省略按照年齡從小到大排序 users 的程式
      for (int i = 0; i < users.size(); ++i) {
        String formattedUserText = user.formatToText();
        // 此處省略寫入新檔案的程式
      }
      // 此處省略關閉檔案的程式
    }
  }

  public class MainApplication {
    public static void main(Sring[] args) {
      UserFileFormatter userFileFormatter = new UserFileFormatter();
      userFileFormatter.format("/home/zheng/users.txt", "/home/zheng/formatted_users.
txt");
    }
  }
```

從上述兩段程式中，我們可以看出，程序導向程式設計和物件導向程式設計的基本
區別就是程式的組織方式不同。程序導向程式設計風格的程式被組織成一組方法的
集合及其資料結構（如 struct User），並且方法和資料結構的定義是分開的。物件導
向程式設計風格的程式被組織成一組類別，方法和資料結構被綁定在一起，定義在
類別中。

分析完上面兩段程式，一些讀者可能會問，物件導向程式設計和程序導向程式設計
的區別就這些嗎？當然不是，關於這兩種程式設計風格的更多區別，請讀者繼續往
下看。

2.4.2　物件導向程式設計和程式導向程式設計的差異

2.4.1 節中，我們介紹了程序導向程式設計和程序導向程式設計語言的定義，並將它
們與物件導向程式設計和物件導向程式設計語言進行了對比。接下來，我們介紹一
下物件導向程式設計為什麼能夠取代程序導向程式設計，並成為目前主流的程式設
計範式。相較於程序導向程式設計，物件導向程式設計有哪些優勢？

（1）物件導向程式設計更適合應對大規模複雜程式的開發

透過 2.4.1 節中格式化文字檔的例子，讀者可能感覺兩種程式設計範式實作的程式相
差不多，無非就是程式的組織方式有區別，沒有感受到物件導向程式設計的明顯優
勢。之所以一些讀者有這種感受，主要是因為這個例子的程式比較簡單，不夠複雜。

對於簡單程式的開發,無論是使用程序導向程式設計風格,還是使用物件導向程式設計風格,二者實作的程式的差別確實不大,有時,程序導向程式設計風格甚至更有優勢,因為需求相當簡單,整個程式的處理流程只有一條主線,很容易被劃分成循序執行的幾個步驟,然後逐個步驟翻譯成程式,這就非常適合採用程序導向這種「麵條」式的程式設計風格。

但對於複雜的大規模程式的開發,整個程式的處理流程錯綜複雜,並非只有一條主線。如果我們把整個程式的處理流程畫出來,那麼它會是一個網狀結構。此時,如果我們再用程序導向程式設計這種流程化、線性的思維方式「翻譯」這個網狀結構,以及思考如何把程式拆解成一組循序執行的方法,就會比較吃力。這個時候,就能展現出物件導向程式設計風格的優勢了。

在物件導向程式設計中,我們以類別為思考物件。在進行物件導向程式設計時,我們並不是一開始就思考如何將複雜的流程拆解為一個個方法,而是採用「曲線救國」的策略,先思考如何給商業建模、如何將需求翻譯為類別和如何在類別之間建立互動關係,而完成這些工作完全不需要考慮錯綜複雜的處理流程。當我們有了類別的設計之後,再像堆積木一樣,按照處理流程,將類別進行組裝,形成整個程式。這種開發模式和思考問題的方式能夠讓我們在應對複雜程式開發時的思路更加清晰。

除此之外,物件導向程式設計還提供了一種模組化的程式組織方式。例如,一個電商交易系統的商業邏輯複雜,程式量很大,我們可能要定義數百個函式、數百個資料結構,如何分門別類地組織這些函式和資料結構,才能讓它們不會看起來凌亂呢?類別是一種非常好的組織這些函式和資料結構的方式,也是一種將程式模組化的有效手段。

讀者可能會說,對於 C 語言這種程序導向程式設計語言,我們可以按照功能的不同,把函式和資料結構放到不同的檔案裡,以達到給函式和資料結構分類的目的,也可以實作程式的模組化。這樣說是沒錯的,只不過物件導向程式設計本身提供了類別的概念,按照類別模組化程式是強制進行的,而程序導向程式設計語言並不強求以何種方式組織程式。

實際上,利用程序導向程式設計語言,我們照樣可以寫出物件導向程式設計風格的程式,只不過可能比用物件導向程式設計語言來寫物件導向程式設計風格的程式付出的代價要高一些。而且,程序導向程式設計和物件導向程式設計並非完全對立。在很多軟體發展中,儘管我們利用的是程序導向程式設計語言,但也借鑑了物件導向程式設計的一些優點。

（2）物件導向程式設計風格的程式易複用、易擴展、易維護

在上述文字檔處理的例子中，因為其程式比較簡單，所以我們只用到了類別、物件這兩個基本的物件導向概念，並沒有用到高級的四大特性：封裝、抽象、繼承和多型。物件導向程式設計的優勢其實並沒有發揮出來。

程序導向程式設計是一種非常簡單的程式設計風格，並沒有像物件導向程式設計那樣提供豐富的特性。而物件導向程式設計提供的封裝、抽象、繼承和多型特性，能夠極大地滿足複雜的程式設計需求，能夠方便我們寫出易複用、易擴展和易維護的程式，理由有如下 4 點。

1）首先，我們來看封裝特性。封裝特性是物件導向程式設計與程序導向程式設計的基本區別，因為封裝基於物件導向程式設計中的基本概念：類別。物件導向程式設計透過類別這種組織程式的方式，將資料和方法綁定在一起，透過存取權限控制，只允許外部呼叫者透過類別暴露的有限方法讀取資料，而不會像程序導向程式設計那樣，資料可以被任意方法隨意修改。因此，物件導向程式設計提供的封裝特性更有利於提高程式的易維護性。

2）其次，我們來看抽象特性。我們知道，函式本身就是一種抽象，它隱藏了具體的實作。在使用函式時，我們只需要瞭解函式具有什麼功能，不需要瞭解它是怎麼實作的。在這一點上，無論是程序導向程式設計還是物件導向程式設計，都支援抽象特性。不過，物件導向程式設計還提供了其他抽象特性的實作方式。這些實作方式是程序導向程式設計不具備的，如基於介面實作抽象特性。基於介面的抽象，可以在不改變原有實作的情況下，輕鬆替換新的實作邏輯，提高了程式的可擴展性。

3）再次，我們來看繼承特性。繼承特性是物件導向程式設計相較於程序導向程式設計所特有的兩個特性之一（另外一個是多型）。如果兩個類別有一些相同的屬性和方法，我們就可以將這些相同的程式抽取到父類別中，讓兩個子類別繼承父類別。這樣，兩個子類別就可以複用父別類中的程式碼，避免了程式重複編寫，提高了程式的複用性。

4）最後，我們來看多型特性。基於這個特性，在需要修改一個功能實作時，可以透過實作一個新的子類別的方式，在子類別中重寫原來的功能邏輯，用子類別替換父類別。在實際的程式執行過程中，呼叫子類別新的功能邏輯，而不是在原有程式上做修改。這樣，我們就遵守了「對修改關閉、對擴展開放」的設計原則，提高了程式的擴展性。除此之外，利用多型特性，不同類別的物件可以傳遞給相同的方法，複用同樣的邏輯，提高了程式的複用性。

所以說，基於這四大特性，利用物件導向程式設計，我們可以輕鬆地寫出易複用、易擴展和易維護的程式。當然，我們不能認為利用程序導向程式設計方式就不可以寫出易複用、易擴展和易維護的程式，但沒有四大特性的幫助，付出的代價可能要高一些。

（3）物件導向程式設計語言更加人性化、高級和智慧

人最初與機器「打交道」是透過 0、1 這樣的二進位指令；後來，使用的是組合語言；再後來，使用的是高級程式設計語言。在高級程式設計語言中，程序導向程式設計語言又早於物件導向程式設計語言出現。之所以先出現程序導向程式設計語言，是因為與機器互動的方式從二進位指令、組合語言，逐步發展到程序導向程式設計語言，這是一種自然的過渡，而且它們都屬於流程化、「麵條」式的程式設計風格，即用一組指令順序運算元據來完成一項任務。

從二進位指令到組合語言，再到程序導向程式設計語言，與機器互動的方式在不停演進，從中我們可以容易地發現一條規律，那就是程式設計語言越來越人性化，使得人與機器的互動變得越來越容易。籠統來說，程式設計語言越來越高級。實際上，在程序導向程式設計語言之後，物件導向程式設計語言的出現也順應了這樣的發展規律，也就是說，物件導向程式設計語言比程序導向程式設計語言更加高級！

與二進位指令、組合語言和程序導向程式設計語言相比，物件導向程式設計語言的程式設計套路、處理問題的方式是完全不一樣的。前三者使用的是電腦思維方式，而物件導向程式設計語言使用的是人類思維方式。在使用前 3 種語言程式設計時，我們是在思考如何設計一組指令，並「告訴」機器去執行這組指令，操作某些資料，完成某個任務。而在進行物件導向程式設計時，我們是在思考如何給商業建模，以及如何將真實世界映射為類別，這讓我們能夠聚焦於商業本身，而不是思考如何與機器打交道。可以這麼說，程式設計語言越高級，離機器越「遠」，離我們人類越「近」，它也就越「智慧」。

接著上述程式設計語言的發展規律，如果一種具有突破性的新的程式設計語言出現，那麼它肯定更加「智慧」。我們大膽想像一下，如果使用這種程式設計語言，那麼我們可以對電腦知識沒有任何瞭解，無須像現在這樣一行行地寫程式，只需要寫清楚需求說明文件，程式設計語言就能自動生成我們想要的軟體。

2.4.3　函式語言程式設計

函式語言程式設計並非新事物，它於 50 多年前就已經出現了。近幾年，函式語言程式設計開始重新被人關注，一些非函式語言程式設計語言加入了很多特性、語法和類別函式庫來支援函式語言程式設計，如 Java、Python、Ruby 和 JavaScript 等。

什麼是函式語言程式設計（Functional Programming）？

前面講到，程序導向程式設計、物件導向程式設計並沒有嚴格的官方定義。在當時的講解中，我只是提供了自己總結的定義。而且，當時提供的定義也只是對兩種程式設計範式主要特性的總結，並不是很嚴格。實際上，函式語言程式設計也是如此，它也沒有一個嚴格的官方定義。因此，我就從特性方面定義函式語言程式設計。

嚴格來講，函式語言程式設計中的「函式」並不是指程式設計語言中的「函式」，而是指數學中的「函式」或「運算式」（如 $y=f(x)$）。不過，在程式設計實作時，對於數學中的「函式」或「運算式」，我們習慣地將它們設計成函式。因此，如果不深究的話，那麼函式語言程式設計中的「函式」，也可以理解為程式設計語言中的「函式」。

每種程式設計範式都有其獨特的地方，這就是它們會被提取出來並作為一種範式的原因。物件導向程式設計最大的特點是以類別、物件作為組織程式的單元以及它的四大特性。程序導向程式設計最大的特點是以函式作為組織程式的單元，資料與方法分離。函式語言程式設計獨特的地方是它的程式設計思維。函式語言程式設計「認為」，程式可以用一系列數學函式或運算式的組合來表示。不過，真的可以把任何程式都表示成一組數學運算式嗎？

從理論上來講，這是可以的。但是，並不是所有的程式都適合這樣做。函式語言程式設計有它適合的應用情境，如科學計算、資料處理和統計分析等。在這些應用情境中，程式往往容易用數學運算式來表示。在實作同樣的功能時，相較於非函式語言程式設計，函式語言程式設計需要的程式更少。但是，對於強商業相關的大型商業系統開發，如果我們費力地將它抽象成數學運算式，非要用函式語言程式設計來實作，那麼顯然是自討苦吃。在強商業相關的大型商業系統開發情境下，使用物件導向程式設計更為合適，因為寫出來的程式更具可讀性和可維護性。

上面介紹的是函式語言程式設計的程式設計思維，具體到程式設計實作，函式語言程式設計與程序導向程式設計一樣，也是以函式作為組織程式的單元。不過，它與程序導向程式設計的區別在於，它的函式是無狀態的。何為無狀態？簡單來說，函式內部涉及的變數都是區域變數，不像物件導向程式設計，共用類別成員變數，也不像程序導向程式設計，共用全域變數。函式的執行結果只與輸入參數有關，與其他任何外部變數無關。同樣的輸入參數，無論怎麼執行，得到的結果都是一樣的。我們舉個例子來解釋一下。

下面的 increase() 函式是有狀態函式，執行結果依賴 b 的值，即便輸入參數相同，多次執行函數，函式的回傳值有可能不同，因為 b 的值有可能不同。

```
int b;
int increase(int a) {
  return a + b;
}
```

下面的 increase() 函式是無狀態函式，執行結果不依賴任何外部變數值，只要輸入參數相同，無論執行多少次，函式的回傳值都相同。

```
int increase(int a, int b) {
  return a + b;
}
```

前面講到，實作物件導向程式設計不一定非得使用物件導向程式設計語言，同理，實作函式語言程式設計也不一定非得使用函式語言程式設計語言。現在，很多物件導向程式設計語言提供了相應的語法、類別函式庫來支援函式語言程式設計。接下來，我們介紹一下 Java 這種物件導向程式設計語言對函式語言程式設計的支援，借此加深讀者對函式語言程式設計的理解。我們先看下面這段典型的 Java 函式語言程式設計的程式。

```
public class FPDemo {
  public static void main(String[] args) {
    Optional<Integer> result = Stream.of("foo", "bar", "hello")
            .map(s -> s.length())
            .filter(l -> l <= 3)
            .max((o1, o2) -> o1-o2);
    System.out.println(result.get());  // 輸出 2
  }
}
```

這段程式的作用是從一個字串陣列中過濾出字元長度小於或等於 3 的字串，並且求其中最長字串的長度。如果讀者不瞭解 Java 函式語言程式設計的語法，那麼可能對上面這段程式感覺有些懵住，因為 Java 為函式語言程式設計引入了 3 個新的語法概念：Stream 類別、Lambda 運算式和函式介面（functional interface）。其中，Stream 類別的作用是透過它支援用「.」級聯多個函式操作的程式編寫方式；Lambda 運算式的作用是簡化程式的編寫；函式介面的作用是讓我們可以把函式包裹成函式介面，把函式當做參數一樣使用（Java 不像 C 支援函式指標那樣可以把函式直接當參數來使用）。接下來，我們詳細講解這 3 個概念。

（1）Stream 類別

假設我們要計算運算式：$(3 - 1) \times 2 + 5$。如果按照普通的函式呼叫的方式來編寫程式，那麼程式如下。

```
add(multiply(subtract(3,1),2),5);
```

這樣寫的程式的可讀性不好，我們換個可讀性更好的寫法，如下所示。

```
subtract(3,1).multiply(2).add(5);
```

我們知道，在 Java 中，「.」表示呼叫關係，即某個物件呼叫了某個方法。為了支援上面這種級聯呼叫方式，我們讓每個函式都回傳一個通用型別：Stream 類別物件。在 Stream 類別上的操作有兩種：中間操作和終止操作。中間操作回傳的仍然是 Stream 類別物件，而終止操作回傳的是確定的結果值。

我們再來看之前的 FPDemo 類別。我們為 FPDemo 類別這段程式添加了註解，如下所示。其中，map、filter 是中間操作，回傳 Stream 類別物件，可以繼續級聯其他操作；max 是終止操作，回傳的不是 Stream 類別物件，無法繼續往下進行級聯處理了。具體回傳什麼型別的資料是由函式本身定義的。

```
public class FPDemo {
  public static void main(String[] args) {
    //of 回傳 Stream<String> 物件
    Optional<Integer> result = Stream.of("foo", "bar", "hello")
            .map(s -> s.length()) //map 回傳 Stream<Integer> 物件
            .filter(l -> l <= 3) //filter 回傳 Stream<Integer> 物件
            .max((o1, o2) -> o1-o2); //max 終止操作：回傳 Optional<Integer>
    System.out.println(result.get()); // 輸出 2
  }
}
```

（2）Lambda 運算式

前面講到，引入 Lambda 運算式的主要作用是簡化程式的編寫。我們用 map 函式舉例說明。下面列出 3 段程式，第一段程式展示了 map 函式的定義，map 函式接收的參數是一個 Function 介面，也就是後續要講到的函式介面；第二段程式展示了 map

函式的使用方式；第三段程式是使用 Lambda 運算式對第二段程式簡化之後的寫法。
實際上，Lambda 運算式在 Java 中只是一個語法糖，底層是基於函式介面實作的，
也就是第二段程式展示的寫法。

```
// 第一段程式：Stream 類別中 map 函式的定義
public interface Stream<T> extends BaseStream<T, Stream<T>> {
  <R> Stream<R> map(Function<? super T, ? extends R> mapper);
  //... 省略其他函式 ...
}
// 第二段程式：Stream 類別中 map 函式的使用方式
Stream.of("foo", "bar", "hello").map(new Function<String, Integer>() {
  @Override
  public Integer apply(String s) {
    return s.length();
  }
});
// 第三段程式：用 Lambda 運算式簡化後的寫法
Stream.of("foo", "bar", "hello").map(s -> s.length());
```

Lambda 運算式包括 3 部分：輸入、函式體和輸出，標準寫法如下所示。

```
(a, b) -> { 語句 1; 語句 2;...; return 輸出; } //a 和 b 是輸入參數
```

實際上，Lambda 運算式的寫法非常靈活，除上述標準寫法以外，還有很多簡化寫
法。例如，如果輸入參數只有一個，那麼可以省略「()」，直接寫成「a->{...}」；如
果沒有輸入參數，那麼可以直接將輸入和箭頭都省略，只保留函式體；如果函式體
只有一個語句，那麼可以將「{}」省略；如果函式沒有回傳值，那麼 return 語句可
以省略。

如果我們把之前 FPDemo 類別範例中的 Lambda 運算式全部替換為函式介面的實作
方式，那麼如下所示。程式是不是變多了？

```
Optional<Integer> result = Stream.of("foo", "bar", "hello")
        .map(s -> s.length())
        .filter(l -> l <= 3)
        .max((o1, o2) -> o1-o2);
// 將上述 Lambda 運算式替換為函式介面的實作方式
Optional<Integer> result2 = Stream.of("foo", "bar", "hello")
        .map(new Function<String, Integer>() {
          @Override
          public Integer apply(String s) {
            return s.length();
          }
        })
        .filter(new Predicate<Integer>() {
          @Override
          public boolean test(Integer l) {
            return l <= 3;
          }
```

```
    })
    .max(new Comparator<Integer>() {
      @Override
      public int compare(Integer o1, Integer o2) {
        return o1 - o2;
      }
    });
```

（3）函式介面

實際上，上面那段程式中的 Function、Predicate 和 Comparator 都是函式介面。我們知道，C 語言支援函式指標，它可以把函式直接當變數來使用。但是，Java 沒有函式指標這樣的語法，因此，它透過函式介面，將函式包裹在介面中，當做變數來使用。

實際上，函式介面就是介面。不過，它有自己特別的地方，那就是要求只包含一個未實作的方法。只有這樣，Lambda 運算式才能明確知道比對的是哪個介面。如果有兩個未實作的方法，並且介面輸入參數、回傳值都一樣，那麼 Java 在翻譯 Lambda 運算式時，就不知道運算式對應哪個方法。

為了讓讀者對函式介面有一個直觀的理解，我們把 Java 提供的 Function、Predicate 這兩個函式介面的原始碼列在下面。

```
@FunctionalInterface
public interface Function<T, R> {
    R apply(T t);    // 只有這一個未實作的方法

    default <V> Function<V, R> compose(Function<? super V, ? extends T> before) {
        Objects.requireNonNull(before);
        return (V v) -> apply(before.apply(v));
    }

    default <V> Function<T, V> andThen(Function<? super R, ? extends V> after) {
        Objects.requireNonNull(after);
        return (T t) -> after.apply(apply(t));
    }

    static <T> Function<T, T> identity() {
        return t -> t;
    }
}

@FunctionalInterface
public interface Predicate<T> {
    boolean test(T t);    // 只有這一個未實作的方法

    default Predicate<T> and(Predicate<? super T> other) {
```

```
            Objects.requireNonNull(other);
            return (t) -> test(t) && other.test(t);
        }

        default Predicate<T> negate() {
            return (t) -> !test(t);
        }

        default Predicate<T> or(Predicate<? super T> other) {
            Objects.requireNonNull(other);
            return (t) -> test(t) || other.test(t);
        }

        static <T> Predicate<T> isEqual(Object targetRef) {
            return (null == targetRef)
                    ? Objects::isNull
                    : object -> targetRef.equals(object);
        }
    }
```

2.4.4　物件導向程式設計和函式語言程式設計的差異

不同的程式設計範式並不是截然不同的，總有一些相同的程式設計規則。例如，無論是程序導向程式設計、物件導向程式設計，還是函式語言程式設計，它們都有變數、函式的概念，頂層都要有 main 函式執行入口，以組裝程式設計單元（類別、函式等）。只不過，物件導向程式設計的程式設計單元是類別或物件，程序導向程式設計的程式設計單元是函式，函式語言程式設計的程式設計單元是無狀態函式。

函式語言程式設計因其程式設計的特殊性，僅在科學計算、資料處理和統計分析等領域才能更好地發揮它的優勢。因此，它並不能完全替代更加通用的物件導向程式設計範式。但是，作為一種補充用途，它有很大的存在、發展和學習意義。

物件導向程式設計側重程式模組的設計，如類別的設計。而程序導向程式設計和函式語言程式設計側重具體的實作細節，如函式的編寫。這也是大部分講解設計模式的圖書喜歡使用物件導向程式設計語言舉例的原因。

2.4.5　思考題

在本節中，我們提到，相較於程序導向程式設計，物件導向程式設計更容易應對大規模複雜程式的開發。但是，UNIX、Linux 這樣複雜的系統是基於 C 語言這種程序導向程式設計語言開發的。讀者如何看待這種現象？這與本節的講解矛盾嗎？

上文中提到，常見的程式設計範式或程式設計風格有 3 種：程序導向程式設計、物件導向程式設計和函式語言程式設計，物件導向程式設計是目前主流的程式設計範式。現如今，大部分程式設計語言都屬於物件導向程式設計語言，大部分軟體都是基於物件導向程式設計範式開發的。

不過，在實際的開發工作中，很多讀者對物件導向程式設計有誤解，總以為使用物件導向程式設計語言進行開發，把所有程式都放到類別中，自然就是在進行物件導向程式設計了。實際上，他們只是在使用物件導向程式設計語言編寫程序導向風格的程式。有時候，有些程式從表面上看似物件導向程式設計風格，從本質上看，卻是程序導向程式設計風格的。

接下來，我們透過 3 個典型的程式範例，向讀者展示什麼樣的程式看似物件導向程式設計風格，實則程序導向程式設計風格。希望讀者透過這 3 個典型範例，能夠舉一反三，在平常的開發中，注意觀察自己寫的程式是否滿足物件導向程式設計風格要求。

2.5.1　濫用 getter、setter 方法

在之前參與的專案開發中，我發現，有些同事在定義完類別的屬性之後，就順便定義這些屬性的 getter、setter 方法。一些同事為了方便，甚至直接使用 IDE 或 Lombok 外掛程式（如果是 Java 專案的話）自動生成所有屬性的 getter、setter 方法。

當我向這些同事詢問為什麼要給每個屬性都定義 getter、setter 方法的時候，他們的理由一般是：getter、setter 方法以後可能用到，現在事先定義好，類別用起來更加方便，即便以後用不到這些 getter、setter 方法，定義它們也無傷大雅。

實際上，這樣的做法是不值得推薦的，因為這樣做違反了物件導向程式設計的封裝特性，相當於將物件導向程式設計風格退化成程序導向程式設計風格。範例程式如下。

```
public class ShoppingCart {
  private int itemsCount;
  private double totalPrice;
  private List<ShoppingCartItem> items = new ArrayList<>();

  public int getItemsCount() {
```

```
      return this.itemsCount;
  }

  public void setItemsCount(int itemsCount) {
    this.itemsCount = itemsCount;
  }

  public double getTotalPrice() {
    return this.totalPrice;
  }

  public void setTotalPrice(double totalPrice) {
    this.totalPrice = totalPrice;
  }

  public List<ShoppingCartItem> getItems() {
    return this.items;
  }

  public void addItem(ShoppingCartItem item) {
    items.add(item);
    itemsCount++;
    totalPrice += item.getPrice();
  }
  //... 省略其他方法 ...
}
```

在上述程式中，ShoppingCart 是一個簡化後的購物車類別，其中有 3 個私有（private）屬性：itemsCount、totalPrice 和 items。其中，對於 itemsCount、totalPrice 這兩個屬性，類別中定義了它們的 getter、setter 方法。對於 items 屬性，類別中定義了它的 getter 方法和 addItem() 方法。程式簡單，理解起來不難，但是，讀者有沒有發現這段程式隱藏的問題？

我們先來看屬性 itemsCount 和 totalPrice。雖然我們將它們定義成私有屬性，但是提供了公有（public）的 getter、setter 方法，這就與將這兩個屬性定義為公有屬性沒有區別了。任何程式都可以隨意呼叫 setter 方法來修改 itemsCount、totalPrice 屬性的值，這會導致 itemsCount、totalPrice 屬性的值與 items 屬性的值不一致。

物件導向程式設計的封裝特性的定義是：透過存取權限控制，隱藏內部資料，外部僅能透過類別提供的有限的介面讀取、修改內部資料。因此，暴露不應該暴露的 setter 方法，明顯違反了物件導向程式設計的封裝特性。資料沒有存取權限控制，任何程式都可以隨意修改它，程式就退化成程序導向程式設計風格。

看完前兩個屬性，我們再來看 items 屬性。對於 items 屬性，我們定義了 getter 方法和 addItem() 方法，並沒有定義 setter 方法。這樣的設計貌似沒有什麼問題，但實際上並非如此。

對於 itemsCount 和 totalPrice 這兩個屬性，定義一個公有的 getter 方法，確實無傷大雅，畢竟 getter 方法不會修改資料。但是，items 屬性就不一樣了，因為 items 屬性的 getter 方法回傳的是一個 List<ShoppingCartItem> 集合。外部呼叫者在獲得這個集合之後，可以如下所示修改集合內的資料。

```
ShoppingCart cart = new ShoppCart();
...
cart.getItems().clear();  // 清空購物車
```

讀者可能認為，清空購物車這樣的功能需求看起來合情合理，上面的程式沒有什麼不妥。需求是合理的，但是這樣的寫法會導致 itemsCount、totalPrice 和 items 三者資料不一致。我們不應該將清空購物車的商業邏輯暴露給上層程式。正確的做法應該如下程式所示，在 ShoppingCart 類別中定義 clear() 方法，將清空購物車的商業邏輯封裝在裡面，給呼叫者使用。

```
public class ShoppingCart {
  //... 省略其他程式 ...
  public void clear() {
    items.clear();
    itemsCount = 0;
    totalPrice = 0.0;
  }
}
```

如果有一個需求：查看購物車中都有什麼物品，ShoppingCart 類別就不得不提供 items 屬性的 getter 方法了，那麼，在這種需求下，我們應該如何避免上述問題呢？

使用 Java 語言解決這個問題是很簡單的。我們可以透過 Java 提供的 Collections.unmodifiableList() 方法，讓 getter 方法回傳一個不可被修改的 UnmodifiableList 集合，而 UnmodifiableList 重寫了 List 中與修改資料相關的方法，如 add()、clear() 等方法。一旦我們呼叫 UnmodifiableList 的這些修改資料的方法，程式就會拋出 UnsupportedOperationException 異常，這樣就避免了集合中的資料被修改。具體的程式實作如下所示。

```
public class ShoppingCart {
  //... 省略其他程式 ...

  public List<ShoppingCartItem> getItems() {
    return Collections.unmodifiableList(this.items);
  }
}

public class UnmodifiableList<E> extends UnmodifiableCollection<E> implements List<E> {
```

```
    public boolean add(E e) {
      throw new UnsupportedOperationException();
    }
    public void clear() {
      throw new UnsupportedOperationException();
    }

    //... 省略其他程式 ...
}

ShoppingCart cart = new ShoppingCart();
List<ShoppingCartItem> items = cart.getItems();
items.clear();  // 出 UnsupportedOperationException 异常
```

不過，上述實作思路仍然存在問題。當呼叫者透過 ShoppingCart 類別的 getItems()
方法獲取 items 集合之後，雖然無法修改集合中的資料，但仍然可以修改集合中每個
物件（ShoppingCartItem）的屬性。範例程式如下所示。

```
ShoppingCart cart = new ShoppingCart();
cart.add(new ShoppingCartItem(...));
List<ShoppingCartItem> items = cart.getItems();
ShoppingCartItem item = items.get(0);
item.setPrice(19.0);  // 這裡修改了 item 的價格屬性
```

這個問題應該如何解決？我們將在 6.6 節中給出答案。

getter、setter 方法的濫用問題講完了，我們總結一下，在設計類別時，除非真的需
要，否則，儘量不要給屬性定義 setter 方法。除此之外，儘管 getter 方法相對 setter
方法要安全一些，但是，如果回傳的是集合（如本例中的 List 容器），那麼也要防範
集合內部資料被修改的風險。

2.5.2　濫用全域變數和全域方法

首先，我們介紹什麼是全域變數和全域方法。

對於類似 C 語言這樣的程序導向程式設計語言，全域變數、全域方法在開發中隨處
可見，但對於類似 Java 這樣的物件導向程式設計語言，這二者就很少在開發中出
現了。

在物件導向程式設計中，常見的全域變數有單例類別物件、靜態成員變數和常數等，
常見的全域方法有靜態方法。單例類別物件在程式中只有一個，因此，它相當於一
個全域變數。靜態成員變數屬於類別中的資料，被所有的產生實體物件共用，也在
一定程度上相當於全域變數。而常數是一種常見的全域變數，如一些程式中的配置

參數,一般設定為常數,並放到 Constants 類別中。靜態方法一般用來操作靜態變數或外部資料。讀者可以聯想一下平時開發中常用的各種 Utils 類別,其中的方法一般定義成靜態方法,即在不建立物件的情況下,可以直接拿來使用。靜態方法將方法與資料分離,破壞了封裝特性,是典型的程序導向程式設計風格。

在剛才介紹的這些全域變數和全域方法中,Constants 類別和 Utils 類別最為常用。接下來,我們結合這兩個類別來深入探討全域變數和全域方法的利與弊。範例程式如下。

```
public class Constants {
  public static final String MYSQL_ADDR_KEY = "mysql_addr";
  public static final String MYSQL_DB_NAME_KEY = "db_name";
  public static final String MYSQL_USERNAME_KEY = "mysql_username";
  public static final String MYSQL_PASSWORD_KEY = "mysql_password";

  public static final String REDIS_DEFAULT_ADDR = "192.168.7.2:7234";
  public static final int REDIS_DEFAULT_MAX_TOTAL = 50;
  public static final int REDIS_DEFAULT_MAX_IDLE = 50;
  public static final int REDIS_DEFAULT_MIN_IDLE = 20;
  public static final String REDIS_DEFAULT_KEY_PREFIX = "rt:";

  //... 省略其他常數定義 ...
}
```

上述程式把該範例專案中所有用到的常數都集中放在 Constants 類別中。但是,定義一個如此大而全的 Constants 類別,並不是很好的設計思維。原因主要有以下 3 點。

1)首先,這樣的設計會影響程式的可維護性。

如果參與同一個專案的開發工程師有很多,在開發過程中,可能都會修改這個類別,如向這個類別裡添加常數,那麼這個類別會變得越來越大,甚至出現成千上百行程式,導致查詢或修改某個常數會變得費時費力,還會增加提交程式衝突的機率。

2)其次,這樣的設計會增加程式的編譯時間。

Constants 類別中包含的常數越多,依賴這個類別的程式就會越多。每次對 Constants 類別進行修改,都會導致依賴 Constants 類別的其他類別重新編譯,浪費很多不必要的編譯時間。不要小看編譯花費的時間,對於一個規模龐大的工程專案,編譯一次專案花費的時間可能是幾分鐘,甚至幾十分鐘。另外,在開發過程中,每次執行單元測試,都會觸發執行一次編譯,編譯時間過長會影響我們的開發效率。

3）最後，這樣的設計還會影響程式的複用性。

如果我們要在另一個專案中複用這個專案開發的某個類別，而這個類別又依賴 Constants 類別，即使這個類別只依賴 Constants 類別中的一小部分常數，那麼仍然需要將整個 Constants 類別一併引入，也就引入了很多無關的常數到另一個專案中。

那麼，我們如何改進 Constants 類別的設計呢？這裡有兩種想法可以參考。

其中一種想法是將 Constants 類別拆解為功能單一的多個類別，如將與 MySQL 配置相關的常數放到 MysqlConstants 類別中，將與 Redis 配置相關的常數放到 RedisConstants 類別中。另一種設計思維，也是我認為更合理的設計想法，是不單獨設計 Constants 類別，而是哪個類別用到了某個常數，我們就把這個常數定義到這個類別中。例如，RedisConfig 類別用到了 Redis 配置相關的常數，我們直接將這些常數定義在 RedisConfig 類別中，這樣提高了類別的內聚性和程式的複用性。

介紹完了 Constants 類別的相關問題，我們討論一下 Utils 類別。首先，我們思考一下為什麼需要 Utils 類別。

實際上，Utils 類別的出現基於這樣一個問題背景：假設有兩個類別：A 和 B，它們要使用同一個功能邏輯，我們不應該將相同的功能邏輯在兩個類別中重複實作。我們可以利用繼承特性來避免程式重複，把相同的屬性和方法抽取出來，定義到父類別中。子類別複用父類別中的屬性和方法，達到程式複用的目的。但是，有的時候，從商業含義上來說，A 類別和 B 類別並不一定具有繼承關係，如 Crawler 類別和 PageAnalyzer 類別，它們都用到了 URL 的拼接和分割功能，但並不具有繼承關係（既不是父子關係，又不是兄弟關係）。如果我們僅僅為了程式複用，硬生生地提取出一個父類別，那麼會影響程式的可讀性。對於不熟悉程式背後設計思維的其他人，當發現 Crawler 類別和 PageAnalyzer 類別繼承同一個父類別，而父類別中定義的卻是 URL 相關的操作，那麼會覺得這部分程式莫名其妙，無法理解。

既然繼承不能解決上述問題，那麼我們可以定義一個新的類別，實作 URL 的拼接和分割。而拼接和分割這兩個方法，不需要共用任何資料，因此，新的類別不需要定義任何屬性，這個時候，我們就可以把它定義為只包含靜態方法的 Utils 類別了。

實際上，只包含靜態方法而不包含任何屬性的 Utils 類別是程序導向程式設計風格的。不過，從剛才提到的 Utils 類別存在的目的來看，它在軟體發展中還是很有用的，因為能夠解決程式複用問題。因此，我們並不是說完全不能用 Utils 類別，而是提醒讀者不要濫用。

在定義 Utils 類別之前，我們要思考下列問題：我們真的需要單獨定義這樣一個 Utils 類別嗎？是否可以把 Utils 類別中的某些方法定義到其他類別中？如果在回答了這些問題之後，我們還是認為有必要定義一個 Utils 類別，就大膽地定義它吧！即便在物件導向程式設計中，我們也並不是完全排斥程序導向程式設計風格的程式。只要它能為我們寫出高品質的程式貢獻力量，我們就可以適度地去使用它。

除此之外，類比 Constants 類別的設計，我們在設計 Utils 類別時，最好也能進行細化，即針對不同的功能，設計不同的 Utils 類別，如 FileUtils、IOUtils、StringUtils 和 UrlUtils 等類別，儘量不要把所有的功能都放到一個大而全的 Utils 類別。

2.5.3　定義資料和方法分離的類別

還有一種在物件導向程式設計中常見的程序導向程式設計風格的程式：資料定義在一個類別中，而方法定義在另一個類別中。讀者可能認為，這麼明顯的程序導向程式設計風格的程式，誰會這樣寫呢？實際上，如果讀者基於 MVC 三層結構進行 Web 專案的後端開發，那麼這樣的程式幾乎天天都在寫。

傳統的 MVC 結構分為 Model 層、View 層和 Controller 層。不過，在前後端分離之後，這個 3 層結構在後端開發中會稍微進行調整，被重新分為 Controller 層、Service 層和 Repository 層。Controller 層負責暴露介面給前端呼叫，Service 層負責核心商業邏輯，Repository 層負責資料讀寫。每一層又會定義相應的 VO（ViewObject）、BO（BusinessObject）和 Entity。一般情況下，VO、BO 和 Entity 中只定義資料，不定義方法，方法定義在 Controller 類別、Service 類別和 Repository 類別中。這就是典型的程序導向程式設計風格。

實際上，這種開發模式稱為基於「貧血」模型的開發模式，也是我們現在常用的一種 Web 專案的後端開發模式。看到這裡，讀者心裡可能有疑惑，既然這種開發模式明顯違背物件導向程式設計風格，那麼，為什麼大部分 Web 專案都是基於這種開發模式進行開發的呢？關於這個問題，我們在 2.8 節中詳細解答。

看了上述物件導向程式設計中出現程序導向程式設計風格的程式的討論，我們再來探討一個問題：為什麼我們會在物件導向程式設計中，容易寫出程序導向程式設計風格的程式？

讀者可以聯想一下，在生活中，我們準備完成一個任務時，一般會思考先做什麼、後做什麼，如何一步步地執行一系列操作，以便完成這個任務。程序導向程式設計風格恰恰符合人的這種流程化思維方式，而物件導向程式設計風格正好相反，它是一種自底向上的思考方式，也就是不先按照執行流程分解任務，而是首先將任務翻譯成一個個類別，然後設計類別之間的互動，最後按照流程將類別組裝起來，完成整個任務。我們在 2.3 節中提到，這樣的思考路徑適合複雜程式的開發，但並不完全符合人的思維習慣。

除此之外，物件導向程式設計的難度要比程序導向程式設計高一些。在物件導向程式設計中，類別的設計需要一定的技巧和經驗。我們要思考如何封裝合適的資料和方法到一個類別中，如何設計類別之間的關係，以及如何設計類別之間的互動等諸多問題。

基於以上兩點原因，很多工程師在開發專案的過程，傾向於使用不需要太動腦筋的方式實作需求，也就不經意地將程式寫成程序導向程式設計風格了。

前面講了物件導向程式設計相較於程序導向程式設計的各種優勢，又講了哪些程式看似物件導向程式設計風格，實則程序導向程式設計風格。那麼，是不是程序導向程式設計風格過時了？將要被淘汰了？在物件導向程式設計中，是不是要杜絕寫程序導向程式設計風格的程式呢？

前面講過，如果我們開發的是一個簡單的程式，或者一個資料處理相關程式，以演算法為主，資料為輔，那麼腳本式的程序導向程式設計風格更加適合。當然，程序導向程式設計的用武之地不止這些。實際上，程序導向程式設計是物件導向程式設計的基礎。類別整體是物件導向程式設計風格的，但聚焦類別中的每個方法，它們都是程序導向程式設計風格的。

物件導向和程序導向兩種程式設計風格並不是非黑即白、完全對立的。在使用物件導向程式設計語言開發專案時，程序導向程式設計風格的程式並不少見，甚至在一些標準開發庫（如 JDK、Apache Commons 和 Google Guava）中，也存在大量程序導向程式設計風格的程式。

無論是使用程序導向程式設計風格還是物件導向程式設計風格編寫程式，最終的目的還是希望寫出易維護、易讀、易複用和易擴展的高品質的程式。只要我們能夠控制使用程序導向程式設計風格寫程式的副作用，在掌控範圍內為我所用，就大可放心地在物件導向程式設計中編寫程序導向程式設計風格的程式。

2.5.4 思考題

1）本節講到，使用物件導向程式設計語言寫出來的程式不一定是物件導向程式設計風格的，有可能是程序導向程式設計風格的。另外，使用程序導向程式設計語言照樣可以寫出物件導向程式設計風格的程式。儘管程序導向程式設計語言可能沒有現成的語法來支援物件導向程式設計的四大特性，但一般來說，可以透過其他方式來類比，如在 C 語言中，我們可以利用函式指標來類比多型。如果讀者熟悉一門程序導向程式設計語言，那麼，是否能說一下如何在這門程式設計語言中使用其他語法來類比物件導向程式設計的四大特性？

2）看似物件導向程式設計風格，實則程序導向程式設計風格的程式有很多。除本節提到的 3 種，讀者還遇到過哪些？

2.6 基於「貧血」模型的傳統開發模式是否違背 OOP

據我瞭解，大部分工程師是做商業開發的，很多商業系統都是基於 MVC 三層架構開發的。實際上，更確切地講，這是一種基於「貧血」模型的 MVC 三層架構開發模式。雖然這種開發模式已經成為標準的 Web 專案的開發模式，但它違反了物件導向程式設計風格，是徹徹底底的程序導向程式設計風格，因此，被有些人稱為反模式（anti-pattern）。特別是領域驅動設計（Domain Driven Design，DDD）流行之後，這種基於「貧血」模型的傳統開發模式開始被人詬病。而基於「充血」模型的 DDD 開發模式開始被人提倡。在本節中，我們介紹這兩種開發模式，並探討下列問題：為什麼基於「貧血」模型的傳統開發模式違反 OOP? 基於「貧血」模型的傳統開發模式既然違反 OOP，那麼為什麼如此流行？我們應該在什麼情況下考慮使用基於「充血」模型的 DDD 開發模式？

2.6.1 基於「貧血」模型的傳統開發模式

我相信，大部分後端開發工程師不會對 MVC 三層架構感到陌生。不過，為了統一大家對 MVC 的認識，我在 2.5.3 節介紹的基礎上，擴展介紹一下 MVC 三層架構。

MVC 將整個專案分為 3 層：展示層、邏輯層和資料層。MVC 三層架構是一種籠統的分層方式，落實到具體的開發層面，很多專案並不會完全遵從 MVC 固定的分層方式，而是會根據具體的專案需求，進行適當調整。

例如,目前,很多 Web 都是前後端分離的,後端負責暴露接口供前端呼叫。在這種情況下,我們一般將後端專案分為 3 層:Repository、Service 和 Controller。其中,Repository 層負責資料讀取,Service 層負責商業邏輯,Controller 層負責暴露介面。當然,這只是其中一種分層和命名方式。儘管不同的團隊會針對不同的專案進行調整,但基本的分層想法類似。

在介紹完 MVC 三層架構之後,我們介紹什麼是「貧血」模型。

實際上,讀者可能一直在使用「貧血」模型進行開發,只是自己不知道而已。毫不誇張地講,據我瞭解,目前幾乎所有的商業後端系統都是基於「貧血」模型開發的。我們舉例解釋一下,程式如下所示。

```
/** Controller+VO(View Object) **/
public class UserController {
    // 透過構造函式或 IoC(控制反轉)框架注入
  private UserService userService;

  public UserVo getUserById(Long userId) {
    UserBo userBo = userService.getUserById(userId);
    UserVo userVo = [...convert userBo to userVo...];
    return userVo;
  }
}

public class UserVo { // 省略其他屬性、getter/setter/constructor 方法
  private Long id;
  private String name;
  private String cellphone;
}

/**Service+BO(Business Object) **/
public class UserService {
  private UserRepository userRepository; // 透過構造函式或 IoC 框架注入

  public UserBo getUserById(Long userId) {
    UserEntity userEntity = userRepository.getUserById(userId);
    UserBo userBo = [...convert userEntity to userBo...];
    return userBo;
  }
}

public class UserBo { // 省略其他屬性、getter/setter/constructor 方法
  private Long id;
  private String name;
  private String cellphone;
}

/**Repository+Entity **/
public class UserRepository {
  public UserEntity getUserById(Long userId) { //... }
```

```
    }

    public class UserEntity { // 省略其他屬性、getter/setter/constructor 方法
      private Long id;
      private String name;
      private String cellphone;
    }
```

實際上，在平時開發 Web 後端專案時，我們基本上都是像上述程式那樣組織程式
的。其中，UserEntity 類別和 UserRepository 類別組成了資料讀取層，UserBo 類別
和 UserService 類別組成了商業邏輯層，UserVo 類別和 UserController 類別在這裡屬
於介面層。

從上述程式中，我們可以發現，UserBo 類別是一個純粹的資料結構，只包含資料，
不包含任何商業邏輯。商業邏輯集中在 UserService 類別中。我們透過 UserService
類別操作 UserBo 類別。換句話說，Service 層的資料和商業邏輯被分割到兩個類
別中。像 UserBo 這樣只包含資料，不包含商業邏輯的類別，稱為「貧血」模型
（Anemic Domain Model）。同理，UserEntity 類別和 UserVo 類別都是基於「貧血」
模型設計的。「貧血」模型將資料與操作分離，破壞了物件導向程式設計的封裝特性，
屬於典型的程序導向程式設計風格。

2.6.2　基於「充血」模型的 DDD 開發模式

上面講了基於「貧血」模型的傳統開發模式，接下來，我們再來看一下基於「充血」
模型的 DDD 開發模式。

首先，我們介紹一下什麼是充血模型。

在「貧血」模型中，資料和商業邏輯被分割到不同的類別中。「充血」模型（Rich
Domain Model）正好相反，資料和對應的商業邏輯被封裝到同一個類別中。因此，
「充血」模型滿足物件導向程式設計的封裝特性，屬於典型的物件導向程式設計
風格。

然後，我們介紹一下什麼是領域驅動設計。

領域驅動設計（DDD）主要用來指導如何解耦商業系統，劃分商業模組，以及定義
商業領域模型及其互動。領域驅動設計這個概念並不新穎，早在 2004 年就被提出，
發展到現在，已經有十幾年的歷史了。不過，它被大家看到，還是因為微服務的興
起。

我們知道，除了監控、呼叫鏈追蹤和 API 閘道等服務治理系統的開發以外，微服務還有一個更加重要的工作，那就是對公司的商業合理地進行服務劃分。而領域驅動設計恰好是用來指導服務劃分的。因此，微服務加速了領域驅動設計的流行。

不過，我認為，領域驅動設計類似敏捷開發、SOA 和 PaaS 等，這些概念聽起來「很威風」，實際上沒有太多複雜的內容。即便讀者對領域驅動設計這個概念一無所知，只要讀者開發過商業系統，就會或多或少用過它。做好領域驅動設計的關鍵是對商業的熟悉程度，而並不是對領域驅動設計這個概念本身的理解程度。即便我們非常清楚領域驅動設計這個概念，但是，如果我們對商業不熟悉，那麼也不能得到合理的領域設計。因此，我們不要把領域驅動設計當成「銀彈」（可以簡單地理解為「百寶箱」），沒必要花太多的時間過度地研究它。

實際上，基於「充血」模型的 DDD 開發模式實作的程式一般是按照 MVC 三層架構分層的。Controller 層還是負責暴露介面，Repository 層還是負責資料讀取，Service 層負責商業邏輯。它與基於「貧血」模型的傳統開發模式的主要區別在 Service 層。

在基於「貧血」模型的傳統開發模式中，Service 層包含 Service 類別和 BO 類別兩部分，BO 類是「貧血」模型，只包含資料，不包含具體的商業邏輯。商業邏輯集中在 Service 類別中。在基於「充血」模型的 DDD 開發模式中，Service 層包含 Service 類別和 Domain 類別兩部分。Domain 類別相當於「貧血」模型中的 BO 類別。與 BO 類別的區別在於，Domain 類別是基於「充血」模型開發的，既包含資料，又包含商業邏輯。而 Service 類別變得非常「單薄」。總結一下，基於「貧血」模型的傳統的開發模式，重 Service 類別，輕 BO 類別；基於「充血」模型的 DDD 開發模式，輕 Service 類別，重 Domain 類別。

2.6.3 兩種開發模式的應用差異

我們透過一個稍微複雜的例子介紹如何應用這兩種開發模式進行開發，特別是基於「充血」模型的 DDD 開發模式。

很多具有購買、支付功能的應用程式（如淘寶、京東金融等）都支援「錢包」功能。應用為每個使用者開設一個系統內的虛擬錢包帳戶。虛擬錢包的基本操作大致包含入帳、出帳、轉帳和查詢餘額等。我們開發一個介面系統來供前端或其他系統呼叫，實作入帳、出帳、轉帳和查詢餘額等基本操作。

我們先看一下如何利用基於「貧血」模型的傳統開發模式開發這個系統。

我們還是應用經典的 MVC 三層結構。其中，Controller 和 VO 負責暴露介面，具體的程式結構如下所示。注意，在 Controller 中，介面實作比較簡單，主要是呼叫 Service 方法，因此，程式中省略了這部分實作。

```
public class WalletController {
  // 透過構造函式或框架注入
  private WalletService walletService;

  public BigDecimal getBalance(Long walletId) { ... } // 查詢餘額
  public void debit(Long walletId, BigDecimal amount) { ... } // 出帳
  public void credit(Long walletId, BigDecimal amount) { ... } // 入帳
  public void transfer(Long fromWalletId, Long toWalletId, BigDecimal amount) { ...} //
轉帳
}
```

Service 和 BO 核心商業邏輯，Repository 和 Entity 負責資料讀取。Repository 層的程式實作比較簡單，不是本書講解的重點，因此也省略了。Service 和 BO 的程式如下所示。注意，這裡省略了一些不重要的驗證程式，如對 amount 是否小於 0、錢包是否存在的驗證等。

```
public class WalletBo { // 省略 getter、setter 和 constructor 方法
  private Long id;
  private Long createTime;
  private BigDecimal balance;
}

public class WalletService {
  // 透過構造函式或 IoC 框架注入
  private WalletRepository walletRepo;

  public WalletBo getWallet(Long walletId) {
    WalletEntity walletEntity = walletRepo.getWalletEntity(walletId);
    WalletBo walletBo = convert(walletEntity);
    return walletBo;
  }

  public BigDecimal getBalance(Long walletId) {
    return walletRepo.getBalance(walletId);
  }

  @Transactional
  public void debit(Long walletId, BigDecimal amount) {
    WalletEntity walletEntity = walletRepo.getWalletEntity(walletId);
    BigDecimal balance = walletEntity.getBalance();
    if (balance.compareTo(amount) < 0) {
      throw new NoSufficientBalanceException(...);
    }
    walletRepo.updateBalance(walletId, balance.subtract(amount));
  }
```

```java
@Transactional
public void credit(Long walletId, BigDecimal amount) {
  WalletEntity walletEntity = walletRepo.getWalletEntity(walletId);
  BigDecimal balance = walletEntity.getBalance();
  walletRepo.updateBalance(walletId, balance.add(amount));
}

@Transactional
public void transfer(Long fromWalletId, Long toWalletId, BigDecimal amount) {
  debit(fromWalletId, amount);
  credit(toWalletId, amount);
}
}
```

後端工程師應該可以很好地理解上述基於「貧血」模型的傳統開發模式實作的程式。現在，**我們介紹一下如何利用基於「充血」模型的 DDD 開發模式實作這個系統？**

前面講到，基於「充血」模型的 DDD 開發模式與基於「貧血」模型的傳統開發模式的主要區別在 Service 層，Controller 層和 Repository 層的程式基本相同。因此，我們重點介紹一下 Service 層如何按照基於「充血」模型的 DDD 開發模式實作。

在基於「充血」模型的 DDD 開發模式下，我們把表示虛擬錢包的 Wallet 類別設計成一個「充血」的領域模型，並且將原來位於 Service 類別中的部分商業邏輯移到 Wallet 類別中，讓 Service 類別的實作依賴 Wallet 類別。具體的程式結構如下所示。

```java
public class Wallet { // 領域模型 (「充血」模型 )
  private Long id;
  private Long createTime = System.currentTimeMillis();
  private BigDecimal balance = BigDecimal.ZERO;

  public Wallet(Long preAllocatedId) {
    this.id = preAllocatedId;
  }

  public BigDecimal balance() {
    return this.balance;
  }

  public void debit(BigDecimal amount) {
    if (this.balance.compareTo(amount) < 0) {
      throw new InsufficientBalanceException(...);
    }
    this.balance = this.balance.subtract(amount);
  }

  public void credit(BigDecimal amount) {
    if (amount.compareTo(BigDecimal.ZERO) < 0) {
      throw new InvalidAmountException(...);
    }
```

```
      this.balance = this.balance.add(amount);
    }
  }

  public class WalletService {
    // 透過構造函式或框架注入
    private WalletRepository walletRepo;

    public VirtualWallet getWallet(Long walletId) {
      WalletEntity walletEntity = walletRepo.getWalletEntity(walletId);
      Wallet wallet = convert(walletEntity);
      return wallet;
    }

    public BigDecimal getBalance(Long walletId) {
      return walletRepo.getBalance(walletId);
    }

    @Transactional
    public void debit(Long walletId, BigDecimal amount) {
      WalletEntity walletEntity = walletRepo.getWalletEntity(walletId);
      Wallet wallet = convert(walletEntity);
      wallet.debit(amount);
      walletRepo.updateBalance(walletId, wallet.balance());
    }

    @Transactional
    public void credit(Long walletId, BigDecimal amount) {
      WalletEntity walletEntity = walletRepo.getWalletEntity(walletId);
      Wallet wallet = convert(walletEntity);
      wallet.credit(amount);
      walletRepo.updateBalance(walletId, wallet.balance());
    }

    @Transactional
    public void transfer(Long fromWalletId, Long toWalletId, BigDecimal amount) {
      debit(fromWalletId, amount);
      credit(toWalletId, amount);
    }
  }
```

在上述程式中，領域模型對應的 **Wallet** 類別很「單薄」，包含的商業邏輯簡單。相較於原來的「貧血」模型的設計思維，這種「充血」模型的設計思維似乎沒有太大優勢。這也是大部分商業系統使用基於「貧血」模型開發的原因。不過，如果虛擬錢包系統需要支援更加複雜的商業邏輯，那麼「充血」模型的優勢就體現出來了。例如，虛擬錢包系統需要支援透支一定的額度和凍結部分餘額的功能。這個時候，我們重新看一下 **Wallet** 類別的實作，程式如下所示。

```
  public class Wallet {
    private Long id;
```

```
      private Long createTime = System.currentTimeMillis();
      private BigDecimal balance = BigDecimal.ZERO;
      private boolean isAllowedOverdraft = true;
      private BigDecimal overdraftAmount = BigDecimal.ZERO;
      private BigDecimal frozenAmount = BigDecimal.ZERO;

      public Wallet(Long preAllocatedId) {
        this.id = preAllocatedId;
      }

      public void freeze(BigDecimal amount) { ... }
      public void unfreeze(BigDecimal amount) { ...}
      public void increaseOverdraftAmount(BigDecimal amount) { ... }
      public void decreaseOverdraftAmount(BigDecimal amount) { ... }
      public void closeOverdraft() { ... }
      public void openOverdraft() { ... }

      public BigDecimal balance() {
        return this.balance;
      }

      public BigDecimal getAvailableBalance() {
        BigDecimal totalAvailableBalance = this.balance.subtract(this.frozenAmount);
        if (isAllowedOverdraft) {
          totalAvailableBalance += this.overdraftAmount;
        }
        return totalAvailableBalance;
      }

      public void debit(BigDecimal amount) {
        BigDecimal totalAvailableBalance = getAvailableBalance();
        if (totalAvailableBalance.compareTo(amount) < 0) {
          throw new InsufficientBalanceException(...);
        }
        this.balance = this.balance.subtract(amount);
      }

      public void credit(BigDecimal amount) {
        if (amount.compareTo(BigDecimal.ZERO) < 0) {
          throw new InvalidAmountException(...);
        }
        this.balance = this.balance.add(amount);
      }
  }
```

領域模型對應的 Wallet 類別添加了簡單的凍結和透支邏輯之後，功能豐富了很多，程式也沒那麼「單薄」了。如果功能繼續演進，那麼我們可以增加細化的凍結策略、透支策略，以及支援錢包帳號（Wallet 類別中的 id 欄位）自動生成（不是透過構造函式從外部傳入 ID，而是透過分散式 ID 生成演算法自動生成 ID）等。Wallet 類別的商業邏輯會變得越來越複雜，也就非常值得設計成「充血」模型了。

對於上面的設計和實作，讀者可能有下列兩個疑問，我解答一下。

第一個疑問：在基於「充血」模型的 DDD 開發模式中，我們將商業邏輯移到 Domain 類別中，Service 類別變得很「單薄」，但並沒有完全將 Service 類別去掉，這是為什麼？或者可以這麼問，Service 類別在這種情況下承擔的職責是什麼？哪些功能邏輯會放到 Service 類別中？

區別於 Domain 類別的職責，Service 類別主要有下列 3 種職責。

職責一：Service 類別負責與 Repository 層「交流」。在上述程式中，WalletService 類別負責與 Repository 層互動，呼叫 Repository 類別的方法獲取資料庫中的資料，轉換成領域模型對應的 Wallet 類別，然後由 Wallet 類別完成商業邏輯，最後由 Service 類別呼叫 Repository 類別的方法，將資料存回資料庫。

之所以讓 WalletService 類別與 Repository 層打交道，而不是讓領域模型對應的 Wallet 類別與 Repository 層打交道，是因為我們想要保持領域模型的獨立性，不與任何其他層的程式（如 Repository 層的程式）或開發框架（如 Spring、MyBatis）耦合在一起，將流程性的程式邏輯（如從資料庫中獲取資料、映射資料）與領域模型的商業邏輯解耦，讓領域模型通用和易複用。

職責二：Service 類別負責跨領域模型的商業聚合工作。WalletService 類別中的轉帳函式 transfer() 涉及兩個錢包的操作，因此，這部分商業邏輯無法放到 Wallet 類別中，於是我們暫且把轉帳商業放到 WalletService 類別中。當然，隨著功能演進，轉帳商業變複雜之後，我們可以將轉帳功能抽取出來，設計成一個獨立的領域模型。

職責三：Service 類別負責一些非功能性及與第三方系統互動的工作。例如冪等、事務、發郵件、發訊息、記錄日誌、呼叫其他系統的 RPC 介面等。

第二個疑問：在基於「充血」模型的 DDD 開發模式中，儘管 Service 層被改造成了「充血」模型，但是 Controller 層和 Repository 層還是「貧血」模型。我們是否有必要將 Controller 層和 Repository 層改造為「充血」模型？

答案是沒有必要。Controller 層主要負責暴露介面，Repository 層主要負責與資料庫打交道，這兩層包含的商業邏輯並不多。前面我們提到過，如果商業邏輯比較簡單，就沒必要設計成「充血」模型。如果設計成「充血」模型，那麼類別非常「單薄」，看起來非常奇怪。儘管這樣的設計是程序導向程式設計風格的，但只要我們控制好程序導向程式設計風格的副作用，照樣可以開發出優秀的軟體。那麼，如何控制好程序導向程式設計風格的副作用呢？

就拿 Repository 層的 Entity 來說，即便它被設計成「貧血」模型，違反物件導向程式設計的封裝特性，有被任意修改的風險，但 Entity 的生命週期是有限的。一般來講，我們把它傳遞到 Service 層之後，它就會轉換成 BO 或 Domain 來繼續處理。Entity 的生命週期到此就結束了，因此，它並不會被任意修改。

我們再來說一下 Controller 層的 VO。實際上，VO 是一種 DTO（Data Transfer Object，資料傳輸物件）。它主要是作為介面的資料傳輸承載體，將資料發送給其他系統。從功能上來講，它理應不包含商業邏輯，只包含資料。因此，它被設計成「貧血」模型是合理的。

2.6.4 基於「貧血」模型的傳統開發模式被廣泛應用的原因

前面講過，基於「貧血」模型的傳統開發模式將資料與商業邏輯分離，違反了物件導向程式的封裝特性，是程序導向程式設計風格的。但是，目前幾乎所有的後端商業系統都是基於這種「貧血」模型的開發模式開發的，甚至 Java Spring 框架的官方範例程式也是按照這種開發模式寫的。

前面也講過，程序導向程式設計風格有多種弊端，如數據和操作分離之後，對資料的操作就不受限制了，任何程式都可以隨意修改資料。既然基於「貧血」模型的這種開發模式是程序導向程式設計風格的，那麼它又為什麼會被廣大程式設計師接受呢？關於這個問題，我提供下面 3 個原因。

1）在大部分情況下，我們開發的系統的商業都比較簡單，只包含基於 SQL 的 CRUD 操作，於是，我們不需要精心設計「充血」模型，因為「貧血」模型足以應付這種簡單的商業的開發。除此之外，由於商業比較簡單，因此，即便我們使用「充血」模型，那麼模型本身包含的商業邏輯也並不會很多，設計出來的領域模型也會比較「單薄」，與「貧血」模型差不多，沒有太大意義。

2）「充血」模型的設計難度比「貧血」模型大，因為「充血」模型是物件導向程式設計風格的，從一開始，我們就要設計好針對資料要暴露哪些操作，以及定義哪些商業邏輯。而不是像「貧血」模型那樣，我們最初只需要定義資料，之後若有任何功能開發需求，就在 Service 層中定義相應的操作，不需要事先進行太多設計。

3）思維僵化，轉型有成本。基於「貧血」模型的傳統開發模式已出現多年，深入人心，大多數程式設計師習以為常。對於一些資深程式設計師，他們過往參與的所有 Web 專案應該都是基於這種開發模式開發的，而且沒有出現過太大的問題。

如果他們轉向使用「充血」模型、領域驅動設計，那麼勢必增加學習成本、轉型成本。在沒有遇到開發痛點的情況下，很多程式設計師不願意做這種事情。

2.6.5　基於「充血」模型的 DDD 開發模式的應用情境

既然使用基於「貧血」模型的傳統開發模式進行開發已經成為了一種開發習慣，那麼，什麼樣的專案應該考慮使用基於「充血」模型的 DDD 開發模式呢？

上文提到，基於「貧血」模型的傳統開發模式適合商業簡單的系統的開發。同樣的，基於「充血」模型的 DDD 開發模式適合商業複雜的系統的開發，如包含利息計算模型、還款模型等複雜商業模型的金融系統。

有些讀者可能認為，落實到程式層面，這兩種開發模式的區別就是，一個將商業邏輯放到 Service 類別中，另一個將商業邏輯放到領域模型中。為什麼基於「貧血」模型的傳統開發模式不能應對複雜商業系統的開發？而基於「充血」模型的 DDD 開發模式就可以應對呢？

實際上，除我們能夠看到的程式層面的區別以外（其中一個將商業邏輯放在 Service 層，另一個將商業邏輯放在領域模型中），它們之間還有一個重要的區別，那就是兩種開發模式會導致不同的開發流程。在應對複雜商業系統的開發的時候，基於「充血」模型的 DDD 開發模式的開發流程更具優勢。為什麼這麼說呢？我們先回憶一下，在平時使用基於「貧血」模型的傳統開發模式時，是如何實作一個功能需求的。

毫不誇張地講，我們平時的開發工作大部分都是 SQL 驅動（SQL-Driven）的。當我們接到一個後端介面的開發需求時，就會去看介面需要的資料對應到資料庫中，需要哪張表或哪幾張表，然後思考如何寫 SQL 語句來獲取資料。之後就是定義 Entity、BO 和 VO，然後向對應的 Repository 類別、Service 類別和 Controller 類別中添加程式。

商業邏輯包裹在一個大的 SQL 語句中。這個大的 SQL 語句套件攬了絕大部分工作。Service 層可以做的事情很少。除此之外，SQL 語句是針對特定的商業功能編寫的，複用性極差。當我們要開發另一個類似的商業功能時，只能重新再編寫一個 SQL 語句，這就可能導致程式中充斥著很多區別很小的 SQL 語句。

在這個過程中，很少有人會應用領域模型、物件導向程式設計的概念，也很少有人有程式複用的意識。對於簡單的商業系統，基於「貧血」模型的傳統開發模式問題不大。但對於複雜商業系統的開發，這樣的開發方式會讓程式越來越混亂，最終導致無法維護。

如果我們在專案中應用基於「充血」模型的 DDD 開發模式，那麼對應的開發流程就完全不一樣了。在這種開發模式下，我們需要事先理清所有商業，定義領域模型所包含的屬性和方法。領域模型相當於可複用的商業中間層。新功能需求的開發都是基於這一可複用的商業中間層完成的。

系統越複雜，對程式的複用性、易維護性要求越高，我們就應該花更多的時間和精力在前期設計上。基於「充血」模型的 DDD 開發模式，正好需要我們前期進行大量的商業調研和領域模型設計，因此，它更加適合複雜商業系統的開發。

2.6.6　思考題

在讀者經歷的專案中，哪些是基於「貧血」模型的傳統開發模式開發的？哪些是基於「充血」模型的 DDD 開發模式開發的？

2.7　介面和抽象類別：如何使用普通類別類比介面和抽象類別

在物件導向程式設計中，抽象類別和介面是兩個經常被提及的語法概念，也是物件導向程式設計的四大特性，以及很多設計模式和設計原則程式設計實作的基礎。例如，我們可以使用介面實作物件導向的抽象特性、多型特性和基於介面而非實作的設計原則，使用抽象類別實作物件導向的繼承特性和模板設計模式，等等。

不過，並不是所有的物件導向程式設計語言都支援這兩個語法概念，如 C++ 這種程式設計語言只支援抽象類別，不支援介面；而像 Python 這樣的動態程式設計語言，既不支援抽象類別，又不支援介面。儘管有些程式設計語言沒有提供現成的語法來支援介面和抽象類別，但是我們仍然可以透過一些手段類比實作這兩個語法概念。

這兩個語法概念不但在工作中經常會被用到，而且在面試中經常被提及。介面和抽象類別的區別是什麼？什麼時候使用介面？什麼時候使用抽象類別？抽象類別和介面存在的意義是什麼？透過閱讀本節內容，相信讀者可以從中找到答案。

2.7.1　抽象類別和介面的定義與區別

不同的程式設計語言對介面和抽象類別的定義方式可能有差別，但差別並不會很大。因為 Java 既支援抽象類別，又支援介面，所以我們使用 Java 進行舉例講解，以便讀者對這兩個語法概念有直觀的認識。

首先，我們看一下如何在 Java 中定義抽象類別。

下面這段程式是一個典型的抽象類別使用情境（模板設計模式）。Logger 是一個記錄日誌的抽象類別，FileLogger 類別和 MessageQueueLogger 類別繼承 Logger 類別，分別實作不同的日誌記錄方式：將日誌輸出到檔案中和將日誌輸出到訊息佇列中。FileLogger 和 MessageQueueLogger 兩個子類別複用了父類別 Logger 中的 name、enabled、minPermittedLevel 屬性，以及 log() 方法，但因為這兩個子類別輸出日誌的方式不同，所以它們又各自重寫了父類別中的 doLog() 方法。

```java
public abstract class Logger {
  private String name;
  private boolean enabled;
  private Level minPermittedLevel;

  public Logger(String name, boolean enabled, Level minPermittedLevel) {
    this.name = name;
    this.enabled = enabled;
    this.minPermittedLevel = minPermittedLevel;
  }

  public void log(Level level, String message) {
    boolean loggable = enabled && (minPermittedLevel.intValue() <= level.
intValue());
    if (!loggable) return;
    doLog(level, message);
  }

  protected abstract void doLog(Level level, String message);
}

// 抽象類別的子類別：輸出日誌到檔案
public class FileLogger extends Logger {
  private Writer fileWriter;

  public FileLogger(String name, boolean enabled,
    Level minPermittedLevel, String filepath) {
    super(name, enabled, minPermittedLevel);
    this.fileWriter = new FileWriter(filepath);
  }

  @Override
  public void doLog(Level level, String mesage) {
    // 格式化 level 和 message，並輸出到日誌檔案
    fileWriter.write(...);
  }
}

// 抽象類別的子類別：輸出日誌到消息中介軟體（如 Kafka）
public class MessageQueueLogger extends Logger {
  private MessageQueueClient msgQueueClient;
```

```
    public MessageQueueLogger(String name, boolean enabled,
      Level minPermittedLevel, MessageQueueClient msgQueueClient) {
      super(name, enabled, minPermittedLevel);
      this.msgQueueClient = msgQueueClient;
    }

    @Override
    protected void doLog(Level level, String mesage) {
      // 格式化 level 和 message，並輸出到消息中介軟體
      msgQueueClient.send(...);
    }
  }
```

結合上述範例，我們總結了下列抽象類別的特點。

1）抽象類別不允許被產生實體，只能被繼承。也就是說，我們不能透過關鍵字 new
   定義一個抽象類別的物件（寫「Logger logger = new Logger(...);」語句會報編譯
   錯誤）。

2）抽象類別可以包含屬性和方法。方法可以包含程式實作（如 Logger 類別中的
   log() 方法），也可以不包含程式實作（如 Logger 類別中的 doLog() 方法）。不包
   含程式實作的方法稱為抽象方法。

3）子類別繼承抽象類別時，必須實作抽象類別中的所有抽象方法。對應到範例程式
   中，所有繼承 Logger 抽象類別的子類別都必須重寫 doLog() 方法。

上面是對抽象類別的定義。接下來，我們看一下如何在 Java 中定義介面。我們還是
先看一段範例程式。

```
  public interface Filter {
    void doFilter(RpcRequest req) throws RpcException;
  }

  // 介面實作類別：驗證篩檢程式
  public class AuthencationFilter implements Filter {
    @Override
    public void doFilter(RpcRequest req) throws RpcException {
      //... 省略驗證邏輯 ...
    }
  }

  // 介面實作類別：限流篩檢程式
  public class RateLimitFilter implements Filter {
    @Override
    public void doFilter(RpcRequest req) throws RpcException {
      //... 省略限流邏輯 ...
    }
  }
```

```
// 篩檢程式使用範例
public class Application {
  private List<Filter> filters = new ArrayList<>();

  public Application() {
    filters.add(new AuthencationFilter());
    filters.add(new RateLimitFilter());
  }

  public void handleRpcRequest(RpcRequest req) {
    try {
      for (Filter filter : fitlers) {
        filter.doFilter(req);
      }
    } catch(RpcException e) {
      //... 省略處理過濾結果 ...
    }
    //... 省略其他處理邏輯 ...
  }
}
```

上述程式是一個典型的介面使用情境。透過 Java 中的 interface 關鍵字，我們定義了一個 Filter 介面。AuthencationFilter 和 RateLimitFilter 是介面的兩個實作類別，分別實作了對 RPC 請求驗證和限流。結合上述程式，我們總結了下列介面的特點。

1）介面不能包含屬性（也就是成員變數）。

2）介面只能聲明方法，方法不能包含程式實作。

3）類別實作介面時，必須實作介面中聲明的所有方法。

有些讀者可能說，在 Java 1.8 版本之後，介面中的方法可以包含程式實作，並且介面可以包含靜態成員變數。注意，這只不過是 Java 語言對介面定義的妥協，目的是方便使用。拋開 Java 這一具體的程式設計語言，介面仍然具有上述 3 個特點。

在上文中，我們介紹了抽象類別和介面的定義，以及各自的語法特性。從語法特性方面對比，抽象類別和介面有較大的區別，如抽象類別中可以定義屬性、方法的實作，而介面中不能定義屬性，方法也不能包含程式實作等等。除語法特性以外，從設計的角度對比，二者也有較大的區別。

抽象類別也屬於類別，只不過是一種特殊的類別，這種類別不能被產生實體為物件，只能被子類別繼承。我們知道，繼承關係是一種 is-a 關係，那麼，抽象類別既然屬於類別，也表示一種 is-a 關係。相較於抽象類別的 is-a 關係，介面表示一種 has-a 關係（或 can-do 關係、behave like 關係），表示具有某些功能。因此，介面有一個形象的叫法：協議（contract）。

2.7.2 抽象類別和介面存在的意義

在 2.7.1 節中，我們介紹了抽象類別和介面的定義與區別，現在我們探討一下抽象類別和介面存在的意義，以便讀者知其然，知其所以然。

為什麼需要抽象類別？它能夠在程式設計中解決什麼問題？

在 2.7.1 節中，我們講到，抽象類別不能被產生實體，只能被繼承。之前，我們還講過，繼承能夠解決程式複用問題。因此，抽象類別是為程式複用而生的。多個子類別可以繼承抽象類別中定義的屬性和方法，這樣可以避免在子類別中重複編寫相同的程式。

既然繼承就能達到程式複用的目的，而繼承並不要求父類別必須是抽象類別，那麼，不使用抽象類別照樣可以實作繼承和複用。從這個角度來看，抽象類別語法似乎是多餘的。那麼，除了解決程式複用問題以外，抽象類別還有其他存在的意義嗎？

我們還是結合之前輸出日誌的範例程式進行講解。不過，我們需要先對之前的程式進行改造。在改造之後，Logger 不再是抽象類別，只是一個普通類別。另外，我們刪除了 Logger 類別中的 log()、doLog() 方法，新增了 isLoggable() 方法。FileLogger 類別和 MessageQueueLogger 類別仍然繼承 Logger 類別。具體程式如下。

```
// 父類別 Logger：非抽象類別，就是普通類別，刪除了 log() 和 doLog() 方法，新增了 isLoggable()
方法
public class Logger {
  private String name;
  private boolean enabled;
  private Level minPermittedLevel;

  public Logger(String name, boolean enabled, Level minPermittedLevel) {
    //... 構造函式不變，程式省略 ...
  }

  protected boolean isLoggable() {
    boolean loggable = enabled && (minPermittedLevel.intValue() <= level.
intValue());
    return loggable;
  }
}

// 子類別：輸出日誌到檔案
public class FileLogger extends Logger {
  private Writer fileWriter;

  public FileLogger(String name, boolean enabled,
    Level minPermittedLevel, String filepath) {
    //... 構造函式不變，程式省略 ...
```

```
    }

    public void log(Level level, String mesage) {
      if (!isLoggable()) return;
      // 格式化 level 和 message，並輸出到日誌檔案
      fileWriter.write(...);
    }
  }

  // 子類別：輸出日誌到消息中介軟體 ( 如 Kafka)
  public class MessageQueueLogger extends Logger {
    private MessageQueueClient msgQueueClient;

    public MessageQueueLogger(String name, boolean enabled,
      Level minPermittedLevel, MessageQueueClient msgQueueClient) {
      //... 構造函式不變，程式省略 ...
    }

    public void log(Level level, String mesage) {
      if (!isLoggable()) return;
      // 格式化 level 和 message，並輸出到訊息中介軟體
      msgQueueClient.send(...);
    }
  }
```

雖然上面這段程式的設計思維達到了程式複用的目的，但是無法使用多型特性。

如果我們像下面這樣編寫程式，就會出現編譯錯誤，因為 Logger 類別中並沒有定義 log() 方法。

```
    Logger logger = new FileLogger("access-log", true, Level.WARN, "/users/wangzheng/access.
log");
    logger.log(Level.ERROR, "This is a test log message.");
```

讀者可能會說，這個問題的解決很簡單，在 Logger 類別中，定義一個空的 log() 方法，讓子類別重寫 Logger 類別的 log() 方法，並實作自己的日誌輸出邏輯，不就可以了嗎？程式如下所示。

```
    public class Logger {
      //... 省略部分程式 ...
      public void log(Level level, String mesage) { // 方法體為空 }
    }

    public class FileLogger extends Logger {
      //... 省略部分程式 ...
      @Override
      public void log(Level level, String mesage) {
        if (!isLoggable()) return;
        // 格式化 level 和 message，並輸出到日誌檔案
        fileWriter.write(...);
```

```
    }
  }

  public class MessageQueueLogger extends Logger {
    //... 省略部分程式 ...
    @Override
    public void log(Level level, String mesage) {
      if (!isLoggable()) return;
      // 格式化 level 和 message，並輸出到訊息中介軟體
      msgQueueClient.send(...);
    }
  }
```

雖然上面這段程式的設計思維可用，能夠解決問題，但是，它顯然沒有之前基於抽象類別的設計思維優雅，理由如下。

1）在 Logger 類別中，定義一個空的方法，會影響程式的可讀性。如果我們不熟悉 Logger 類別背後的設計思維，以及程式的註解不詳細，那麼，在閱讀 Logger 類別的程式時，有可能產生為什麼定義一個空的 log() 方法的疑問。或許，我們需要透過查看 Logger、FileLogger 和 MessageQueueLogger 之間的繼承關係，才能明白其背後的設計意圖。

2）當建立一個新的子類別並繼承 Logger 類別時，我們很有可能忘記重新實作 log() 方法。之前基於抽象類別的設計思維，編譯器會強制要求子類別重寫 log() 方法，否則會報編譯錯誤。讀者可能會問，既然要定義一個新的 Logger 類別的子類別，那麼怎麼會忘記重新實作 log() 方法呢？其實，我們舉的例子比較簡單，Logger 類別中的方法不多，程式行數也很少。我們可以想像一下，如果 Logger 類別中有幾百行程式，包含很多方法，除非我們對 Logger 類別的設計非常熟，否則，極有可能忘記重新實作 log() 方法。

3）Logger 類別可以被產生實體，換句話說，我們可以透過關鍵字 new 定義一個 Logger 類別的物件，並且呼叫它的空的 log() 方法。這增加了類別被誤用的風險。當然，這個問題可以透過設定私有的構造函式的方式來解決。不過，這顯然沒有基於抽象類別的實作思路優雅。

為什麼需要介面？它能夠在程式設計中解決什麼問題？

抽象類別側重程式複用，而介面側重解耦。介面是對行為的一種抽象，相當於一組協議或契約，讀者可以類比 API。呼叫者只需要關注抽象的介面，不需要瞭解具體的實作，具體的實作對呼叫者透明。介面實作了約定和實作分離，可以降低程式的耦合度，提高程式的可擴展性。

2.7.3　類比實作抽象類別和介面

有些程式設計語言只有抽象類別，並沒有介面，如 C++。實際上，我們可以透過抽象類別類比介面，只要它滿足介面的特性（介面中沒有成員變數，只有方法聲明，沒有方法實作，實作介面的類別必須實作介面中的所有方法）即可。在下面這段 C++ 程式中，我們使用抽象類別類比了一個介面。

```
class Strategy { // 用抽象類別類比介面
  public:
    virtual ~Strategy();
    virtual void algorithm()=0;

  protected:
    Strategy();
};
```

抽象類別 Strategy 沒有定義任何屬性，並且所有的方法都聲明為 virtual（等同於 Java 中的 abstract 關鍵字）型別，這樣，所有的方法都不能有程式實作，並且所有繼承這個抽象類別的子類別都要實作這些方法。從語法特性上來看，這個抽象類別就相當於一個介面。

不過，現在流行的動態程式設計語言，如 Python、Ruby 等，它們不但沒有介面的概念，而且沒有抽象類別。在這種情況下，我們可以使用普通類別類比介面。具體的 Java 程式實作如下。

```
public class MockInterface {
  protected MockInterface() {}

  public void funcA() {
    throw new MethodUnSupportedException();
  }
}
```

我們知道，類別中的方法必須包含實作，但這不符合介面的定義。其實，我們可以讓類別中的方法拋出 MethodUnSupportedException 異常來類比不包含實作的介面，並且，在子類別繼承父類別時，強迫子類別主動實作父類別的方法，否則會在執行時拋出異常。那麼，如何避免這個類別被產生實體呢？我們只需要將構造函式設定成 protected 屬性，這樣就能避免非同一套件（package）下的類別去產生實體 MockInterface。不過，這樣做還是無法避免同一套件下的類別去產生實體 MockInterface。為了解決這個問題，我們可以學習 Google Guava 中 @VisibleForTesting 註解的做法，自訂一個註解，人為地表明其不可產生實體。

上面講了如何用抽象類別來類比介面，以及如何用普通類別來類比介面，那麼，如何用普通類別來模擬抽象類別呢？我們可以類比 MockInterface 類別的處理方式，讓本該為 abstract 的方法內部拋出 MethodUnSupportedException 異常，並且將構造函式設定為 protected 屬性，避免產生實體。

2.7.4　抽象類別和介面的應用情境

在真實的專案開發中，什麼時候該用抽象類別？什麼時候該用介面？

實際上，判斷的標準很簡單。如果我們要表示一種 is-a 關係，並且是為了解決程式複用的問題，那麼使用抽象類別；如果我們要表示一種 has-a 關係，並且是為了解決抽象而非程式複用的問題，那麼使用介面。

從類別的繼承層次上來看，抽象類別是一種自下而上的設計思維，先有子類別的程式重複，再提取出上層的父類別（也就是抽象類別）。而介面正好相反，它是一種自上而下的設計思維。在程式設計開發時，一般先設計介面，再考慮具體的實作。

2.7.5　思考題

讀者熟悉的程式設計語言是否有現成的語法支援介面和抽象類別呢？

2.8　基於介面而非實作程式設計：是否要為每個類別都定義介面

2.7 節中，我們介紹了介面和抽象類別的定義、區別、存在的意義與應用情境等。本節介紹一種與「介面」相關的設計思維：基於介面而非實作程式設計，它非常重要且在平時的開發中經常被用到。

2.8.1　介面的多種理解方式

「基於介面而非實作程式設計」設計思維的英文描述是：「Program to an interface, not an implementation」。在理解這個設計思維的時候，我們不要一開始就與具體的程式設計語言掛鉤，否則會局限在程式設計語言的「介面」語法（如 Java 中的介面語法）中。這個設計思維最早出現在 1994 年出版的由 Erich Gamma 等 4 人合著的 Design Patterns: Elements of Reusable Object-Oriented Software 一書中。它先於很多程式設計語言誕生（如 Java 語言誕生於 1995 年），是一種抽象、泛化的設計思維。

實際上，理解這個設計思維的關鍵，就是理解其中的「介面」兩字。還記得我們在 2.7 節中講到的「介面」的定義嗎？從本質上來看，「介面」就是一組「協議」或「約定」，是功能提供者提供給使用者的一個「功能列表」。「介面」在不同的應用情況下會有不同的解讀，如服務端與使用者端之間的「介面」，類別函式庫提供的「介面」，甚至，一組通信協定也可以稱為「介面」。不過，這些對「介面」的理解都是偏上層和偏抽象的理解，與實際的程式編寫關係不大。落實到具體的程式編寫上，「基於介面而非實作程式設計」設計思維中的「介面」，可以被理解為程式設計語言中的介面或抽象類別。

應用這個設計思維能夠有效地提高程式品質，之所以這麼說，是因為面向介面而非實作程式設計可以將介面和實作分離，封裝不穩定的實作，暴露穩定的介面。上游系統面向下游系統提供的介面程式設計，不依賴不穩定的實作細節，這樣，當實作發生變化時，上游系統的程式基本不需要改動，以此降低耦合性，提高擴展性。

實際上，「基於介面而非實作程式設計」設計思維的另一個表述方式是「基於抽象而非實作程式設計」。後者其實更能體現這個設計思維的設計初衷。在軟體發展中，比較大的挑戰是如何應對需求的不斷變化。抽象、頂層和脫離具體某一實作的設計能夠提高程式的靈活性，從而可以更好地應對未來的需求變化。好的程式設計，不但能夠應對當下的需求，而且在將來需求發生變化時，仍然能夠在不破壞原有程式設計的情況下靈活應對。而抽象剛好就是提高程式的擴展性、靈活性和可維護性的有效手段。

2.8.2　設計思維實戰應用

我們透過具體的例子來介紹其如何應用「基於介面而非實作程式設計」設計思維。

假設系統中多處涉及圖片的處理和儲存相關邏輯。圖片經過處理之後，被上傳到雲端。為了程式複用，我們將圖片儲存相關的程式邏輯封裝為統一的 AliyunImageStore 類別，供整個系統使用。具體的程式實作如下。

```
public class AliyunImageStore {
    //... 省略屬性、構造函式等 ...

    public void createBucketIfNotExisting(String bucketName) {
        //... 省略建立 bucket 的程式邏輯，失敗時會拋出異常 ...
    }

    public String generateAccessToken() {
        //... 省略生成 access Token 的程式邏輯 ...
    }
```

```
        public String uploadToAliyun(Image image, String bucketName, String
accessToken) {
            //... 省略上傳圖片到雲端的程式邏輯 ...
        }

        public Image downloadFromAliyun(String url, String accessToken) {
            //... 省略從雲端中下載圖片的程式邏輯 ...
        }
    }

    //AliyunImageStore 類別的使用範例
    public class ImageProcessingJob {
        private static final String BUCKET_NAME = "ai_images_bucket";
        //... 省略其他無關程式 ...

        public void process() {
            Image image = ...; // 處理圖片，並封裝為 Image 類別的物件
            AliyunImageStore imageStore = new AliyunImageStore(/* 省略參數 */);
            imageStore.createBucketIfNotExisting(BUCKET_NAME);
            String accessToken = imageStore.generateAccessToken();
            imageStore.uploadToAliyun(image, BUCKET_NAME, accessToken);
        }
    }
```

圖片的整個上傳流程包含 3 個步驟：建立 bucket（可以簡單理解為儲存目錄）、生成 access Token 讀取憑證、攜帶 access Token 上傳圖片到指定的 bucket。

上述程式簡單、結構清晰，完全能夠滿足將圖片儲存到雲端的商業需求。不過，軟體發展中唯一不變的就是變化。過了一段時間，如果我們自建了私人雲端設備，不再將圖片儲存到雲端，而是儲存到自建的私人雲端設備上，那麼，為了滿足這一需求變化，我們應該如何修改程式呢？

我們需要重新設計實作一個儲存圖片到私人雲端設備的 PrivateImageStore 類別，並用它替換專案中所有用到 AliyunImageStore 類別的地方。為了儘量減少替換過程中的程式改動，PrivateImageStore 類別中需要定義與 AliyunImageStore 類別相同的 public 方法，並且按照上傳私人雲端設備的邏輯重新實作。但是，這樣做存在下列兩個問題。

第一個問題：AliyunImageStore 類別中有些函式的命名暴露了實作細節，如 uploadToAliyun() 和 downloadFromAliyun()。如果我們在開發這個功能時沒有介面意識、抽象思維，那麼這種暴露實作細節的命名方式並不足為奇，畢竟最初我們只需要考慮將圖片儲存到雲端上（此處舉阿里雲為例）。如果我們把這種包含「aliyun」字眼的方法搬到 PrivateImageStore 類別中，那麼顯然是不合適的。如果在新類別中重新命名 uploadToAliyun()、downloadFromAliyun() 這些方法，就意味著需要修改專案中所有用到這兩個方法的程式，需要修改的地方可能很多。

第二個問題：將圖片儲存到雲端的流程與儲存到私人雲端設備的流程可能並不完全一致。例如，在使用雲端進行圖片的上傳和下載的過程中，需要生成 access Token，而私人雲端設備不需要 access Token。因此，AliyunImageStore 類別中定義的 generateAccessToken() 方法不能照搬到 PrivateImageStore 類別中；在使用 AliyunImageStore 類別上傳、下載圖片的時候，用到了 generateAccessToken() 方法，如果要改為私人雲端設備的圖片上傳、下載流程，那麼這些程式都需要進行調整。

那麼，上述這兩個問題應該如何解決呢？根本的解決方法是，在程式編寫的一開始，就要遵循基於介面而非實作程式設計的設計思維。具體來講，我們需要做到以下 3 點。

1）函式的命名不能暴露任何實作細節。例如，前面提到的 uploadToAliyun() 就不符合此要求，應該去掉「aliyun」這樣的字眼，改為抽象的命名方式，如 upload()。

2）封裝具體的實作細節。例如，與雲端相關的特殊上傳（或下載）流程不應該暴露給呼叫者。我們應該對上傳（或下載）流程進行封裝，對外提供一個包含所有上傳（或下載）細節的方法，供呼叫者使用。

3）為實作類別定義抽象的介面。具體的實作類別依賴統一的介面定義。使用者依賴介面而不是具體的實作類別進行程式設計。

按照上面這個思維，我們將程式進行重構。重構後的程式如下所示。

```
public interface ImageStore {
  String upload(Image image, String bucketName);
  Image download(String url);
}

public class AliyunImageStore implements ImageStore {
  //... 省略屬性、構造函式等 ...
  public String upload(Image image, String bucketName) {
    createBucketIfNotExisting(bucketName);
    String accessToken = generateAccessToken();
    //... 省略從雲端中下載圖片的程式邏輯 ...
  }

  public Image download(String url) {
    String accessToken = generateAccessToken();
    //... 省略建立 bucket 的程式邏輯，失敗時會拋出異常 ...
  }

  private void createBucketIfNotExisting(String bucketName) {
    //... 省略生成 access Token 的程式邏輯 ...
  }

  private String generateAccessToken() {
    //... 省略生成 access Token 的程式 ...
```

```
      }
  }

  // 上傳和下載流程改變：私人雲端設備不需要支援 access Token
  public class PrivateImageStore implements ImageStore {
    public String upload(Image image, String bucketName) {
      createBucketIfNotExisting(bucketName);
      //... 省略上傳圖片到私人雲端設備的程式邏輯 ...
    }

    public Image download(String url) {
      //... 省略從私人雲端設備中下載圖片的程式邏輯 ...
    }

    private void createBucketIfNotExisting(String bucketName) {
      //... 省略建立 bucket 的程式邏輯，失敗時會拋出異常 ...
    }
  }

  //ImageStore 介面的使用範例
  public class ImageProcessingJob {
    private static final String BUCKET_NAME = "ai_images_bucket";
    //... 省略其他無關程式 ...

    public void process() {
      Image image = ...;   // 處理圖片，並封裝為 Image 類別的物件
      ImageStore imageStore = new PrivateImageStore(...);
      imageStore.upload(image, BUCKET_NAME);
    }
  }
```

在定義介面時，很多工程師希望透過實作類別來反推介面的定義，即先把實作類別寫好，再看實作類別中有哪些方法，並照搬到介面定義中。如果按照這種思考方式，就有可能導致介面定義不夠抽象、依賴具體的實作。這樣的介面設計就沒有意義了。不過，如果讀者認為這種思考方式順暢，那麼可以接受，但要注意，在將實作類別中的方法搬移到介面定義中時，要有選擇性地進行搬移，不要搬移與具體實作相關的方法，如 AliyunImageStore 類別中的 generateAccessToken() 方法就不應該被搬移到介面中。

總結一下，在編寫程式時，我們一定要有抽象意識、封裝意識和介面意識。介面定義不要暴露任何實作細節。介面定義只表明做什麼，不表明怎麼做。而且，在設計介面時，我們需要仔細思考介面的設計是否通用，是否能夠在將來某一天替換介面實作時，不需要改動任何介面定義。

2.8.3　避免濫用介面

看了上面的講解，讀者可能有如下疑問：為了滿足這個設計思維，是不是需要給每個實作類都定義對應的介面？是不是任何程式都要只依賴介面，不依賴實作程式設計呢？

做任何事情都要講求一個「度」。如果過度使用這個設計思維，非要給每個類別都定義介面，介面「滿天飛」，那麼會產生不必要的開發負擔。關於什麼時候應該為某個類別定義介面，以及什麼時候不需要定義介面，我們進行權衡的根本還是「基於介面而非實作程式設計」設計思維產生的初衷。

「基於介面而非實作程式設計」設計思維產生的初衷是，將介面和實作分離，封裝不穩定的實作，暴露穩定的介面。上游系統面向介面而非實作程式設計，不依賴不穩定的實作細節，這樣，當實作發生變化時，上游系統的程式基本不需要做改動，以此降低程式的耦合性，提高程式的擴展性。

從這個設計思維的產生初衷來看，如果在商業情境中，某個功能只有一種實作方式，未來也不可能被其他實作方式替換，那麼沒有必要為其設計介面，也沒有必要基於介面程式設計，直接使用實作類別即可。還有，基於介面而非實作程式設計的另一種表述是基於抽象而非實作程式設計，即便某個功能的實作方式未來可能變化，如果不會有兩種實作方式同時在被使用，就可以在原實作類別中進行實作方式的修改。函式本身也是一種抽象，它封裝了實作細節。只要函式定義足夠抽象，不用介面也可以滿足基於抽象而非實作的設計思維要求。

2.8.4　思考題

在本節最終重構之後的程式中，儘管我們透過介面隔離了兩個具體的實作，但是，專案中很多地方都是透過類似下面的方式使用介面。這就會產生一個問題：如果需要替換圖片儲存方式，那麼還是需要修改很多程式。對此，讀者有什麼好的實作想法嗎？

```
//ImageStore 的使用範例
public class ImageProcessingJob {
  private static final String BUCKET_NAME = "ai_images_bucket";
  //... 省略其他無關程式 ...

  public void process() {
    Image image = ...;  // 處理圖片，並封裝為 Image 類別的物件
    ImageStore imageStore = new PrivateImageStore(/* 省略構造函式 */);
    imagestore.upload(image, BUCKET_NAME);
  }
```

2.9 組合優於繼承：什麼情況下可以使用繼承

物件導向程式設計中有一條經典的設計原則：組合優於繼承，也常被描述為多用組合，少用繼承。為什麼不推薦使用繼承？相較於繼承，組合有哪些優勢？如何決定是使用組合還是使用繼承？本節圍繞這 3 個問題詳細講解這條設計原則。

2.9.1 為什麼不推薦使用繼承

繼承是物件導向程式設計的四大特性之一，用來表示類別之間的 is-a 關係，可以解決程式複用問題。雖然繼承有諸多作用，但繼承層次太深、太過複雜，會影響程式的可維護性。對於是否應該在專案中使用繼承，目前存在很多爭議。很多人認為繼承是一種反模式，應該儘量少用，甚至不用。為什麼會有這樣的爭議呢？我們透過一個例子解釋一下。

假設我們要設計一個關於鳥的類別。我們將「鳥」這樣一個抽象的事物概念定義為一個抽象類別 **AbstractBird**。所有細分的鳥，如麻雀、鴿子和烏鴉等，都繼承這個抽象類別。

我們知道，大部分鳥都會飛，那麼可不可以在 AbstractBird 抽象類別中定義一個 fly() 方法呢？答案是否定的。儘管大部分鳥都會飛，但也有特例，如鴕鳥就不會飛。鴕鳥類別繼承具有 fly() 方法的父類別，那麼鴕鳥就具有了「飛」這樣的行為，這顯然不符合我們對現實世界中事物的認識。當然，讀者可能會說，在鴕鳥這個子類別中重寫（override）fly() 方法，讓它拋出 UnSupportedMethodException 異常不就可以了嗎？具體的程式實作如下。

```
public class AbstractBird {
  //... 省略其他屬性和方法 ...
  public void fly() { ... }
}
public class Ostrich extends AbstractBird { // 鴕鳥類別
  //... 省略其他屬性和方法 ...
  public void fly() {
    throw new UnSupportedMethodException("I can't fly.");
  }
}
```

雖然這種設計思維可以解決問題，但不夠優雅，因為除鴕鳥以外，不會飛的鳥還有一些，如企鵝。對於所有不會飛的鳥，我們都需要重寫 fly() 方法，並拋出異常。這

樣的設計，一方面，徒增程式的工作量；另一方面，違背了 3.8 節要講的最少知識原
則（The Least Knowledge Principle，也稱為迪米特法則），暴露不該暴露的介面給外
部，增加了類別使用過程中被誤用的機率。

讀者可能又會說，可以透過 AbstractBird 類別派生出兩個細分的抽象類別：
AbstractFlyableBird（會飛的鳥類別）和 AbstractUnFlyableBird（不會飛的鳥類別），
讓麻雀、烏鴉這些會飛的鳥對應的類別都繼承 AbstractFlyableBird 類別，讓鴕鳥、
企鵝這些不會飛的鳥對應的類別都繼承 AbstractUnFlyableBird 類別，如圖 2-7 所示。
是不是就可以解決問題了呢？

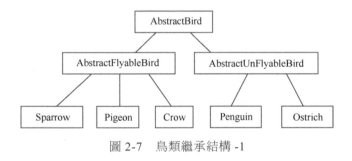

圖 2-7　鳥類繼承結構 -1

從圖 2-7 中，我們可以看出，繼承關係變成了 3 層。從整體上來講，目前的繼承關
係還比較簡單，層次比較淺，也算是一種可以接受的設計思維。我們繼續添加需求。
在上文提到的情境中，我們只關注「鳥會不會飛」，但如果我們還要關注「鳥會不會
叫」，那麼，這個時候，又該如何設計類別之間的繼承關係呢？

是否會飛和是否會叫可以產生 4 種組合：會飛會叫、不會飛但會叫、會飛但不
會叫、不會飛不會叫。如果沿用上面的設計思維，那麼需要再定義 4 個抽象類
別：AbstractFlyableTweetableBird、AbstractFlyableUnTweetableBird、Abstract-
UnFlyableTweetableBird 和 AbstractUnFlyableUnTweetableBird。此處的繼承關係如
圖 2-8 所示。

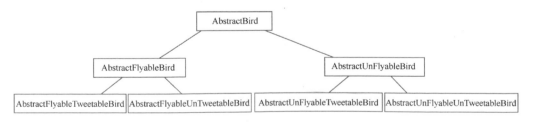

圖 2-8　鳥類繼承結構 -2

如果我們還需要考慮「是否會下蛋」，那麼組合數量會呈指數式增長。也就是說，類別的繼承層次會越來越深，繼承關係會越來越複雜。這種層次很深、很複雜的繼承關係會導致程式的可讀性變差，因為我們要弄清楚某個類別包含哪些方法、屬性，就必須閱讀父類別的程式、父類別的父類別的程式……一直追溯到頂層父類別。另外，這破壞了類別的封裝特性，因為將父類別的實作細節暴露給了子類別。子類別的實作依賴父類別的實作，二者高度耦合，一旦父類別的程式被修改，那麼會影響所有的子類別。

總之，繼承最大的問題就在於：繼承層次過深、繼承關係過於複雜，會影響程式的可讀性和可維護性。這也是我們不推薦使用繼承的原因。對於本例中繼承存在的問題，我們應該如何解決呢？讀者可以在下文中得到答案。

2.9.2　相較於繼承，組合有哪些優勢

實際上，我們可以透過組合（composition）、介面和委託（delegation）3 種技術手段共同解決上面繼承存在的問題。

在介紹介面時，我們說過，介面表示具有某種行為特性。針對「會飛」這樣一個行為特性，我們可以定義一個介面 Flyable，只讓會飛的鳥去實作這個介面。對於會叫、會下蛋這兩個行為特性，可以類似地分別定義 Tweetable 介面、EggLayable 介面。我們將此設計思維翻譯成的 Java 程式如下所示。

```java
public interface Flyable {
  void fly();
}

public interface Tweetable {
  void tweet();
}

public interface EggLayable {
  void layEgg();
}

public class Ostrich implements Tweetable, EggLayable {// 鴕鳥類別
  //...省略其他屬性和方法...
  @Override
  public void tweet() { ... }

  @Override
  public void layEgg() { ... }
}

public class Sparrow impelents Flyable, Tweetable, EggLayable {// 麻雀類別
```

```
//... 省略其他屬性和方法 ...
@Override
public void fly() { ... }

@Override
public void tweet() { ... }

@Override
public void layEgg() { ... }
}
```

不過，我們知道，介面只聲明方法，不定義實作。也就是說，每個會下蛋的鳥都要
實作一遍 layEgg() 方法，並且實作邏輯是一樣的，這就會導致程式重複的問題。
對於這個問題，我們可以針對 3 個介面再定義 3 個實作類別：實作了 fly() 方法的
FlyAbility 類別、實作了 tweet() 方法的 TweetAbility 類別和實作了 layEgg() 方法的
EggLayAbility 類別。然後，我們透過組合和委託技術消除程式重複問題。具體的程
式實作如下。

```
public interface Flyable {
  void fly()；
}

public class FlyAbility implements Flyable {
  @Override
  public void fly() { ... }
}

// 省略 Tweetable 介面、TweetAbility 類別、
//EggLayable 介面和 EggLayAbility 類別的程式實作

public class Ostrich implements Tweetable, EggLayable { // 鴕鳥類別
  private TweetAbility tweetAbility = new TweetAbility(); // 組合
  private EggLayAbility eggLayAbility = new EggLayAbility(); // 組合
  //... 省略其他屬性和方法 ...

  @Override
  public void tweet() {
    tweetAbility.tweet(); // 委託
  }

  @Override
  public void layEgg() {
    eggLayAbility.layEgg(); // 委託
  }
}
```

我們知道，繼承主要有 3 個作用：表示 is-a 關係、支援多型特性和程式複用。而這
3 個作用都可以透過其他技術手段來達成。例如，is-a 關係可以透過組合和介面的
has-a 關係替代；多型特性可以利用介面實作；程式複用可以透過組合和委託實作。

從理論上來講，組合、介面和委託 3 種技術手段完全可以替代繼承。因此，在專案中，我們可以不用或少用繼承關係，特別是一些複雜的繼承關係。

2.9.3 如何決定是使用組合還是使用繼承

儘管我們鼓勵多用組合，少用繼承，但組合並非完美，繼承也並非一無是處。從上面的例子來看，繼承改寫成組合意味著要進行更細粒度的拆分。這也意味著，我們要定義更多的類別和介面。類別和介面的增多會增加程式的複雜程度與維護成本。因此，在實際的專案開發中，我們要根據具體的情況選擇是使用繼承還是使用組合。

如果類別之間的繼承結構穩定，不會輕易改變，而且繼承層次比較淺，如最多有兩層的繼承關係，繼承關係不複雜，我們就可以大膽地使用繼承。反之，如果系統不穩定，繼承層次很深，繼承關係複雜，那麼我們儘量使用組合替代繼承。

一些特殊的情境要求必須使用繼承。如果我們不能改變一個函式的輸入參數型別，而輸入參數又非介面，那麼，為了支援多型，只能採用繼承來實作。例如下面這段程式，其中的 FeignClient 類別是一個外部類別，我們沒有許可權修改這部分程式，但是，我們希望能夠重寫這個類別在運作時執行的 encode() 函式。這個時候，我們只能採用繼承來實作。

```java
public class FeignClient { //Feign Client框架程式
  //... 省略其他程式 ...
  public void encode(String url) { ... }
}

public class CustomizedFeignClient extends FeignClient {
  @Override
  public void encode(String url) {
    //... 省略重寫 encode() 的實作程式 ...
  }
}

public void demofunction(FeignClient feignClient) {
  //... 省略部分程式 ...
  feignClient.encode(url);
  //... 省略部分程式 ...
}

// 呼叫
FeignClient client = new CustomizedFeignClient();
demofunction(client);
```

之所以推薦「多用組合，少用繼承」，是因為長期以來，很多程式設計師過度使用繼承。還是那句話，組合並非完美，繼承也不是一無是處。控制好它們的副作用，發揮它們各自的優勢，在不同的場合下，恰當地選擇使用繼承或組合，這才是我們應該追求的。

2.9.4　思考題

在基於 MVC 三層架構開發 Web 應用時，我們經常會在 Repository 資料庫層定義 Entity，在 Service 商業層定義 BO（BusinessObject），在 Controller 介面層定義 VO（View Object）。大部分情況下，Entity、BO、VO 三者的程式有很多重複之處，但又不完全相同。那麼，如何處理 Entity、BO 和 VO 程式重複的問題呢？

3 設計原則

第 2 章介紹了物件導向相關的知識,本章介紹一些經典的設計原則,包括 SOLID、KISS、YAGNI、DRY 和 LoD 等。對於這些設計原則,我們不僅要「看懂」,更要在實際專案中做到「會用」。如果對這些設計原則理解得不夠透徹,就會導致在使用時過於制式,生搬硬套,最終適得其反。因此,在本章中,我們不僅會提供這些設計原則的定義,還會介紹這些設計原則的設計初衷和應用情境等,讓讀者知其然,知其所以然。

3.1 單一職責原則:如何判定某個類別的職責是否單一

在本章的開頭,我們提到了 SOLID 原則。實際上,SOLID 原則並非 1 個設計原則,而是由 5 個設計原則組成的,包括單一職責原則、開閉原則、里氏替換原則、介面隔離原則和依賴反轉原則,它們依次對應 SOLID 中的 5 個英文字母。本節介紹 SOLID 原則中的第一個原則:單一職責原則。

3.1.1 單一職責原則的定義和解讀

單一職責原則(Single Responsibility Principle,SRP)的描述:一個類別或模組只負責完成一個職責(或功能)(A class or module should have a single reponsibility)。

注意,單一職責原則描述的物件有兩個:類別(class)和模組(module)。關於這兩個概念,我們有兩種理解方式。一種理解方式是把模組看作比類別更加抽象的概念,把類別看作一種模組;另一種理解方式是把模組看作比類別更粗粒度的程式段,多個類別組成一個模組。無論哪種理解方式,單一職責原則在應用這兩個描述物件時,原理是相通的。為了方便講解,我們只從「類別」設計的角度講解如何應用單一職責原則。對於「模組」,讀者可以自行理解。

單一職責原則是指一個類別負責完成一個職責或功能。也就是說,我們不要設計大而全的類別,要設計粒度小、功能單一的類別。換個角度來講,如果一個類別包含兩個或兩個以上商業不相干的功能,那麼我們就可以認為它的職責不夠單一,應該將其拆分成多個粒度更細微功能更單一的類別。

例如，某類別既包含對訂單的一些操作，又包含對使用者的一些操作。而訂單和使用者是兩個獨立的商業領域模型，將兩個不相干的功能放到同一個類別中，就違反了單一職責原則。為了滿足單一職責原則，我們需要將這個類別拆分成粒度更小的功能單一的兩個類別：訂單類別和使用者類別。

3.1.2　如何判斷類別的職責是否單一

3.1.1 節的例子簡單，我們立即就能看出訂單和使用者毫不相干。但大部分情況下，類別中的方法是歸為同一種功能，還是歸為不相關的兩種功能，並不是那麼容易判定。在現實的軟體發展中，一個類別是否職責單一的判定是很難的。我們用一個貼近實際開發的例子來解釋類別的職責是否單一的判定問題。

在某個社交產品中，我們用 UserInfo 類別記錄使用者資訊。那麼，讀者覺得以下 UserInfo 類別的設計是否滿足單一職責原則呢？

```
public class UserInfo {
  private long userId;
  private String username;
  private String email;
  private String telephone;
  private long createTime;
  private long lastLoginTime;
  private String avatarUrl;
  private String provinceOfAddress; // 省
  private String cityOfAddress; // 市
  private String regionOfAddress; // 區
  private String detailedAddress; // 詳細地址
  //... 省略其他屬性和方法 ...
}
```

對於這個問題，我們有兩種不同的觀點。一種觀點是 UserInfo 類別包含的是與使用者相關的資訊，所有的屬性和方法都隸屬於使用者這樣一個商業模型，滿足單一職責原則；另一種觀點是位址資訊在 UserInfo 類別中所占的比例較高，可以繼續拆分成獨立的 UserAddress 類別，而 UserInfo 類別只保留除位址資訊之外的其他資訊，拆分後的兩個類別的職責變得單一。

對於上述兩種觀點，哪種觀點是合理的呢？實際上，如果我們想要從中做出選擇，就不能脫離具體的應用情境。如果在這個社交產品中，使用者的位址資訊與使用者其他資訊一樣，只是用來進行資訊展示，它們同時被使用，那麼 UserInfo 類別目前的設計就是合理的。但是，如果這個社交產品發展得比較好，之後又在該產品中新增了電商功能模組，使用者的位址資訊不僅用於展示，還會獨立地應用在電商的物流中，此時最好將位址資訊從 UserInfo 類別中拆分出來，獨立成為物流資訊（或者稱為地址資訊、收貨資訊等）。

再進一步，如果這個社交產品所屬的公司發展壯大，該公司又開發了很多其他產品（可以理解為其他 App）。該公司希望其所有產品支援統一帳號系統，即使用者使用同一個帳號可以在該公司的所有產品登入。此時，就需要繼續對 UserInfo 類別進行拆分，將與身份認證相關的資訊（如 email、telephone 等）抽取成獨立的類別。

從上面的例子中，我們總結得出：在不同的應用情境和不同階段的需求背景下，對同一個類別的職責是否單一的判定可能是不一樣的。在某種應用情境或當下的需求背景下，一個類別的設計可能已經滿足單一職責原則了，但如果換個應用情境或在未來的某個需求背景下，就可能不滿足單一職責原則了，需要繼續拆分成粒度更小的類別。

除此之外，在從不同的商業層面看同一個類的設計時，我們對類別是否職責單一的判定會有不同的認識。對於上面例子中的 UserInfo 類別，如果從「使用者」商業層面來看，UserInfo 類別包含的資訊都屬於使用者，那麼滿足職責單一原則；如果從「使用者展示資訊」「地址資訊」「登入認證資訊」等更細粒度的商業層面來看，那麼 UserInfo 類別就不滿足單一職責原則，應該繼續拆分。

綜上所述，評價一個類別的職責是否單一，並沒有一個明確的、可量化的標準。實際上，在真正的軟體發展中，我們沒必要過度設計（粒度過細）。我們可以先寫一個粗粒度的類別，滿足當下的商業需求即可。隨著商業的發展，如果這個粗粒度的類別越來越複雜，程式越來越多，那麼我們在這時再將這個粗粒度的類別拆分成幾個細粒度的類別即可。

對於職責是否單一的判定，存在一些判定原則，如下所示。

1）如果類別中的程式行數、函式或屬性過多，影響程式的可讀性和可維護性，就需要考慮對類別進行拆分。

2）如果某個類別依賴的其他類過多，或者依賴某個類別的其他類別過多，不符合高內聚、低耦合的程式設計思維，就需要考慮對該類別進行拆分。

3）如果類別中的私有方法過多，就需要考慮將私有方法獨立到新的類別中，並設定為 public 方法，供更多的類別使用，從而提高程式的複用性。

4）如果類別很難準確命名（很難用一個商業名詞概括），或者只能用 Manager、Context 之類的籠統的詞語來命名，就說明類別的職責定義不夠清晰。

5）如果類別中的大量方法集中操作其中幾個屬性（如上面的 UserInfo 類別的例子中，如果很多方法只操作 address 資訊），就可以考慮將這些屬性和對應的方法拆分出來。

3.1.3　類別的職責是否越細化越好

為了滿足單一職責原則，是不是把類別拆分得越細就越好呢？答案是否定的。我們舉例解釋，範例程式如下所示。Serialization 類別實作了一個簡單協議的序列化和反序列功能。

```
/**
 * Protocol format: identifier-string;{gson string}
 * For example: UEUEUE;{"a":"A","b":"B"}
 */
public class Serialization {
  private static final String IDENTIFIER_STRING = "UEUEUE;";
  private Gson gson;

  public Serialization() {
    this.gson = new Gson();
  }

  public String serialize(Map<String, String> object) {
    StringBuilder textBuilder = new StringBuilder();
    textBuilder.append(IDENTIFIER_STRING);
    textBuilder.append(gson.toJson(object));
    return textBuilder.toString();
  }

  public Map<String, String> deserialize(String text) {
    if (!text.startsWith(IDENTIFIER_STRING)) {
        return Collections.emptyMap();
    }
    String gsonStr = text.substring(IDENTIFIER_STRING.length());
    return gson.fromJson(gsonStr, Map.class);
  }
}
```

如果想讓 Serialization 類別的職責更加細化，那麼可以將其拆分為只負責序列化的 Serializer 類別，和只負責反序列化的 Deserializer 類別。拆分後的程式如下所示。

```
public class Serializer {
  private static final String IDENTIFIER_STRING = "UEUEUE;";
  private Gson gson;

  public Serializer() {
    this.gson = new Gson();
  }
```

```java
  public String serialize(Map<String, String> object) {
    StringBuilder textBuilder = new StringBuilder();
    textBuilder.append(IDENTIFIER_STRING);
    textBuilder.append(gson.toJson(object));
    return textBuilder.toString();
  }
}

public class Deserializer {
  private static final String IDENTIFIER_STRING = "UEUEUE;";
  private Gson gson;

  public Deserializer() {
    this.gson = new Gson();
  }

  public Map<String, String> deserialize(String text) {
    if (!text.startsWith(IDENTIFIER_STRING)) {
        return Collections.emptyMap();
    }
    String gsonStr = text.substring(IDENTIFIER_STRING.length());
    return gson.fromJson(gsonStr, Map.class);
  }
}
```

雖然拆分之後，Serializer 類別和 Deserializer 類別的職責變得單一，但隨之帶來新的問題：如果我們修改了協定的格式，資料標識從「UEUEUE」改為「DFDFDF」，或者序列化方式從 JSON 改為 XML，那麼 Serializer 類別和 Deserializer 類別都需要做相應的修改，程式的內聚性顯然沒有之前高了。而且，如果我們對 Serializer 類別做了協議修改，而忘記修改 Deserializer 類別的程式，就會導致序列化和反序列化不相符，程式執行出錯，也就是說，拆分之後，程式的可維護性變差了。

實際上，無論是應用設計原則還是設計模式，最終的目的都是為了提高程式的可讀性、可擴展性、複用性和可維護性等。在判斷應用某一個設計原則是否合理時，我們可以以此作為最終的評價標準。

3.1.4 思考題

除應用到類別的設計上，單一職責原則還能應用到哪些設計方面？

3.2　開閉原則：只要修改程式，就一定違反開閉原則嗎

本節講解 SOLID 原則中的第二個原則：開閉原則（Open Closed Principle，OCP），又稱為「對擴展開放、對修改關閉」原則。開閉原則既是 SOLID 原則中最難理解、最難掌握的，又是最有用的。

之所以說開閉原則難理解，是因為「怎樣的程式改動才被定義為『擴展』？怎樣的程式改動才被定義為『修改』？怎麼才算滿足或違反『開閉原則』？修改程式就一定意味著違反『開閉原則』嗎？」等問題都比較難理解。

之所以說開閉原則難掌握，是因為「如何做到『對擴展開發、對修改關閉』？如何在專案中靈活應用『開閉原則』，避免在追求高擴展性的同時影響程式的可讀性？」等問題都比較難掌握。

之所以說開閉原則最有用，是因為擴展性是程式品質的重要衡量標準。在 22 種經典設計模式中，大部分設計模式都是為了解決程式的擴展性問題而產生的，它們主要遵守的設計原則就是開閉原則。

3.2.1　如何理解「對擴展開放、對修改關閉」

開閉原則的英文描述是：software entities(modules,classes,functions,etc.)should be open for extension, but closed for modification。對應的中文為：軟體實體（模組、類別和方法等）應該「對擴展開放、對修改關閉」。詳細表述為：新增一個新功能時應該是在已有程式基礎上擴展程式（新增模組、類別和方法等），而非修改已有程式（修改模組、類別和方法等）。

為了讓讀者更易理解開閉原則，我們舉例說明。

下面是一段 API（應用程式設計發展介面）監控警告的程式。其中，AlertRule 類別儲存警告規則；Notification 類別負責警告通知，支援電子郵件、簡訊和微信等多種通知管道；NotificationEmergencyLevel 類別表示警告通知的緊急程度，包括 SEVERE（嚴重）、URGENCY（緊急）、NORMAL（普通）和 TRIVIAL（無關緊要），不同的緊急程度對應不同的通知管道。

```
public class Alert {
  private AlertRule rule;
  private Notification notification;
```

```
    public Alert(AlertRule rule, Notification notification) {
      this.rule = rule;
      this.notification = notification;
    }

    public void check(String api, long requestCount, long errorCount, long
duration) {
      long tps = requestCount / duration;
      if (tps > rule.getMatchedRule(api).getMaxTps()) {
        notification.notify(NotificationEmergencyLevel.URGENCY, "...");
      }

      if (errorCount > rule.getMatchedRule(api).getMaxErrorCount()) {
        notification.notify(NotificationEmergencyLevel.SEVERE, "...");
      }
    }
  }
```

上面這段程式的商業邏輯主要集中在 check() 函式中。當介面的 TPS（Transactions Per Second，每秒傳輸量）超過預先設定的最大值時，或者當介面請求出錯數大於最大允許值時，就會觸發警告，通知介面的相關負責人或團隊。

如果我們需要新增更多的警告規則：「當每秒介面超時請求個數超過預先設定的最大值時，也要觸發警告並發送通知」，那麼如何改動程式呢？程式的主要改動有兩處：第一處是修改 check() 函式的輸入參數，新增一個新的統計資料 timeoutCount，表示超時介面請求數量；第二處是在 check() 函式中新增新的警告邏輯。具體的程式改動如下所示。

```
    public class Alert {
      //... 省略 AlertRule/Notification 屬性和構造函式 ...

      // 改動一：新增參數 timeoutCount
      public void check(String api, long requestCount, long errorCount, long timeoutCount,
long duration) {
        long tps = requestCount / duration;
        if (tps > rule.getMatchedRule(api).getMaxTps()) {
          notification.notify(NotificationEmergencyLevel.URGENCY, "...");
        }

        if (errorCount > rule.getMatchedRule(api).getMaxErrorCount()) {
          notification.notify(NotificationEmergencyLevel.SEVERE, "...");
        }

        // 改動二：新增介面超時處理邏輯
        long timeoutTps = timeoutCount / duration;
        if (timeoutTps > rule.getMatchedRule(api).getMaxTimeoutTps()) {
          notification.notify(NotificationEmergencyLevel.URGENCY, "...");
        }
      }
    }
```

上述程式的改動帶來下列兩方面的問題：一方面，對介面進行了修改，呼叫這個介面的程式就要做相應的修改；另一方面，修改了 check() 函式，相應的單元測試需要修改。

上述程式改動是基於「修改」方式增加新的警告。如果我們遵守開閉原則，「對擴展開放、對修改關閉」，那麼如何透過「擴展」方式增加新的警告呢？

我們先重構新增新的警告之前的 Alert 類別的程式，讓它的擴展性更好。重構的內容主要包含兩部分：第一部分是將 check() 函式的多個輸入參數封裝成 ApiStatInfo 類別；第二部分是引入 handler（警告處理器），將 if 判斷邏輯分散到各個 handler 中。具體的程式實作如下。

```java
public class Alert {
  private List<AlertHandler> alertHandlers = new ArrayList<>();

  public void addAlertHandler(AlertHandler alertHandler) {
    this.alertHandlers.add(alertHandler);
  }

  public void check(ApiStatInfo apiStatInfo) {
    for (AlertHandler handler : alertHandlers) {
      handler.check(apiStatInfo);
    }
  }
}

public class ApiStatInfo {// 省略 constructor、getter 和 setter 方法
  private String api;
  private long requestCount;
  private long errorCount;
  private long duration;
}

public abstract class AlertHandler {
  protected AlertRule rule;
  protected Notification notification;

  public AlertHandler(AlertRule rule, Notification notification) {
    this.rule = rule;
    this.notification = notification;
  }

  public abstract void check(ApiStatInfo apiStatInfo);
}

public class TpsAlertHandler extends AlertHandler {
  public TpsAlertHandler(AlertRule rule, Notification notification) {
    super(rule, notification);
  }

  @Override
```

```
  public void check(ApiStatInfo apiStatInfo) {
    long tps = apiStatInfo.getRequestCount() / apiStatInfo.getDuration();
    if (tps > rule.getMatchedRule(apiStatInfo.getApi()).getMaxTps()) {
      notification.notify(NotificationEmergencyLevel.URGENCY, "...");
    }
  }
}

public class ErrorAlertHandler extends AlertHandler {
  public ErrorAlertHandler(AlertRule rule, Notification notification){
    super(rule, notification);
  }

  @Override
  public void check(ApiStatInfo apiStatInfo) {
    if (apiStatInfo.getErrorCount() > rule.getMatchedRule(apiStatInfo.getApi()).
getMaxErrorCount()) {
        notification.notify(NotificationEmergencyLevel.SEVERE, "...");
    }
  }
}
```

接下來，我們看一下重構之後的 Alert 類別的具體使用方式，如下列程式所示。其中，ApplicationContext 是一個單例類別，負責 Alert 類別的建立、組裝（alertRule 和 notification 的依賴注入）和初始化（新增 handler）。

```
public class ApplicationContext {
  private AlertRule alertRule;
  private Notification notification;
  private Alert alert;

  public void initializeBeans() {
    alertRule = new AlertRule(/*. 省略參數 .*/); // 省略一些初始化程式
    notification = new Notification(/*. 省略參數 .*/); // 省略一些初始化程式
    alert = new Alert();
    alert.addAlertHandler(new TpsAlertHandler(alertRule, notification));
    alert.addAlertHandler(new ErrorAlertHandler(alertRule, notification));
  }

  public Alert getAlert() { return alert; }

  //「飢漢式」單例
  private static final ApplicationContext instance = new ApplicationContext();
  private ApplicationContext() {
    initializeBeans();
  }

  public static ApplicationContext getInstance() {
    return instance;
  }
}

public class Demo {
```

```
    public static void main(String[] args) {
      ApiStatInfo apiStatInfo = new ApiStatInfo();
      //... 省略設定 apiStatInfo 資料值的程式 ...
      ApplicationContext.getInstance().getAlert().check(apiStatInfo);
    }
  }
```

對於重構之後的程式，如果新增新的警告：「如果每秒介面超時請求個數超過最大值，就警告」，那麼如何改動程式呢？主要的改動有下面 4 處。

改動一：在 ApiStatInfo 類別中新增新屬性 timeoutCount。

改動二：新增新的 TimeoutAlertHander 類別。

改動三：在 ApplicationContext 類別的 initializeBeans() 方法中，向 alert 物件中註冊 TimeoutAlertHandler。

改動四：使用 Alert 類別時，需要給 check() 函式的輸入參數 apiStatInfo 物件設定 timeoutCount 屬性值。

改動之後的程式如下所示。

```
    public class Alert { // 程式未改動 }

    public class ApiStatInfo { // 省略 constructor、getter 和 setter 方法
      private String api;
      private long requestCount;
      private long errorCount;
      private long duration;
      private long timeoutCount; // 改動一：新增新屬性 timeoutCount
    }

    public abstract class AlertHandler { // 程式未改動 }
    public class TpsAlertHandler extends AlertHandler { // 程式未改動 }
    public class ErrorAlertHandler extends AlertHandler { // 程式未改動 }
    // 改動二：新增新的 TimeoutAlertHander 類別
    public class TimeoutAlertHandler extends AlertHandler { // 省略程式 }

    public class ApplicationContext {
      private AlertRule alertRule;
      private Notification notification;
      private Alert alert;

      public void initializeBeans() {
        alertRule = new AlertRule(/*. 省略參數 .*/); // 省略一些初始化程式
        notification = new Notification(/*. 省略參數 .*/); // 省略一些初始化程式
        alert = new Alert();
        alert.addAlertHandler(new TpsAlertHandler(alertRule, notification));
        alert.addAlertHandler(new ErrorAlertHandler(alertRule, notification));
        // 改動三：向 alert 物件中註冊 TimeoutAlertHandler
```

```
      alert.addAlertHandler(new TimeoutAlertHandler(alertRule, notification));
  }
  //... 省略其他未改動程式 ...
}

public class Demo {
  public static void main(String[] args) {
    ApiStatInfo apiStatInfo = new ApiStatInfo();
    //... 省略 apiStatInfo 的 set 欄位程式 ...
    apiStatInfo.setTimeoutCount(289); // 改動四：設定 timeoutCount 值
    ApplicationContext.getInstance().getAlert().check(apiStatInfo);
  }
}
```

重構之後的程式更加靈活，更容易擴展。如果想要新增新的警告，那麼只需要基於擴展的方式建立新的 handler 類別，不需要改動 check() 函式。不僅如此，我們只需要為新的 handler 類別新增新的單元測試，舊的單元測試都不會失敗，也不用修改。

3.2.2 修改程式就意味著違反開閉原則嗎

讀者可能對上面重構之後的程式產生疑問：在新增新的警告時，雖然改動二（新增新的 TimeoutAlertHander 類別）是基於擴展而非修改的方式完成的，但改動一、改動三和改動四是基於修改而非擴展的方式完成的，改動一、改動三和改動四不違反開閉原則嗎？

我們先分析一下改動一：在 ApiStatInfo 類別中新增新屬性 timeoutCount。

在「改動一」中，我們不僅在 ApiStatInfo 類別中新增了新的屬性，還新增了對應的 getter 和 setter 方法。那麼，上述問題就轉化為：在類別中新增新的屬性和方法屬於「修改」還是「擴展」？

我們回憶一下開閉原則的定義：軟體實體（模組、類別和方法等）應該「對擴展開放、對修改關閉」。從定義中可以看出，開閉原則作用的物件可以是不同粒度的程式，如模組、類別和方法（及其屬性）。對於同一程式改動，在較粗的粒度下，可以被視為「修改」，在較細的粒度下，則可被認定為「擴展」。例如，「改動一」中新增屬性和方法相當於修改類別，在類別這個層面，這個程式改動可以被認定為「修改」；但這個程式改動並沒有修改已有的屬性和方法，在方法（及其屬性）這一層面，它又可以被認定為「擴展」。

實際上，我們沒有必要糾結某個程式改動是「修改」還是「擴展」，更沒有必要糾結它是否違反「開閉原則」。回到開閉原則的設計初衷：只要程式改動沒有破壞原有程式的正常執行和原有的單元測試，我們就可以認為這是一個合格的程式改動。

我們再來分析一下改動三和改動四：在 ApplicationContext 類別的 initializeBeans()
方法中，向 alert 物件中註冊 TimeoutAlertHandler；使用 Alert 類別時，為 check()
函式的輸入參數 apiStatInfo 物件設定 timeoutCount 屬性值。

這兩處改動是在方法內部進行的，無論從哪個層面（模組、類別、方法）來看，都
不能算是「擴展」，而是「修改」。不過，有些修改是在所難免的，是可以接受的。

在重構之後的 Alert 類別程式中，核心邏輯集中在 Alert 類別及其各個 handler 類別
中。當新增新的警告時，Alert 類別完全不需要修改，而只需要擴展（新增）一個
handler 類別。如果把 Alert 類別及其各個 handler 類別看作一個「模組」，那麼，從
模組這個層面來說，向模組新增新功能時，只需要擴展，不需要修改，完全滿足開
閉原則。

我們也要認識到，新增一個新功能時，不可能做到任何模組、類別和方法的程式都
不「修改」。類別需要建立、組裝，並且會進行一些初始化操作，這樣才能建構可執
行的程式，這部分程式的修改在所難免。我們努力的方向是儘量讓修改操作集中在
上層程式中，儘量讓核心、複雜、通用、底層的那部分程式滿足開閉原則。

3.2.3　如何做到「對擴展開放、對修改關閉」

在上面的 Alert 類別的例子中，我們透過引入一組 handler 類別的方式滿足了開閉原
則。如果讀者沒有太多複雜程式的設計和開發經驗，就可能有這樣的疑問：這樣的
程式設計思維我怎麼想不到呢？你是怎麼想到的呢？

實際上，之所以我能夠想到，依靠的是扎實的理論知識和豐富的實戰經驗，這需要
讀者慢慢學習和積累。對於如何做到「對擴展開放、對修改關閉」，我有一些指導思
維和具體方法分享給讀者。

實際上，開閉原則涉及的就是程式的擴展性問題，該原則是判斷一段程式是否易擴
展的「黃金標準」。如果某段程式在應對未來需求變化時，能夠做到「對擴展開放、
對修改關閉」，就說明這段程式的擴展性很好。

為了寫出擴展性好的程式，我們需要具備擴展意識、抽象意識和封裝意識。這些意
識可能比任何開發技巧都重要。

在寫程式時，我們需要多花點時間思考：對於當前這段程式，未來可能有哪些需求
變更。如何設計程式結構，事先預留了擴展點，在未來進行需求變更時，不需要改

動程式的整體結構，新的程式能夠靈活地插入到擴展點上，完成需求變更，從而實作程式的最小化改動。

我們還要善於辨識程式中的可變部分和不可變部分。我們將可變部分封裝，達到隔離變化的效果，並提供抽象化的不可變介面給上層系統使用。當具體的實作發生變化時，只需要基於相同的抽象介面擴展一個新的實作，替換舊的實作，上層系統的程式幾乎不需要修改。

為了實作開閉原則，除在寫程式時，我們需要時間具備擴展意識、抽象意識、封裝意識以外，我們還有一些具體的方法可以使用。

程式的擴展性是評判程式品質的重要標準。實際上，本書涉及的大部分重點都是圍繞如何提高程式的擴展性來展開講解的，本書提到的大部分設計原則和設計模式都是以提高程式的擴展性為最終目的。22 種經典設計模式中的大部分都是為了解決程式的擴展性問題而總結出來的，都是以開閉原則為指導原則而設計的。

在眾多的設計原則和設計模式中，常用來提高程式擴展性的方法包括多型、依賴注入、基於介面而非實作程式設計，以及大部分的設計模式（如策略模式、模板方法模式和責任鏈模式等）。設計模式這一部分的內容較多，第 6 ～ 8 章會詳細講解。本節透過一個簡單例子來介紹如何利用多型、依賴注入、基於介面而非實作程式設計實作開閉原則。

例如，我們希望實作透過 Kafka 發送非同步消息。對於這樣一個功能的開發，我們抽象定義一組與具體訊息佇列（Kafka）無關的非同步消息發送介面。所有上層系統都依賴這組抽象的介面程式設計，並且透過依賴注入（第 5 章講解）的方式來呼叫。當需要替換訊息佇列或消息格式時，如將 Kafka 替換成 RocketMQ 或將消息的格式從 JSON 替換為 XML，因為程式設計滿足開閉原則，所以替換起來非常輕鬆。具體的程式實作如下所示。

```java
// 這一部分程式實作了抽象意識
public interface MessageQueue { ... }
public class KafkaMessageQueue implements MessageQueue { ... }
public class RocketMQMessageQueue implements MessageQueue {...}

public interface MessageFromatter { ... }
public class JsonMessageFromatter implements MessageFromatter { ... }
public class ProtoBufMessageFromatter implements MessageFromatter { ... }

public class Demo {
  private MessageQueue msgQueue; // 基於介面而非實作程式設計
  public Demo(MessageQueue msgQueue) { // 依賴注入
    this.msgQueue = msgQueue;
```

```
    }

    //msgFormatter：多型、依賴注入
    public void send(Notification notification, MessageFormatter msgFormatter) {
        ...
    }
}
```

3.2.4　在專案中靈活應用開閉原則

上文提到，寫出支援開閉原則（擴展性好）的程式的關鍵是預留擴展點。如何才能辨識出所有可能的擴展點呢？

如果我們開發的是商業系統，如金融系統、電商系統和物流系統等，要想辨識出盡可能多的擴展點，就要對商業有足夠的瞭解。只有這樣，才能預見未來可能要支援的商業需求。如果我們開發的是與商業無關的、通用的、偏底層的功能模組，如框架、元件和類別庫，如果想辨識出盡可能多的擴展點，就需要瞭解它們會被如何使用和使用者未來會有哪些功能需求等。

但是，即使我們對商業和系統有足夠的瞭解，也不可能辨識出所有的擴展點。即便我們能夠辨識出所有的擴展點，但為了預留所有擴展點而付出的開發成本往往是不可接受的。因此，我們沒必要為一些未來不一定需要實作的需求提前「買單」，也就是說，不要進行過度設計。

比較推薦的做法是，對於一些短期內可能進行的擴展，需求改動對程式結構影響比較大的擴展，或者實作成本不高的擴展，在寫程式時，我們可以事先進行可擴展性設計；但對於一些不確定未來是否要支援的需求，或者實作起來比較複雜的擴展，我們可以等到有需求驅動時，再透過重構的方式來滿足擴展的需求。

除此之外，我們還要認識到，開閉原則並不是「免費」的。程式的擴展性往往與程式的可讀性衝突。例如上文提供的 Alert 類別的例子，為了更好地支援擴展性，我們對程式進行了重構，重構之後的程式比原始程式複雜很多，理解難度也增加不少。因此，在平時的開發中，我們需要權衡程式的擴展性和可讀性。在一些情境下，程式的擴展性更重要，我們就適當地「犧牲」一些程式的可讀性；在一些情境下，程式的可讀性更重要，我們就適當地「犧牲」一些程式的擴展性。

在上文提到的 Alert 類別的例子中，如果警告規則不是很多，也不複雜，那麼 check() 函式中的 if 分支就不會有很多，對應的程式邏輯不會太複雜，程式行數也不會太多，因此，使用最初的程式實作即可。相反，如果警告規則多且複雜，那麼

check() 函式中的 if 分支就會有很多，對應的程式邏輯就會變複雜，程式行數也會增加，check() 函式的可維護性和擴展性就會變差，此時，重構程式就變得合理了。

3.2.5 思考題

在學習設計原則時，讀者要勤於思考，不能僅掌握設計原則的定義，更重要的是理解設計原則的目的，這樣才能靈活地應用設計原則。因此，本節的思考題是：為什麼要「對擴展開放、對修改關閉」？

3.3 里氏替換原則：什麼樣的程式才算違反里氏替換原則

本節講解 SOLID 原則中的里氏替換原則。實際上，里氏替換原則是一條比較寬鬆的設計原則。一般情況下，我們所寫的程式都不會違反這一條設計原則。因此，這條原則不難掌握，也不難應用。本節首先介紹里氏替換原則的定義，然後講解里氏替換原則與多型的區別，最後透過反例的形式說明什麼樣的程式是違反里氏替換原則的。

3.3.1 里氏替換原則的定義

里氏替換原則（Liskov Substitution Principle，LSP）於 1986 年由 Barbara Liskov 提出，他當時是這樣描述這條原則的：If S is a subtype of T, then objects of type T may be replaced with objects of type S, without breaking the program（如果 S 是 T 的子型別，那麼 T 的物件可以被 S 的物件所替換，並不影響程式的執行）。1996 年，Robert Martin 在他的 SOLID 原則中重新描述了里氏替換原則：Functions that use pointers of references to base classes must be able to use objects of derived classes without knowing it（使用父類別物件的函式可以在不瞭解子類別的情況下替換為使用子類別物件）。

結合 Barbara Liskov 和 Robert Martin 的描述，我們將里氏替換原則描述為：子類別物件（object of subtype/derived class）能夠替換到程式（program）中父類別物件（object of base/parent class）出現的任何地方，並且保證程式原有的邏輯行為（behavior）不變和正確性不被破壞。

里氏替換原則的定義比較抽象，我們透過一個程式範例進行解釋。其中，父類別 Transporter 使用 org.apache.http 函式庫中的 HttpClient 類別傳輸網路資料；子類別

SecurityTransporter 繼承父類別 Transporter，增加了一些額外的功能，支援在傳輸資料的同時傳輸 appId 和 appToken 安全認證資訊。

```java
public class Transporter {
  private HttpClient httpClient;

  public Transporter(HttpClient httpClient) {
    this.httpClient = httpClient;
  }

  public Response sendRequest(Request request) {
    //... 省略使用 httpClient 發送請求的程式邏輯 ...
  }
}

public class SecurityTransporter extends Transporter {
  private String appId;
  private String appToken;

  public SecurityTransporter(HttpClient httpClient, String appId, String
appToken) {
    super(httpClient);
    this.appId = appId;
    this.appToken = appToken;
  }

  @Override
  public Response sendRequest(Request request) {
    if (StringUtils.isNotBlank(appId) && StringUtils.isNotBlank(appToken)) {
      request.addPayload("app-id", appId);
      request.addPayload("app-token", appToken);
    }
    return super.sendRequest(request);
  }
}

public class Demo {
  public void demoFunction(Transporter transporter) {
    Reuqest request = new Request();
    //... 省略設定 request 中資料值的程式 ...
    Response response = transporter.sendRequest(request);
    //... 省略其他邏輯 ...
  }
}

// 里氏替換原則
Demo demo = new Demo();
demo.demofunction(new SecurityTransporter(/* 省略參數 */););
```

在上述程式中，子類別 SecurityTransporter 的設計符合里氏替換原則，其物件可以替換到父類別物件出現的任何位置，並且程式原來的邏輯行為不變且正確性也沒有被破壞。

3.3.2 里氏替換原則與多型的區別

不過，讀者可能會有疑問：上述程式設計不就是簡單利用了物件導向的多型特性嗎？多型和里氏替換原則是不是一回事？從上面的程式範例和里氏替換原則的定義來看，里氏替換原則與多型看起來類似，但實際上它們完全是兩回事。

我們還是透過上面的程式範例進行解釋。不過，我們需要對 SecurityTransporter 類別中的 sendRequest() 函式稍加改造。改造前，如果 appId 或 appToken 沒有設定，則不做安全驗證；改造後，如果 appId 或 appToken 沒有設定，則直接拋出 NoAuthorizationRuntimeException 未授權異常。改造前後的程式對例如下。

```java
// 改造前：
public class SecurityTransporter extends Transporter {
  //... 省略其他程式 ...
  @Override
  public Response sendRequest(Request request) {
    if (StringUtils.isNotBlank(appId) && StringUtils.isNotBlank(appToken)) {
      request.addPayload("app-id", appId);
      request.addPayload("app-token", appToken);
    }
    return super.sendRequest(request);
  }
}

// 改造後：
public class SecurityTransporter extends Transporter {
  //... 省略其他程式 ...
  @Override
  public Response sendRequest(Request request) {
    if (StringUtils.isBlank(appId) || StringUtils.isBlank(appToken)) {
      throw new NoAuthorizationRuntimeException(...);
    }
    request.addPayload("app-id", appId);
    request.addPayload("app-token", appToken);
    return super.sendRequest(request);
  }
}
```

在改造後的程式中，如果傳入 demoFunction() 函式的是父類別 Transporter 的物件，那麼 demoFunction() 函式並不會拋出異常，但如果傳入 demoFunction() 函式的是子類別 SecurityTransporter 的物件，那麼 demoFunction() 有可能拋出異常。雖然程式中拋出的是執行時異常（Runtime Exception），可以不在程式中顯式地捕獲處理，但子類別替換父類別並傳入 demoFunction() 函式之後，整個程式的邏輯行為有了改變。

雖然改造之後的程式仍然可以透過 Java 的多型語法動態地使用子類別 Security-Transporter 替換父類別 Transporter，也並不會導致程式編譯或執行報錯，但是，從設計思維上來講，SecurityTransporter 的設計是不符合里氏替換原則的。多型是一種程式實作思路。而里氏替換原則是一種設計原則，用來指導繼承關係中子類別的設計：在替換父類別時，確保不改變程式原有的邏輯行為，以及不破壞程式的正確性。

3.3.3　違反里氏替換原則的反模式

實際上，里氏替換原則還有一個能落地且更有指導意義的描述，那就是 Design By Contract（按照協議來設計）。在設計子類別時，需要遵守父類別的行為約定（或稱為協議）。父類別定義了函式的行為約定，子類別可以改變函式的內部實作邏輯，但不能改變函式原有的行為約定。這裡的行為約定包括函式宣告要實作的功能，對輸入、輸出和異常的約定，以及註解中列舉的任何特殊情況說明等。實際上，這裡所講的父類別和子類別的關係可以替換成介面和實作類別的關係。

為了更好地理解上述內容，我們提供若干違反里氏替換原則的例子。

（1）子類別違反父類別宣告要實作的功能

例如，父類別定義了一個訂單排序函式 sortOrdersByAmount()，該函式按照金額從小到大來給訂單排序，而子類別重寫 sortOrdersByAmount() 之後，按照建立日期來給訂單排序。那麼，這個子類別的設計就違反了里氏替換原則。

（2）子類別違反父類別對輸入、輸出和異常的約定

在父類別中，某個函式約定：執行出錯時回傳 null，取得資料為空時回傳空集合（empty collection）。而子類別重載此函式之後，重新定義了回傳值：執行出錯時回傳異常（exception），取不到資料時回傳 null。那麼，這個子類別的設計就違反了里氏替換原則。

在父類別中，某個函式約定：輸入資料可以是任意整數，但子類別重載此函式之後，只允許輸入資料是正整數，如果是負數，就拋出異常，也就是說，子類別對輸入資料的驗證比父類別更加嚴格。那麼，這個子類別的設計就違反了里氏替換原則。

在父類別中，某個函式約定只拋出 ArgumentNullException 異常，那麼子類別重載此函式之後，也只允許拋出 ArgumentNullException 異常，否則子類別就違反了里氏替換原則。

（3）子類別違反父類別註解中列舉的任何特殊說明

在父類別中，定義了一個提款函式 withdraw()，其註解是這樣寫的：「使用者的提款金額不得超過帳戶餘額……」，而子類別重寫 withdraw() 函式之後，針對 VIP 帳號實作了透支提款的功能，也就是提款金額可以大於帳戶餘額。那麼，這個子類別的設計就不符合里氏替換原則。如果想要這個子類別的設計符合里氏替換原則，那麼，較為簡單的辦法是修改父類別的註解。

以上便是 3 種典型的違反里氏替換原則的反模式。

除此之外，判斷子類別的設計實作是否違反里氏替換原則，還有一個小竅門，那就是用父類別的單元測試驗證子類別的程式。如果某些單元測試執行失敗，就說明子類別的設計實作沒有完全遵守父類別的約定，子類別有可能違反了里氏替換原則。

3.3.4 思考題

里氏替換原則存在的意義是什麼？

3.4 介面隔離原則：如何理解該原則中的「介面」

Robert Martin 在 SOLID 原則中是這樣定義介面隔離原則（Interface Segregation Principle，ISP）的：「Clients should not be forced to depend upon interfaces that they do not use.」（使用者端不應該被強迫依賴它不需要的介面）。其中的「使用者端」可以理解為介面的呼叫者或使用者。

實際上，「介面」這個名詞可以應用在軟體發展的很多場合中。「介面」既可以看作一組抽象的約定，又可以具體指系統之間互相呼叫的 API，還可以特指物件導向程式設計語言中的介面等。對於介面隔離原則中的「介面」，我們主要有以下 3 種理解方式。

1）一組 API 或函式。

2）單個 API 或函式。

3）OOP 中的介面概念。

接下來，我們按照上述 3 種理解方式，解讀不同情境下的介面隔離原則。

3.4.1　把「介面」理解為一組 API 或函式

我們結合一個程式範例進行講解。在該範例程式中，微服務使用者系統向其他系統提供了一組與使用者相關的 API，如註冊、登入和取得使用者資訊等。具體程式如下。

```java
public interface UserService {
  boolean register(String cellphone, String password);
  boolean login(String cellphone, String password);
  UserInfo getUserInfoById(long id);
  UserInfo getUserInfoByCellphone(String cellphone);
}

public class UserServiceImpl implements UserService {
  //... 省略實作程式 ...
}
```

現在，後台管理系統要實作刪除使用者的功能，希望使用者系統提供一個刪除使用者的介面。如何做呢？有些讀者認為很簡單，只需要在 UserService 中新增 deleteUserByCellphone() 或 deleteUserById() 介面。雖然這個方法可以解決問題，但是涵蓋了一些安全隱患。

因為刪除使用者是一個需要慎重執行的操作，我們只希望透過後台管理系統來執行，所以這個介面只限於給後台管理系統使用。如果我們把這個介面放到 UserService 中，那麼所有使用 UserService 的系統都可以呼叫這個介面。如果這個介面不加限制地被其他商業系統呼叫，就有可能導致誤刪使用者。

我們推薦的解決方案是從架構設計層面，透過介面驗證的方式，限制介面的呼叫。但如果暫時沒有驗證框架支援，那麼我們可以從程式設計層面，儘量避免介面被誤用，將刪除使用者的介面單獨放到 RestrictedUserService 中，然後，將 RestrictedUserService 打包並只提供給後台管理系統使用。這樣就滿足了介面隔離原則，即呼叫者只依賴它需要的介面，不依賴它不需要的介面。具體的程式實作如下。

```java
public interface UserService {
  boolean register(String cellphone, String password);
  boolean login(String cellphone, String password);
  UserInfo getUserInfoById(long id);
  UserInfo getUserInfoByCellphone(String cellphone);
}

public interface RestrictedUserService {
  boolean deleteUserByCellphone(String cellphone);
  boolean deleteUserById(long id);
}

public class UserServiceImpl implements UserService, RestrictedUserService {
```

```
    //... 省略實作程式 ...
  }
```

在上面的程式範例中，我們把介面隔離原則中的介面理解為一組介面，也就是說，它可以是某個微服務的介面、某個類別函式庫的函式等。在設計微服務介面或類別函式庫函式時，如果部分介面或函式只被部分呼叫者使用，就需要將這部分介面或函式隔離出來，並單獨提供給對應的呼叫者使用，而不是「強迫」其他呼叫者也依賴這部分不會被用到的介面或函式。

3.4.2 把「介面」理解為單個 API 或函式

現在我們換一種理解方式，即把介面理解為單個 API 或函式。對應地，介面隔離原則就可以理解為：API 或函式儘量功能單一，不要將多個不同的功能邏輯在一個函式中實作。我們透過程式範例的方式進行說明。

```
public class Statistics {
  private Long max;
  private Long min;
  private Long average;
  private Long sum;
  private Long percentile99;
  private Long percentile999;
  //... 省略 constructor、getter 和 setter 等方法 ...
}

public Statistics count(Collection<Long> dataSet) {
  Statistics statistics = new Statistics();
  //... 省略計算邏輯 ...
  return statistics;
}
```

在上述程式中，count() 函式的功能不夠單一，因為包含多個不同的統計功能，如求最大值、最小值和平均值等。按照介面隔離原則，我們應該把 count() 函式拆分成幾個更小粒度的函式，每個函式負責實作一個獨立的統計功能。拆分之後的程式如下所示。

```
public Long max(Collection<Long> dataSet) { ... }
public Long min(Collection<Long> dataSet) { ... }
public Long average(Colletion<Long> dataSet) { ... }
//... 省略其他統計函式 ...
```

不過，換一個角度來看，count() 函式也不能算是職責不夠單一，畢竟它只做了與統計相關的事情。在介紹單一職責原則時，我們提到過，對於判定功能是否單一，有時需要結合具體的情境。

在專案中，如果對於每個統計需求，Statistics 類別定義的所有統計資訊都會被用到，那麼 count() 函式的設計就是合理的；如果對於每個統計需求，Statistics 類別定義的統計資訊只會用到一部分，如只需要用到 max、min 和 average 這 3 個統計資訊，那麼 count() 函式仍然會把所有的統計資訊計算一遍。這相當於做了很多無用功，特別是在需要統計的資料量很大的時候，勢必會影響程式的效能。在這種情況下，我們應該將 count() 函式拆分成粒度更細的多個統計函式。

介面隔離原則與單一職責原則有些相似。介面隔離原則提供了一種判斷介面是否職責單一的方法：透過呼叫者如何使用介面來間接地判定介面是否職責單一。如果呼叫者只使用部分介面或介面的部分功能，那麼介面的設計就不滿足單一職責原則。

3.4.3　把「介面」理解為 OOP 中的介面概念

除上面提到的兩種理解方式以外，我們還可以把「介面」理解為 OOP 中的介面概念，如 Java 中的 interface。我們還是透過程式範例的方式進行說明。

假設專案中用到了 3 個外部系統：Redis、MySQL 和 Kafka。每個系統對應一系列配置資訊，如 IP 位址、埠號和存取超時時間等。為了在記憶體中儲存這些配置資訊，以供專案中的其他模組使用，我們實作了 3 個配置類別：RedisConfig、MysqlConfig 和 KafkaConfig，具體的程式實作如下。注意，這裡只提供了 RedisConfig 類別的程式實作，另外兩個類別的程式實作與之類似，因此不再贅述。

```java
public class RedisConfig {
    private ConfigSource configSource; //配置中心 (如 ZooKeeper)
    private String address;
    private int timeout;
    private int maxTotal;
    //... 省略其他配置：maxWaitMillis、maxIdle、minIdle...
    public RedisConfig(ConfigSource configSource) {
        this.configSource = configSource;
    }

    public String getAddress() {
        return this.address;
    }

    //... 省略 get()、init() 方法 ...

    public void update() {
        // 從 configSource 載入配置到 address、timeout 和 maxTotal
    }
}
```

```
public class KafkaConfig { ... }
public class MysqlConfig { ... }
```

現在，有一個新的功能需求，即希望支援 Redis 和 Kafka 配置資訊的熱更新。「熱更新」（hot update）是指，如果在配置中心中更改了配置資訊，那麼，在不重啟系統的情況下，最新的配置資訊也能載入到記憶體中。但是，因為某些原因，我們並不希望對 MySQL 的配置資訊進行熱更新。

為了實作這樣一個功能需求，我們實作了 ScheduledUpdater 類別，以固定時間頻率（periodInSeconds）呼叫 RedisConfig、KafkaConfig 的 update() 方法，更新配置資訊。具體的程式實作如下。

```
public interface Updater {
  void update();
}

public class RedisConfig implemets Updater {
  //... 省略其他屬性和方法 ...

  @Override
  public void update() { ... }
}

public class KafkaConfig implements Updater {
  //... 省略其他屬性和方法 ...
  @Override
  public void update() { ... }
}

public class MysqlConfig { ... }

public class ScheduledUpdater {
    private final ScheduledExecutorService executor = Executors.newSingleThreadScheduledExec
utor();
    private long initialDelayInSeconds;
    private long periodInSeconds;
    private Updater updater;

    public ScheduleUpdater(Updater updater, long initialDelayInSeconds, long periodInSeconds) {
        this.updater = updater;
        this.initialDelayInSeconds = initialDelayInSeconds;
        this.periodInSeconds = periodInSeconds;
    }

    public void run() {
        executor.scheduleAtFixedRate(new Runnable() {
            @Override
            public void run() {
                updater.update();
            }
```

```
            }, this.initialDelayInSeconds, this.periodInSeconds, TimeUnit.SECONDS);
        }
    }

    public class Application {
        ConfigSource configSource = new ZookeeperConfigSource(/* 省略參數 */);
        public static final RedisConfig redisConfig = new RedisConfig(configSource);
        public static final KafkaConfig kafkaConfig = new KakfaConfig(configSource);
        public static final MySqlConfig mysqlConfig = new MysqlConfig(configSource);

        public static void main(String[] args) {
            ScheduledUpdater redisConfigUpdater = new ScheduledUpdater(redisConfig, 300, 300);
            redisConfigUpdater.run();
            ScheduledUpdater kafkaConfigUpdater = new ScheduledUpdater(kafkaConfig, 60,
60);
            kafkaConfigUpdater.run();
        }
    }
```

熱更新的需求已經實作,現在,我們又有一個監控的新需求。透過命令列方式查看 ZooKeeper 中的配置資訊比較麻煩,因此我們希望有一種更加方便的查看配置資訊的方式。

我們可以在專案中開發一個內嵌的 SimpleHttpServer,輸出專案的配置資訊到一個固定的 HTTP 位址,如 http://127.0.0.1:2389/config。我們只需要在瀏覽器中輸入這個位址,就可以顯示系統的配置資訊。不過,因為某些原因,我們只想顯示 MySQL 和 Redis 的配置資訊,不想暴露 Kafka 的配置資訊。

為了實作這個監控功能,我們需要對程式進行改造。改造之後的程式如下所示。

```
    public interface Updater {
        void update();
    }

    public interface Viewer {
        String outputInPlainText();
        Map<String, String> output();
    }

    public class RedisConfig implemets Updater, Viewer {
        // 省略其他屬性和方法
        @Override
        public void update() { ... }

        @Override
        public String outputInPlainText() { ... }

        @Override
        public Map<String, String> output() { ... }
```

```
  }

  public class KafkaConfig implements Updater {
    // 省略其他屬性和方法
    @Override
    public void update() { ... }
  }

  public class MysqlConfig implements Viewer {
    // 省略其他屬性和方法
    @Override
    public String outputInPlainText() { ... }

    @Override
    public Map<String, String> output() { ... }
  }

  public class SimpleHttpServer {
    private String host;
    private int port;
    private Map<String, List<Viewer>> viewers = new HashMap<>();

    public SimpleHttpServer(String host, int port) { ... }

    public void addViewers(String urlDirectory, Viewer viewer) {
      if (!viewers.containsKey(urlDirectory)) {
        viewers.put(urlDirectory, new ArrayList<Viewer>());
      }
      this.viewers.get(urlDirectory).add(viewer);
    }

    public void run() { ... }
  }

  public class Application {
      ConfigSource configSource = new ZookeeperConfigSource();
      public static final RedisConfig redisConfig = new RedisConfig(configSource);
      public static final KafkaConfig kafkaConfig = new KakfaConfig(configSource);
      public static final MySqlConfig mysqlConfig = new MySqlConfig(configSource);

      public static void main(String[] args) {
          ScheduledUpdater redisConfigUpdater =
              new ScheduledUpdater(redisConfig, 300, 300);
          redisConfigUpdater.run();

          ScheduledUpdater kafkaConfigUpdater =
              new ScheduledUpdater(kafkaConfig, 60, 60);
          kafkaConfigUpdater.run();

          SimpleHttpServer simpleHttpServer = new SimpleHttpServer("127.0.0.1",
2389);
          simpleHttpServer.addViewer("/config", redisConfig);
          simpleHttpServer.addViewer("/config", mysqlConfig);
          simpleHttpServer.run();
```

123

```
      }
   }
```

至此，熱更新和監控的需求都已經完成。我們設計了兩個功能單一的介面：Updater
和 Viewer。ScheduledUpdater 類別只依賴 Updater 這個與熱更新相關的介面，不依
賴不需要的 Viewer 介面，滿足介面隔離原則。同理，SimpleHttpServer 類別只依賴
與查看資訊相關的 Viewer 介面，不依賴不需要的 Updater 介面，也滿足介面隔離原
則。

如果我們不遵守介面隔離原則，不設計 Updater 和 Viewer 兩個介面，而是設計一
個「大而全」的 Config 介面，讓 RedisConfig、KafkaConfig 和 MysqlConfig 實
作 Config 介面，並且將原來傳遞給 ScheduledUpdater 的 Updater 物件和傳遞給
SimpleHttpServer 的 Viewer 物件都替換為 Config 物件，這樣的設計是否可行？我們
先看一下按照這種思維實作的程式。

```java
public interface Config {
  void update();
  String outputInPlainText();
  Map<String, String> output();
}

public class RedisConfig implements Config {
  // 需要實作 Config 的 3 個介面：update、outputInPlainText 和 output
}

public class KafkaConfig implements Config {
  // 需要實作 Config 的 3 個介面：update、outputInPlainText 和 output
}

public class MysqlConfig implements Config {
  // 需要實作 Config 的 3 個介面：update、outputInPlainText 和 output
}

public class ScheduledUpdater {
  //... 省略其他屬性和方法 ...

  private Config config;

  public ScheduleUpdater(Config config, long initialDelayInSeconds, long periodInSeconds) {
      this.config = config;
      ...
  }
  ...
}

public class SimpleHttpServer {
  private String host;
  private int port;
```

```
        private Map<String, List<Config>> viewers = new HashMap<>();

        public SimpleHttpServer(String host, int port) { ... }

        public void addViewer(String urlDirectory, Config config) {
          if (!viewers.containsKey(urlDirectory)) {
            viewers.put(urlDirectory, new ArrayList<Config>());
          }
          viewers.get(urlDirectory).add(config);
        }

        public void run() { ... }
      }
```

對比前後兩種設計思維，在程式量、實作複雜度、可讀性接近的情況下，第一種設計思維比第二種設計思維好，主要體現在以下兩個方面。

首先，第一種設計思維更加靈活、易擴展和易複用。Updater 和 Viewer 的職責單一，單一就意味著通用和高複用性。例如，現在又有一個新的需求，即開發一個效能統計模組，並且希望將統計結果透過 SimpleHttpServer 顯示在網頁上，方便使用者查看。對於這樣一個新需求，我們可以讓效能統計類別實作通用的介面 Viewer，複用 SimpleHttpServer 的程式實作。具體程式如下所示。

```
    public class ApiMetrics implements Viewer { ... }
    public class DbMetrics implements Viewer { ... }
    public class Application {
        ConfigSource configSource = new ZookeeperConfigSource();
        public static final RedisConfig redisConfig = new RedisConfig(configSource);
        public static final KafkaConfig kafkaConfig = new KakfaConfig(configSource);
        public static final MySqlConfig mySqlConfig = new MySqlConfig(configSource);
        public static final ApiMetrics apiMetrics = new ApiMetrics();
        public static final DbMetrics dbMetrics = new DbMetrics();

        public static void main(String[] args) {
            SimpleHttpServer simpleHttpServer = new SimpleHttpServer("127.0.0.1",
2389);
            simpleHttpServer.addViewer("/config", redisConfig);
            simpleHttpServer.addViewer("/config", mySqlConfig);
            simpleHttpServer.addViewer("/metrics", apiMetrics);
            simpleHttpServer.addViewer("/metrics", dbMetrics);
            simpleHttpServer.run();
        }
    }
```

其次，第二種設計思維在程式實作上做了一些無用功。因為 Config 介面中包含兩類不相關的介面，update() 屬於一類，output() 和 outputInPlainText() 屬於另一類。在當前的需求背景下，KafkaConfig 只需要實作 update() 介面，並不需要實作 output() 相關的介面。同理，MysqlConfig 只需要實作 output() 相關介面，並不需要實作

update() 介面。但第二種設計思維要求 RedisConfig、KafkaConfig 和 MySqlConfig 必須同時實作 Config 的所有介面（update()、output() 和 outputInPlainText()）。不僅如此，如果我們向 Config 中繼續新增一個新的介面，那麼所有的實作類別都要做相應的改動。相反，如果介面粒度比較小，那麼介面改動導致的需要改動的類就會比較少。

3.4.4　思考題

java.util.concurrent 並發包提供了原子類別 AtomicInteger，其中的函式 getAndIncrement() 的功能是給整數增加 1，並且回傳未增加之前的值。本節的思考題：getAndIncrement() 函式是否符合單一職責原則和介面隔離原則？為什麼？

3.5　依賴反轉原則：依賴反轉與控制反轉、依賴注入有何關係

本節講解 SOLID 原則中的最後一個原則：依賴反轉原則。前面講到，單一職責原則和開閉原則的原理比較簡單，但在實踐中用好比較難，而本節要講的依賴反轉原則正好相反。依賴反轉原則的使用簡單，但理解較難。在進行詳細介紹之前，讀者可以嘗試回答下列問題。

1）「依賴反轉」指的是「誰與誰」的「什麼依賴」被反轉了？如何理解「反轉」？

2）我們經常聽到另外兩個概念：「控制反轉」和「依賴注入」。它們和「依賴反轉」是一回事嗎？若不是，這兩個概念與「依賴反轉」的區別和聯繫是什麼？

3）如果讀者熟悉 Java 語言，那麼 Spring 框架中的 IoC 與上述 3 個概念有什麼關係？

3.5.1　控制反轉（IoC）

首先介紹控制反轉（Inversion of Control，IoC）。此處強調一下，如果讀者是 Java 工程師，那麼暫時不要把這裡提到的 IoC 與 Spring 框架的 IoC 聯繫在一起。關於 Spring 框架的 IoC，我們會在下文介紹。

我們借助一個程式範例介紹什麼是控制反轉。

```
public class UserServiceTest {
  public static boolean doTest() {
    ...
```

```
  }

  public static void main(String[] args) { // 這部分邏輯可以放到框架中
    if (doTest()) {
      System.out.println("Test succeed.");
    } else {
      System.out.println("Test failed.");
    }
  }
}
```

上面這段程式是一段沒有依賴任何測試框架的測試程式，測試程式的執行流程由程式設計師寫和控制。實際上，我們可以從中提取出一個測試框架，程式如下所示。

```
public abstract class TestCase {
  public void run() {
    if (doTest()) {
      System.out.println("Test succeed.");
    } else {
      System.out.println("Test failed.");
    }
  }

  public abstract boolean doTest();
}

public class JunitApplication {
  private static final List<TestCase> testCases = new ArrayList<>();

  public static void register(TestCase testCase) {
    testCases.add(testCase);
  }

  public static final void main(String[] args) {
    for (TestCase testCase: testCases) {
      testCase.run();
    }
  }
}
```

在把上述簡化版的測試框架引入工程中之後，程式設計師要想測試某個類別，只需要在框架預留的擴展點，也就是 TestCase 類別的抽象函式 doTest() 中，填充具體的測試程式，不需要親自寫負責執行流程的 main() 函式。範例程式如下所示。

```
public class UserServiceTest extends TestCase {
  @Override
  public boolean doTest() {
    ...
  }
}
```

```
// 註冊操作還可以透過配置的方式實作，不需要程式設計師顯式呼叫 register()
JunitApplication.register(new UserServiceTest());
```

上述程式範例是透過框架實作了「控制反轉」的典型用法。框架提供了一個可擴展的程式「骨架」，用來組裝物件和管理整個執行流程。程式設計師利用框架進行開發時，只需要向框架預留的擴展點中新增與自己商業相關的程式，這樣就可以利用框架驅動整個程式流程的執行。

這裡的「控制」是指對程式執行流程的控制，而「反轉」是指在沒有使用框架之前，程式設計師自己寫程式控制整個程式流程的執行。在使用框架之後，整個程式的執行流程由框架控制，流程的控制權從程式設計師「反轉」給了框架。

實際上，實作控制反轉的方法有很多，除上面的例子中類似模板設計模式的方法以外，還有依賴注入等方法。因此，控制反轉並不是一種具體的實作技巧，而是一種比較籠統的設計思維，一般用來指導框架的設計。

3.5.2 依賴注入（DI）

與控制反轉相反，依賴注入（Dependency Injection，DI）是一種具體的程式設計技巧。依賴注入容易理解、應用簡單，並且非常有用。

什麼是依賴注入？用一句話來概括：不透過 new 的方式在類別內部建立依賴的類別物件，而是將依賴的類別物件在外部建立好之後，透過構造函式、函式參數等方式傳遞（或稱為注入）給類別使用。範例程式如下。

```
public class Notification {
  private MessageSender messageSender;

  public Notification(MessageSender messageSender) {
    this.messageSender = messageSender; // 依賴注入，而非透過 new 建立
  }

  public void sendMessage(String cellphone, String message) {
    this.messageSender.send(cellphone, message);
  }
}

public interface MessageSender {
  void send(String cellphone, String message);
}

// 簡訊發送類別
public class SmsSender implements MessageSender {
  @Override
```

```java
  public void send(String cellphone, String message) {
    ...
  }
}

// 站內信發送類別
public class InboxSender implements MessageSender {
  @Override
  public void send(String cellphone, String message) {
    ...
  }
}
// 使用 Notification
MessageSender messageSender = new SmsSender();
Notification notification = new Notification(messageSender);
```

如果讀者理解了上述範例程式，那麼就算掌握了依賴注入這一程式設計技巧。在 5.3 節中，我們會提到，依賴注入是寫可測試性程式的有效手段。

3.5.3 依賴注入框架（DI Framework）

理解了什麼是「依賴注入」，我們再介紹什麼是「依賴注入框架」。

在上面的 Notification 類別的例子中，雖然我們採用依賴注入之後，不需要以類似 hardcode（硬寫程式）的方式在 Notification 類別內部透過 new 來建立 MessageSender 物件，但是，物件建立、組裝（或依賴注入）的程式邏輯仍然需要程式設計師自己實作，只不過是被移動到了上層程式。建立、組裝的程式如下所示。

```java
public class Demo {
  public static final void main(String args[]) {
    MessageSender sender = new SmsSender(); // 建立物件
    Notification notification = new Notification(sender); // 依賴注入
    notification.sendMessage("1391894****", "簡訊驗證碼：2346");
  }
}
```

在實際的軟體發展中，有些專案可能包含幾十個類別、上百個類別，甚至幾百個類別，類別物件的建立和依賴注入會變得非常複雜。如果這部分工作都是依靠程式設計師自己寫程式來完成，那麼容易出錯且開發成本較高。而物件的建立和依賴注入本身與具體的商業無關。這部分邏輯完全可以抽象成框架，由框架自動完成。實際上，這個框架就是「依賴注入框架」。

我們透過依賴注入框架提供的擴展點，簡單配置所有需要建立的類別物件、類別之間的依賴關係，就可以實作由框架自動建立物件、管理物件的生命週期、依賴注入等。

目前，依賴注入框架有很多，如 Google Guice、Spring、PicoContainer、Butterfly Container 等。有人把 Spring 框架稱為控制反轉容器（Inversion of Control Container），也有人把 Spring 框架稱為依賴注入框架。實際上，這兩種說法都沒錯「控制反轉容器」是一種寬泛的描述，而「依賴注入框架」這種表述更加具體。上文提到，實作控制反轉的方式有很多，除依賴注入以外，還有模板設計模式等，而 Spring 框架的控制反轉主要是透過依賴注入實作的，因此，Spring 歸為依賴注入框架更確切。

3.5.4　依賴反轉原則（DIP）

最後，我們來看一下本節的主角：依賴反轉原則（Dependency Inversion Principle，DIP），有時它也稱為依賴倒置原則。

依賴反轉原則的英文描述：「High-level modules shouldn't depend on low-level modules. Both modules should depend on abstractions. In addition, abstractions shouldn't depend on details. Details depend on abstractions.」對應的中文翻譯為：高級別模組（high-level modules）不要依賴低級別模組（low-level modules）。高級別模組和低級別模組應該透過抽象（abstractions）互相依賴。除此之外，抽象不要依賴具體實作細節（details），具體實作細節依賴抽象。

如何劃分高級別模組和低級別模組？簡單來說，呼叫者屬於高級別，被呼叫者屬於低級別。依賴反轉原則主要用來指導框架的設計，與前面講到的控制反轉類似。我們以 Tomcat 為例，對此進行進一步解釋。

Tomcat 是執行 Java Web 應用程式的容器。我們寫的 Web 應用程式碼只需要部署在 Tomcat 容器下，便可以被 Tomcat 容器呼叫並執行。按照之前的劃分原則，Tomcat 就是高級別模組，我們寫的 Web 應用程式碼就是低級別模組。Tomcat 和應用程式碼之間並沒有直接的依賴關係，二者都依賴同一個「抽象」，也就是 Servlet 規範。Servlet 規範不依賴具體的 Tomcat 容器和應用程式的實作細節，而 Tomcat 容器和應用程式依賴 Servlet 規範。

3.5.5　思考題

從本節的 Notification 類別的例子來看，「基於介面而非實作程式設計」與「依賴注入」相似，那麼，它們之間有什麼區別和聯繫呢？

KISS 原則和 YAGNI 原則：二者是一回事嗎

3.1 節～ 3.5 節講解了經典的 SOLID 原則，本節介紹 KISS 原則和 YAGNI 原則。很多讀者比較熟悉 KISS 原則，可能很少聽過 YAGNI 原則，其實後者也不難理解。

如何理解 KISS 原則中的「簡單」兩個字？什麼樣的程式才算「簡單」？什麼樣的程式才算「複雜」？如何才能寫出「簡單」的程式？YAGNI 原則與 KISS 原則是一回事嗎？讀者可以帶著這些問題閱讀本節內容。

3.6.1　KISS 原則的定義和解讀

KISS 原則的英文描述有 3 種版本：Keep It Simple and Stupid、Keep It Short and Simple 和 Keep It Simple and Straightforward。其實，它們要表達的意思差不多，即「儘量保持簡單」。

KISS 原則是一個「百寶箱」一樣的設計原則，可以應用在諸多場合。它不僅經常用來指導軟體發展，還經常用來指導系統設計、產品設計等，如冰箱、建築和手機的設計等。本書講解的是程式設計，因此，接下來，我們重點講解如何在程式開發中應用 KISS 原則。

我們知道，程式的可讀性和可維護性是衡量程式品質的兩個重要標準。而 KISS 原則就是保持程式可讀和可維護的重要手段。程式足夠簡單，也就意味著容易讀懂，bug 比較難隱藏。即便出現 bug，修復也比較簡單。

不過，KISS 原則只是告訴我們，要保持程式「簡單」，但並沒有講什麼樣的程式才算得上「簡單」，更沒有提出明確的方法來指導如何開發「簡單」的程式。因此，KISS 原則雖然簡單，但不太容易落地。

3.6.2　程式並非行數越少越簡單

在下面的範例程式中，我們使用 3 種方式實作同一功能：檢查輸入的字串 ipAddress 是否是合法的 IP 位址。一個合法的 IP 位址由 4 個數字組成，並且透過「.」進行分隔。每個數字的取值範圍是 0~255（第一個數字比較特殊，不允許為 0）。對比下面 3 段程式，讀者認為哪一段程式符合 KISS 原則呢？

```java
// 第一種實作方式：使用規則運算式
public boolean isValidIpAddressV1(String ipAddress) {
  if (StringUtils.isBlank(ipAddress)) return false;
  String regex = "^(1\\d{2}|2[0-4]\\d|25[0-5]|[1-9]\\d|[1-9])\\."
          + "(1\\d{2}|2[0-4]\\d|25[0-5]|[1-9]\\d|\\d)\\."
          + "(1\\d{2}|2[0-4]\\d|25[0-5]|[1-9]\\d|\\d)\\."
          + "(1\\d{2}|2[0-4]\\d|25[0-5]|[1-9]\\d|\\d)$";
  return ipAddress.matches(regex);
}

// 第二種實作方式：使用現成的工具類別
public boolean isValidIpAddressV2(String ipAddress) {
  if (StringUtils.isBlank(ipAddress)) return false;
  String[] ipUnits = StringUtils.split(ipAddress, '.');
  if (ipUnits.length != 4) {
    return false;
  }
  for (int i = 0; i < 4; ++i) {
    int ipUnitIntValue;
    try {
      ipUnitIntValue = Integer.parseInt(ipUnits[i]);
    } catch (NumberFormatException e) {
      return false;
    }
    if (ipUnitIntValue < 0 || ipUnitIntValue > 255) {
      return false;
    }
    if (i == 0 && ipUnitIntValue == 0) {
      return false;
    }
  }
  return true;
}

// 第三種實作方式：不使用任何工具類別
public boolean isValidIpAddressV3(String ipAddress) {
  char[] ipChars = ipAddress.toCharArray();
  int length = ipChars.length;
  int ipUnitIntValue = -1;
  boolean isFirstUnit = true;
  int unitsCount = 0;
  for (int i = 0; i < length; ++i) {
    char c = ipChars[i];
    if (c == '.') {
      if (ipUnitIntValue < 0 || ipUnitIntValue > 255) return false;
      if (isFirstUnit && ipUnitIntValue == 0) return false;
      if (isFirstUnit) isFirstUnit = false;
      ipUnitIntValue = -1;
      unitsCount++;
      continue;
    }
    if (c < '0' || c > '9') {
```

```
      return false;
    }
    if (ipUnitIntValue == -1) ipUnitIntValue = 0;
    ipUnitIntValue = ipUnitIntValue * 10 + (c - '0');
  }
  if (ipUnitIntValue < 0 || ipUnitIntValue > 255) return false;
  if (unitsCount != 3) return false;
  return true;
}
```

第一種實作方式利用規則運算式，3 行程式就解決了問題。第一種實作方式的程式行數最少，那麼是否符合 KISS 原則呢？答案是否定的。雖然第一種實作方式的程式行數最少，看似簡單，但使用了比較複雜的規則運算式，而想要寫出完全沒有 bug 的規則運算式是很有挑戰性的。對於不熟悉規則運算式的人，看懂並維護含有規則運算式的程式是比較困難的。基於規則運算式的實作方式導致程式的可讀性和可維護性變差，因此，從 KISS 原則的設計初衷（提高程式的可讀性和可維護性）來看，這種實作方式並不符合 KISS 原則。

第二種實作方式使用 StringUtils 類別和 Integer 類別提供的一些現成的工具函式來處理 IP 位址字串。第三種實作方式不使用任何工具函式，而是透過逐一處理 IP 位址中的字元來判斷其是否合法。從程式行數上來說，第二種實作方式和第三種實作方式的程式行數差不多。但是，第三種實作方式比第二種實作方式更有難度，更容易產生 bug。從可讀性來說，第二種實作方式的程式邏輯更清晰、更好理解。相較於來說，第二種實作方式更「簡單」，符合 KISS 原則。

雖然第三種實作方式稍微複雜，但其效能要比第二種實作方式高一些。從效能的角度來說，選擇第三種實作方式是不是更好呢？在回答這個問題之前，我們先解釋一下為什麼第三種實作方式的效能更高一些。一般來說，工具類別的功能是通用和全面的，因此，在程式實作方面，需要相容和處理更多的情況，執行效率就會受到影響。而第三種實作方式，完全是自己操作底層字元，只針對 IP 位址這一種輸入格式，沒有其他不必要的處理邏輯，因此，在執行效率方面，這種類似定制化的處理程式肯定比通用的工具類別高。

雖然第三種實作方式的效能更高，但我們還是傾向於選擇第二種實作方式，因為第三種實作方式實際上是過度優化。除非 isValidIpAddress() 函式是影響系統效能的瓶頸程式，否則，這樣優化的投入產出比並不高，反而增加了程式實作的難度、犧牲了程式的可讀性，而效能上的提升並不明顯。

3.6.3　程式複雜不一定違反 KISS 原則

上文我們提到，程式並非行數越少越簡單，因為還要考慮邏輯複雜度、實作難度和程式的可讀性等。如果一段程式的邏輯複雜、實作難度大、可讀性也不太好，是不是一定違反 KISS 原則呢？在回答這個問題之前，我們先來看下面這段程式（來自我出版的《資料結構與演算法之美》中 KMP 演算法的程式實作）。

```
//KMP 演算法： a、b 分別是主串和模式串，n、m 分別是主串和模式串的長度
public static int kmp(char[] a, int n, char[] b, int m) {
  int[] next = getNexts(b, m);
  int j = 0;
  for (int i = 0; i < n; ++i) {
    while (j > 0 && a[i] != b[j]) {
      j = next[j - 1] + 1;
    }
    if (a[i] == b[j]) {
      ++j;
    }
    if (j == m) {
      return i - m + 1;
    }
  }
  return -1;
}

private static int[] getNexts(char[] b, int m) {
  int[] next = new int[m];
  next[0] = -1;
  int k = -1;
  for (int i = 1; i < m; ++i) {
    while (k != -1 && b[k + 1] != b[i]) {
      k = next[k];
    }
    if (b[k + 1] == b[i]) {
      ++k;
    }
    next[i] = k;
  }
  return next;
}
```

上面這段程式邏輯複雜、實作難度大和可讀性差，但它並不違反 KISS 原則。KMP 演算法以高效率著稱。當需要處理長文本字串比對問題（如幾百 MB 大小的文本內容的比對），或者字串比對是某個產品的核心功能（如 Vim、Word 等文字編輯器中的文本查找），抑或字串比對演算法是系統效能瓶頸時，我們就應該選擇 KMP 演算法。而 KMP 演算法本身具有邏輯複雜、實作難度大和可讀性差特性，因此，使用複雜的演算法解決複雜的問題，並不違反 KISS 原則。

不過，平時的專案開發涉及的字串比對問題大多針對較小的文本，在這種情況下，直接呼叫程式設計語言提供的現成的字串比對函式即可。如果用 KMP 演算法實作較小文本的字串比對，就違反 KISS 原則了。也就是說，對於同樣一段程式，在某個應用情境下滿足 KISS 原則，換一個應用情境後可能就不滿足 KISS 原則了。

3.6.4 如何寫出滿足 KISS 原則的程式

關於如何寫出滿足 KISS 原則的程式，前面已經講了一些方法，這裡總結一下。

1）慎重使用過於複雜的技術來實作程式，如複雜的規則運算式、程式設計語言中過於高級的語法等。

2）不要「重複造輪子」，首先考慮使用已有類別函式庫。根據我的經驗，如果自己實作類別函式庫，那麼產生 bug 的概率更高，維護成本也更高。

3）不要過度優化。儘量避免使用一些「旁門左道」（如使用位元運算代替算數運算、使用複雜的條件陳述式代替 if-else 等）來優化程式。

3.6.5 YAGNI 原則和 KISS 原則的區別

當 YAGNI（You Ain't Gonna Need It）原則用在軟體發展時，其含義是：不要去設計當前用不到的功能；不要去寫當前用不到的程式。實際上，這條原則的核心思維是：不要過度設計。和 KISS 原則一樣，YAGNI 原則也稱得上「百寶箱」一樣的設計原則。

例如，某系統暫時只使用 Redis 來儲存配置資訊，以後可能會用到 ZooKeeper。根據 YAGNI 原則，在未用到 ZooKeeper 之前，我們沒必要提前寫這部分程式。當然，這並不是說就不需要考慮程式的擴展性了。我們還是有必要預留擴展點，在需要引入 ZooKeeper 時，能夠在不修改太多程式的情況下完成擴展。

又如，不要在專案中提前引入不需要依賴的開發包。Java 程式設計師經常使用 Maven 或 Gradle 管理專案依賴的類別函式庫，我們發現，有些程式設計師為了避免開發中類別函式庫的缺失而頻繁地修改 Maven 或 Gradle 設定檔，提前向專案裡引入大量常用的類別函式庫。實際上，這種做法違反 YAGNI 原則。

從剛才的分析可以看出，YAGNI 原則與 KISS 原則並非一回事。KISS 原則講的是「如何做」（儘量保持簡單），而 YAGNI 原則講的是「要不要做」（當前不需要的，就不要做）。

3.6.6　思考題

讀者如何看待開發中的「重複造輪子」？

3.7 DRY 原則：相同的兩段程式就一定違反 DRY 原則嗎

DRY 原則（Don't Repeat Yourself）翻譯成中文是：不要寫重複的程式。很多人對其中的「重複」二字有誤解，認為專案中存在兩段相同的程式就是重複，實際上，相同的兩段程式未必違反 DRY 原則，相反，不同的兩段程式也未必就不違反 DRY 原則。本節我們就重點來講一下怎麼才算是「重複」。

3.7.1　程式邏輯重複

下面這段程式是否違反了 DRY 原則？如果違反了，應該如何重構才能讓它滿足 DRY 原則？如果沒有違反，那又是為什麼？

```
public class UserAuthenticator {
  public void authenticate(String username, String password) {
    if (!isValidUsername(username)) {
      // 拋出 InvalidUsernameException 異常
    }
    if (!isValidPassword(password)) {
      // 拋出 InvalidPasswordException 異常
    }
    //... 省略其他程式 ...
  }

  private boolean isValidUsername(String username) {
    if (StringUtils.isBlank(username)) {
      return false;
    }

    int length = username.length();
    if (length < 4 || length > 64) {
      return false;
    }

    if (!StringUtils.isAllLowerCase(username)) {
      return false;
    }

    for (int i = 0; i < length; ++i) {
      char c = username.charAt(i);
      if (!(c >= 'a' && c <= 'z') || (c >= '0' && c <= '9') || c == '.') {
```

```
        return false;
      }
    }
    return true;
  }

  private boolean isValidPassword(String password) {
    if (StringUtils.isBlank(password)) {
      return false;
    }

    int length = password.length();
    if (length < 4 || length > 64) {
      return false;
    }

    if (!StringUtils.isAllLowerCase(password)) {
      return false;
    }

    for (int i = 0; i < length; ++i) {
      char c = password.charAt(i);
      if (!(c >= 'a' && c <= 'z') || (c >= '0' && c <= '9') || c == '.') {
        return false;
      }
    }
    return true;
  }
}
```

在上述程式中，isValidUserName() 函式和 isValidPassword() 函式包含大量相同的
程式邏輯，看起來明顯違反 DRY 原則。為了移除重複的程式邏輯，我們重構上述
程式，將 isValidUserName() 函式和 isValidPassword() 函式，合併為一個更通用的
isValidUserNameOrPassword() 函式。重構之後的程式如下所示。

```
public class UserAuthenticatorV2 {
  public void authenticate(String userName, String password) {
    if (!isValidUsernameOrPassword(userName)) {
      // 抛出 InvalidUsernameException 異常
    }

    if (!isValidUsernameOrPassword(password)) {
      // 抛出 InvalidPasswordException 異常
    }
  }

  private boolean isValidUsernameOrPassword(String usernameOrPassword) {
    // 與原來的 isValidUsername() 或 isValidPassword() 的實作邏輯一樣
    return true;
  }
}
```

經過重構之後，程式行數減少，重複的程式邏輯也被移除，但這樣的重構並不合理。

雖然 isValidUserName() 和 isValidPassword() 兩個函式從程式邏輯上看是重複的，但語義不重複。「語義不重複」指的是：從功能上來看，這兩個函式做的是完全不重複的兩件事情，一個是驗證使用者名稱，另一個是驗證密碼。雖然在目前的設計中，二者的驗證邏輯完全一樣，但是，如果按照第二種寫法，將兩個函式的合併，就會存在潛在的問題。在未來的某一天，如果密碼的驗證邏輯改變，如允許密碼包含大寫字元或允許密碼為 8 ～ 64 個字元，驗證使用者名和驗證密碼的實作邏輯就變得不相同了。我們就要把合併後的 isValidUserNameOrPassword() 函式，重新拆成合併前的 isValidUserName() 函式和 isValidPassword() 函式。

雖然程式邏輯相同，但語義不同，所以，判定它並不違反 DRY 原則。至於重複的程式邏輯，我們可以透過提取出粒度更細的函式的方式來解決。例如將驗證只包含 a~z、0~9、點號的邏輯封裝成 boolean onlyContains(String str, String charlist)；函式供 isValidUserName() 函式和 isValidPassword() 函式呼叫。

3.7.2　功能（語義）重複

如果在某一專案程式中包含 isValidIp() 和 checkIfIpValid() 兩個函式。雖然這兩個函式的命名不同，程式邏輯不同，但功能相同，都是用來判斷 IP 位址是否合法。之所以在同一個專案中會有兩個功能相同的函式，是因為這兩個函式是由不同的工程師開發的，其中一個工程師在不知道 isValidIp() 函式已經存在的情況下，定義並實作了 checkIfIpValid() 函式。在同一個專案中，如果存在兩個功能相同的函式，那麼是否違反 DRY 原則呢？

```
public boolean isValidIp(String ipAddress) {
  if (StringUtils.isBlank(ipAddress)) return false;
  String regex = "^(1\\d{2}|2[0-4]\\d|25[0-5]|[1-9]\\d|[1-9])\\."
        + "(1\\d{2}|2[0-4]\\d|25[0-5]|[1-9]\\d|\\d)\\."
        + "(1\\d{2}|2[0-4]\\d|25[0-5]|[1-9]\\d|\\d)\\."
        + "(1\\d{2}|2[0-4]\\d|25[0-5]|[1-9]\\d|\\d)$";
  return ipAddress.matches(regex);
}

public boolean checkIfIpValid(String ipAddress) {
  if (StringUtils.isBlank(ipAddress)) return false;
  String[] ipUnits = StringUtils.split(ipAddress, '.');
  if (ipUnits.length != 4) {
    return false;
  }
  for (int i = 0; i < 4; ++i) {
    int ipUnitIntValue;
```

```
    try {
      ipUnitIntValue = Integer.parseInt(ipUnits[i]);
    } catch (NumberFormatException e) {
      return false;
    }
    if (ipUnitIntValue < 0 || ipUnitIntValue > 255) {
      return false;
    }
    if (i == 0 && ipUnitIntValue == 0) {
      return false;
    }
  }
  return true;
}
```

3.7.1 節中的例子是程式邏輯重複，但語義不重複，我們並不認為它違反 DRY 原則。而這個例子是程式邏輯不重複，但語義重複，也就是功能重複，我們認為它違反 DRY 原則。在同一個專案中，所有判斷 IP 位址是否合法的地方，應該統一呼叫同一個函式。

如果一些地方呼叫 lsValidIp() 函式，另一些地方呼叫 checkIfIpValid() 函式，就會導致程式的可讀性和可維護性變差。例如，看到此段程式的其他人可能產生疑惑：為什麼出現兩個功能相同的函式？又如，在專案中，我們改變了判斷 IP 位址是否合法的規則，如 255.255.255.255 不再被判定為合法的 IP 地址，如果我們只對 isValidIp() 函式做了相應的修改，而忘記對 checkIfIpValid() 函式做相應的修改，就會導致產生莫名其妙的 bug（明明修改了規則卻不生效）。

3.7.3　程式執行重複

在下面的範例程式中，UserService 類別中的 login() 函式用來驗證使用者登入是否成功。如果登入成功，則回傳使用者資訊；如果登入失敗，則回傳異常。這段程式是否違反 DRY 原則呢？

```
public class UserService {
  private UserRepo userRepo;  // 透過依賴注入或 IoC 框架注入

  public User login(String email, String password) {
    boolean existed = userRepo.checkIfUserExisted(email, password);
    if (!existed) {
      // 拋出 AuthenticationFailureException 異常
    }
    User user = userRepo.getUserByEmail(email);
    return user;
  }
}
```

```
public class UserRepo {
  public boolean checkIfUserExisted(String email, String password) {
    if (!EmailValidation.validate(email)) {
      // 拋出 InvalidEmailException 異常
    }
    if (!PasswordValidation.validate(password)) {
      // 拋出 InvalidPasswordException 異常
    }
    //... 省略程式：查詢資料庫檢查 email 和 password 是否存在 ...
  }

  public User getUserByEmail(String email) {
    if (!EmailValidation.validate(email)) {
      // 拋出 InvalidEmailException 異常
    }
    //... 省略程式：查詢資料庫透過 email 取得使用者資訊 ...
  }
}
```

上面這段程式，既沒有出現程式邏輯重複，又沒有出現語義重複，但它仍然違反了 DRY 原則，因為程式中存在執行重複。明顯的執行重複是，在 login() 函式中，email 的驗證邏輯被執行了兩次，一次是在呼叫 checkIfUserExisted() 函式時，另一次是在呼叫 getUserByEmail() 函式時。這個問題比較容易解決，我們只需要將 email 的驗證邏輯從 UserRepo 類別中移除，然後統一放到 UserService 類別中。

除此之外，程式中還有一處隱蔽的執行重複。login() 函式並不需要呼叫 checkIfUserExisted() 函式，只需要呼叫一次 getUserByEmail() 函式，從資料庫中取得使用者的 email、password 資訊，然後與使用者輸入的 email、password 資訊做對比，以此判斷登入是否成功。這個優化是很有必要的，因為 checkIfUserExisted() 函式和 getUserByEmail() 函式都需要查詢資料庫，而資料庫的 I/O 操作是比較耗時的。我們應當儘量減少這類 I/O 操作。

按照上述修改思路，我們重構程式，移除「重複執行」的程式，只驗證一次 email 和 password，並且只查詢一次資料庫。重構之後的程式如下所示。

```
public class UserService {
  private UserRepo userRepo;   // 透過依賴注入或 IoC 框架注入

  public User login(String email, String password) {
    if (!EmailValidation.validate(email)) {
      // 拋出 InvalidEmailException 異常
    }
    if (!PasswordValidation.validate(password)) {
      // 拋出 InvalidPasswordException 異常
    }
```

```
    User user = userRepo.getUserByEmail(email);
    if (user == null || !password.equals(user.getPassword())) {
      // 拋出 AuthenticationFailureException 異常
    }
    return user;
  }
}

public class UserRepo {
  public boolean checkIfUserExisted(String email, String password) {
    //... 省略程式：查詢資料庫檢查 email 和 password 是否存在 ...
  }

  public User getUserByEmail(String email) {
    //... 省略程式：查詢資料庫透過 email 取得使用者資訊 ...
  }
}
```

3.7.4　程式的複用性

在第 1 章中，我們提到，複用性是評判程式品質的一個重要標準。對於如何提高程式的複用性，我們前面章節中已經介紹過很多方法了，現在總結如下。

（1）降低程式的耦合度

對於高度耦合的程式，當我們希望複用其中某一功能，並將其抽取成一個獨立的模組、類別或函式時，往往「牽一髮而動全身」，抽取少許程式可能就要「牽連」很多其他程式。因此，高度耦合的程式會影響程式的複用性，應當儘量降低程式的耦合度。

（2）滿足單一職責原則

如果模組或類別的職責不夠單一，設計得大而全，那麼依賴它的程式或它依賴的程式會比較多，這樣就增加了程式的耦合度，影響了程式的複用性。也就是說，程式的粒度越細，其通用性越好，越容易被複用。

（3）將程式模組化

這裡的「模組」不僅指一組類別構成的模組，我們還可以將其理解為單個類別或函式。我們要學會將功能獨立的程式封裝成模組。模組就像積木，容易複用，可以直接用來搭建複雜的系統。

（4）商業邏輯與非商業邏輯分離

與商業無關的程式容易複用，針對特定商業的程式難以複用。為了複用與商業無關的程式，我們要將非商業邏輯與商業邏輯分離，抽取成通用的框架、類別函式庫或組件等。

（5）　通用程式「下沉」

從分層的角度來看，越底層的程式越容易被複用。一般情況下，在程式分層之後，為了避免交叉呼叫導致呼叫關係混亂，我們只允許上層程式呼叫下層程式和同層程式之間互相呼叫，杜絕下層程式呼叫上層程式。因此，通用程式應儘量「下沉」到更下層，供更多的上層系統複用。

（6）繼承、多型、抽象和封裝

利用繼承，將公共的程式抽取到父類別，子類別可以複用父類別的屬性和方法；利用多型，動態地替換一段程式的部分邏輯，讓這段程式可複用。越抽象的程式（如函式、介面）越容易被複用。程式封裝成模組，隱藏可變的細節，暴露不變的介面，更容易被複用。

（7）應用模板等設計模式

一些設計模式能夠提高程式的複用性。例如，模板方法模式利用多型，可以靈活地替換其中的部分程式，使得整個流程的模板程式可複用。關於如何應用設計模式提高程式的複用性，我們將在後續章節講解。

另外，一些與程式設計語言相關的特性也能提高程式的複用性，如泛型程式設計等。實際上，雖然上述列舉的提高程式複用性的方法重要，但是具備複用意識更重要。在寫程式時，我們要考慮目前寫的這部分程式是否可以抽取出來，並作為一個獨立的模組、類別或函式，以供其他需求使用。在設計模組、類別和函式時，需要像設計外部 API 一樣，考慮它們的複用性。

寫可複用的程式並不是一件簡單的事情。在寫程式時，如果已經有複用的需求，那麼，根據複用的需求開發可複用的程式並不難。但是，如果當下並沒有複用的需求，只是希望目前寫的程式有一定的複用性，那麼預測程式將來如何被複用比較難。

除非有明確的複用需求，否則，為了暫時用不到的複用需求，投入太多的開發成本，並不是值得推薦的做法。這也違反我們之前講到的 YAGNI 原則。

有一個著名的原則：「Rule of Three」的原則，這條原則可以用在很多領域。如果我們把這條原則用在程式開發中，那麼可以將其理解為：在第一次寫程式時，不考慮複用性；在之後遇到複用情境時，再進行重構，使其可複用。需要注意的是，「Rule of Three」中的「Three」並不是確切地指「三」，這裡就是指「二」。

3.7.5 思考題

除程式邏輯重複、功能（語義）重複和程式執行重複以外，讀者還知道哪些型別的程式重複？這些型別的程式重複是否違反 DRY 原則？

3.8 LoD：如何實作程式的「高內聚、低耦合」

本節介紹本章開頭提到的最後一個設計原則：LoD（Law of Demeter，迪米特法則）。雖然 LoD 不像 SOLID，KISS 和 DRY 原則那樣被廣大程式設計師熟知，但它非常實用。這條設計原則能夠幫助我們實作程式的「高內聚、低耦合」。

3.8.1 何為「高內聚、低耦合」

「高內聚、低耦合」是一個非常重要的設計思維，能夠有效地提高程式的可讀性和可維護性，能夠縮小功能改動引起的程式改動範圍。實際上，在前面的章節中，我們已經多次提到過這個設計思維。很多設計原則都以實作程式的「高內聚、低耦合」為目標，如單一職責原則、基於介面而非實作程式設計等。

「高內聚、低耦合」是一個通用的設計思維，可以用來指導系統、模組、類別和函式的設計開發，也可以應用到微服務、框架、元件和類別函式庫等的設計開發中。為了講解方便，我們以「類別」作為這個設計思維的應用物件，至於其他應用情境，讀者可以自行類比。

「高內聚」用來指導類別本身的設計，指的是相近的功能應該放到同一個類別中，不相近的功能不要放到同一個類別中。相近的功能往往會被同時修改，如果放到同一個類別中，那麼程式可以集中修改，也容易維護。單一職責原則是實作程式高內聚的有效的設計原則。

「低耦合」用來指導類別之間依賴關係的設計，指的是在程式中，類別之間的依賴關係要簡單、清晰。即使兩個類別有依賴關係，一個類別的程式的改動不會或很少導致依賴類別的程式的改動。前面提到的依賴注入、介面隔離和基於介面而非實作程式設計,以及本節介紹的 LoD,都是為了實作程式的低耦合。

注意,「內聚」和「耦合」並非完全獨立,「高內聚」有助於「低耦合」,同理,「低內聚」會導致「高耦合」。例如,圖 3-1a 所示的程式結構呈現「高內聚、低耦合」,圖 3-1b 所示的程式結構呈現「低內聚、高耦合」。

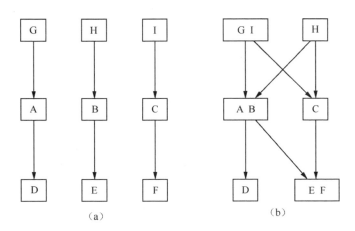

圖 3-1 「內聚」和「耦合」的關係

在圖 3-1a 所示的程式結構中,每個類別的職責單一,不同的功能被放到不同的類別中,程式的內聚性高。因為職責單一,所以每個類別被依賴的類別就會比較少,程式的耦合度低,一個類別的修改只會影響一個依賴類別的程式的改動。在圖 3-1b 所示的程式結構中,類別的職責不夠單一,功能大而全,不相近的功能放到了同一個類別中,導致依賴關係複雜。在這種情況下,當我們需要修改某個類別時,影響的類別比較多。從圖 3-1 中我們可以看出,高內聚、低耦合的程式的結構更加簡單、清晰,相應地,程式的可維護性和可讀性更好。

3.8.2 LoD 的定義描述

單從「LoD」這個名字來看,我們完全猜不出這條設計原則講的是什麼。其實,LoD 還可以稱為「最少知識原則」(The Least Knowledge Principle)。

「最少知識原則」的英文描述是:「Each unit should have only limited knowledge about other units: only units "closely" related to the current unit. Or: Each unit should only talk to its friends; Don't talk to strangers.」對應的中文為:每個模組(unit)只

應該瞭解那些與它關係密切的模組（units: only units "closely" related to the current unit）的有限知識（knowledge），或者說，每個模組只和自己的「朋友」「說話」（talk），不和「陌生人」「說話」。

大部分設計原則和設計思維都非常抽象，不同的人可能有不同的解讀，如果我們想要將它們靈活地應用到實際開發中，那麼需要實戰經驗支撐，LoD 也不例外。於是，我結合自己的理解和以往的經驗，對 LoD 的定義進行了重新描述：不應該存在直接依賴關係的類別之間不要有依賴，有依賴關係的類別之間儘量只依賴必要的介面（也就是上面 LoD 定義描述中的「有限知識」）。注意，為了講解統一，我把原定義描述中的「模組」替換成了「類別」。

從上面的描述中，我們可以看出，LoD 包含前後兩部分，這兩個部分講的是兩件事，下面透過兩個程式範例進行解讀。

3.8.3　定義解讀與程式範例一

我們先來看 LoD 定義描述中的前半部分：「不應該存在直接依賴關係的類別之間不要有依賴」。我們透過一個簡單的程式範例進行解讀。在這個程式範例中，我們實作了簡化的搜尋引擎「爬取」網頁的功能。這段程式包含 3 個類別，其中，NetworkTransporter 類別負責底層網路通信，根據請求取得資料；HtmlDownloader 類別用來透過 URL 取得網頁；Document 表示網頁文件，後續的網頁內容抽取、分詞和索引都是以此為處理物件。具體的程式實作如下。

```
public class NetworkTransporter {
    //... 省略屬性和其他方法 ...
    public Byte[] send(HtmlRequest htmlRequest) {
        ...
    }
}

public class HtmlDownloader {
  private NetworkTransporter transporter;   // 透過構造函式或 IoC 注入

  public Html downloadHtml(String url) {
    Byte[] rawHtml = transporter.send(new HtmlRequest(url));
    return new Html(rawHtml);
  }
}

public class Document {
  private Html html;
  private String url;
```

```
public Document(String url) {
  this.url = url;
  HtmlDownloader downloader = new HtmlDownloader();
  this.html = downloader.downloadHtml(url);
}
...
}
```

雖然上述程式能夠實作基本功能，但存在較多設計缺陷。

我們先來分析 NetworkTransporter 類別。NetworkTransporter 類別作為一個底層網路通信類別，我們希望它的功能是通用的，而不只是服務於下載 HTML 網頁，因此，它不應該直接依賴 HtmlRequest 類別。從這一點上來講，NetworkTransporter 類別的設計違反 LoD。

如何重構 NetworkTransporter 類別才能滿足 LoD 呢？我們舉一個比較形象的例子。如果我們去商店買東西，在結帳的時候，肯定不會直接把錢包給店員，讓店員自己從裡面拿錢，而是我們從錢包裡把錢拿出來並交給店員。這裡的 HtmlRequest 類別相當於錢包，HtmlRequest 類別中的 address 和 content（HtmlRequest 類別的定義在上面的程式中並未給出，它包含 address 和 content 兩個屬性，分別表示網頁的下載位址和網頁的內容）相當於錢，NetworkTransporter 類別相當於店員。我們應該把 address 和 content 交給 NetworkTransporter 類別，而非直接把 HtmlRequest 類別交給 NetworkTransporter 類別，讓 NetworkTransporter 類別自己取出 address 和 content。根據這個思路，我們對 NetworkTransporter 類別進行重構，重構後的程式如下所示。

```
public class NetworkTransporter {
    //... 省略屬性和其他方法 ...

    public Byte[] send(String address, Byte[] content) {
        ...
    }
}
```

我們再來分析 HtmlDownloader 類別。HtmlDownloader 類別原來的設計是沒有問題的，不過，我們修改了 NetworkTransporter 類別中 send() 函式的定義，而 HtmlDownloader 類別呼叫了 send() 函式，因此，HtmlDownloader 類別也要做相應的修改。修改後的程式如下所示。

```
public class HtmlDownloader {
  private NetworkTransporter transporter;   // 透過構造函式或 IoC 注入

  public Html downloadHtml(String url) {
    HtmlRequest htmlRequest = new HtmlRequest(url);
    Byte[] rawHtml = transporter.send(
        htmlRequest.getAddress(), htmlRequest.getContent().getBytes());
    return new Html(rawHtml);
  }
}
```

最後，我們分析 Document 類別。Document 類別中存在下列 3 個問題。第一，構造函式中的 downloader.downloadHtml() 的邏輯比較複雜，執行耗時長，不方便測試，因此它不應該放到構造函式中。第二，HtmlDownloader 類別的物件在構造函式中透過 new 建立，違反了基於介面而非實作程式設計的設計思維，也降低了程式的可測試性。第三，Document 類別依賴了不該依賴的 HtmlDownloader 類別，違反了LoD。

雖然 Document 類別中有 3 個問題，但修改一處即可解決所有問題。修改之後的程式如下所示。

```
public class Document {
  private Html html;
  private String url;

  public Document(String url, Html html) {
    this.html = html;
    this.url = url;
  }
  ...
}

// 透過工廠方法建立 Document 類別的物件
public class DocumentFactory {
  private HtmlDownloader downloader;

  public DocumentFactory(HtmlDownloader downloader) {
    this.downloader = downloader;
  }

  public Document createDocument(String url) {
    Html html = downloader.downloadHtml(url);
    return new Document(url, html);
  }
}
```

3.8.4　定義解讀與程式範例二

現在，我們再來看一下 LoD 定義描述中的後半部分：「有依賴關係的類別之間儘量只依賴必要的介面」。我們還是結合一個程式範例進行講解。下面這段程式中的 Serialization 類別負責物件的序列化和反序列化。

```
public class Serialization {
  public String serialize(Object object) {
    String serializedResult = ...;
    ...
    return serializedResult;
  }

  public Object deserialize(String str) {
    Object deserializedResult = ...;
    ...
    return deserializedResult;
  }
}
```

單看 Serialization 類別的設計，一點問題都沒有。不過，如果把 Serialization 類別放到一定的應用情境中，如有些類別只用到了序列化操作，而另一些類別只用到了反序列化操作，那麼，基於「有依賴關係的類別之間儘量只依賴必要的介面」，只用到序列化操作的那些類別，不應該依賴反序列化介面，只用到反序列化操作的那些類別，不應該依賴序列化介面，因此，我們應該將 Serialization 類別拆分為兩個粒度更小的類別，一個類別（Serializer 類別）只負責序列化，另一個類別（Deserializer 類別）只負責反序列化。拆分之後，使用序列化操作的類別只需要依賴 Serializer 類別，使用反序列化操作的類別只需要依賴 Deserializer 類別。拆分之後的程式如下所示。

```
public class Serializer {
  public String serialize(Object object) {
    String serializedResult = ...;
    ...
    return serializedResult;
  }
}

public class Deserializer {
  public Object deserialize(String str) {
    Object deserializedResult = ...;
    ...
    return deserializedResult;
  }
}
```

不過，雖然拆分之後的程式滿足了 LoD，但違反了高內聚的設計思維。高內聚要求相近的功能在同一個類別中實作，當需要修改功能時，修改之處不會分散。對於上面這個例子，如果修改了序列化的實作方式，如從 JSON 換成 XML，那麼反序列化的實作方式也需要一併修改。也就是說，在 Serialization 類別未拆分之前，只需要修改一個類別，而在拆分之後，需要修改兩個類別。顯然，拆分之後的程式的改動範圍變大了。

如果我們既不想違反高內聚的設計思維，又不想違反 LoD，那麼怎麼辦呢？實際上，引入兩個介面就能輕鬆解決這個問題。具體程式如下所示。

```java
public interface Serializable {
  String serialize(Object object);
}

public interface Deserializable {
  Object deserialize(String text);
}

public class Serialization implements Serializable, Deserializable {
  @Override
  public String serialize(Object object) {
    String serializedResult = ...;
    ...
    return serializedResult;
  }

  @Override
  public Object deserialize(String str) {
    Object deserializedResult = ...;
    ...
    return deserializedResult;
  }
}

public class DemoClass_1 {
  private Serializable serializer;

  public Demo(Serializable serializer) {
    this.serializer = serializer;
  }
  ...
}

public class DemoClass_2 {
  private Deserializable deserializer;

  public Demo(Deserializable deserializer) {
    this.deserializer = deserializer;
  }
```

```
    ...
  }
```

雖然我們還是需要向 DemoClass_1 類別的構造函式中傳入同時包含序列化和反序列化操作的 Serialization 類別，但是，DemoClass_1 類別依賴的 Serializable 介面只包含序列化操作，因此，DemoClass_1 類別無法使用 Serialization 類別中的反序列化函式，即對反序列化操作無「感知」，這就符合了 LoD 定義描述的後半部分「有依賴關係的類別之間儘量只依賴必要的介面」的要求。

Serialization 類別包含序列化和反序列化兩個操作，只使用序列化操作的使用者即便能夠「感知」到另一個函式（反序列化函式），其實也是可以接受的，那麼，為了滿足 LoD，將一個簡單的類別拆分成兩個介面，是否是過度設計呢？

設計原則本身沒有對錯。判定設計模式的應用是否合理，我們要結合應用情境，具體問題具體分析。

對於 Serialization 類別，雖然只包含了序列化和反序列化兩個操作，看似沒有必要拆分成兩個介面，但是，如果我們向 Serialization 類別中新增更多的序列化和反序列化函式，如下面的程式所示，那麼，序列化操作和反序列化操作的拆分就是合理的。

```java
public class Serializer {
  public String serialize(Object object) { ... }
  public String serializeMap(Map map) { ... }
  public String serializeList(List list) { ... }

  public Object deserialize(String objectString) { ... }
  public Map deserializeMap(String mapString) { ... }
  public List deserializeList(String listString) { ... }
}
```

3.8.5　思考題

本章介紹了 5 個程式設計原則：SOLID、KISS、YAGNI、DRY 和 LoD，請讀者說明它們之間的區別和聯繫。

4 程式規範

設計原則和設計模式往往比較抽象，使用時非常依賴個人經驗，使用不當反而適得其反。而本章將要介紹的程式規範大多簡單明瞭，聚焦於程式細節，可落地執行。我們按照程式規範寫程式，可以有效改善程式品質。正因為如此，很多程式設計師認為程式規範比設計原則、設計模式更加重要，在平時的專案開發中更有用。結合我多年的開發經驗，本章從命名與註解（naming and comment）、程式風格（code style）和程式設計技巧（coding tip）3 個方面講解常用的程式規範。

4.1 命名與註解：如何精準命名和寫註解

專案、模組、套件、API、類別、函式、變數和參數等都離不開「命名」。命名對程式可讀性的影響很大。除此之外，命名還能體現程式設計師的基本程式設計素養。因此，我們首先介紹「命名」規範。

4.1.1 長命名和短命名哪個更好

按照長度，命名可以簡單分為長命名和短命名。在過往的工作經歷中，我發現，有些人喜歡長命名，希望命名盡可能詳盡，這樣才可以從命名中一眼看出設計意圖，有些人喜歡短命名，認為這樣寫出的程式才簡潔。

在命名時，可以使用一些常用的縮寫，如 sec（表示 second）、str（表示 string）、num（表示 number）和 doc（表示 document）等，除此之外，縮寫應該謹慎使用。對於作用域比較小的變數，如函式內的臨時變數，可以使用短命名，如 a、b 和 c 等。對於作用域比較大的變數，如全域變數，我們推薦使用長命名。

4.1.2　利用上下文資訊簡化命名

我們先來看一個簡單的程式範例。

```
public class User {
  private String userName;
  private String userPassword;
  private String userAvatarUrl;
  ...
}
```

在 User 類別中，我們沒有必要在成員變數的命名中使用「user」首碼，直接將成員變數命名為 name、password 和 avatarUrl 即可。在使用這些成員變數時，我們借助物件這個上下文資訊，可以表意明確。範例程式如下。

```
User user = new User();
user.getName();   // 借助 user 物件這個上下文資訊可以表示取得 user 的 name
```

除類別以外，函式的參數的命名也可以借助函式這個上下文資訊來簡化。範例程式如下。

```
public void uploadUserAvatarImageToAliyun(String userAvatarImageUri);
// 利用上下文資訊，簡化為：
public void uploadUserAvatarImageToAliyun(String imageUri);
```

4.1.3　利用商業名詞表統一命名

大部分商業開發都會涉及大量的商業專有名詞，專案中的程式設計師的英文水準有高有低，就可能導致對同一個商業名詞的翻譯不同，這也會降低程式的可讀性。設定商業詞彙表可以有效地解決這個問題。在商業詞彙表中，對於特別長的單字，我們可以給出統一的縮寫方式。這種統一的縮寫並不會降低程式的可讀性。

除此之外，有些高效能團隊會對常見的命名進行規範，如整理一份用來給類別、函式和變數等命名的常用單字串列，這能有效地解決命名不統一、不規範問題，也節省了程式設計時命名的時間。

4.1.4　命名既要精準又要抽象

如果專案中存在大量包含 process、handle 和 manage 等表意寬泛的單字的命名，那麼我們需要考慮這些命名是否表意精準，是否應該換成其他表意具體的單字。當然，命名也不能過於具體，不能透露太多實作細節，只需要表明做什麼，而不需要表明怎麼做。在命名精準的同時，我們還要兼顧抽象特性，在修改類別、函式等的具體實作時，可以不用修改它們的命名。

另外，我們需要重視命名工作，尤其對於影響範圍較大的命名，如套件名稱、介面名稱和類別名稱等，我們要反覆斟酌和推敲。在找不到合適的命名時，我們可以進行團隊討論，或者參考優秀開源專案的命名方式。

4.1.5　註解應該包含哪些內容

註解與命名同樣重要。一些程式設計師認為，好的命名完全可以替代註解，如果程式需要註解，就說明命名不夠好，需要在命名上下功夫，而不是新增註解。我認為，這種觀點有失偏頗。命名再好，畢竟有長度限制，不可能面面俱到，而註解就是一個很好的補充。註解主要包含 3 個方面的內容：做什麼（what）、為什麼（why）和怎麼做（how），程式範例如下。

```
/**
 * (what) 用來建立 Bean 的工廠類別
 *
 * (why) 這個類別的功能類似 Spring IoC 框架，但更加輕量級
 *
 * (how) 按照如下順序從不同的資料來源建立 Bean：
 * 使用者指定物件 ->SPI-> 設定檔 -> 預設物件
 */
public class BeansFactory {
    ...
}
```

一些人認為，註解只需要提供補充資訊，也就是只需要解釋清楚「為什麼」，表明程式的設計意圖即可，不需要在註解中提供「做什麼」和「怎麼做」，因為這兩部分內容都可以透過查看命名或閱讀詳細程式取得。我並不認同這種觀點，有下面 3 個理由。

（1）註解可以承載的資訊比命名多

對於函式和變數，我們確實可以只使用命名來說明它們的功能（也就是「做什麼」），如「void increaseWalletAvailableBalance(BigDecimal amount)」語句表示 increaseWalletAvailableBalance 函式可以用來增加「錢包」的可用餘額，「boolean isValidatedPassword」語句表示 isValidatedPassword 變數可以用來判斷密碼是否合法。相較於之下，類別包含的內容較多，命名往往不能完全體現類別的作用，註解的必要性就體現出來了，因為它可以承載更多的資訊。對於類別，在註解中寫明「做什麼」是合理的。

（2）註解有說明和示範作用

程式之下無秘密。如果我們可以透過閱讀程式瞭解程式是「怎麼做」的，也就是瞭解程式是如何實作的，那麼註解就不需要包含程式是「怎麼做」的資訊了嗎？不能一概而論。在註解中，我們可以對程式的實作思路做一些總結性的說明以及特殊情況的說明。這樣能夠讓工程師在不詳細閱讀程式情況下，透過註解就能大概瞭解程式的實作思路。

對於複雜的類別或介面，我們可能還需要在註解中寫清楚「如何用」，如列舉簡單的範例（Demo），此時的註解可以起到很好的示範作用。

（3）總結性註解可以使程式邏輯更加清晰

對於邏輯複雜的函式，如果不容易將其拆分成職責單一的函式，那麼我們可以在這個複雜函式的內部提供總結性註解，使這個複雜函式的程式邏輯更加清晰。在下面的範例程式中，透過 3 行總結性註解，我們將 isValidPasword 函式中的程式分為 3 個小模組，可讀性更好。

```
public boolean isValidPasword(String password) {
  // 檢查密碼是否為空或者 null
  if (StringUtils.isBlank(password)) {
    return false;
  }

  // 檢查密碼的長度是否大於或等於 4、小於或等於 64
  int length = password.length();
  if (length < 4 || length > 64) {
    return false;
  }

  // 檢查密碼是否只包含字元 a～z、0～9 和「.」
  for (int i = 0; i < length; ++i) {
    char c = password.charAt(i);
    if (!((c >= 'a' && c <= 'z') || (c >= '0' && c <= '9') || c == '.')) {
      return false;
    }
  }
  return true;
}
```

4.1.6 註解並非越多越好

註解太多往往意味著程式的可讀性不夠好，寫程式的人需要透過很多註解來對程式進行補充說明。另外，如果註解較多，那麼註解的後期維護成本較高。如果我們修改了程式，但忘記修改相應的註解，就會導致註解和程式邏輯不一致。

對於類別、函式和成員變數，我們都要寫詳盡的註解，而對於函式內部的程式，如區域變數和函式內部每條語句，我們儘量少寫註解。我們可以透過好的命名、函式拆分、解釋性變數來替代註解。

4.1.7 思考題

在講到「總結性註解使程式邏輯更加清晰」時，我們列舉了一個 isValidPassword() 函式的例子。在程式的可讀性方面，isValidPassword() 函式還有哪些可以優化的地方？

4.2 程式風格：與其爭論標準，不如團隊統一

談到程式風格，我們其實很難說哪種風格更好，更沒有必要追求所謂的標準的程式寫法。我們關注的重點是在團隊或專案中保持程式風格的統一。這樣能夠減少程式閱讀時因風格不同而產生的干擾。

4.2.1 類別、函式多大才合適

類別或函式的程式行數不能過多，也不能過少。如果類別或函式的程式行數太多，如一個類別包含上千行程式碼，一個函式包含幾百行程式碼，就會導致邏輯過於複雜。對於這樣龐大的類別或函式，在閱讀時，我們很容易會看了後面的程式而忘了前面的程式。相反，如果類別或函式的程式行數太少，在專案程式總量相同的情況下，類別或函式的個數就會增加，呼叫關係也會變得更複雜。對於類別或函式過多的程式，在檢查某個程式邏輯時，我們需要在多個類別或函式之間頻繁「跳躍」，這樣會影響閱讀體驗。

一個類別或函式包含多少行程式碼才算合適呢？

在 3.1.2 節中，我們曾經介紹過，評價一個類別的職責是否單一，並沒有一個明確的、可量化的標準。同理，一個類別或函式包含多少行程式也沒有一個明確的、可量化的標準。

一些程式設計師認為函式程式的行數最好不要超過顯示幕的顯示高度。例如我的電腦，如果想要將一個函式包含的所有程式完整地顯示在同一螢幕中，那麼程式不能超過 50 行。如果一個函式包含的所有程式不能在同一螢幕中完整顯示，那麼，在閱讀程式時，我們為了「串聯」前後程式的邏輯，要頻繁地上下滾動螢幕，這樣的閱讀體驗並不好。

對於類別包含多少行程式才算合適，其實我們也很難給出一個確切的數字。在 3.1.2 節中，我們曾經提到過，如果我們感到閱讀一個類別的程式困難、實作某個功能時不知道應該使用類別中的哪個函式、需要很長時間尋找函式和使用一個小功能卻要引入一個龐大的類別（類別中包含很多與此功能實作無關的函式）時，就說明類別的程式行數過多了。

4.2.2　一行程式多長才合適

在 Google 的 Java 程式設計規範中，一行程式限制為 100 個字元。注意，不同程式設計語言、程式設計規範、專案和團隊對此的限制可能不同。對於一行程式的長度，我們都可以遵循一個原則：一行程式的長度最好不要超過 IDE 的顯示寬度。如果我們需要拖動滑動條才能完整地查看一行程式，那麼顯然不利於程式的閱讀。當然，一行程式的長度的限制也不能太小，太小會導致稍長的程式語句被分成兩行（甚至更多行），這樣也不利於程式的閱讀。

4.2.3　善用空行分割程式區塊

如果較長的函式可以在邏輯上被分為幾個獨立的程式區塊，那麼，在不方便將這些獨立的程式碼區塊抽取成函式的情況下，為了讓邏輯更加清晰，除使用 4.1.5 節中提到的使用總結性註解的方法以外，我們還可以使用空行分割各個程式區塊。

在類別的成員變數與函式之間，靜態成員變數與普通成員變數之間，各函式之間，以及各成員變數之間，我們也可以透過新增空行的方式，讓這些模組之間的界限和程式的整體結構更加清晰。

4.2.4　是四格縮排還是兩格縮排

「PHP 是否是世界上最好的程式設計語言？」和「程式換行應該是四格縮排還是兩格縮排？」應該是程式設計師爭論得最多的兩個話題了。據我瞭解，Java 程式規範中傾向於使用兩格縮排，PHP 程式規範中傾向於使用四格縮排。至於是兩格縮排還是四格縮排，我認為，這不但取決於個人習慣，而且要保證團隊或專案內部統一。

另外，我們的縮排風格可以與業內推薦的程式風格或重要開源專案的縮排風格保持一致。這樣，當我們需要將一些開源專案的程式片段複製到自己的專案中時，導入的程式與我們自己專案本身的程式的風格可以統一。

我比較推薦使用兩格縮排，這樣可以節省空間。如果使用四格縮排，那麼在程式巢狀較深時，累積縮排較多容易導致一條程式語句被分成兩行或多行，影響程式的可讀性。

值得強調的是，我們一定不要使用 Tab 鍵進行縮排，因為在不同的 IDE 中，使用 Tab 鍵後顯示的寬度不同，有些為四格縮排，而另外一些為兩格縮排。

4.2.5　左大括弧是否要另起一行

左大括弧是否要另起一行呢？據我瞭解，一些 PHP 程式設計師習慣將左大括弧另起一行，一些 Java 程式設計師不習慣將左大括弧另起行，程式範例如下。

```
//PHP
class ClassName
{
    public function foo()
    {
        // 方法体
    }
}

//Java
public class ClassName {
  public void foo() {
    // 方法体
  }
}
```

左大括弧不另起行可以節省程式行數，左括弧另起行可以讓左右大括弧垂直對齊，程式結構一目了然。無論左大括弧是另起行還是不另起行，我們只需要在團隊或專案中保持統一。

4.2.6　類別中成員的排列順序

在 Java 類別中，我們要先寫類別所屬的包名，再列出導入（import）的依賴類別。在 Google 的寫程式規範中，依賴類別按照字母表次序排列。

在類別中，成員變數都會排在函式前面。成員變數之間和函式之間都是按照「先靜態（靜態成員變數或靜態函式）、後非靜態（非靜態成員變數或非靜態函式）」的方式排列。除此之外，成員變數之間和函式之間還會按照作用域範圍從大到小的順序排列，也就是說，我們首先寫公共（public）成員變數（或函式），然後寫受保護的（protected）成員變數（或函式），最後寫私有（private）成員變數（或函式）。

不過，在不同的程式設計語言中，類別內部成員的排列順序可能有較大差別。例如，在 C++ 中，我們習慣將成員變數放在函式後面。除此之外，對於函式，我們除可以按照作用域範圍從大到小排列以外，還可以按照其他方式排列：把有呼叫關係的函式放到一起。例如，一個公共（public）函式呼叫了一個私有（private）函式，那麼，我們可以將這兩個函式放在一起。

4.2.7　思考題

有人認為寫程式要嚴格遵守程式規範，有人認為嚴格遵守程式規範浪費時間，可以適當放鬆要求，讀者怎麼看待這個問題呢？

4.3　程式設計技巧：一招提高程式的可讀性

4.1 節和 4.2 節分別介紹了命名與註解、程式風格，本節介紹一些實用的程式設計技巧。程式設計技巧比較瑣碎、比較多。在本節中，我僅列出了一些個人認為非常實用的程式設計技巧，更多的技巧需要讀者在實踐中慢慢積累。

4.3.1　將複雜的程式模組化

```
// 重構前的程式
public void invest(long userId, long financialProductId) {
  Calendar calendar = Calendar.getInstance();
  calendar.setTime(date);
  calendar.set(Calendar.DATE, (calendar.get(Calendar.DATE) + 1));
  if (calendar.get(Calendar.DAY_OF_MONTH) == 1) {
    return;
  }
  ...
}

// 重構後的程式：封裝成 isLastDayOfMonth() 函式之後，邏輯更加清晰
public void invest(long userId, long financialProductId) {
  if (isLastDayOfMonth(new Date())) {
    return;
  }
  ...
}

public boolean isLastDayOfMonth(Date date) {
  Calendar calendar = Calendar.getInstance();
  calendar.setTime(date);
  calendar.set(Calendar.DATE, (calendar.get(Calendar.DATE) + 1));
  if (calendar.get(Calendar.DAY_OF_MONTH) == 1) {
   return true;
  }
  return false;
}
```

在重構前，invest() 函式中的關於時間處理的程式比較難理解。重構之後，我們將其抽象成 isLastDayOfMonth() 函式，從該函式的命名，我們就能清晰地瞭解它的功能：判斷某天是不是當月的最後一天。

4.3.2　避免函式的參數過多

如果函式的參數過多，那麼我們在閱讀或使用該函式時都會感到不方便。函式包含多少個參數才算過多呢？當然，這也沒有固定標準。根據我的經驗，函式的參數一般超過 5 個就算過多了，因為函式參數超過 5 個之後，在呼叫函式時，呼叫語句容易超出一行程式的長度，需要將其分為兩行甚至多行，導致程式的可讀性降低。除此之外，參數過多也增加了傳遞出錯的風險。

如果導致函式的參數過多的原因是函式的職責不單一，那麼我們可以透過將這個函式拆分成多個函式的方式來減少參數。範例程式如下。

```
    public User getUser(String id，String username, String telephone, String email，
String udid, String uuid);
```

```
// 拆分成多個函式
public User getUserById(String id);
public User getUserByUsername(String username);
public User getUserByTelephone(String telephone);
public User getUserByEmail(String email);
public User getUserByUdid(String udid);
public User getUserByUuid(String uuid);
```

針對函式參數過多的問題，我們還可以透過將參數封裝為物件的方式來解決。這種
處理方式不僅可以減少參數的個數，還能提高函式的相容性。在向函式中新增新的
參數時，只需要向物件中新增成員變數，不需要改變函式定義，原來的呼叫程式不
需要修改。範例程式如下。

```
public void postBlog(String title, String summary, String keywords, String
content, String category, long authorId);
// 將參數封裝成物件
public class Blog {
  private String title;
  private String summary;
  private String keywords;
  private Strint content;
  private String category;
  private long authorId;
}
public void postBlog(Blog blog);
```

4.3.3　移除函式中的 flag 參數

我們不應該在函式中使用布林型別的 flag（標識）參數來控制內部邏輯（flag 為 true
時執行一個程式邏輯，flag 為 false 時執行另一個程式邏輯），這違背單一職責原則
和介面隔離原則。我們建議將包含 flag 參數的函式拆分成兩個函式。範例程式如下，
其中，isVip 是 flag 參數。

```
public void buyCourse(long userId, long courseId, boolean isVip);
// 將其拆分成兩個函式
public void buyCourse(long userId, long courseId);
public void buyCourseForVip(long userId, long courseId);
```

不過，如果函式是私有（private）函式，其影響範圍有限，或者拆分之後的兩個函
式經常同時被呼叫，那麼我們可以考慮保留 flag 參數。範例程式如下。

```
// 拆分成兩個函式之後的呼叫方式
boolean isVip = false;
...
if (isVip) {
  buyCourseForVip(userId, courseId);
```

```
  } else {
    buyCourse(userId, courseId);
  }
// 保留 flag 參數呼叫方式，程式更加簡潔
boolean isVip = false;
...
buyCourse(userId, courseId, isVip);
```

實際上，在函式中，除使用布林型態的 flag 參數來控制內部邏輯以外，還有人喜歡使用參數是否為 null 來控制內部邏輯。對於後一種情況，我們也應該將這個函式拆分成多個函式。拆分之後的函式的職責明確。範例程式如下，其中，selectTransactions() 函式根據參數 startDate、endDate 是否為 null，執行不同的程式邏輯。

```
public List<Transaction> selectTransactions(Long userId, Date startDate, Date
endDate) {
    if (startDate != null && endDate != null) {
      // 查詢兩個時間之間的交易
    }
    if (startDate != null && endDate == null) {
      // 查詢 startDate 之後的所有交易
    }
    if (startDate == null && endDate != null) {
      // 查詢 endDate 之前的所有交易
    }
    if (startDate == null && endDate == null) {
      // 查詢所有的交易
    }
}

// 拆分成多個公共（public）函式，程式變得清晰、易用
public List<Transaction> selectTransactionsBetween(Long userId, Date startDate, Date
endDate) {
    return selectTransactions(userId, startDate, endDate);
}

public List<Transaction> selectTransactionsStartWith(Long userId, Date
startDate) {
    return selectTransactions(userId, startDate, null);
}

public List<Transaction> selectTransactionsEndWith(Long userId, Date endDate) {
    return selectTransactions(userId, null, endDate);
}

public List<Transaction> selectAllTransactions(Long userId) {
    return selectTransactions(userId, null, null);
}

private List<Transaction> selectTransactions(Long userId, Date startDate, Date
endDate) {
```

```
        ...
    }
```

4.3.4 移除巢狀過深的程式

程式巢狀過深往往是因為 if-else、switch-case 和 for 迴圈過度巢狀。我建議巢狀最好
不超過兩層，如果巢狀超過兩層，就要想辦法減少巢狀層數。巢狀過深導致程式語
句多次縮排，大量程式語句超過一行的長度而被分成兩行或多行，影響程式的可讀
性。

針對巢狀過深的問題，我總結了下列 4 種常見的處理思路。

1）去掉多餘的 if、else 語句，範例程式如下。

```
// 範例一
public double caculateTotalAmount(List<Order> orders) {
  if (orders == null || orders.isEmpty()) {
    return 0.0;
  } else {   //if 內部使用 return，因此，此處的 else 可以去掉
    double amount = 0.0;
    for (Order order : orders) {
      if (order != null) {
        amount += (order.getCount() * order.getPrice());
      }
    }
    return amount;
  }
}

// 範例二
public List<String> matchStrings(List<String> strList,String substr) {
  List<String> matchedStrings = new ArrayList<>();
  if (strList != null && substr != null) {
    for (String str : strList) {
      if (str != null) {   // 此處的 if 可以與下一行的 if 語句合併
        if (str.contains(substr)) {
          matchedStrings.add(str);
        }
      }
    }
  }
  return matchedStrings;
}
```

2）使用 continue、break 和 return 關鍵字提前退出巢狀，範例程式如下。

```java
// 重構前的程式
public List<String> matchStrings(List<String> strList,String substr) {
  List<String> matchedStrings = new ArrayList<>();
  if (strList != null && substr != null){
    for (String str : strList) {
      if (str != null && str.contains(substr)) {
        matchedStrings.add(str);
        ...
      }
    }
  }
  return matchedStrings;
}
```

```java
// 重構後的程式；使用 continue 提前退出巢狀
public List<String> matchStrings(List<String> strList,String substr) {
  List<String> matchedStrings = new ArrayList<>();
  if (strList != null && substr != null){
    for (String str : strList) {
      if (str == null || !str.contains(substr)) {
        continue;
      }
      matchedStrings.add(str);
      ...
    }
  }
  return matchedStrings;
}
```

3）透過調整執行順序來減少巢狀層數，範例程式如下。

```java
// 重構前的程式
public List<String> matchStrings(List<String> strList,String substr) {
  List<String> matchedStrings = new ArrayList<>();
  if (strList != null && substr != null) {
    for (String str : strList) {
      if (str != null) {
        if (str.contains(substr)) {
          matchedStrings.add(str);
        }
      }
    }
  }
  return matchedStrings;
}
```

```java
// 重構後的程式：先執行判斷是否為空邏輯，再執行正常邏輯
public List<String> matchStrings(List<String> strList,String substr) {
  if (strList == null || substr == null) { // 先判斷是否為空
    return Collections.emptyList();
  }
  List<String> matchedStrings = new ArrayList<>();
```

```
    for (String str : strList) {
      if (str != null) {
        if (str.contains(substr)) {
          matchedStrings.add(str);
        }
      }
    }
    return matchedStrings;
  }
```

4）我們可以將部分巢狀程式封裝成函式，以減少巢狀層數，範例程式如下。

```
// 重構前的程式
public List<String> appendSalts(List<String> passwords) {
  if (passwords == null || passwords.isEmpty()) {
    return Collections.emptyList();
  }

  List<String> passwordsWithSalt = new ArrayList<>();
  for (String password : passwords) {
    if (password == null) {
      continue;
    }
    if (password.length() < 8) {
      ...
    } else {
      ...
    }
  }
  return passwordsWithSalt;
}
```

```
// 重構後的程式：將部分程式封裝為函式
public List<String> appendSalts(List<String> passwords) {
  if (passwords == null || passwords.isEmpty()) {
    return Collections.emptyList();
  }
  List<String> passwordsWithSalt = new ArrayList<>();
  for (String password : passwords) {
    if (password == null) {
      continue;
    }
    passwordsWithSalt.add(appendSalt(password));
  }
  return passwordsWithSalt;
}

private String appendSalt(String password) {
  String passwordWithSalt = password;
  if (password.length() < 8) {
    ...
  } else {
    ...
```

```
  }
  return passwordWithSalt;
}
```

4.3.5 學會使用解釋性變數

解釋性變數可以提高程式的可讀性，也可以減少不必要的註解。常用的解釋性變數有以下兩種。

1）使用常數取代魔法數字，範例程式如下。

```
public double CalculateCircularArea(double radius) {
  return (3.1415) * radius * radius;
}

// 常數替代魔法數字
public static final Double PI = 3.1415;
public double CalculateCircularArea(double radius) {
  return PI * radius * radius;
}
```

2）使用解釋性變數來解釋複雜運算式，範例程式如下。

下。

```
if (date.after(SUMMER_START) && date.before(SUMMER_END)) {
  ...
} else {
  ...
}

// 引入解釋性變數後，程式更易被人理解
boolean isSummer = date.after(SUMMER_START)&&date.before(SUMMER_END);
if (isSummer) {
  ...
} else {
  ...
}
```

4.3.6 思考題

除本章提到的這些程式規範，還有哪些程式規範可以提高程式的可讀性？

5 重構技巧

大部分工程師對「重構」不會感到陌生。持續重構是提高程式品質的有效手段。不過，據我瞭解，進行過程式重構的程式設計師不多，而將持續重構作為開發的一部分的程式設計師就更少了。重構程式對一個程式設計師能力的要求比寫程式高，因為我們在重構時需要洞察程式存在的「壞味道」、設計上的不足，並且合理、熟練地利用設計原則、設計模式和程式規範等解決問題。

5.1 重構四要素：目的、物件、時機和方法

一些軟體工程師對為什麼要重構（why）、到底重構什麼（what）、什麼時候重構（when）和應該如何重構（how）等問題的理解不深，對重構沒有系統性認識。在面對品質不佳的程式時，這些軟體工程師沒有足夠的重構技巧，不能系統地進行重構。為了讓讀者對重構有全面和清晰的認識，我們先來瞭解一下重構的目的、物件、時機和方法。

5.1.1 重構的目的：為什麼重構（why）

軟體設計專家 Martin Fowler 提出的重構的定義：「重構是一種對軟體內部結構的改善，目的是在不改變軟體對外部的可見行為的情況下，使其更易理解，修改成本更低。」在這個定義描述中，我們需要關注一點：「重構不改變對外部的可見行為」。注意，這裡提到的「外部」是相對而言的。如果我們重構的是函式，那麼函式的定義就是對外部的可見行為；如果我們重構的是一個類別函式庫，那麼類別函式庫暴露的 API 就是對外部的可見行為。

在瞭解了重構的定義之後，我們探討一下為什麼要進行程式重構。

首先，重構是保證程式品質的有效手段，可有效避免程式品質下滑。隨著技術的更新、需求的變化和人員的流動，程式品質可能存在下降的情況。如果此時沒有人為程式的品質負責，那麼程式就會變得越來越混亂。當程式混亂到一定程度之後，專案的維護成本高於重新開發一套新程式的成本，此時再去重構就不現實了。

其次，高品質的程式不是設計出來的，而是迭代出來的。我們無法完全預測未來的需求，也沒有足夠的精力和資源提前實作「未來可能需要實作的需求」，這就意味著，隨著產品的更迭、專案的推進和系統的演進，重構程式是不可避免的。

最後，重構是避免過度設計的有效手段，可以顯現暫時不完善的設計。在程式的維護過程中，當遇到問題時，我們再對程式進行重構，這樣能有效避免前期的過度設計。

實際上，重構對軟體工程師的技術成長也有重要意義。重構是設計原則和設計模式，以及程式規範等理論知識的重要應用情況。重構的過程能夠鍛煉我們熟練使用這些理論知識的能力。除此之外，重構能力是衡量軟體工程師寫程式能力的重要手段。我聽過這樣一句話：「初級軟體工程師開發程式，高級軟體工程師設計程式，資深軟體工程師重構程式」，這句話的意思是：初級軟體工程師在已有程式框架下修改、新增功能程式；高級軟體工程師從零開始設計程式結構，搭建程式框架；而資深軟體工程師為程式品質負責，能夠及時發現程式中存在的問題，有針對性地對程式進行重構，時刻保證程式品質處於可控狀態。

5.1.2　重構的物件：到底重構什麼（what）

根據重構的規模，我們可以將重構籠統地分為大規模高級別重構（以下簡稱「大型重構」）和小規模低級別重構（以下簡稱「小型重構」）。

大型重構是指對頂層程式設計的重構，包括對系統、模組、程式結構、類別之間關係等的重構。大型重構的手段包括分層、模組化、解耦和抽象可複用組件等。大型重構的工具包括第 3 章介紹的設計原則和第 6 ～ 8 章介紹的設計模式。大型重構涉及的程式改動較多，影響較大，因此，其難度較大，耗時較長，引入 bug 的風險較高。

小型重構是指對程式細節的重構，主要是針對類別、函式和變數等級別的重構，如規範命名、規範註解、消除超大類別或函式、提取重複程式等。小型重構主要是透過第 4 章介紹的程式規範來實作。小型重構需要修改之處集中，過程簡單，可操作性較強，耗時較短，引入 bug 的風險較低。讀者只要熟練掌握各種程式規範，就可以在小型重構時得心應手。

5.1.3　重構的時機：什麼時候重構（when）

在程式「爛」到一定程度之後，我們才進行重構嗎？當然不是。如果程式已經出現維護困難、bug 頻繁發生等嚴重問題，那麼重構也是為時已晚。

因此，我們不提倡平時不注重程式品質，隨意新增或刪除程式，實在維護不了了就重構，甚至重寫的行為。我們不要寄希望於程式「爛」到一定程度後透過重構解決所有問題。我們必須探索一個可持續、可演進的重構方案。這個重構方案就是持續重構。

我們要培養持續重構的意識。我們應該像把單元測試、Code Review（程式審查）作為開發的一部分一樣，把持續重構也作為開發的一部分。如果持續重構成為一種開發習慣，並在團隊內形成共識，那麼程式品質就有了保障。

5.1.4　重構的方法：應該如何重構（how）

前面提到，按照重構的規模，我們可以將重構籠統地分為大型重構和小型重構。對於這兩種不同規模的重構，我們要區別對待。

大型重構涉及的程式較多，如果原有程式的品質較差，耦合度較高，那麼重構時往往牽一髮而動全身，程式設計師本來覺得可以很快完成的重構，結果有可能程式越改問題越多，導致短時間內無法完成重構，而新商業的開發又與重構衝突，最終，重構只能半途而廢，程式設計師無奈地撤銷之前所有的改動。

因此，在進行大型重構時，我們要提前制訂完善的重構計畫，有條不紊地分階段進行。每個階段完成一小部分程式的重構，然後提交、測試和執行，沒有問題之後，再進行下一階段的重構，保證程式倉庫中的程式一直處於可執行的狀態。在大型重構的每個階段，我們都要控制重構影響的程式的範圍，考慮如何相容舊的程式邏輯，必要的時候提供實作相容的過渡程式。只有這樣，我們才能讓每一個階段的重構都不會耗時太長（最好一天就能完成），不與新功能的開發衝突。

大型重構一定是有組織的、有計劃的和謹慎的，需要經驗豐富、商業熟練的資深工程師主導。而小型重構的影響範圍小，改動耗時短，因此，只要我們願意並且有時間，隨時都可以進行小型重構。實際上，除利用人工方式發現程式的品質問題以外，我們還可以借助成熟的程式分析工具（如 Checkstyle、FindBugs 和 PMD 等）自動發現程式中存在的問題，然後有針對性地進行重構。

在專案開發中，資深軟體工程師、專案管理者要擔負重構的責任，經常重構程式，保證程式的品質處於可控狀態，避免引發「破窗效應」（只要一個人向專案中隨意新增品質不高的程式碼，就會有更多的人往專案中新增更多品質不高的程式）。除此之外，我們要在團隊內部營造一種追求程式品質的氛圍，以此來驅動團隊成員主動關注程式品質，進行持續重構。

5.1.5 思考題

在重構程式時，讀者遇到過哪些問題？在程式重構方面，讀者有什麼經驗教訓？

5.2 單元測試：保證重構不出錯的有效手段

據我瞭解，我身邊的大部分程式設計師對持續重構還是認同的，但因為擔心重構（尤其是重構其他人開發的程式時）之後出現問題，如導入 bug，所以，很少有人會主動去重構程式。

如何保證重構不出錯呢？我們不僅需要熟練掌握經典的設計原則和設計模式，還需要對商業和程式有足夠的瞭解。另外，單元測試（unittesting）是保證重構不出錯的有效手段。當重構完成之後，如果新程式仍然能夠通過單元測試，就說明程式原有邏輯的正確性未被破壞，原有對外部的可見行為未變，符合重構的定義。

5.2.1 什麼是單元測試

單元測試由開發工程師而非測試工程師寫，用來測試程式的正確性。相較於集成測試（integration testing），單元測試的粒度更小。集成測試是一種端到端（end to end，從請求到回傳所涉及的程式執行的整個路徑）的測試。集成測試的測試物件是整個系統或某個功能模組，如測試使用者的註冊、登入功能是否正常。而單元測試是程式層級的測試，其測試物件是類別或函式，用來測試類別或函式是否能夠按照預期執行。下面結合程式範例介紹單元測試。

```java
public class Text {
  private String content;

  public Text(String content) {
    this.content = content;
  }

  /**
   * 將字串轉化為數字，並忽略字串中的首尾空格；
   * 如果字串中包含除首尾空格以外的非數字字元，則回傳 null
   */
  public Integer toNumber() {
    if (content == null || content.isEmpty()) {
      return null;
    }
    ...
    return null;
```

```
          }
      }
```

如果我們需要測試 Text 類別中的 toNumber() 函式，那麼如何寫單元測試程式？

實際上，寫單元測試程式並不需要高深的技術，需要程式設計師思考縝密，設計儘量覆蓋所有正常情況和異常情況的測試用例，以保證程式在任何預期或非預期的情況下都能正確執行。為了保證測試的全面性，針對 toNumber() 函式，我們需要設計如下測試用例。

1）如果字串中只包含數字「123」，那麼 toNumber() 函式輸出對應的整數 123。

2）如果字串為空或 null，那麼 toNumber() 函式回傳 null。

3）如果字串中包含首尾空格：「 123」「123 」或「 123 」，那麼 toNumber() 回傳對應的整數 123。

4）如果字串中包含多個首尾空格：「123 」「 123」或「 123 」，那麼 toNumber() 回傳對應的整數 123。

5）如果字串中包含非數字字元：「123a4」或「123 4」，那麼 toNumber() 回傳 null。

當測試用例設計好之後，接下來就是將其「翻譯」成程式，具體的程式實作如下。注意，下列單元測試程式沒有使用任何測試框架。

```java
public class Assert {
  public static void assertEquals(Integer expectedValue, Integer actualValue) {
    if (actualValue != expectedValue) {
      String message = String.format(
              "Test failed, expected: %d, actual: %d.", expectedValue,
actualValue);
      System.out.println(message);
    } else {
      System.out.println("Test succeeded.");
    }
  }

  public static boolean assertNull(Integer actualValue) {
    boolean isNull = actualValue == null;
    if (isNull) {
      System.out.println("Test succeeded.");
    } else {
      System.out.println("Test failed, the value is not null:" + actualValue);
    }
    return isNull;
  }
}
```

171

```java
public class TestCaseRunner {
  public static void main(String[] args) {
    System.out.println("Run testToNumber()");
    new TextTest().testToNumber();
    System.out.println("Run testToNumber_nullorEmpty()");
    new TextTest().testToNumber_nullorEmpty();
    System.out.println("Run testToNumber_containsLeadingAndTrailingSpaces()");
    new TextTest().testToNumber_containsLeadingAndTrailingSpaces();
    System.out.println("Run testToNumber_containsMultiLeadingAndTrailingSp
aces()");
    new TextTest().testToNumber_containsMultiLeadingAndTrailingSpaces();
    System.out.println("Run testToNumber_containsInvalidCharaters()");
    new TextTest().testToNumber_containsInvalidCharaters();
  }
}

public class TextTest {
  public void testToNumber() {
    Text text = new Text("123");
    Assert.assertEquals(123, text.toNumber());
  }

  public void testToNumber_nullorEmpty() {
    Text text1 = new Text(null);
    Assert.assertNull(text1.toNumber());
    Text text2 = new Text("");
    Assert.assertNull(text2.toNumber());
  }

  public void testToNumber_containsLeadingAndTrailingSpaces() {
    Text text1 = new Text(" 123");
    Assert.assertEquals(123, text1.toNumber());
    Text text2 = new Text("123 ");
    Assert.assertEquals(123, text2.toNumber());
    Text text3 = new Text(" 123 ");
    Assert.assertEquals(123, text3.toNumber());
  }

  public void testToNumber_containsMultiLeadingAndTrailingSpaces() {
    Text text1 = new Text("  123");
    Assert.assertEquals(123, text1.toNumber());
    Text text2 = new Text("123  ");
    Assert.assertEquals(123, text2.toNumber());
    Text text3 = new Text("  123  ");
    Assert.assertEquals(123, text3.toNumber());
  }

  public void testToNumber_containsInvalidCharaters() {
    Text text1 = new Text("123a4");
    Assert.assertNull(text1.toNumber());
    Text text2 = new Text("123 4");
    Assert.assertNull(text2.toNumber());
  }
}
```

5.2.2 為什麼要寫單元測試程式

寫單元測試程式是提高程式品質的有效手段。在 Google 工作期間，我寫了大量單元測試程式，因此，我結合過往的開發經驗，總結了單元測試的 6 個好處。

（1）單元測試能夠幫助程式設計師發現程式中的 bug

寫 bug free（無缺陷）的程式，是衡量程式設計師寫程式能力的重要標準，也是很多企業（尤其是 Google、Facebook 等）面試時考察的重點。

在我多年的工作過程中，我堅持為自己提交的每一份程式設計完善的單元測試，得益於此，我寫的程式幾乎是 bug free 的。這為我節省了很多修復低級 bug 的時間，使我能夠騰出更多時間來做其他更有意義的事情。

（2）單元測試能夠幫助程式設計師發現程式設計上的問題

在第 1 章中，我們提到，程式的可測試性是評判程式品質的重要標準。如果我們在為一段程式設計單元測試時感覺吃力，需要依靠單元測試框架中的高級特性，那麼往往意味著這段程式的設計不合理，如沒有使用依賴注入，大量使用靜態函式和全域變數，以及程式高度耦合等。因此，透過設計單元測試，我們可以及時發現程式設計上的問題。

（3）單元測試是對集成測試的有力補充

程式執行時出現的 bug 往往是在一些邊界條件和異常情況下產生的，如除數未判斷是否為零、網路超時等。大部分異常情況都很難在測試環境中模擬。單元測試正好彌補了測試環境在這方面的不足，其利用 Mock 方式（將在 5.3 節中介紹），控制 Mock 物件的回傳值，比較異常情況，以此測試程式在異常情況下的表現。

對於一些複雜系統，集成測試無法做到覆蓋全面，因為複雜系統中往往有很多模組，每個模組都有各種輸入、輸出，以及可能出現的異常情況，如果我們將它們相互組合，那麼整個系統中需要類比的測試情境會非常多，針對所有可能出現的情況設計測試用例並測試是不現實的。單元測試是對集成測試的有力補充。雖然單元測試無法完全替代集成測試，但是，如果我們能夠保證每個類別和函式都能按照預期執行，那麼整個系統出問題的概率就會下降。

（4）寫單元測試程式的過程就是程式重構的過程

在 5.1 節中，我們提到，要把持續重構作為開發的一部分。實際上，寫單元測試程式就是一個落地執行持續重構的有效途徑。在寫程式時，我們很難把所有情況都考慮清楚，寫單元測試程式就相當於我們自己對程式進行一次 Code Review，我們可以從中發現程式設計上的問題（如程式的可測試性不高）和程式寫方面的問題（如邊界條件處理不當）等，然後有針對性地進行重構。

（5）單元測試能夠幫助程式設計師快速熟悉程式

我們在閱讀程式前，應該先瞭解商業背景和程式設計思維，這樣閱讀程式就會變得很輕鬆。有些程式設計師不喜歡寫說明文件和新增註解，而其寫的程式又很難做到「易讀」和「易懂」。在這種情況下，單元測試可以發揮說明文件和註解的作用。實際上，單元測試用例就是使用者用例，它反映了程式的功能和使用方式。借助單元測試，我們不需要深入閱讀程式，便能夠知道程式實作的功能，以及我們需要考慮的特殊情況和需要處理的邊界條件。

（6）單元測試是 TDD 的改進方案

測試驅動開發（Test-Driven Development，TDD）是一個經常被人提及但很少被執行的開發模式。它的核心思維是寫測試用例先於寫程式。不過，目前想要讓程式設計師接受和習慣這種開發模式，還是有一定難度的，因為一些程式設計師連單元測試程式都不願意寫，更不用提在寫程式之前先設計測試用例了。

實際上，單元測試是 TDD 的改進方案：首先寫程式，然後設計單元測試，最後根據單元測試回饋的問題重構程式。這種開發流程更容易被程式設計師接受和落地執行。

5.2.3　如何設計單元測試

在 5.2.1 節介紹什麼是單元測試時，我們提供了一個給 toNumber() 函式寫單元測試程式的例子。根據那個例子，我們可以得到一個結論：寫單元測試程式就是針對程式設計覆蓋各種輸入、異常和邊界條件的測試用例，並將測試用例「翻譯」成程式的過程。

在將測試用例「翻譯」成程式時，我們可以利用單元測試框架，簡化單元測試程式。針對 Java 的單元測試框架有 JUnit、TestNG 和 Spring Testing 等。這些單元測試框架提供了通用的執行流程（如執行測試用例的 TestCaseRunner）和工具類別函式庫（如各種 Assert 函式）等。借助它們，在寫測試程式時，我們只需要關注測試用例本身的設計。對於如何使用單元測試框架，讀者可以參考單元測試框架的官方文檔。

我們利用 JUnit 重新實作針對 toNumber() 函式的測試用例，重新實作之後的程式如下所示。

```java
import org.junit.Assert;
import org.junit.Test;
public class TextTest {
  @Test
  public void testToNumber() {
    Text text = new Text("123");
    Assert.assertEquals(new Integer(123), text.toNumber());
  }

  @Test
  public void testToNumber_nullorEmpty() {
    Text text1 = new Text(null);
    Assert.assertNull(text1.toNumber());
    Text text2 = new Text("");
    Assert.assertNull(text2.toNumber());
  }

  @Test
  public void testToNumber_containsLeadingAndTrailingSpaces() {
    Text text1 = new Text(" 123");
    Assert.assertEquals(new Integer(123), text1.toNumber());
    Text text2 = new Text("123 ");
    Assert.assertEquals(new Integer(123), text2.toNumber());
    Text text3 = new Text(" 123 ");
    Assert.assertEquals(new Integer(123), text3.toNumber());
  }

  @Test
  public void testToNumber_containsMultiLeadingAndTrailingSpaces() {
    Text text1 = new Text("  123");
    Assert.assertEquals(new Integer(123), text1.toNumber());
    Text text2 = new Text("123  ");
    Assert.assertEquals(new Integer(123), text2.toNumber());
    Text text3 = new Text("  123  ");
    Assert.assertEquals(new Integer(123), text3.toNumber());
  }

  @Test
  public void testToNumber_containsInvalidCharaters() {
    Text text1 = new Text("123a4");
    Assert.assertNull(text1.toNumber());
    Text text2 = new Text("123 4");
    Assert.assertNull(text2.toNumber());
  }
}
```

接下來，我們探討一下單元測試設計方面的 5 個問題。

1）設計單元測試是一件耗時的事情嗎？

雖然單元測試的程式量很大，有時甚至超過被測程式本身，但寫單元測試程式並不會太耗時，因為單元測試程式的實作簡單，我們不需要考慮太多程式設計上的問題。不同測試用例實作起來的差別可能不是很大，因此，我們可以在寫新的單元測試程式時，複用之前已經寫好的單元測試程式。

2）對於單元測試程式的品質，有什麼要求嗎？

由於單元測試程式不在生產環境上執行，而且每個類別的單元測試程式獨立，不互相依賴，因此，相較於商業程式，我們可以適當放低對單元測試程式的品質要求。命名稍微有些不規範，程式稍微有些重複，也都可以接受。只要單元測試能夠自動化執行，不需要人工干預（如準備資料等），不會因為執行環境的變化而失敗，就是合格的。

3）單元測試只要覆蓋率高就足夠了嗎？

單元測試覆蓋率是一個容易量化的指標，我們經常使用它衡量單元測試的品質。單元測試覆蓋率的統計工具有很多，如 JaCoCo、Cobertura、EMMA 和 Clover 等。覆蓋率的計算方式也有很多種，如簡單的語句覆蓋，以及複雜一些的條件覆蓋、判定覆蓋和路徑覆蓋等。

無論覆蓋率的計算方式多麼複雜，我認為，將覆蓋率作為衡量單元測試品質的唯一標準是不合理的。實際上，我們更應該關注的是測試用例是否覆蓋了所有可能的情況，特別是一些特殊情況。例如，針對下面這段程式，只需要一個測試用例，如 cal(10.0,2.0)，就可以實作 100% 的測試覆蓋率，但這並不表示測試全面，因為我們還需要測試，在除數為 0 的情況下，程式的執行是否符合預期。

```java
public double cal(double a, double b) {
    if (b != 0) {
      return a / b;
  }
}
```

實際上，過度關注單元測試覆蓋率，會導致開發人員為了提高覆蓋率寫很多沒有必要的測試程式。例如 getter、setter 方法，因為它們的邏輯簡單，一般只包含賦值操作，所以沒有必要為它們設計單元測試。一般來講，專案的單元測試覆蓋率達到 60% ～ 70%，即可上線。如果我們對程式品質的要求較高，那麼可以適當提高對專案的單元測試覆蓋率的要求。

4）寫單元測試程式時需要瞭解程式的實作邏輯嗎？

單元測試不需要依賴被測試函式的具體實作邏輯，它只關注被測試函式實作了什麼功能。我們千萬不要為了追求高覆蓋率，而逐行閱讀程式碼，然後針對實作邏輯設計單元測試。否則，一旦對程式進行重構，在外部的可見行為不變的情況下，對程式的實作邏輯進行了修改，那麼原本的單元測試都會執行失敗，也就失去了為重構「保駕護航」的作用。

5）如何選擇單元測試框架？

寫單元測試程式並不需要使用複雜的技術，大部分單元測試框架都能滿足需求。我們要在公司內部或團隊內部統一單元測試框架。如果我們寫的程式無法使用已經選定的單元測試框架進行測試，那麼多半是程式寫得不夠好。這個時候，我們要重構自己的程式，讓其更容易被測試，而不是去找另一個更高級的單元測試框架。

5.2.4　為什麼單元測試落地困難

雖然越來越多的人意識到單元測試的重要性，但目前真正付諸實踐的並不多。據我瞭解，大部分公司的專案都沒有單元測試。即使一些專案有單元測試，但單元測試也不完善。落地單元測試是一件「知易行難」的事情。

寫單元測試程式是一件考驗耐心的事情。很多人往往因為單元測試程式寫起來比較繁瑣且沒有太多技術含量，而不願意去做。還有很多團隊在剛開始推行寫單元測試時，還比較認真，執行得比較好。但當開發任務變得緊張之後，團隊就開始放低對單元測試的要求，一旦出現破窗效應，大家慢慢地就都跟著不寫單元測試程式了。

還有的團隊是因為歷史原因，原來的程式都沒有寫單元測試，程式已經堆砌了十幾萬行，不可能再逐一去補齊單元測試。對於這種情況，首先，我們要保證新寫的程式都要有單元測試，其次，當修改到某個類別時，順便為其補齊單元測試。不過，這要求團隊成員有足夠強的自我要求，畢竟光依靠主管督促，很多事情是很難執行到位的。

除此之外，還有人會覺得，有了測試團隊，寫單元測試純粹是浪費時間，沒有必要。IT 這一行業本該是智力密集型的，但現在，很多公司把它搞成勞動密集型的，包括一些大公司，在開發的過程中，既不寫單元測試程式，又沒有 Code Review 流程。即便有，做的也很不到位。寫完程式直接提交，然後丟給黑盒子測試團隊去測試，測出的問題回饋給開發團隊再修改，測不出的問題就留給線上出了問題再修復。

在這樣的開發模式下，團隊往往會覺得沒必要寫單元測試，但換一個思考方式，如果我們把單元測試寫好、Code Review 做好，重視起程式品質，其實可以很大程度上減少黑盒子測試的時間。我在 Google 工作時，很多專案幾乎沒有測試團隊參與，程式的正確性完全靠開發團隊來保證。在這種開發模式下，線上 bug 反倒會很少。

只有使程式設計師真正感受到單元測試帶來的好處，他們才會認可並使用它。

5.2.5　思考題

讀者可嘗試設計一個二分搜尋法的變體演算法：查詢遞增陣列中第一個大於或等於某個給定值的元素，然後為這個演算法設計單元測試用例。

5.3　程式的可測試性：如何寫可測試程式

寫單元測試程式並不難，也不需要太多技巧。寫出可測試的程式反而是一件有挑戰的事情。程式的可測試性也在一定程度上反映了程式的品質。本節介紹寫可測試程式的方法，並且列舉常見的不可測試程式。

5.3.1　寫可測試程式的方法

我們結合程式範例介紹寫可測試程式的方法。在下面這段程式中，Transaction 類別表示訂單交易流水號，Transaction 類別中的 execute() 函式呼叫 WalletRpcService（RPC 服務）執行轉帳操作，即將錢從買家的「錢包」轉到賣家的「錢包」。另外，為了避免轉帳操作併發執行出錯，程式中還使用了分散式鎖（對應的程式實作為 RedisDistributedLock 單例類別）。

```
public class Transaction {
  private String id;
  private Long buyerId;
  private Long sellerId;
  private Long productId;
  private String orderId;
  private Long createTimestamp;
  private Double amount;
  private STATUS status;
  private String walletTransactionId;

  public Transaction(String preAssignedId, Long buyerId, Long sellerId,
                     Long productId, String orderId) {
```

```
    if (preAssignedId != null && !preAssignedId.isEmpty()) {
      this.id = preAssignedId;
    } else {
      this.id = IdGenerator.generateTransactionId();
    }

    if (!this.id.startWith("t_")) {
      this.id = "t_" + preAssignedId;
    }

    this.buyerId = buyerId;
    this.sellerId = sellerId;
    this.productId = productId;
    this.orderId = orderId;
    this.status = STATUS.TO_BE_EXECUTD;
    this.createTimestamp = System.currentTimestamp();
  }

  public boolean execute() throws InvalidTransactionException {
    if ((buyerId == null || (sellerId == null || amount < 0.0) {
      throw new InvalidTransactionException(...);
    }

    if (status == STATUS.EXECUTED) return true;

    boolean isLocked = false;
    try {
      isLocked = RedisDistributedLock.getSingletonIntance().lockTransction(id);
      if (!isLocked) {
        return false;   // 鎖定未成功，回傳 false，job（定時任務）不執行
      }
      if (status == STATUS.EXECUTED) return true;

      long executionInvokedTimestamp = System.currentTimestamp();
      if (executionInvokedTimestamp - createdTimestap > 14days) {
        this.status = STATUS.EXPIRED;
        return false;
      }

      WalletRpcService walletRpcService = new WalletRpcService();
      String walletTransactionId = walletRpcService.moveMoney(id, buyerId, sellerId,
amount);
      if (walletTransactionId != null) {
        this.walletTransactionId = walletTransactionId;
        this.status = STATUS.EXECUTED;
        return true;
      } else {
        this.status = STATUS.FAILED;
        return false;
      }
    } finally {
      if (isLocked) {
       RedisDistributedLock.getSingletonIntance().unlockTransction(id);
      }
```

```
      }
    }
  }
```

在上述程式中，Transaction 類別的主要實作邏輯集中在 execute() 函式中，因此，execute() 函式是重點測試物件。為了盡可能覆蓋所有情況，包括正常情況和異常情況，針對 execute() 函式，我們設計了以下 6 個測試用例。

1）在正常情況下，交易執行成功，回填用於對帳（交易與錢包的交易流水號）的 walletTransactionId，並將交易狀態設定為 EXECUTED，execute() 函式回傳 true。

2）當參數 buyerId 為 null、sellerId 為 null、amount 小於 0 三者滿足其一時，execute() 函式拋出 InvalidTransactionException 異常。

3）如果交易已過期（createTimestamp 超過 14 天），那麼 execute() 函式將交易狀態設定為 EXPIRED，並且回傳 false。

4）如果交易已經被執行（status==EXECUTED），那麼 execute() 函式不再重複執行轉帳邏輯，並且回傳 true。

5）如果轉帳失敗（呼叫 WalletRpcService 失敗），那麼 execute() 函式將交易狀態設定為 FAILED，並且回傳 false。

6）如果交易正在進行，那麼 execute() 函式不會重複進行交易，直接回傳 false。

在將上述測試用例「翻譯」成程式時，我們會發現存在諸多問題。本節僅結合測試用例 1 和測試用例 3 的實作程式探討其中存在的問題。如果讀者有興趣，可嘗試實作其他 4 個測試用例的程式。

我們先看測試用例 1 的實作程式，如下所示。

```
public void testExecute() {
  Long buyerId = 123L;
  Long sellerId = 234L;
  Long productId = 345L;
  Long orderId = 456L;
  Transaction transaction = new Transaction(null, buyerId, sellerId, productId, orderId);
  boolean executedResult = transaction.execute();
  assertTrue(executedResult);
}
```

execute() 函式依賴 RedisDistributedLock 和 WalletRpcService 兩個外部服務，導致上述單元測試程式存在以下 3 個問題。

1）如果想讓單元測試能夠執行，那麼我們需要搭建 Redis 服務和 Wallet RPC 服務，而搭建和維護成本非常高。

2）我們需要保證將偽造的 transaction 資料發送給 Wallet RPC 服務之後，Wallet RPC 服務能夠回傳我們期望的結果。然而，Wallet RPC 服務有可能是第三方廠商（另一個團隊開發並維護的）服務，並不是我們可控的，並不是我們想讓它回傳什麼就能夠回傳什麼。

3）execute() 函式對 Redis 服務和 Wallet RPC 服務的呼叫，底層都是透過網路進行的，耗時較長，對單元測試的執行有影響。

網路的中斷、超時，以及 Redis 服務和 RPC 服務的不可用，都會影響單元測試的執行。單元測試主要是測試程式設計師自己寫的程式的正確性，並非端到端的集成測試，它不需要測試所依賴的外部系統（分散式鎖、Wallet RPC 服務）的邏輯是否正確。如果程式中依賴了外部系統或不可控元件，如資料庫、網路和檔案系統等，那麼需要將被測程式與外部系統或不可控元件解依賴，這種解依賴的方法稱為「Mock」（實際上，對於不同的測試框架，Mock 的稱謂有所不同，如 Stub、Dummy、Fake 和 Spy 等）。Mock 就是用一個「假」的服務替換真正的服務。Mock 的服務完全在我們的控制之下，可以模擬輸出我們想要的任何結果。

如何 Mock 服務呢？ Mock 主要有兩種方式：手動 Mock 和利用框架 Mock。相較於手動 Mock，利用框架 Mock 僅僅是為了簡化程式的編寫。因為每個框架的 Mock 方式都不一樣，所以我們只展示手動 Mock 方式。

我們透過繼承 WalletRpcService 類別，並且重寫其中的 moveMoney() 函式的方式來實作 WalletRpcService 類別的 Mock 類別，具體程式如下所示。MockWalletRpcServiceOne 類別和 MockWalletRpcServiceTwo 類別中的函式不包含任何程式邏輯，不需要真正地進行網路通信，直接回傳我們想要的輸出，完全在我們的控制範圍之內。

```
public class MockWalletRpcServiceOne extends WalletRpcService {
    public String moveMoney(Long id, Long fromUserId, Long toUserId, Double
amount) {
        return "123bac";
    }
}
```

```
public class MockWalletRpcServiceTwo extends WalletRpcService {
  public String moveMoney(Long id, Long fromUserId, Long toUserId, Double
amount) {
    return null;
  }
}
```

現在我們分析上面的程式是如何用 MockWalletRpcServiceOne 類別、MockWallet-
RpcServiceTwo 類別替換程式中真正的 WalletRpcService 類別的。

因為 WalletRpcService 類別是在 execute() 函式中透過 new 方式建立的，所以我們無
法動態地對其進行替換。也就是說，Transaction 類別中的 execute() 方法的可測試性
很差，需要透過重構讓其變得更容易測試。

在 3.5 節中，我們講到，依賴注入是提高程式可測試性的有效手段。我們可以透過依
賴注入將 WalletRpcService 類別的物件的建立反轉給上層邏輯，也就是在外部建立
好物件之後，再注入 Transaction 類別中。重構後的 Transaction 類別的程式如下所示。

```
public class Transaction {
  ...
  // 新增一個成員變數及其 setter 方法
  private WalletRpcService walletRpcService;

  public void setWalletRpcService(WalletRpcService walletRpcService) {
    this.walletRpcService = walletRpcService;
  }
  ...
  public boolean execute() {
    ...
    // 刪除下面這行程式
    //WalletRpcService walletRpcService = new WalletRpcService();
    ...
  }
}
```

現在，在單元測試中，我們可以輕鬆地將 WalletRpcService 替換成 MockWalletRpc-
ServiceOne 或 MockWalletRpcServiceTwo 了。重構後的程式對應的單元測試程式如
下所示。

```
public void testExecute() {
  Long buyerId = 123L;
  Long sellerId = 234L;
  Long productId = 345L;
  Long orderId = 456L;
  Transaction transaction = new Transaction(null, buyerId, sellerId, productId, orderId);
  // 使用 MockWalletRpcServiceOne 替代真正的 Wallet RPC 服務 WalletRpcService
  transaction.setWalletRpcService(new MockWalletRpcServiceOne()):
```

```
    boolean executedResult = transaction.execute();
    assertTrue(executedResult);
    assertEquals(STATUS.EXECUTED, transaction.getStatus());
}
```

WalletRpcService 類別的 Mock 已經實作，我們再來看 RedisDistributedLock 類別。RedisDistributedLock 類別的 Mock 要複雜一些，因為 RedisDistributedLock 類別是一個單例類別。單例類別相當於全域變數，我們無法 Mock（無法繼承和重寫方法），也無法透過依賴注入方式替換。

如果 RedisDistributedLock 類是我們自己維護的，可以自由修改和重構，那麼我們可以將其重構為非單例模式。這樣，我們就可以像 WalletRpcService 那樣 Mock 了。但如果 RedisDistributedLock 不是我們維護的，我們無權修改這部分程式，那麼，我們可以透過將加鎖邏輯封裝來解決這個問題。具體實作程式如下所示。

```java
public class TransactionLock { // 封裝加鎖邏輯
  public boolean lock(String id) {
    return RedisDistributedLock.getSingletonIntance().lockTransction(id);
  }

  public void unlock() {
    RedisDistributedLock.getSingletonIntance().unlockTransction(id);
  }
}

public class Transaction {
  ...
  private TransactionLock lock;

  public void setTransactionLock(TransactionLock lock) {
    this.lock = lock;
  }

  public boolean execute() {
    ...
    try {
      isLocked = lock.lock();
      ...
    } finally {
      if (isLocked) {
        lock.unlock();
      }
    }
    ...
  }
}
```

針對重構後的程式的單元測試程式如下所示。在這段單元測試程式中，我們使用
Mock 的 TransactionLock 替代真正的 TransactionLock，避免與 Redis 的互動。

```
public void testExecute() {
  Long buyerId = 123L;
  Long sellerId = 234L;
  Long productId = 345L;
  Long orderId = 456L;

  TransactionLock mockLock = new TransactionLock() {
    public boolean lock(String id) {
      return true;
    }

    public void unlock() {}
  };

  Transaction transaction = new Transaction(null, buyerId, sellerId, productId, orderId);
  transaction.setWalletRpcService(new MockWalletRpcServiceOne());
  transaction.setTransactionLock(mockLock);
  boolean executedResult = transaction.execute();
  assertTrue(executedResult);
  assertEquals(STATUS.EXECUTED, transaction.getStatus());
}
```

到目前為止，測試用例 1 的程式已經實作。透過依賴注入和 Mock，我們可以讓單元
測試程式不依賴任何不可控的外部服務。按照這個思路，讀者可以嘗試實作測試用
例 4 ～測試用例 6 的程式。

現在，我們再來看測試用例 3：如果交易已過期（createTimestamp 超過 14 天），那
麼 execute() 函式將交易狀態設定為 EXPIRED，並且回傳 false。針對這個單元測試
用例，我們還是先提供程式實作，再分析。

```
public void testExecute_with_TransactionIsExpired() {
  Long buyerId = 123L;
  Long sellerId = 234L;
  Long productId = 345L;
  Long orderId = 456L;
  Transaction transaction = new Transaction(null, buyerId, sellerId, productId, orderId);
  transaction.setCreatedTimestamp(System.currentTimestamp() - 14days);
  boolean actualResult = transaction.execute();
  assertFalse(actualResult);
  assertEquals(STATUS.EXPIRED, transaction.getStatus());
}
```

在上述單元測試程式中，我們將 transaction 的建立時間 createdTimestamp 設定為 14
天前，也就是說，當單元測試程式執行時，transaction 一定處於過期狀態。但是，

如果在 Transaction 類別中，並沒有暴露修改 createdTimestamp 成員變數的 setter 方法（也就是沒有定義 setCreatedTimestamp() 函式），那麼該怎麼辦呢？

有些讀者可能會說，如果沒有 createTimestamp 的 setter 方法，就新增一個。實際上，隨意新增 setter 方法違背了類別的封裝特性。在 Transaction 類別中，createTimestamp 在生成交易時被賦值為系統當下的時間，之後就不應該被輕易修改。雖然暴露 createTimestamp 的 setter 方法增加了程式的靈活性，但也降低了程式的可控性。

如果沒有針對 createTimestamp 的 setter 方法，那麼如何實作測試用例 3 的程式呢？實際上，這是常見的一類問題：程式中包含與「時間」相關的「未決行為」（程式的執行結果受時間的影響，不同的時間對應不同的執行結果）。通常的處理方式是將這種未決行為重新封裝。針對 Transaction 類別，我們只需要將交易是否過期的邏輯封裝到 isExpired() 函式中，具體的實作程式如下所示。

```
public class Transaction {
  protected boolean isExpired() {
    long executionInvokedTimestamp = System.currentTimestamp();
    return executionInvokedTimestamp - createdTimestamp > 14days;
  }

  public boolean execute() throws InvalidTransactionException {
    ...
    if (isExpired()) {
      this.status = STATUS.EXPIRED;
      return false;
    }
    ...
  }
}
```

針對重構後的程式的單元測試程式如下所示。在這個單元測試程式中，我們重寫了 Transaction 類別中的 isExpired() 函式，讓其直接回傳 true，以模擬交易過期的情況。

```
public void testExecute_with_TransactionIsExpired() {
  Long buyerId = 123L;
  Long sellerId = 234L;
  Long productId = 345L;
  Long orderId = 456L;

  Transaction transaction = new Transaction(null, buyerId, sellerId, productId,
orderId) {
    protected boolean isExpired() {
      return true;
    }
  };
```

```
    boolean actualResult = transaction.execute();
    assertFalse(actualResult);
    assertEquals(STATUS.EXPIRED, transaction.getStatus());
}
```

透過重構，Transaction 類別的程式的可測試性得到了提高。至此，測試用例 3 的程式順利實作。不過，Transaction 類別的構造函式的設計有些不合理，因為構造函式中並非只包含簡單的賦值操作。構造函式中的交易 id 的賦值邏輯有些複雜，為了保證其正確性，我們需要驗證這個邏輯。為了方便驗證，我們可以把交易 id 的賦值邏輯單獨抽象到 fillTransactionId() 函式中，然後針對此函式寫單元測試程式。具體的實作程式如下所示。

```
    public Transaction(String preAssignedId, Long buyerId, Long sellerId, Long productId,
String orderId) {
      ...
      fillTransactionId(preAssignId);
      ...
    }

    protected void fillTransactionId(String preAssignedId) {
      if (preAssignedId != null && !preAssignedId.isEmpty()) {
        this.id = preAssignedId;
      } else {
        this.id = IdGenerator.generateTransactionId();
      }
      if (!this.id.startWith("t_")) {
        this.id = "t_" + preAssignedId;
      }
    }
```

至此，我們已將 Transaction 類別的程式重構為可測試性較高的程式。不過，讀者可能會有疑問：Transaction 類別中 isExpired() 函式不需要測試嗎？其實，isExpired() 函式的邏輯簡單，透過閱讀程式方式，我們就能判斷其是否存在 bug，因此，可以不用為其設計單元測試。也就是說，我們只需要為邏輯複雜的函式寫單元測試，不需要為邏輯簡單的程式寫單元測試。

一個類別的單元測試程式是否容易寫的關鍵在於這個類別的獨立性，也就是這個類別是否滿足「高內聚、低耦合」特性。如果這個類別與其他類別的耦合度高，甚至與第三方廠商系統也有耦合（如依賴資料庫、RPC 服務等），那麼這個類的單元測試就很難寫。實際上，依賴注入的主要作用就是降低程式的耦合度，它是提高程式可測試性的有效手段。

5.3.2 常見不可測試程式範例

在 5.3.1 節中，我們結合程式範例介紹了如何利用依賴注入提高程式的可測試性，以及如何透過 Mock、二次封裝等方式解依賴外部服務。現在，我們列舉 4 種常見的不可測試程式。

（1）未決行為

未決行為是指程式的輸出是隨機的或不確定的，多與時間、亂數有關。在下面的範例程式中，caculateDelayDays() 函式的執行結果與當前時間有關。對於同樣的 dueTime 輸入，caculateDelayDays() 函式的執行結果不同。對於不確定的執行結果，我們無法測試其是否正確。

```
public class Demo {
  public long caculateDelayDays(Date dueTime) {
    long currentTimestamp = System.currentTimeMillis();
    if (dueTime.getTime() >= currentTimestamp) {
      return 0;
    }
    long delayTime = currentTimestamp - dueTime.getTime();
    long delayDays = delayTime / 86400;
    return delayDays;
  }
}
```

（2）全域變數

濫用全域變數使單元測試的設計變得困難。我們結合程式範例進行解釋。在下面這段範例程式中，RangeLimiter 表示一個區間；position 是一個表示位置的靜態全域變數，初始化為 0；move() 函式負責改變 position；RangeLimiterTest 類別是 RangeLimiter 類別的單元測試類別。

```
public class RangeLimiter {
  private static AtomicInteger position = new AtomicInteger(0);
  public static final int MAX_LIMIT = 5;
  public static final int MIN_LIMIT = -5;

  public boolean move(int delta) {
    int currentPos = position.addAndGet(delta);
    boolean betweenRange = (currentPos <= MAX_LIMIT) && (currentPos >= MIN_
LIMIT);
    return betweenRange;
  }
}
```

```
public class RangeLimiterTest {
  public void testMove_betweenRange() {
    RangeLimiter rangeLimiter = new RangeLimiter();
    assertTrue(rangeLimiter.move(1));
    assertTrue(rangeLimiter.move(3));
    assertTrue(rangeLimiter.move(-5));
  }

  public void testMove_exceedRange() {
    RangeLimiter rangeLimiter = new RangeLimiter();
    assertFalse(rangeLimiter.move(6));
  }
}
```

實際上，上述單元測試程式存在問題，有可能執行失敗。假設單元測試框架依次執行 testMove_betweenRange() 和 testMove_exceedRange() 兩個測試用例。在第一個測試用例執行完成之後，position 的值為− 1，在執行第二個測試用例時，position 的值變為 5，move() 函式回傳 true，因此，第二個測試用例執行失敗。

當然，如果 RangeLimiter 類別提供了重設 position 的值的函式，那麼在每次執行單元測試用例之前，我們可以將 position 重設為 0，從而解決上面提到的問題。然而，不同的單元測試框架執行單元測試用例的方式可能有所不同，如有的是循序執行，有的是併發執行。如果兩個測試用例併發執行，包含 move() 函式的 4 行程式可能被交叉執行，就會影響最終的執行結果。

（3）靜態方法

在程式中呼叫靜態方法有時會導致程式的可測試性降低，因為靜態方法很難 Mock。不過，針對上述情況，我們要具體問題具體分析。只有在靜態方法執行時間太長、依賴外部資源、邏輯複雜和行為未決等情況下，我們才需要在單元測試中 Mock 靜態方法。類似 Math.abs() 這樣的簡單靜態方法不會影響程式的可測試性，因為這類靜態方法本身並不需要 Mock。

（4）複雜的繼承關係

相較於組合關係，繼承關係的耦合度更高。利用繼承關係實作的程式的測試更加困難。如果父類別需要 Mock 某個依賴物件才能進行單元測試，那麼所有的子類別、子類別的子類別……的單元測試程式中都要 Mock 這個依賴物件。在層次深、邏輯複雜的繼承關係中，層次越深的子類別需要 Mock 的依賴物件越多，而且在 Mock 依賴物件時，還需要查看父類別程式，以便瞭解如何 Mock 這些依賴物件，這是相當麻煩的事情。

5.3.3　思考題

1）在 5.3.1 節的程式範例中，void fillTransactionId(String preAssignedId) 語句中包含一個靜態函式呼叫：IdGenerator.generateTransactionId()，這是否會影響程式的可測試性？在寫單元測試時，我們是否需要 Mock 靜態函式 generateTransactionId()？

2）依賴注入是指不要在類別內部透過 new 方式建立物件，而是將物件在外部建立好之後再傳遞給類別使用。那麼，是不是所有的物件都不能在類別內部建立呢？哪種型別的物件可以在類別內部建立但不影響程式的可測試性？

5.4　解耦：哪些方法可以用來解耦程式

在 5.1 節曾經講到，重構可以分為大型重構和小型重構。小型重構的主要目的是提高程式的可讀性，大型重構的主要目的是解耦。本節講解如何對程式進行解耦。

5.4.1　為何解耦如此重要

在軟體的設計與開發過程中，我們需要關注程式的複雜度問題。複雜的程式經常有可讀性、可維護性方面的問題，那麼，如何控制程式的複雜度呢？其實，控制程式的複雜度的方法有很多，效果顯著的應該是解耦，因為解耦可以使程式高內聚、低耦合。利用解耦的方式對程式進行重構可以有效控制程式的複雜度。

實際上，「高內聚、低耦合」是一種通用的設計思維，它不僅可以指導粒度較粗的類別之間的關係的設計，還能指導粗略的系統、架構、模組的設計。相較於程式規範，它能夠在更高級別次上提高程式的可讀性和可維護性。

無論是閱讀程式還是修改程式，「高內聚、低耦合」特性可以讓我們聚焦在某一模組或類別上，不需要過多瞭解其他模組或類別的程式，從而降低閱讀程式和修改程式的難度。因為依賴關係簡單，耦合度低，所以修改程式時不會牽一髮而動全身，程式改動集中，引入 bug 的風險降低。

程式「高內聚、低耦合」意味著程式的結構清晰，分層和模組化合理，依賴關係簡單，模組或類之間的耦合度低。對於「高內聚、低耦合」的程式，即使某個類或模組內部的設計不太合理，程式品質不算高，影響範圍也是有限的。我們可以聚焦這個模組或類別並進行小型重構。相較於程式結構的調整，這種改動集中的小型重構的難度大幅降低。

5.4.2　如何判斷程式是否需要解耦

如果修改一段功能程式時出現「牽一髮而動全身」的情況，那麼說明這個專案的程式耦合度過高，需要對其進行解耦。除此之外，我們還有一個直觀的衡量方式，就是先把專案程式中的模組之間、類別之間的依賴關係畫出來，再根據依賴關係圖的複雜度來判斷專案程式是否需要解耦。如果模組之間、類別之間的依賴關係複雜、混亂，那麼說明程式結構存在問題，此時，我們可以透過解耦讓依賴關係變得簡單、清晰。

5.4.3　如何給程式解耦

接下來，我們探討一下如何給程式解耦。

1・透過封裝與抽象來解耦

封裝和抽象可以應用在多種程式設計情境中，如系統、模組、類別函式庫、元件、介面和類別等的設計。封裝和抽象可以有效地隱藏實作的複雜性，隔離實作的易變性，給上層模組提供穩定且易用的介面。

例如，UNIX 系統提供的檔案操作函式 open() 使用簡單，但其底層實作複雜，涉及許可權控制、併發控制和物理儲存等。我們透過將 open() 封裝為一個抽象的函式，能夠有效控制程式複雜性的蔓延，將程式複雜性封裝在局部程式中。除此之外，因為 open() 函式基於抽象而非具體實作來定義，所以我們在改動 open() 函式的底層實作時，並不需要改動依賴它的上層程式。

2・透過引入中間層來解耦

中間層能夠簡化模組之間或類別之間的依賴關係。圖 5-1 是引入中間層前後的依賴關係對比圖。在引入資料儲存中間層之前，A、B 和 C 模組都要依賴記憶體一級快取、Redis 二級快取和 DB 持久化儲存 3 個模組。在引入資料儲存中間層之後，A、B 和 C 模組只需要依賴資料儲存中間層模組。從圖 5-1 可以看出，中間層的引入簡化了模組之間的依賴關係，讓程式結構更加清晰。

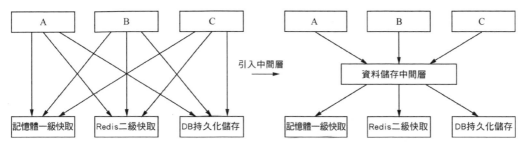

圖 5-1　引入中間層前後的依賴關係對比

在進行重構時，中間層可以起到過渡作用，實作開發和重構同步進行，且不互相干擾。例如，某個介面的設計有問題，我們需要修改它的定義，於是，所有呼叫這個介面的程式都要做相應改動。如果新開發的程式也使用這個介面，那麼開發與重構之間會產生衝突。為了使重構「小步快跑」，我們可以透過以下 4 個階段完成對介面的修改。

1）第一階段；引入一個中間層，利用中間層「包裹」舊介面，提供新介面。

2）第二階段：新開發的程式依賴中間層提供的新介面。

3）第三階段：將依賴舊介面的程式改為呼叫新介面。

4）第四階段：確保所有程式中都呼叫新介面之後，刪除舊介面。

透過引入中間層，我們可以分階段完成重構。由於每個階段的開發工作量都不會很大，可以在短時間內完成，因此重構與開發發生衝突的概率變小了。

3．透過模組化、分層來解耦

模組化是建構複雜系統的常用手段。模組化還廣泛用於建築、機械製造等行業。對於 UNIX 這樣複雜的系統，我們很難掌控其所有實作細節。之所以人們能夠開發出 UNIX 這樣複雜的系統，並且能夠對其進行維護，主要原因是將該系統劃分成了多個獨立模組，如程序調度、程序間通訊、記憶體管理、虛擬檔案系統和網路介面等模組。模組之間透過介面通信，模組之間的耦合度很小，每個小型團隊負責一個獨立的高內聚模組的開發，最終，將各個模組組合，構成一個複雜的系統。

實際上，模組化思維在 SOA（Service-Oriented Architecture，面向服務的架構）、微服務、類別函式庫，以及類別和函式的設計等方面都有所體現。模組化的本質是「分而治之」。

我們將目光聚焦到程式層面。在開發程式時，我們要有模組化意識，將每個模組都當作一個獨立的類別函式庫來開發，只提供封裝了內部實作細節的介面給其他模組使用，這樣可以降低模組之間的耦合度。

除模組化以外，分層也是建構複雜系統的常用手段。例如，UNIX 系統就是基於分層思維開發的，它大致分為 3 層：內核層、系統呼叫層和應用層。每一層都封裝了實作細節，並且暴露抽象的接口供上層使用。而且，任意一層都可以被重新實作，不會影響其他層的程式。面對複雜系統的開發，我們要善於應用分層技術，儘量將容易複用、與具體商業關係不大的程式下沉到下層，將容易變動、與具體商業強相關的程式移到上層。

4·利用經典的程式設計思維和設計原則來解耦

我們總結一下可以用來解耦的程式設計原則和設計思維。

（1）單一職責原則

內聚性和耦合性二者並非相互獨立。高內聚使得程式低耦合，而實作高內聚的重要指導原則是單一職責原則。如果模組或類別的職責單一，那麼依賴它們的類別和它們依賴的類別較少，程式的耦合度也就降低了。

（2）基於介面而非實作程式設計

如果我們利用「基於介面而非實作程式設計」思維來程式設計，那麼，在有依賴關係的兩個模組或類別之間，一個模組或類別的改動不會影響另一個模組或類別。這就相當於將一種強依賴關係（強耦合）解耦為了弱依賴關係（弱耦合）。

（3）依賴注入

與「基於介面而非實作程式設計」類似，依賴注入也能將模組或類別之間的強耦合變為弱耦合。雖然依賴注入無法將本應該有依賴關係的兩個類別解耦為沒有依賴關係，但可以使二者的耦合關係不再像原來那麼緊密，方便將某個類別鎖依賴的類別替換為其他類別。

（4）多用組合，少用繼承

繼承是一種強依賴關係，父類別與子類別高度耦合，且這種耦合關係非常脆弱，父類別的每一次改動都會影響其所有子類別。組合是一種弱依賴關係。對於複雜的繼承關係，我們可以利用組合替換繼承，以達到解耦的目的。

（5）LoD

LoD 的定義描述是：不應該存在直接依賴關係的類別之間不要有依賴，有依賴關係的類別之間儘量只依賴必要的介面。從 LoD 的定義描述中可以看出，使用 LoD 的目的就是實作程式的低耦合。

除上述設計思維和設計原則以外，大部分設計模式也能起到解耦的效果，關於這一部分內容，我們將在設計模式章節（第 6 ～ 8 章）中講解。

5.4.4 思考題

實際上，在平時的開發中，解耦到處可見，例如，Spring 中的 AOP 能實作商業程式與非業務程式的解耦，IoC 能實作物件的建立和使用的解耦，除此之外，讀者還能想到哪些解耦情境？

5.5　重構案例：將 ID 生成器程式從「能用」重構為「好用」

在本章的前 4 節中，我們介紹了一些與重構相關的理論知識，如重構四要素、單元測試、程式的可測試性和解耦。在本節中，我們結合 ID 生成器程式展示重構的大致過程，探討如何發現程式的品質問題，並對程式進行優化，將程式從「能用」變成「好用」。

5.5.1　ID 生成器需求背景

ID（identifier，標識）在生活、工作中隨處可見，如身份證號碼、商品條碼、QR 碼和車牌號碼等。在軟體發展中，ID 常作為商業資訊的唯一標識，如訂單號或資料庫中的唯一主鍵。

假設我們正在參與一個後端商業系統的開發,為了方便在請求出錯時排查問題,在寫程式時,會在程式的關鍵執行路徑中輸出日誌,以便在某個請求出錯後,能夠找出與這個請求有關的所有日誌,以此找出現問題的原因。而在實際情況中,日誌檔案中不同請求的日誌會交織在一起。如果我們沒有使用任何東西來標示哪些日誌屬於哪個請求,就無法關聯同一個請求的所有日誌。

上述需求與微服務中的呼叫鏈追蹤類似。不過,微服務中的呼叫鏈追蹤是服務間的追蹤,我們現在要實作的是服務內的追蹤。

借鑒微服務中的呼叫鏈追蹤的實作思路,我們可以給每個請求分配一個唯一 ID,並且保存在請求的上下文(context)中,如處理請求的工作執行緒的區域變數中。在 Java 中,我們可以使用執行緒的 ThreadLocal 實作,或者直接利用日誌框架 SLF4J 的 MDC(MappedDiagnostic Contexts)實作。每當輸出日誌時,我們從請求的上下文中取出請求 ID,然後將其與日誌一起輸出。這樣,同一個請求的所有日誌都包含同樣的請求 ID,我們就可以透過請求 ID 搜索同一個請求的所有日誌了。

ID 生成器的需求背景介紹完畢,至於如何實作整個需求,我們不做講解,如果讀者感興趣,那麼可以自行設計並實作。接下來,我們介紹其中的生成請求 ID 這部分功能的開發。

5.5.2 「勉強能用」的程式實作

下面是實作生成請求 ID 功能的範例程式,讀者可以思考一下其有什麼可優化之處。

```
public class IdGenerator {
  private static final Logger logger = LoggerFactory.getLogger(IdGenerator.class);

  public static String generate() {
    String id = "";
    try {
      String hostName = InetAddress.getLocalHost().getHostName();
      String[] tokens = hostName.split("\\.");
      if (tokens.length > 0) {
        hostName = tokens[tokens.length - 1];
      }
      char[] randomChars = new char[8];
      int count = 0;
      Random random = new Random();
      while (count < 8) {
        int randomAscii = random.nextInt(122);
        if (randomAscii >= 48 && randomAscii <= 57) {
          randomChars[count] = (char)('0' + (randomAscii - 48));
```

```
            count++;
        } else if (randomAscii >= 65 && randomAscii <= 90) {
            randomChars[count] = (char)('A' + (randomAscii - 65));
            count++;
        } else if (randomAscii >= 97 && randomAscii <= 122) {
            randomChars[count] = (char)('a' + (randomAscii - 97));
            count++;
        }
    }
    id = String.format("%s-%d-%s" , hostName,
            System.currentTimeMillis(), new String(randomChars));
    } catch (UnknownHostException e) {
        logger.warn("Failed to get the host name.", e);
    }
    return id;
    }
}
```

上述程式生成的請求 ID 由 3 部分組成：第一部分是主機名稱的最後一個欄位；第二部分是當前時間戳記，精確到毫秒；第三部分是 8 位元隨機字元，包含大小寫字母和數字。雖然這樣生成的請求 ID 並不是唯一的，有可能重複，但重複的概率非常低。對於日誌追蹤，極小概率的 ID 重複是可以接受的。ID 舉例如下。

```
103-1577456311467-3nR3Do45
103-1577456311468-0wnuV5yw
103-1577456311468-sdrnkFxN
103-1577456311468-81wk0BP0
```

不過，上述實作生成請求 ID 功能的範例程式只能算是「勉強能用」，因為這段程式雖然行數不多，但有很多值得優化的地方。

5.5.3 如何發現程式的品質問題

我們可以參考第 2 章講到的程式品質評判標準，從下面 7 個方面審查這段程式是否可讀、可擴展、可維護、靈活、簡潔、可複用和可測試等。

1）模組劃分是否清晰？程式結構是否滿足「高內聚、低耦合」特性？

2）程式是否遵循經典的設計原則（SOLID、DRY、KISS、YAGNI 和 LoD 等）？

3）設計模式是否應用得當？程式是否存在過度設計問題？

4）程式是否易擴展？

5）程式是否可複用？是否有「重複造輪子」現象？

6）程式是否容易進行測試？單元測試是否全面覆蓋了各種正常情況和異常情況？

7）程式是否符合程式規範（如命名和註解是否恰當，程式風格是否統一等）？

我們可以將上述問題作為常規檢查項，套用在任何程式的重構上。對照上述檢查項，我們檢查上面實作的生成請求 ID 功能的範例程式存在哪些問題。

首先，範例程式比較簡單，只包含 IdGenerator 類別，因此，這段程式不涉及模組劃分和程式結構等，也不違反 SOLID、DRY、KISS、YAGNI 和 LoD 等設計原則。因為這段程式沒有應用設計模式，所以也不存在對設計模式的不合理使用問題。

其次，IdGenerator 類別設計成了實作類而非介面，呼叫者直接依賴實作而非介面，違反了基於介面而非實作程式設計的設計思維。不過，這樣的設計沒有太大問題。如果後續 ID 生成演算法發生了變化，那麼我們可以直接修改 IdGenerator 類別。如果專案中同時存在兩種 ID 生成演算法，就需要將兩種 ID 生成演算法抽象為公共介面。

再者，IdGenerator 類別中的 generate() 函式為靜態函式，影響使用該函式的程式的可測試性。同時，generate() 函式的程式實作依賴執行環境（主機名稱）、時間函式和隨機函式，因此，generate() 函式本身的可測試性也不好，需要對其進行較大的重構。除此之外，我們沒有針對範例程式寫單元測試程式，重構時需要補充。

最後，雖然 IdGenerator 類別只包含一個函式，並且程式的行數也不多，但程式的可讀性並不好。特別是生成隨機字串這部分程式，一方面，這部分程式沒有註解，生成演算法比較難理解，另一方面，這部分程式包含很多「魔法數」。在重構時，我們需要提高這部分程式的可讀性。

除此關注程式設計方面的問題以外，我們還要關注程式實作是否滿足商業本身特有的功能和非功能需求。對此，我也列舉了一些檢查項目，如下所示。

1）程式是否實作了預期的商業需求？

2）程式邏輯是否正確？程式是否處理了各種異常情況？

3）日誌輸出是否得當？

4）介面是否容易使用？介面是否支援冪等、事務等？

5）程式是否存在執行緒安全問題？

6）程式的效能否有優化空間？

7）程式是否存在安全性漏洞？對輸入 / 輸出的驗證是否合理？

接下來，我們對照以上檢查項目，重新審查生成請求 ID 的範例程式。

上文提到過，雖然生成請求 ID 的範例程式生成的 ID 並非唯一，但是，對於追蹤日誌，小概率的 ID 衝突是可以讓人接受的，滿足商業需求。取得 hostName 這部分程式的邏輯有問題，因為並未處理「hostName 為空」的情況。除此之外，雖然程式中針對取得不到主機名稱的情況做了異常處理，但是對異常的處理是在 IdGenerator 類別內部將其捕獲，然後輸出一條警告日誌，並沒有將異常繼續向上層呼叫函式拋出。這樣的異常處理是否得當呢？我們在下文回答這個問題。

生成請求 ID 的範例程式的日誌輸出得當，日誌描述能夠準確反映問題，方便程式設計師排查問題，並且沒有多餘的日誌。IdGenerator 類別只暴露 generate() 接口供使用者使用，介面的定義簡單明瞭，不存在不易用問題。因為 generate() 函式的程式中沒有涉及共用變數，所以程式執行緒安全，多執行緒環境下呼叫 generate() 函式不存在併發問題。

在效能方面，ID 的生成不依賴外部儲存，在記憶體中生成，並且日誌的輸出頻率不會很高，因此，生成請求 ID 的範例程式足以應對商業的效能需求。然而，每次生成 ID 都需要取得主機名稱，但取得主機名稱比較耗時，因此，這部分程式可以優化。還有，randomAscii 的範圍是 0 ～ 122，但可用值僅包含 3 個子區間（0 ～ 9，a ～ z，A ～ Z），在極端情況下，這部分程式會隨機生成很多 3 個區間之外的無效值，迴圈多次才能生成隨機字串，因此，隨機字串的生成演算法也可以優化。

在 generate() 函式的 while 迴圈中，3 個 if 語句內部的程式相似，且實作有些複雜，實際上，我們可以將 3 個 if 語句合併，以簡化程式。

針對上面發現的問題，接下來，我們對這段「勉強能用」的生成請求 ID 的範例程式進行重構，讓其變得「好用」。對於重構，我們採取循序漸進、小步快跑的方式。也就是說，我們每次改動一小部分程式，完成之後，再進行下一輪重構，這樣可以保證對程式的每次改動都不會太大，能夠在短時間內完成。於是，我們將上述發現的程式品質問題分 4 輪重構來解決，具體如下。

1）第一輪重構：提高程式的可讀性。

2）第二輪重構：提高程式的可測試性。

3）第三輪重構：寫單元測試程式。

4）第四輪重構：重構異常處理邏輯。

5.5.4　第一輪重構：提高程式的可讀性

我們首先解決程式的可讀性問題。我們按照第 4 章介紹的程式規範優化程式，具體優化策略如下。

1）hostName 變數不應該被複用，尤其兩次使用的含義不相同。

2）將取得 hostName 的程式抽離，並定義為 getLastFieldOfHostName() 函式。

3）刪除程式中的魔法數，如 57、90、97 和 122。

4）將亂數產生的程式抽離，並定義為 generateRandomAlphameric() 函式。

5）generate() 函式中 3 個 if 語句的邏輯重複且實作複雜，我們要對其進行簡化。

6）對 IdGenerator 類別重命名，並且提取出對應的介面。

根據上面的優化策略，我們對程式進行第一輪重構，重構之後的程式如下所示。

```java
public interface IdGenerator {
  String generate();
}

public class LogTraceIdGenerator implements IdGenerator {
  private static final Logger logger = LoggerFactory.getLogger(LogTraceIdGenerator.class);

  @Override
  public String generate() {
    String substrOfHostName = getLastFieldOfHostName();
    long currentTimeMillis = System.currentTimeMillis();
    String randomString = generateRandomAlphameric(8);
    String id = String.format("%s-%d-%s",
            substrOfHostName, currentTimeMillis, randomString);
    return id;
  }

  private String getLastFieldOfHostName() {
    String substrOfHostName = null;
    try {
      String hostName = InetAddress.getLocalHost().getHostName();
      String[] tokens = hostName.split("\\.");
      substrOfHostName = tokens[tokens.length - 1];
      return substrOfHostName;
    } catch (UnknownHostException e) {
      logger.warn("Failed to get the host name.", e);
    }
    return substrOfHostName;
  }

  private String generateRandomAlphameric(int length) {
```

```
        char[] randomChars = new char[length];
        int count = 0;
        Random random = new Random();
        while (count < length) {
          int maxAscii = 'z';
          int randomAscii = random.nextInt(maxAscii);
          boolean isDigit= randomAscii >= '0' && randomAscii <= '9';
          boolean isUppercase= randomAscii >= 'A' && randomAscii <= 'Z';
          boolean isLowercase= randomAscii >= 'a' && randomAscii <= 'z';
          if (isDigit|| isUppercase || isLowercase) {
            randomChars[count] = (char) (randomAscii);
            ++count;
          }
        }
        return new String(randomChars);
      }
    }
```

5.5.5　第二輪重構：提高程式的可測試性

在程式的可測試性方面，主要存在下列兩個問題。

1）generate() 函式被定義為靜態函式，這會影響使用該函式的程式的可測試性。

2）generate() 函式的程式實作依賴執行環境（主機名稱）、時間函式和隨機函式，因此，generate() 函式本身的可測試性也不好。

對於第一個問題，我們已經在第一輪重構中解決了。我們將 LogTraceIdGenerator 類別中的 generate() 函式定義成非靜態函式。呼叫者在外部透過依賴注入方式建立 LogTraceIdGenerator 類別的物件後，再將其注入自己的程式中使用。對於第二個問題，我們需要在第一輪重構的基礎上再進行重構，這主要包含下列兩部分程式的重構。

1）從 getLastFieldOfHostName() 函式中，我們將邏輯複雜的那部分程式抽離，並將其定義為 getLastSubstrSplittedByDot() 函式。「瘦身」之後的 getLastField-OfHostName() 函式邏輯簡單，我們可以不對其進行測試。我們測試 getLastSubstrSplittedByDot() 函式即可。

2）因為私有函式無法透過物件呼叫，不方便測試，所以，我們將 generateRandom-Alphameric() 函式和 getLastSubstrSplittedByDot() 函式的存取權限由 private 改為 protected，並且給這兩個函式新增 GoogleGuava 的 @VisibleForTesting 註解。這個註解沒有任何實際作用，只起到標識作用，也就是告訴閱讀程式者，這兩個函式的存取權限本是 private，之所以將它們的存取權限提升為 protected，只是方便寫單元測試程式。

```java
    public class LogTraceIdGenerator implements IdGenerator {
      private static final Logger logger = LoggerFactory.getLogger(LogTraceIdGenerator.
class);

      @Override
      public String generate() {
        String substrOfHostName = getLastFieldOfHostName();
        long currentTimeMillis = System.currentTimeMillis();
        String randomString = generateRandomAlphameric(8);
        String id = String.format("%s-%d-%s",
                substrOfHostName, currentTimeMillis, randomString);
        return id;
      }

      private String getLastFieldOfHostName() {
        String substrOfHostName = null;
        try {
          String hostName = InetAddress.getLocalHost().getHostName();
          substrOfHostName = getLastSubstrSplittedByDot(hostName);
        } catch (UnknownHostException e) {
          logger.warn("Failed to get the host name.", e);
        }
        return substrOfHostName;
      }

      @VisibleForTesting
      protected String getLastSubstrSplittedByDot(String hostName) {
        String[] tokens = hostName.split("\\.");
        String substrOfHostName = tokens[tokens.length - 1];
        return substrOfHostName;
      }

      @VisibleForTesting
      protected String generateRandomAlphameric(int length) {
        char[] randomChars = new char[length];
        int count = 0;
        Random random = new Random();
        while (count < length) {
          int maxAscii = 'z';
          int randomAscii = random.nextInt(maxAscii);
          boolean isDigit= randomAscii >= '0' && randomAscii <= '9';
          boolean isUppercase= randomAscii >= 'A' && randomAscii <= 'Z';
          boolean isLowercase= randomAscii >= 'a' && randomAscii <= 'z';
          if (isDigit|| isUppercase || isLowercase) {
            randomChars[count] = (char) (randomAscii);
            ++count;
          }
        }
        return new String(randomChars);
      }
    }
```

有些讀者可能已經發現，在上述程式中，輸出日誌的 Logger 類別的物件 logger 被定義為 static final，並且在類別內部建立，這是否影響程式的可測試性？我們是否應該將 Logger 類別的物件 logger 透過依賴注入的方式注入類別中呢？

依賴注入之所以能夠提高程式的可測試性，主要是因為透過這種方式可以輕鬆實作利用 Mock 物件替換真實物件。之所以使用 Mock 物件替換真實物件，是因為真實物件參與邏輯執行（例如，我們要依賴真實物件輸出的資料進行後續計算）但又不可控。對於 Logger 類別的物件 logger，我們只向其中寫入資料，並不讀取資料，另外，物件 logger 不參與商業邏輯的執行，不會影響程式邏輯的正確性，因此，我們沒有必要 Mock 物件 logger，也就沒有必要使用依賴注入，直接在類別內部建立物件 logger 即可。除此之外，對於一些只儲存資料的值物件，如 BO（Business Object）、VO（View Object）、Entity，我們也沒必要透過依賴注入方式建立，直接在類別中透過 new 方式建立即可。

5.5.6　第三輪重構：寫單元測試程式

在經過前兩輪重構之後，程式中存在的明顯問題已經得到解決。接下來，我們為程式完善單元測試。LogTraceIdGenerator 類別中有下列 4 個函式。

```
public String generate();
private String getLastFieldOfHostName();
@VisibleForTesting
protected String getLastSubstrSplittedByDot(String hostName);
@VisibleForTesting
protected String generateRandomAlphameric(int length);
```

我們先來看 getLastSubstrSplittedByDot() 和 generateRandomAlphameric() 函式。這兩個函式涉及的邏輯複雜，是我們測試的重點，但它們並不難測試，因為在第二輪重構中，為了提高程式的可測試性，我們已經將這兩個函式的程式與不可控的元件（取得主機名稱函式、隨機函式和時間函式）進行了隔離。這兩個函式具體的單元測試程式如下所示（注意，我們使用了 JUnit 測試框架）。

```
public class LogTraceIdGeneratorTest {
  @Test
  public void testGetLastSubstrSplittedByDot() {
    RandomIdGenerator idGenerator = new RandomIdGenerator();
    String actualSubstr = idGenerator.getLastSubstrSplittedByDot("field1.field2.field3");
    Assert.assertEquals("field3", actualSubstr);
    actualSubstr = idGenerator.getLastSubstrSplittedByDot("field1");
    Assert.assertEquals("field1", actualSubstr);
    actualSubstr = idGenerator.getLastSubstrSplittedByDot("field1#field2$field3");
    Assert.assertEquals("field1#field2#field3", actualSubstr);
```

```
    }

    // 此單元測試會失敗，因為程式中沒有處理 hostName 為 null 或空字串的情況
    @Test
    public void testGetLastSubstrSplittedByDot_nullOrEmpty() {
      RandomIdGenerator idGenerator = new RandomIdGenerator();
      String actualSubstr = idGenerator.getLastSubstrSplittedByDot(null);
      Assert.assertNull(actualSubstr);
      actualSubstr = idGenerator.getLastSubstrSplittedByDot("");
      Assert.assertEquals("", actualSubstr);
    }

    @Test
    public void testGenerateRandomAlphameric() {
      RandomIdGenerator idGenerator = new RandomIdGenerator();
      String actualRandomString = idGenerator.generateRandomAlphameric(6);
      Assert.assertNotNull(actualRandomString);
      Assert.assertEquals(6, actualRandomString.length());
      for (char c : actualRandomString.toCharArray()) {
        Assert.assertTrue(('0' < c && c < '9') ||
                          ('a' < c && c < 'z') ||
                          ('A' < c && c < 'Z'));
      }
    }

    // 此單元測試會失敗，因為程式中沒有處理 length<=0 的情況
    @Test
    public void testGenerateRandomAlphameric_lengthEqualsOrLessThanZero() {
      RandomIdGenerator idGenerator = new RandomIdGenerator();
      String actualRandomString = idGenerator.generateRandomAlphameric(0);
      Assert.assertEquals("", actualRandomString);
      actualRandomString = idGenerator.generateRandomAlphameric(-1);
      Assert.assertNull(actualRandomString);
    }
  }
```

我們再來看 generate() 函式。這個函式是唯一一個暴露給外部使用的函式。generate() 函式依賴取得主機名稱函式、隨機函式和時間函式，那麼，在測試時，是否需要 Mock 這些依賴的函式呢？

在上文中，我們曾經介紹過，單元測試的物件是功能而非實作。只有這樣，在函式的實作邏輯改變之後，才能做到單元測試仍然可以工作。那麼，generate() 函式的功能是什麼呢？這完全由程式設計師自行定義。

generate() 函式有 3 種功能定義。針對不同的功能定義，我們設計不同的單元測試。

1）如果我們把 generate() 函式的功能定義為「隨機生成一個唯一 ID」，那麼只需要測試多次呼叫 generate() 函式生成的 ID 是否唯一。

2）如果我們把 generate() 函式的功能定義為「生成一個只包含數字、大小寫字母和短橫線的唯一 ID」，那麼不僅要測試 ID 的唯一性，還要測試生成的 ID 是否只包含數字、大小寫字母和短橫線。

3）如果我們把 generate() 函式的功能定義為「生成唯一 ID，格式為 { 主機名稱 substr}-{ 時間戳記 }-{8 位亂數 }，在取得主機名稱失敗時，回傳 null-{ 時間戳記 }-{8 位亂數 }」，那麼不僅要測試 ID 的唯一性，還要測試生成的 ID 是否完全符合格式要求。

對於 generate() 函式的前兩種功能定義方式，在測試 generate() 函式時，我們不需要 Mock 取得主機名稱函式、隨機函式和時間函式等，但對於第 3 種功能定義方式，我們需要 Mock 取得主機名稱函式，讓其回傳 null，測試程式執行是否符合預期。

最後，我們看一下 getLastFieldOfHostName() 函式。getLastFieldOfHostName() 函式的程式實作簡單，透過人工審查方式，我們可以發現所有 bug，因此，我們可以不為其寫單元測試程式。

有些讀者可能已經發現，在上述單元測試程式中，有兩行註解，分別說明兩個單元測試會因為一些邊界條件處理不當而失敗。這體現了單元測試的作用，即幫助我們發現程式中的問題。針對邊界條件處理不當等情況，我們進行第四輪重構。

5.5.7　第四輪重構：重構異常處理邏輯

我們可以把函式的執行結果分為兩類：一類是預期結果，也就是函式在正常情況下輸出的結果；另一類是非預期結果，也就是函式在異常（或稱為出錯）情況下輸出的結果。例如，對於取得主機名稱函式，在正常情況下，函式回傳字串格式的主機名稱；在異常情況下，取得主機名稱失敗，函式拋出 UnknownHostException 異常。

在正常情況下，函式回傳資料的型別明確，但是，在異常情況下，函式回傳資料的型別就比較「靈活」了。除拋出異常以外，函式在異常情況下還可以回傳錯誤碼、null、特殊值（如 -1）和空物件（如空集合）等。接下來，我們介紹它們的用法和適用情境。

1・回傳錯誤碼

對於 Java、Python 等語言，在大部分情況下，我們使用異常來處理函式出錯的情況，極少使用錯誤碼。C 語言中沒有異常這種語法機制，因此，回傳錯誤碼便是其常用的錯誤處理方式。在 C 語言中，錯誤碼的回傳方式有兩種：一種是直接佔用函式的回傳值，而函式正常執行時的回傳值放到出參中；另一種是將錯誤碼定義為全域變數，在函式執行出錯時，函式呼叫者透過這個全域變數取得錯誤碼。回傳錯誤碼的範例程式如下所示。

```
// 錯誤碼的回傳方式一：
//pathname、flags 和 mode 為輸入參數；fd 為輸出參數，儲存打開的檔案控制程式
int open(const char *pathname, int flags, mode_t mode, int* fd) {
  if (/* 檔案不存在 */) {
    return EEXIST;
  }

  if (/* 沒有存取權限 */) {
    return EACCESS;
  }

  if (/* 打開檔案成功 */) {
    return SUCCESS; //C 語言中的巨集定義：#define SUCCESS 0
  }
  ...
}
// 使用舉例
int fd;
int result = open("c:\test.txt", O_RDWR, S_IRWXU|S_IRWXG|S_IRWXO, &fd);
if (result == SUCCESS) {
  // 取出 fd 並使用
} else if (result == EEXIST) {
  ...
} else if (result == EACESS) {
  ...
}
// 錯誤碼的回傳方式二：函式回傳打開的檔案控制程式，錯誤碼放到 errno 中
int errno;   // 執行緒安全的全域變數
int open(const char *pathname, int flags, mode_t mode) {
  if (/* 檔案不存在 */) {
    errno = EEXIST;
    return -1;
  }

  if (/* 沒有存取權限 */) {
    errno = EACCESS;
    return -1;
  }

  ...
}
// 使用舉例
int hFile = open("c:\test.txt", O_RDWR, S_IRWXU|S_IRWXG|S_IRWXO);
if (-1 == hFile) {
  printf("Failed to open file, error no: %d.\n", errno);
  if (errno == EEXIST ) {
    ...
  } else if(errno == EACCESS) {
    ...
```

```
      }
      ...
    }
```

2 · 回傳 null

在多數程式設計語言中，我們用 null 表示「不存在」。不過，一些人不建議在函式中回傳 null。在使用回傳值有可能是 null 的函式時，如果我們忘記進行 null 判斷，就有可能拋出空指針異常（Null Pointer Exception，NPE）。如果我們定義了大量回傳值可能為 null 的函式，那麼程式中就會充斥大量的 null 判斷邏輯，這不但導致程式設計繁瑣，而且 null 判斷邏輯與商業邏輯程式耦合，影響程式的可讀性。回傳 null 的範例程式如下所示。

```java
public class UserService {
  private UserRepo userRepo;   // 依賴注入

  public User getUser(String telephone) {
    // 如果使用者不存在，則回傳 null
    return null;
  }
}

// 使用函式 getUser()
User user = userService.getUser("1891771****");
if (user != null) {   // 進行 null 判斷，否則有可能拋出 NPE
  String email = user.getEmail();
  if (email != null) {   // 進行 null 判斷，否則有可能拋出 NPE
    String escapedEmail = email.replaceAll("@", "#");
  }
}
```

我們是否可以使用異常替代 null，也就是在查找的使用者不存在時，讓函式拋出 UserNotFoundException 異常？

雖然回傳 null 有諸多弊端，但對於以 get、find、select、search 和 query 等開頭的查找函式，資料不存在並非異常情況，而是正常行為，因此，回傳表示「不存在」語義的 null 比回傳異常合理。

對於查找函式，除回傳資料物件以外，有些查找函式還會回傳下標位置，如 Java 中的 indexOf() 函式用來實作在某個字串中查找子串第一次出現的位置。函式的回傳值為基本型別 int。這個時候，我們就無法用 null 表示不存在的情況了。對於這種情況，我們有兩種處理思路，一種是回傳 NotFoundException，另一種是回傳一個特殊值，如-1。顯然，回傳-1 更加合理，因為「沒有查找到」是一種正常而非異常的行為。

3・回傳空物件

既然回傳 null 存在諸多弊端，那麼我們可以用空物件（如空字串和空集合）替代 null。這樣，在使用函式時，我們就可以不進行 null 判斷。回傳空物件的範例程式如下所示。

```
// 使用空集合替代 null
public class UserService {
  private UserRepo userRepo;  // 依賴注入

  public List<User> getUsersByTelPrefix(String telephonePrefix) {
   // 沒有查找到資料
    return Collections.emptyList();
  }
}
//getUsers() 使用範例
List<User> users = userService.getUsersByTelPrefix("189");
for (User user : users) { // 這裡不需要進行 null 判斷
  ...
}
// 使用空字串替代 null
public String retrieveUppercaseLetters(String text) {
  // 如果 text 中沒有大寫字母，則回傳空字串，而非 null
  return "";
}
//retrieveUppercaseLetters() 使用舉例
String uppercaseLetters = retrieveUppercaseLetters("wangzheng");
int length = uppercaseLetters.length();  // 不需要進行 null 判斷
System.out.println("Contains " + length + " upper case letters.");
```

4・拋出異常

上文介紹了函式出錯時回傳資料的多種型別，其實，我們常用的函式出錯處理方式還是拋出異常，因為異常可以攜帶更多的錯誤資訊，如函式呼叫棧資訊。除此之外，異常可以將正常邏輯和異常邏輯的處理分離，程式的可讀性會更好。

不同程式設計語言的異常語法不同。C++ 和大部分動態語言（如 Python、Ruby 和 JavaScript 等）都只定義了一種異常型別：執行時異常（runtime exception）。而 Java，除定義了執行時異常以外，還定義了一種異常型別：編譯時異常（compile exception）。

對於執行時異常，在寫程式時，我們可以不主動捕獲，因為編譯器在編譯程式時，並不會檢查程式是否對執行時異常做了處理。對於編譯時異常，在寫程式時，我們需要主動使用捕獲或者在函式定義中宣告異常，否則編譯時會報錯。因此，執行時異常也稱為非受檢異常（unchecked exception），編譯時異常也稱為受檢異常（checked exception）。那麼，在異常出現時，我們應該選擇拋出哪種異常型別呢？

對於程式 bug（如陣列越界）和不可恢復異常（如資料庫連接失敗），即便我們捕獲了這個異常，也無能為力，因此，使用執行時異常更合適。對於可恢復異常（如介面存取超時，可以重試）、商業異常（如提款金額大於餘額），使用編譯時異常更合適，這樣可以明確告知呼叫者需要捕獲處理。

實際上，編譯時異常一直被有些人詬病，他們主張對所有異常情況使用執行時異常，理由主要有下列 3 個。

1）編譯時異常需要在函式定義中顯式宣告。如果函式會拋出很多編譯時異常，那麼函式的定義會非常長，這會影響程式的可讀性，函式使用也不方便。

2）編譯器強制我們顯式捕獲所有編譯時異常，這樣會導致程式實作比較繁瑣。而執行時異常正好相反，我們不需要在定義中顯式宣告執行時異常，並且可以自行決定是否進行捕獲處理。

3）編譯時異常的使用違反開閉原則。在給某函式新增一個編譯時異常時，這個函式所在的函式呼叫鏈上的所有位於其之上的函式都需要進行程式修改，直到呼叫鏈中的某個函式將這個新增異常捕獲為止。而新增執行時異常可以不改動呼叫鏈上的程式。我們可以選擇在某個函式中集中處理執行時異常，如使用 SpringAOP（面向切面程式設計）框架，在切面內集中處理異常。

從上面的描述中，我們可以看出，執行時異常的使用更加靈活，將如何處理（是捕獲還是不捕獲）的主動權交給了程式設計師。而過於靈活會帶來不可控問題。執行時異常不需要在函式定義中顯式宣告，在使用函式時，我們需要透過查看程式才能知道函式會拋出哪些異常。執行時異常不需要強制進行捕獲處理，那麼，在寫程式時，程式設計師有可能漏掉一些本應捕獲處理的異常。

對於應該使用編譯時異常還是執行時異常，業界有很多爭論，目前還沒有一個強有力的證據能夠證明一個比另一個更好。因此，我們只需要根據團隊的開發習慣，在同一個專案中，制訂統一的異常處理規範。

上文介紹了兩種異常型別，下面介紹處理異常的 3 種方法。

1）直接捕獲處理，不再繼續拋給上層呼叫函式。範例程式如下所示。

```
public void func1() throws Exception1 {
  ...
```

```
  }

  public void func2() {
    ...
    try {
      func1();
    } catch(Exception1 e) {
      log.warn("...", e);   // 捕獲異常並輸出日誌
    }
    ...
  }
```

2）將異常原封不動地拋給上層呼叫函式。範例程式如下所示。

```
  public void func1() throws Exception1 {
    ...
  }

  public void func2() throws Exception1 {
    ...
    func1();
    ...
  }
```

3）將異常包裝成新的異常並拋給上層呼叫函式。範例程式如下所示。

```
  public void func1() throws Exception1 {
    ...
  }

  public void func2() throws Exception2 {
    ...
    try {
      func1();
    } catch(Exception1 e) {
     throw new Exception2("...", e);
    }
    ...
  }
```

當函式拋出異常時，我們應該選擇哪種處理方式呢？

在函式內，是選擇捕獲異常還是將異常拋給上層呼叫函式，取決於上層呼叫函式是否「關心」這個異常。如果上層呼叫函式「關心」這個異常，就將它拋給上層呼叫函式，否則直接捕獲處理。如果選擇將異常拋給上層呼叫函式，那麼對於是否需要先包裝成新的異常，再拋給上層呼叫函式，要看上層呼叫函式是否能「理解」這個異常。

如果上層呼叫函式能「理解」，就直接拋給上層呼叫函式，否則封裝成新的異常再拋給上層呼叫函式。

按照上述函式出錯處理方式，我們重新審視生成請求 ID 功能的範例程式。

（1）重構 generate() 函式

對於下面的 generate() 函式，如果取得主機名稱失敗，那麼函式回傳什麼？回傳值是否合理？

```
public String generate() {
    String substrOfHostName = getLastFiledOfHostName();
    long currentTimeMillis = System.currentTimeMillis();
    String randomString = generateRandomAlphameric(8);
    String id = String.format("%s-%d-%s",
            substrOfHostName, currentTimeMillis, randomString);
    return id;
}
```

ID 由三部分構成：主機名稱、時間戳記和亂數。取得時間戳記和生成亂數的函式不會出錯，只有取得主機名稱的函式可能失敗。在目前的程式實作中，如果主機名稱取得失敗，substrOfHostName 為 null，那麼 generate() 函式會回傳類似「null-1672373****-83Ab3uK6」的結果。如果主機名稱取得失敗，substrOfHostName 為空字串，那麼 generate() 函式會回傳類似「-16723733****-83Ab3uK6」的結果。

在異常情況下，generate() 函式回傳這兩種特殊格式的值是否合理呢？這個問題其實很難回答，我們需要查看具體商業是如何設計的。不過，我傾向於呼叫時將異常明確地告知呼叫者。因此，針對上述這段程式，我們最好拋出編譯時異常，而非特殊值。

按照上述設計思維，我們對 generate() 函式進行重構。重構之後的程式如下所示。

```
public String generate() throws IdGenerationFailureException {
    String substrOfHostName = getLastFiledOfHostName();
    if (substrOfHostName == null || substrOfHostName.isEmpty()) {
        throw new IdGenerationFailureException("host name is empty.");
    }
    long currentTimeMillis = System.currentTimeMillis();
    String randomString = generateRandomAlphameric(8);
    String id = String.format("%s-%d-%s",
            substrOfHostName, currentTimeMillis, randomString);
    return id;
}
```

（2）重構 getLastFiledOfHostName() 函式

getLastFiledOfHostName() 函式是應該在其內部將 UnknownHostException 異常捕獲，還是應該將 UnknownHostException 異常拋給上層呼叫函式？如果 getLast-FiledOfHostName() 函式選擇將異常拋給上層呼叫函式，那麼，是直接將 UnknownHostException 異常原樣拋出，還是封裝成新的異常後再拋出？

```java
private String getLastFiledOfHostName() {
  String substrOfHostName = null;
  try {
    String hostName = InetAddress.getLocalHost().getHostName();
    substrOfHostName = getLastSubstrSplittedByDot(hostName);
  } catch (UnknownHostException e) {
    logger.warn("Failed to get the host name.", e);
  }
  return substrOfHostName;
}
```

在上面這段程式中，當取得主機名稱失敗時，getLastFiledOfHostName() 函式回傳 null。我們在上文介紹過，函式是回傳 null 還是異常物件，要看取得不到資料是正常行為還是異常行為。取得主機名稱失敗會影響後續邏輯的處理，這並不是我們期望的，因此，這是一種異常行為。針對上述這段程式，我們最好拋出異常，而非回傳 null。

至於是直接將 UnknownHostException 異常拋出，還是將其重新封裝成新的異常後再拋出，要看 getLastFiledOfHostName() 函式與 UnknownHostException 異常是否有商業相關性。getLastFiledOfHostName() 函式用來取得主機名稱的最後一個欄位，UnknownHostException 異常表示取得主機名稱失敗，二者有商業相關性，因此，我們可以直接將 UnknownHostException 異常拋出，不需要將其重新包裝成新的異常。

按照上述設計思維，我們對 getLastFiledOfHostName() 函式進行重構。重構之後的程式如下所示。

```java
private String getLastFiledOfHostName() throws UnknownHostException{
  String substrOfHostName = null;
  String hostName = InetAddress.getLocalHost().getHostName();
  substrOfHostName = getLastSubstrSplittedByDot(hostName);
  return substrOfHostName;
}
```

我們修改 getLastFiledOfHostName() 函式之後，也要相應地修改 generate() 函式。在 generate() 函式中，我們需要捕獲 getLastFiledOfHostName() 拋出的 UnknownHostException 異常。在捕獲這個異常之後，我們應該如何對其進行處理呢？

按照之前的分析，在 ID 生成失敗時，我們需要明確地告知呼叫者。於是，我們應該將異常拋給上層呼叫函式。那麼，我們是應該將 UnknownHostException 異常原樣拋出，還是封裝成新的異常後再拋出呢？我們選擇後者。generate() 函式將 UnknownHostException 異常重新包裝成新的 IdGenerationFailureException 異常後再拋出。之所以這樣做，有如下 3 個原因。

1）在使用 generate() 函式時，呼叫者只需要知道該函式生成的是隨機且唯一的 ID，並不需要關心 ID 是如何生成的。如果 generate() 函式直接拋出 UnknownHostException 異常，那麼就暴露了實作細節。

2）從程式封裝的角度來講，我們不希望將 UnknownHostException 這個底層異常暴露給上層程式（呼叫 generate() 函式的程式）。而且，呼叫者在得到這個異常之後，並不理解這個異常表示什麼，也不知道如何處理。

3）UnknownHostException 異常與取得主機名稱有關，generate() 函式與生成 ID 有關，二者涉及的商業沒有相關性。

按照上述設計思維，我們對 generate() 函式再次進行重構。重構之後的程式如下所示。

```java
public String generate() throws IdGenerationFailureException {
  String substrOfHostName = null;
  try {
    substrOfHostName = getLastFiledOfHostName();
  } catch (UnknownHostException e) {
    throw new IdGenerationFailureException("host name is empty.");
  }
  long currentTimeMillis = System.currentTimeMillis();
  String randomString = generateRandomAlphameric(8);
  String id = String.format("%s-%d-%s",
          substrOfHostName, currentTimeMillis, randomString);
  return id;
}
```

（3）重構 getLastSubstrSplittedByDot() 函式

在下面這段程式中，如果 getLastSubstrSplittedByDot() 函式的參數 hostName 為 null 或空字串，那麼這個函式應該回傳什麼？

```
@VisibleForTesting
protected String getLastSubstrSplittedByDot(String hostName) {
  String[] tokens = hostName.split("\\.");
  String substrOfHostName = tokens[tokens.length - 1];
  return substrOfHostName;
}
```

如果傳遞給參數 hostName 的值為 null，getLastSubstrSplittedByDot() 函式會拋出空指標異常；如果傳遞給參數 hostName 的值為空字串，getLastSubstrSplittedByDot() 函式會拋出陣列存取越界異常。那麼，是應該在 getLastSubstrSplittedByDot() 函式內對 hostName 做驗證，還是有呼叫者保證不傳遞值為 null 和空字串的 hostName 呢？

如果函式是私有（private）函式，其只在類別內部被呼叫，完全在我們的掌控之下，那麼我們只要保證在呼叫私有函式時不傳遞 null 或空字串即可。因此，我們可以不在私有函式中進行 null 或空字串的判斷。如果函式是公共（public）函式或受保護（protected）函式，我們無法掌控誰呼叫它以及如何呼叫，可能有人因為疏忽向其傳遞 null 或空字串，就會導致程式出錯。為了盡可能提高程式的強健性，我們最好在公共函式和受保護函式中進行 null 或空字串的判斷。

按照上述設計思維，我們對 getLastSubstrSplittedByDot() 函式進行重構。重構之後的程式如下所示。

```
@VisibleForTesting
protected String getLastSubstrSplittedByDot(String hostName) {
  if (hostName == null || hostName.isEmpty()) {
    throw IllegalArgumentException("...");  // 執行時異常
  }
  String[] tokens = hostName.split("\\.");
  String substrOfHostName = tokens[tokens.length - 1];
  return substrOfHostName;
}
```

在使用 getLastSubstrSplittedByDot() 函式時，我們也要保證不傳入 null 或空字串，因此，我們需要相應地修改 getLastFiledOfHostName() 函式的程式。修改之後的 getLastFiledOfHostName() 函式的程式如下所示。

```
private String getLastFiledOfHostName() throws UnknownHostException {
    String substrOfHostName = null;
    String hostName = InetAddress.getLocalHost().getHostName();
    if (hostName == null || hostName.isEmpty()) {
        // 此處進行 null 或空字串的判斷
      throw new UnknownHostException("...");
    }
    substrOfHostName = getLastSubstrSplittedByDot(hostName);
    return substrOfHostName;
}
```

（4）重構 generateRandomAlphameric() 函式

如果傳遞給 generateRandomAlphameric() 函式的參數 length 的值小於或等於 0，那麼這個函式應該回傳什麼？

```
@VisibleForTesting
protected String generateRandomAlphameric(int length) {
    char[] randomChars = new char[length];
    int count = 0;
    Random random = new Random();
    while (count < length) {
      int maxAscii = 'z';
      int randomAscii = random.nextInt(maxAscii);
      boolean isDigit= randomAscii >= '0' && randomAscii <= '9';
      boolean isUppercase= randomAscii >= 'A' && randomAscii <= 'Z';
      boolean isLowercase= randomAscii >= 'a' && randomAscii <= 'z';
      if (isDigit|| isUppercase || isLowercase) {
        randomChars[count] = (char) (randomAscii);
        ++count;
      }
    }
    return new String(randomChars);
  }
}
```

生成長度為零或負值的隨機字串是不符合常規邏輯的，是一種異常行為。因此，當傳遞給參數 length 的值小於 0 時，generateRandomAlphameric() 函式拋出 IllegalArgumentException 異常。

5.5.8　思考題

在本節所示的程式中，輸出日誌的 Logger 類別的物件 logger 被定義為 static final，並且在類別內部建立，這是否影響 IdGenerator 類別的程式的可測試性？我們是否應該將 Logger 類別的物件 logger 透過依賴注入方式注入 IdGenerator 類別中？

213

6 建立型設計模式

建立型設計模式主要解決物件的建立問題，封裝複雜的建立過程，以及解耦物件的建立程式和使用程式。其中，單例模式用來建立全域唯一的物件；工廠模式用來建立型別不同但相關的物件（繼承同一父類別或介面的一組子類別），由給定的參數來決定建立哪種型別的物件；生成器模式用來建立複雜物件，該模式可以透過設定不同的可選參數，「客制化」地建立不同的物件；原型模式針對建立成本較大的物件，利用對已有物件進行複製的方式進行建立，以達到節省建立時間的目的。

6.1　單例模式（上）：為什麼不推薦在專案中使用單例模式

經典的設計模式有 22 種，但常用的並不是很多。根據我的工作經驗，常用的設計模式可能不到一半。如果我們問一下程式設計師熟悉哪 3 種設計模式，那麼他們的回答中肯定包含本節要講的單例模式。

6.1.1　單例模式的定義

如果一個類別只允許建立一個物件（或實例），那麼，這個類別就是一個單例類別，這種設計模式就稱為單例設計模式（Singleton Design Pattern），簡稱單例模式（Singleton Pattern）。

從商業概念方面來講，如果某個類別包含的資料在系統中只應保存一份，那麼這個類別就應該被設計為單例類別。例如配置資訊類別，在系統中，只有一個設定檔，當設定檔被載入到記憶體之後，以物件的形式存在，也理應只有一份。又如唯一遞增 ID 生成器類別，如果程式中有兩個 ID 生成器物件，那麼有可能生成重複 ID。ID 生成器的單例模式程式實作如下所示。

```
import java.util.concurrent.atomic.AtomicLong;
public class IdGenerator {
    //AtomicLong 是 Java 併發庫中提供的一個原子變數型別，
```

```
// 它將一些執行緒不安全需要加鎖的複合操作封裝為執行緒安全的原子操作，
// 如下面會用到的 incrementAndGet()
private AtomicLong id = new AtomicLong(0);
private static final IdGenerator instance = new IdGenerator();

private IdGenerator() {}

public static IdGenerator getInstance() {
  return instance;
}

public long getId() {
  return id.incrementAndGet();
}
}
//IdGenerator 類別使用舉例
long id = IdGenerator.getInstance().getId();
```

6.1.2　單例模式的實作方法

在 6.1.1 節的例子中，我們已經給出了單例模式的一種實作方法。實際上，單例模式還是其他實作方法。概括一下，如果我們要實作一個單例，那麼關注點無外乎以下 4 個。

1）構造函式必須具有 private 存取權限，這樣才能避免透過關鍵字 new 建立實例。

2）物件建立時的執行緒安全問題。

3）是否支援延遲載入。

4）getInstance() 函式的效能是否足夠高。

注意，下面列出的單例模式的 5 種實作方式針對 Java 語言。如果讀者熟悉其他程式設計語言，那麼可以透過其他程式設計語言進行實作，並且與這 5 種實作方式進行對比。

（1）「餓漢」式

「餓漢」式的實作比較簡單。在載入類別時，instance 實例就已經被建立並初始化，因此，instance 實例的建立過程是執行緒安全的。不過，這種實作方式不支援延遲載入，instance 實例是提前建立好的，而非在使用時才建立。因此，這種實作方式被稱為「餓漢式」。具體的程式實作如下所示。

```
public class IdGenerator {
  private AtomicLong id = new AtomicLong(0);
```

```
    private static final IdGenerator instance = new IdGenerator();

    private IdGenerator() {}
    public static IdGenerator getInstance() {
      return instance;
    }

    public long getId() {
      return id.incrementAndGet();
    }
}
```

（2）「懶漢」式

有「餓漢」式，對應地，就有「懶漢」式。相較於「餓漢」式，「懶漢」式支援延遲載入，實例的建立和初始化推遲到真正使用時才進行。具體的程式實作如下所示。

```
public class IdGenerator {
  private AtomicLong id = new AtomicLong(0);
  private static IdGenerator instance;

  private IdGenerator() {}

  public static synchronized IdGenerator getInstance() {
    if (instance == null) {
      instance = new IdGenerator();
    }
    return instance;
  }

  public long getId() {
    return id.incrementAndGet();
  }
}
```

有些人認為「懶漢」式支援延遲載入，比「餓漢」式更合理。他們的理由是：如果實例佔用的資源較多（如佔用記憶體較多）或初始化時間較長（如需要載入各種設定檔），那麼提前建立和初始化實例是一種浪費資源的行為。

不過，我並不認同這樣的觀點。

如果初始化操作耗時比較長，等到真正要使用實例時，才執行初始化操作，那麼會影響系統效能。例如，在執行某個使用者端介面請求時，執行初始化操作，會導致介面請求的回應時間變長，甚至超時。如果採用「餓漢」式，即將耗時的初始化操作在程式啟動時提前完成，那麼，在程式執行時，就能夠避免再去執行初始化操作而導致的效能問題。

如果實例佔用資源比較多，那麼，按照 fail-fast 設計原則（有問題及早暴露），我們也希望在程式啟動時就將實例的初始化操作執行完成。如果資源不夠，在程式啟動時，就會觸發報錯（如 Java 中的 PermGen Space OOM），那麼我們可以立即修復。這樣就可以避免在執行時報錯，不會影響系統的可靠性。

除此之外，「懶漢」式還有一個明顯的缺點，以上面的程式為例，getInstance() 函式被新增了一把「鎖」──synchronized，導致這個函式的併發度變為 1，即同一時間只允許一個執行緒執行 getInstance() 函式。而只要用到 IdGenerator 類別，就必然用到此函式。如果 IdGenerator 類別偶爾被用到，那麼這種實作方式還可以接受。但是，如果 IdGenerator 類別被頻繁使用，頻繁加鎖、釋放鎖，以及併發度低等問題，會產生效能瓶頸，那麼這種實作方式就不可取了，此時，我們需要考慮其他實作方式，如「餓漢」式。

（3）雙重檢測

「餓漢」式不支援延遲載入，「懶漢」式不支援高併發，下面我們介紹一種既支援延遲載入，又支援高併發的單例模式的實作方式：雙重檢測。在這種實作方式中，只要在實例被建立後，再呼叫 getInstance() 函式，就不會進入加鎖邏輯。因此，雙重檢測解決了「懶漢」式併發度低的問題。具體的程式實作如下所示。

```
public class IdGenerator {
  private AtomicLong id = new AtomicLong(0);
  private static IdGenerator instance;

  private IdGenerator() {}

  public static IdGenerator getInstance() {
    if (instance == null) {
      synchronized(IdGenerator.class) { // 此處為類別級別的鎖
        if (instance == null) {
          instance = new IdGenerator();
        }
      }
    }
    return instance;
  }

  public long getId() {
    return id.incrementAndGet();
  }
}
```

實際上，上述實作方式存在問題：CPU 指令重排序可能導致在 IdGenerator 類別的物件被關鍵字 new 建立並賦值給 instance 之後，還沒來得及初始化（執行構造函式中的程式邏輯），就被另一個執行緒使用了。這樣，另一個執行緒就使用了一個沒有完整初始化的 IdGenerator 類別的物件。要解決這個問題，我們只需要給 instance 成員變數新增 volatile 關鍵字來禁止指令重排序。

（4）靜態內部類別

我們介紹一種比雙重檢測更加簡單的實作方法，那就是利用 Java 的靜態內部類別實作單例模式。它類似於「餓漢」式，但能夠做到延遲載入。具體的程式實作如下所示。

```java
public class IdGenerator {
  private AtomicLong id = new AtomicLong(0);

  private IdGenerator() {}

  private static class SingletonHolder{
    private static final IdGenerator instance = new IdGenerator();
  }

  public static IdGenerator getInstance() {
    return SingletonHolder.instance;
  }

  public long getId() {
    return id.incrementAndGet();
  }
}
```

在上述程式中，SingletonHolder 是一個靜態內部類別，當外部類別 IdGenerator 被載入時，並不會載入 SingletonHolder 類別。只有當 getInstance() 函式第一次被呼叫時，SingletonHolder 類別才會被載入，也才會建立 instance。instance 的唯一性和建立過程的執行緒安全性都由 JVM（Java 虛擬機器）保證。因此，這種實作方法既保證了執行緒安全，又能夠做到延遲載入。

（5）枚舉

最後，我們介紹基於枚舉型別的單例模式的實作方式。這種實作方式透過 Java 枚舉型別本身的特性，保證了實例建立的執行緒安全性和實例的唯一性。具體的程式實作如下所示。

```java
public enum IdGenerator {
  INSTANCE;
  private AtomicLong id = new AtomicLong(0);

  public long getId() {
    return id.incrementAndGet();
```

```
      }
   }
```

6.1.3　單例模式的應用：日誌寫入

下面這段程式實作了一個向檔中寫入日誌的 Logger 類別。

```
public class Logger {
  private FileWriter writer;

  public Logger() {
    File file = new File("/Users/wangzheng/log.txt");
    writer = new FileWriter(file, true); //true 表示追加寫入
  }

  public void log(String message) {
    writer.write(mesasge);
  }
}
//Logger 類別的應用範例
public class UserController {
  private Logger logger = new Logger();

  public void login(String username, String password) {
    //... 省略商業邏輯程式 ...
    logger.log(username + " logined!");
  }
}

public class OrderController {
  private Logger logger = new Logger();

  public void create(OrderVo order) {
    //... 省略商業邏輯程式 ...
    logger.log("Created an order: " + order.toString());
  }
}
```

在上述程式中，所有日誌都寫入同一個檔案：log.txt。在 UserController 類別和 OrderController 類別中，我們分別建立了各自的 Logger 類別的物件。在 Web 容器的 Servlet 多執行緒環境下，如果兩個 Servlet 執行緒分別同時執行 login() 函式和 create() 函式，並且同時將日誌寫入 log.txt 檔案，就有可能導致日誌資訊互相覆蓋。

為什麼會出現日誌資訊互相覆蓋呢？我們可以透過類比多執行緒的共用變數來理解。在多執行緒環境下，如果兩個執行緒同時給同一個共用變數加 1，那麼，因為共用變數是競爭資源，所以這個共用變數的最終值有可能並不是增加了 2，而是 1。同

理，這裡的 log.txt 檔案也是競爭資源，兩個執行緒同時往裡面寫資料，就有可能存在互相覆蓋的情況，如圖 6-1 所示。

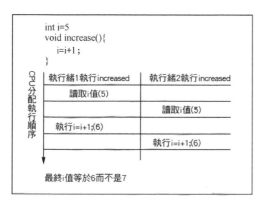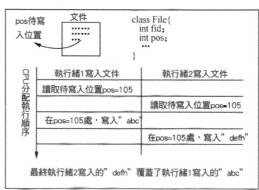

圖 6-1　日誌資訊互相覆蓋

如何解決日誌資訊互相覆蓋問題呢？我們最先想到的解決方法應該是加鎖：給 log() 函式新增互斥鎖（在 Java 中，可以透過 synchronized 關鍵字實作），同一時刻只允許一個執行緒執行 log() 函式。具體的程式實作如下所示。

```
public class Logger {
  private FileWriter writer;

  public Logger() {
    File file = new File("/Users/wangzheng/log.txt");
    writer = new FileWriter(file, true); //true 表示追加寫入
  }

  public void log(String message) {
    synchronized(this) {
      writer.write(mesasge);
    }
  }
}
```

不過，我們仔細想想，上述程式真的能夠解決多執行緒寫入日誌時互相覆蓋的問題嗎？答案是否定的。這是因為上述程式中的鎖是物件級別的鎖，一個物件在不同的執行緒下同時呼叫 log() 函式，會被強制要求循序執行。但是，不同的物件之間並不共用同一個鎖。在不同的執行緒中，透過不同的物件呼叫 log() 函式，鎖並不會起作用，仍然有可能存在寫入日誌互相覆蓋的問題。

這裡補充一下，在上面的講解和給出的程式中，我故意「隱瞞」了一個事實：我們是否要為 log() 函式加上物件級別的鎖，其實並沒有差別。因為 FileWriter 類別本身就是執行緒安全的，其內部實作本身就新增了物件級別的鎖，因此，在呼叫 FileWriter 類別的 write() 函式時，再新增物件級別的鎖實際上是多此一舉。不僅如此，因為不同的 Logger 類別的物件不共用 FileWriter 類別的物件，所以 FileWriter 類別的物件級別的鎖也解決不了日誌寫入互相覆蓋的問題。

那麼到底該如何解決這個問題呢？實際上，我們將物件級別的鎖換成類別級別的鎖即可。我們讓所有的物件都共用同一個鎖，對於所有的 Logger 類別的物件，在多執行緒環境下，因為類別級別的鎖的存在，同一時間只能有一個 log() 函式在執行。具體的程式實作如下所示。

```
public class Logger {
  private FileWriter writer;

  public Logger() {
    File file = new File("/Users/wangzheng/log.txt");
    writer = new FileWriter(file, true); //true 表示追加寫入
  }

  public void log(String message) {
    synchronized(Logger.class) { // 類別級別的鎖
      writer.write(mesasge);
    }
  }
}
```

除使用類別級別的鎖以外，實際上，解決資源競爭問題的辦法還有很多，分散式鎖是經常被我們提及的一種解決方案。不過，實作一個安全、可靠、無 bug、高效能的分散式鎖並不是一件容易的事情。除此之外，併發佇列（如 Java 中的 BlockingQueue）也可以解決資源競爭問題。多個執行緒同時往併發佇列裡寫日誌，另外一個單獨的執行緒負責將併發佇列中的資料寫入日誌檔案。

相較於分散式鎖和併發佇列這兩種解決方案，利用單例模式的解決方案就簡單多了。我們將 Logger 類別設計成單例類別，這樣，程式中只允許建立一個 Logger 類別的物件，所有的執行緒共用一個 Logger 類別的物件，進而共用一個 FileWriter 類別的物件，而 FileWriter 類別本身是物件級別執行緒安全的，也就避免了多執行緒寫入日誌互相覆蓋問題。按照這種設計思維實作的 Logger 類別如下所示。

```
public class Logger {
  private FileWriter writer;
  private static final Logger instance = new Logger();
```

```
    private Logger() {
      File file = new File("/Users/wangzheng/log.txt");
      writer = new FileWriter(file, true); //true 表示追加寫入
    }

    public static Logger getInstance() {
      return instance;
    }

    public void log(String message) {
      writer.write(mesasge);
    }
}

//Logger 類別的應用範例
public class UserController {
  public void login(String username, String password) {
    //... 省略商業邏輯程式 ...
    Logger.getInstance().log(username + " logined!");
  }
}

public class OrderController {
  public void create(OrderVo order) {
    //... 省略商業邏輯程式 ...
    Logger.getInstance().log("Created a order: " + order.toString());
  }
}
```

6.1.4　單例模式的弊端

雖然單例模式常用，但單例模式的使用帶來了諸多問題，甚至有人把它稱為反模式，即不建議在專案中使用。接下來，我們就看一下在專案中使用單例模式會存在哪些問題。

1 · 單例模式隱藏類別之間的依賴關係

我們知道，程式的可讀性非常重要。在閱讀程式時，我們希望一眼就能看出類別之間的依賴關係，即快速弄清楚某個類別依賴了其他哪些類別。

對於透過構造函式、參數傳遞等方式宣告的類別之間的依賴關係，我們很容易透過查看函式定義辨識。但是，單例類別不需要顯式建立，也不需要依賴參數傳遞，在函式中直接呼叫即可，這種依賴關係隱蔽。在閱讀程式時，我們需要仔細查看每個函式的程式實作，只有這樣，才能知道這個類別到底依賴了哪些單例類別。

2．單例模式影響程式的擴展性

我們知道，單例類別只能建立一個實例。如果未來某一天，我們需要在程式中建立兩個或多個實例，就要對程式進行較大改動。讀者可能有所疑惑：既然大部分情況下，單例類別都用來表示全域類別，那麼，怎麼會需要兩個或多個實例呢？

實際上，這樣的需求並不少見。我們透過資料庫連接池舉例說明。

在系統設計初期，我們認為系統中只應該存在一個資料庫連接池，這樣可以方便地控制資料庫連接資源。因此，我們把資料庫連接池類別設計為單例類別。但之後我們發現，系統中有些 SQL 語句執行速度非常慢。這些 SQL 語句在執行時，長時間佔用資料庫連接資源，導致其他 SQL 請求無法得到回應。為了解決這個問題，我們希望將執行速度慢的 SQL 語句與其他 SQL 語句隔離並單獨執行。為了實作這個目的，我們在系統中建立兩個資料庫連接池，執行速度慢的 SQL 語句獨享一個資料庫連接池，其他 SQL 語句共用另外一個資料庫連接池，這樣就能避免執行速度慢的 SQL 語句影響其他 SQL 語句的執行。

如果我們將資料庫連接池設計成單例類別，就無法適應上述需求變更，也就是說，單例類別的使用影響了程式的擴展性。這也是一些經典的資料庫連接池、執行緒池沒有設計成單例類別的原因。

3．單例模式影響程式的可測試性

如果單例類別依賴外部資源，如資料庫，那麼，在寫單元測試時，我們希望透過 Mock 方式將它替換。而下面這段程式所示的類似硬寫程式的使用方式，顯然無法實作 Mock 替換。

```
public class Order {
  public void create(...) {
    ...
    long id = IdGenerator.getInstance().getId();
    ...
  }
}
```

除此之外，如果單例類別持有成員變數（如 **IdGenerator** 類別中的成員變數 id），那麼它實際上相當於全域變數，被所有的程式共用。如果此成員變數是可以被修改的，那麼，在寫單元測試時，我們需要注意，在不同測試用例之間，如果修改了單例類別中的同一個成員變數的值，那麼會導致測試結果互相影響。關於這一點，讀者可以回顧 5.3.2 節講解的內容。

4 · 單例模式不支援包含參數的構造函式

由於單例模式不支援包含參數的構造函式，因此，如果我們想要建立一個連接池的單例物件，那麼無法透過參數指定連接池的大小。針對這個問題，提供下列 3 種解決方式。

1）第一種解決方式：透過 init() 函式傳遞參數。這種解決思路要求在使用單例類別時，先呼叫 init() 函式，再呼叫 getInstance() 函式，否則程式會拋出異常。具體的程式實作如下所示。

```java
public class Singleton {
  private static Singleton instance = null;
  private final int paramA;
  private final int paramB;

  private Singleton(int paramA, int paramB) {
    this.paramA = paramA;
    this.paramB = paramB;
  }

  public static Singleton getInstance() {
    if (instance == null) {
        throw new RuntimeException("Run init() first.");
    }
    return instance;
  }

  public synchronized static Singleton init(int paramA, int paramB) {
    if (instance != null){
        throw new RuntimeException("Singleton has been created!");
    }
    instance = new Singleton(paramA, paramB);
    return instance;
  }
}
// 先呼叫 init() 函式，再透過 getInstance() 函式取得物件並使用
Singleton.init(10, 50);
Singleton singleton = Singleton.getInstance();
```

2）第二種解決方式：將參數放到 getInstance() 函式中。具體的程式實作如下所示。

```java
public class Singleton {
  private static Singleton instance = null;
  private final int paramA;
  private final int paramB;
  private Singleton(int paramA, int paramB) {
    this.paramA = paramA;
    this.paramB = paramB;
  }
```

```
    public synchronized static Singleton getInstance(int paramA, int paramB) {
      if (instance == null) {
        instance = new Singleton(paramA, paramB);
      }
      return instance;
    }
  }
  Singleton singleton = Singleton.getInstance(10, 50);
```

不過，上述程式存在問題。如下程式所示，兩次執行 getInstance() 函式：

```
  Singleton singleton1 = Singleton.getInstance(10, 50);
  Singleton singleton2 = Singleton.getInstance(20, 30);
```

最終的結果是：singleton1 和 signleton2 的 paramA 都為 10，paramB 都為 50。也就是說，第二條語句中的參數 20 和 30 沒有起作用，而建構過程也沒有給出提示，這樣就會誤導使用者。因此，這種參數傳遞方式並不優雅。

3）第三種解決方式：將參數放到全域變數中，程式如下所示。其中，Config 類別被定義成儲存了 paramA 和 paramB 值的全域變數。paramA 和 paramB 的值既可以像如下程式所示的那樣，透過靜態常數來定義，又可以從設定檔中載入得到。相較於前兩種解決方式，這種解決方式是值得推薦的。

```
  public class Config {
    public static final int PARAM_A = 123;
    public static fianl int PARAM_B = 245;
  }

  public class Singleton {
    private static Singleton instance = null;
    private final int paramA;
    private final int paramB;

    private Singleton() {
      this.paramA = Config.PARAM_A;
      this.paramB = Config.PARAM_B;
    }

    public synchronized static Singleton getInstance() {
      if (instance == null) {
        instance = new Singleton();
      }
      return instance;
    }
  }
```

6.1.5 單例模式的替代方案

上文提到了單例模式的諸多問題，有些讀者可能會問，雖然單例模式有這麼多問題，但是，如果不使用單例模式，那麼如何才能保證某個類別的物件全域唯一呢？

為了保證物件全域唯一，除使用單例模式以外，我們還可以透過靜態方法來實作。對於 ID 唯一遞增生成器，我們用靜態方法實作，程式如下所示。

```
public class IdGenerator {
  private static AtomicLong id = new AtomicLong(0);

  public static long getId() {
    return id.incrementAndGet();
  }
}
// 使用舉例
long id = IdGenerator.getId();
```

不過，靜態方法並不能解決單例模式中存在的測試不方便、程式不容易擴展等問題。於是，我們介紹另一種解決思路：基於依賴注入，將單例模式生成的物件作為參數傳遞給函式（也可以透過構造函式傳遞給類別的成員變數）。範例程式如下。

```
// 依賴注入
public demofunction(IdGenerator idGenerator) {
  long id = idGenerator.getId();
}
// 在外部呼叫 demofunction() 時，傳入 idGenerator
IdGenerator idGenerator = IdGenerator.getInsance();
demofunction(idGenerator);
```

上述單例類別的物件的使用方式可以解決部分問題，如可以解決單例模式隱藏類別之間依賴關係的問題。不過，單例模式存在的其他問題，如其對程式的擴展性、可測試性不友好等，還是無法得到解決。實際上，我們還可以使用工廠模式、DI 容器（如 Spring）來替換單例模式，這樣既能保證類別的物件的全域唯一性，又能保證程式可擴展、可測試。6.2 節和 6.3 節會詳細介紹工廠模式和 DI 容器。

有人把單例模式當做反模式，主張杜絕在專案中使用。我認為，這種觀點過於極端。模式沒有對錯，關鍵看怎麼用。如果某個類別並沒有後續擴展的需求，並且不依賴外部系統，那麼，為了限制其物件全域唯一，將其設計為單例類別就是合理的。而且，單例類別有一定的優勢，如使用簡單，不需要透過關鍵字 new 建立和在類別之間傳遞。

6.1.6　思考題

如果我們在專案中使用了單例模式，程式如下所示，那麼應該如何在儘量少改動程式的前提下，透過重構方式提高程式的可測試性呢？

```
public class Demo {
  private UserRepo userRepo; // 透過構造函式或 IoC 容器依賴注入

  public boolean validateCachedUser(long userId) {
    User cachedUser = CacheManager.getInstance().getUser(userId);
    User actualUser = userRepo.getUser(userId);
    // 省略核心邏輯：對比 cachedUser 和 actualUser...
  }
}
```

6.2　單例模式（下）：如何設計實作分散式單例模式

在 6.1 節中，我們講解了單例模式的基本理論知識，包括單例模式的定義、實作方法、存在的弊端和替代方案等。在本節中，我們基於上述基本理論進行擴展，探討如何設計實作一個分散式單例模式。當然，本節內容只是為了拓展讀者的開發思維，並非表示這種分散式單例模式有實際用處。

6.2.1　單例模式的唯一性

我們重新審視一下單例模式的定義：一個類別只允許建立一個物件（或實例），那麼，這個類別就是單例類別，這種設計模式就稱為單例模式。

單例模式的定義中提到，一個類別只允許建立一個物件，那麼，物件的唯一性是指在執行緒內只允許建立一個物件，還是指在程序內只允許建立一個物件？答案是後者。也就是說，單例模式建立的物件是程序唯一的。我們進一步解釋。

我們寫的程式，透過編譯和連結組織在一起，構成了作業系統可以執行的檔，也就是我們平時所說的「可執行檔」（如 Windows 作業系統中的 EXE 檔）。可執行檔實際上就是程式被翻譯成作業系統可理解的一組指令。這組指令與程式一一對應。因此，我們可以將可執行檔包含的內容粗略地認為程式本身。

當我們使用命令列或按兩下方式執行這個可執行檔時，作業系統會啟動一個程序，將這個執行檔從磁片載入到程序的位址空間（程序的位址空間可以理解為作業系統可為程序分配的記憶體儲存區，用來儲存程式和資料）。接著，程序一條條地執行可執行檔中的程式。例如，當程序讀取程式中的「User user=new User();」語句時，它就在自己的位址空間中建立一個名為 user 的臨時變數和一個 User 類別的物件。

程序之間不共用位址空間。如果我們在一個程序中建立另一個程序（例如，程式中有一個 fork() 語句，程序執行這條語句的時候，會建立一個新程序），那麼作業系統會給新程序分配新的位址空間，並且將舊程序的位址空間內的所有內容複製一份並放到新程序的位址空間中，這些內容包括程式、資料（如名為 user 的臨時變數、User 類別的物件）。

單例類別在舊程序中存在且只能存在一個物件，在新程序中也會存在且只能存在一個物件。而且，這兩個物件並不是同一個物件，也就是說，單例類別中物件的唯一性的作用範圍是程序內，在進程間是不唯一的（新舊程序各有一個單例類別的物件）。

6.2.2　執行緒唯一的單例模式

上文提到，單例類別的物件是程序唯一的，即一個程序只能有一個單例類別的物件。那麼，如何實作一個執行緒唯一的單例模式呢？

在回答這個問題之前，我們需要先介紹「執行緒唯一」和「程序唯一」的區別，以及什麼是執行緒唯一的單例模式。「程序唯一」是指程序內唯一，程序間不唯一。然而，「執行緒唯一」是指執行緒內唯一，執行緒間可以不唯一。實際上，「程序唯一」還表示執行緒內、執行緒間都唯一，這也是「程序唯一」和「執行緒唯一」的區別之處。關於執行緒唯一，我們舉例說明一下。

假設 IdGenerator 是一個執行緒唯一的單例類別。在執行緒 A 內，我們可以建立一個單例類別的物件 a。因為執行緒內唯一，所以，在執行緒 A 內，我們就不能再建立其他 IdGenerator 類別的物件了，而執行緒間可以不唯一，於是，我們可以在執行緒 B 內，建立單例類別的物件 b。

雖然「執行緒唯一」的描述複雜，但執行緒唯一的單例模式的程式實作卻不複雜。在下面這段程式中，我們透過 HashMap 儲存每個執行緒的單例類別的物件，其中 HashMap 的鍵是執行緒 ID，值是單例類別的物件。這樣，我們可以實作不同的執行緒對應不同的物件，同一個執行緒只能對應一個物件。實際上，對於 Java 語言，我們可以使用 ThreadLocal 替代 HashMap，實作起來更加簡便。不過，ThreadLocal 也是基於 HashMap 實作的。

```
public class IdGenerator {
  private AtomicLong id = new AtomicLong(0);
  private static final ConcurrentHashMap<Long, IdGenerator> instances
          = new ConcurrentHashMap<>();

  private IdGenerator() {}

  public static IdGenerator getInstance() {
    Long currentThreadId = Thread.currentThread().getId();
    instances.putIfAbsent(currentThreadId, new IdGenerator());
    return instances.get(currentThreadId);
  }

  public long getId() {
    return id.incrementAndGet();
  }
}
```

6.2.3　集群環境下的單例模式

現在，我們介紹「集群唯一」的單例模式，也就是 6.2 節節標題中提到的「分散式單例模式」。

我們還是先介紹什麼是「集群唯一」。集群相當於多個程序構成的一個集合，「集群唯一」就是指程序內唯一，程序間也唯一。也就是說，不同的程序只能共用同一個物件，不能建立同一個類別的多個物件。

為了實作分散式單例模式，我們可以把這個共用的單例類別的物件序列化並儲存到外部共用儲存區（如檔案）中。某個程序在使用這個單例類別的物件時，需要先將它從外部共用儲存區中讀取到記憶體，並反序列化成物件後再使用，在使用完成之後，還需要再將其序列化並儲存回外部共用儲存區。為了保證任何時刻程序間都只有一個物件存在，一個程序在取得物件之後，需要在物件上加鎖，避免其他程序取得它。程序在使用完這個物件之後，還需要顯式地將物件從記憶體中刪除，並且釋放物件上的鎖。對於上面的描述，我們用偽程式進行表達。

```
public class IdGenerator {
  private AtomicLong id = new AtomicLong(0);
  private static IdGenerator instance;
  private static SharedObjectStorage storage = FileSharedObjectStorage(/* 輸入參
數省略，如檔案位置 */);
  private static DistributedLock lock = new DistributedLock();

  private IdGenerator() {}

  public synchronized static IdGenerator getInstance()
    if (instance == null) {
```

```
      lock.lock();
      instance = storage.load(IdGenerator.class);
    }
    return instance;
  }

  public synchroinzed void freeInstance() {
    storage.save(this, IdGeneator.class);
    instance = null; // 釋放物件
    lock.unlock();
  }

  public long getId() {
    return id.incrementAndGet();
  }
}
//IdGenerator 類別使用舉例
IdGenerator idGeneator = IdGenerator.getInstance();
long id = idGenerator.getId();
IdGenerator.freeInstance();
```

6.2.4　多例模式

與單例模式相對應的是多例模式。單例模式是指一個類別只能建立一個物件。對應地，多例模式是指一個類別可以建立多個物件，但個數是有限制的，如只能建立 3 個物件。多例模式的範例程式如下。

```
  public class BackendServer {
    private long serverNo;
    private String serverAddress;
    private static final int SERVER_COUNT = 3;
    private static final Map<Long, BackendServer> serverInstances = new
HashMap<>();
    static {
      serverInstances.put(1L, new BackendServer(1L, "192.168.22.138:8080"));
      serverInstances.put(2L, new BackendServer(2L, "192.168.22.139:8080"));
      serverInstances.put(3L, new BackendServer(3L, "192.168.22.140:8080"));
    }

    private BackendServer(long serverNo, String serverAddress) {
      this.serverNo = serverNo;
      this.serverAddress = serverAddress;
    }

    public BackendServer getInstance(long serverNo) {
      return serverInstances.get(serverNo);
    }

    public BackendServer getRandomInstance() {
      Random r = new Random();
      int no = r.nextInt(SERVER_COUNT)+1;
```

```
        return serverInstances.get(no);
    }
}
```

對於多例模式，我們還有另一種理解方式：同一型別的物件只能建立一個，不同型別的物件可以建立多個。我們結合下面的範例程式進行理解這裡的「型別」。在這段程式中，loggerName 用來區分不同的「型別」，同一個 loggerName 取得的物件實例是相同的，不同的 loggerName 取得的物件實例可以是不同的。

```java
public class Logger {
  private static final ConcurrentHashMap<String, Logger> instances
        = new ConcurrentHashMap<>();

  private Logger() {}

  public static Logger getInstance(String loggerName) {
    instances.putIfAbsent(loggerName, new Logger());
    return instances.get(loggerName);
  }

  public void log() {
    ...
  }
}
//l1==l2, l1!=l3
Logger l1 = Logger.getInstance("User.class");
Logger l2 = Logger.getInstance("User.class");
Logger l3 = Logger.getInstance("Order.class");
```

這種多例模式類似工廠模式。但它與工廠模式的不同之處在於，多例模式建立的物件都是同一個類別的物件，而工廠模式建立的是不同子類別的物件。除此之外，實際上，枚舉型別也類似於多例模式，一個型別只能對應一個物件，一個類別可以建立多個物件。

6.2.5　思考題

在本節中，我們提到單例模式的唯一性的作用範圍是程序內，實際上，對於 Java 語言，更嚴謹地講，單例模式的唯一性的作用範圍並非程序內，而是類別載入器（classloader）內，這是為什麼呢？

工廠模式（上）：解耦複雜物件的建立和使用

工廠模式有兩種分類方法。第一種分類方法將工廠模式分為 3 小類：簡單工廠模式、工廠方法模式和抽象工廠模式。第二種分類方法（也是 GoF 合著的《設計模式：可複用物件導向軟體的基礎》一書中使用的分類方法）將工廠模式分為工廠方法模式和抽象工廠模式，並將簡單工廠模式看作工廠方法模式的一種特例。因為第一種分類方法常見，所以本書沿用第一種分類方法進行講解。

在 3 種細分的工廠模式中，簡單工廠模式和工廠方法模式比較簡單，在實際的專案開發中常用；而抽象工廠模式的原理比較複雜，在實際的專案開發中，其並不常用。因此，本書講解的重點是前兩種工廠模式。對於抽象工廠模式，讀者簡單瞭解即可。

6.3.1 簡單工廠模式（Simple Factory Pattern）

在下面這段範例程式中，我們根據設定檔的副檔名（如 json、xml、yaml 和 properties），選擇不同的解析器（如 JsonRuleConfigParser、XmlRuleConfigParser 等），將儲存在檔中的配置解析成記憶體物件（RuleConfig）。

```
public class RuleConfigSource {
  public RuleConfig load(String ruleConfigFilePath) {
    String ruleConfigFileExtension = getFileExtension(ruleConfigFilePath);
    IRuleConfigParser parser = null;
    if ("json".equalsIgnoreCase(ruleConfigFileExtension)) {
      parser = new JsonRuleConfigParser();
    } else if ("xml".equalsIgnoreCase(ruleConfigFileExtension)) {
      parser = new XmlRuleConfigParser();
    } else if ("yaml".equalsIgnoreCase(ruleConfigFileExtension)) {
      parser = new YamlRuleConfigParser();
    } else if ("properties".equalsIgnoreCase(ruleConfigFileExtension)) {
      parser = new PropertiesRuleConfigParser();
    } else {
      throw new InvalidRuleConfigException(
            "Rule config file format is not supported: " + ruleConfigFilePath);
    }

    String configText = "";
    // 從 ruleConfigFilePath 檔案中讀取配置文本到 configText 中
    RuleConfig ruleConfig = parser.parse(configText);
    return ruleConfig;
  }

  private String getFileExtension(String filePath) {
    // 解析檔案名以取得副檔名，如 rule.json，回傳 json
    return "json";
```

```
        }
    }
```

在第 4 章介紹的程式規範中，我們提到，為了讓程式的邏輯更加清晰、可讀性更好，我們可以將功能獨立的程式區塊封裝成函式。因此，我們可以將上述程式中涉及 parser 物件建立的這部分邏輯剝離出來，封裝成 createParser() 函式。重構之後的程式如下所示。

```java
public RuleConfig load(String ruleConfigFilePath) {
    String ruleConfigFileExtension = getFileExtension(ruleConfigFilePath);
    IRuleConfigParser parser = createParser(ruleConfigFileExtension);
    if (parser == null) {
        throw new InvalidRuleConfigException(
                "Rule config file format is not supported: " + ruleConfigFilePath);
    }

    String configText = "";
    // 從 ruleConfigFilePath 檔案中讀取配置文本到 configText 中
    RuleConfig ruleConfig = parser.parse(configText);
    return ruleConfig;
}

private String getFileExtension(String filePath) {
    // 解析檔案名以取得副檔名，如 rule.json，回傳 json
    return "json";
}

private IRuleConfigParser createParser(String configFormat) {
    IRuleConfigParser parser = null;
    if ("json".equalsIgnoreCase(configFormat)) {
        parser = new JsonRuleConfigParser();
    } else if ("xml".equalsIgnoreCase(configFormat)) {
        parser = new XmlRuleConfigParser();
    } else if ("yaml".equalsIgnoreCase(configFormat)) {
        parser = new YamlRuleConfigParser();
    } else if ("properties".equalsIgnoreCase(configFormat)) {
        parser = new PropertiesRuleConfigParser();
    }
    return parser;
}
```

為了讓類別的職責單一、程式清晰，我們可以進一步將 createParser() 函式從 **RuleConfigSource** 類別中剝離出來，並將其放到一個獨立的類別中，讓這個類別只負責物件的建立。這個類別就是我們將要介紹的簡單工廠模式的工廠類別。剝離之後的程式如下所示。

```java
public class RuleConfigSource {
    public RuleConfig load(String ruleConfigFilePath) {
```

```
      String ruleConfigFileExtension = getFileExtension(ruleConfigFilePath);
      IRuleConfigParser parser = RuleConfigParserFactory.createParser(ruleConfigFileExtension);
      if (parser == null) {
        throw new InvalidRuleConfigException(
                "Rule config file format is not supported: " + ruleConfigFilePath);
      }

      String configText = "";
      // 從 ruleConfigFilePath 檔案中讀取配置文本到 configText 中
      RuleConfig ruleConfig = parser.parse(configText);
      return ruleConfig;
    }

    private String getFileExtension(String filePath) {
      // 解析檔案名以取得副檔名，如 rule.json，回傳 json
      return "json";
    }
  }

  public class RuleConfigParserFactory {
    public static IRuleConfigParser createParser(String configFormat) {
      IRuleConfigParser parser = null;
      if ("json".equalsIgnoreCase(configFormat)) {
        parser = new JsonRuleConfigParser();
      } else if ("xml".equalsIgnoreCase(configFormat)) {
        parser = new XmlRuleConfigParser();
      } else if ("yaml".equalsIgnoreCase(configFormat)) {
        parser = new YamlRuleConfigParser();
      } else if ("properties".equalsIgnoreCase(configFormat)) {
        parser = new PropertiesRuleConfigParser();
      }
      return parser;
    }
  }
```

上述程式就是簡單工廠模式的一種實作方法（在接下來的講解中，我們把這種實作方式稱為簡單工廠模式的第一種實作方式）。在簡單工廠模式的程式實作中，大部分工廠類別的命名都以「Factory」結尾，但這不是必需的，如 Java 中的 DateFormat、Calender 雖然沒有以「Factory」結尾，但它們也是工廠類別。除此之外，在工廠類別中，建立物件的方法的名稱一般以「create」開頭，後面緊跟要建立的類別名，如上述程式中的 createParser()。建立物件的方法還有其他命名方式，如 getInstance()、createInstance() 和 newInstance() 等，甚至命名為 valueOf()（如 Java String 類別的 valueOf() 函式）。關於建立物件的方法的命名，讀者根據具體應用情境和使用習慣命名就好，不做強制要求。

在簡單工廠模式的第一種程式實作中，每次呼叫 RuleConfigParserFactory 的 createParser() 函式，都會建立一個新的 parser。實際上，如果 parser 可以複用，那麼，為了節省記憶體和物件建立的時間開銷，我們可以事先建立 parser 並將其快取。當呼叫 createParser() 函式時，我們直接從快取中取出 parser 並使用。這類似單例模式和簡單工廠模式的結合，具體的程式實作如下所示。在接下來的講解中，我們把下面這種實作方法稱為簡單工廠模式的第二種實作方法。

```
public class RuleConfigParserFactory {
  private static final Map<String, RuleConfigParser> cachedParsers = new
HashMap<>();
  static {
    cachedParsers.put("json", new JsonRuleConfigParser());
    cachedParsers.put("xml", new XmlRuleConfigParser());
    cachedParsers.put("yaml", new YamlRuleConfigParser());
    cachedParsers.put("properties", new PropertiesRuleConfigParser());
  }

  public static IRuleConfigParser createParser(String configFormat) {
    if (configFormat == null || configFormat.isEmpty()) {
      return null; // 回傳 null 或 IllegalArgumentException 由讀者決定
    }
    IRuleConfigParser parser = cachedParsers.get(configFormat.toLowerCase());
    return parser;
  }
}
```

對於簡單工廠模式的兩種實作方法，如果我們新增新的 parser，那麼勢必改動 RuleConfigParserFactory 類別的程式，這是不是違反開閉原則？實際上，如果並非頻繁地新增新的 parser，只是偶爾修改 RuleConfigParserFactory 類別的程式，即便 RuleConfigParserFactory 類別的程式實作不符合開閉原則，也是可以接受的。

除此之外，RuleConfigParserFactory 類別的第一種程式實作中有一組 if 分支判斷邏輯語句，是不是應該將它替換為多型或其他設計模式呢？實際上，如果 if 分支並不是很多，程式中存在 if 分支也是可以接受的。

6.3.2　工廠方法模式（Factory Method Pattern）

如果我們要將 if 分支判斷邏輯去掉，那麼應該怎麼辦呢？經典的解決方法是利用多型替代 if 分支判斷邏輯。具體的程式實作如下所示。

```
public interface IRuleConfigParserFactory {
  IRuleConfigParser createParser();
}

public class JsonRuleConfigParserFactory implements IRuleConfigParserFactory {
  @Override
  public IRuleConfigParser createParser() {
```

```
      return new JsonRuleConfigParser();
    }
  }

  public class XmlRuleConfigParserFactory implements IRuleConfigParserFactory {
    @Override
    public IRuleConfigParser createParser() {
      return new XmlRuleConfigParser();
    }
  }

  public class YamlRuleConfigParserFactory implements IRuleConfigParserFactory {
    @Override
    public IRuleConfigParser createParser() {
      return new YamlRuleConfigParser();
    }
  }

  public class PropertiesRuleConfigParserFactory implements
IRuleConfigParserFactory {
    @Override
    public IRuleConfigParser createParser() {
      return new PropertiesRuleConfigParser();
    }
  }
```

實際上，上述程式就是工廠方法模式的實作程式。當需要新增一種 parser 時，我們只需要新增一個實作了 IRuleConfigParserFactory 介面的 Factory 類別。因此，**工廠方法模式比簡單工廠模式更加符合開閉原則**。

不過，上述工廠方法模式的程式實作仍然存在問題。我們先看一下如何使用工廠方法模式的程式實作中的工廠類別來實作 RuleConfigSource 類別的 load() 函式，程式如下所示。

```
  public class RuleConfigSource {
    public RuleConfig load(String ruleConfigFilePath) {
      String ruleConfigFileExtension = getFileExtension(ruleConfigFilePath);
      IRuleConfigParserFactory parserFactory = null;
      if ("json".equalsIgnoreCase(ruleConfigFileExtension)) {
        parserFactory = new JsonRuleConfigParserFactory();
      } else if ("xml".equalsIgnoreCase(ruleConfigFileExtension)) {
        parserFactory = new XmlRuleConfigParserFactory();
      } else if ("yaml".equalsIgnoreCase(ruleConfigFileExtension)) {
        parserFactory = new YamlRuleConfigParserFactory();
      } else if ("properties".equalsIgnoreCase(ruleConfigFileExtension)) {
        parserFactory = new PropertiesRuleConfigParserFactory();
      } else {
        throw new InvalidRuleConfigException("Rule config file format is not
supported: " + ruleConfigFilePath);
      }
      IRuleConfigParser parser = parserFactory.createParser();
```

```
        String configText = "";
        // 從 ruleConfigFilePath 檔案中讀取配置文本到 configText 中
        RuleConfig ruleConfig = parser.parse(configText);
        return ruleConfig;
    }

    private String getFileExtension(String filePath) {
        // 解析檔案名以取得副檔名，如 rule.json，回傳 json
        return "json";
    }
}
```

從上面的程式實作來看，雖然 parser 物件的建立邏輯從 RuleConfigSource 類別中剝離，但工廠類別的物件的建立邏輯又與 RuleConfigSource 類別耦合。也就是說，引入工廠方法模式，非但沒有解決問題，反倒讓設計變得更加複雜了。那麼，這個問題應該怎麼解決呢？

我們可以為工廠類別再建立一個簡單工廠，也就是工廠的工廠，用來建立工廠類別的物件，具體的程式實作如下所示。其中，RuleConfigParserFactoryMap 類別是建立工廠類別的物件的工廠類別，getParserFactory() 回傳快取好的工廠類別的物件。

```
public class RuleConfigSource {
    public RuleConfig load(String ruleConfigFilePath) {
        String ruleConfigFileExtension = getFileExtension(ruleConfigFilePath);
        IRuleConfigParserFactory parserFactory = RuleConfigParserFactoryMap.getParserFa
ctory(ruleConfigFileExtension);
        if (parserFactory == null) {
          throw new InvalidRuleConfigException("Rule config file format is not
supported: " + ruleConfigFilePath);
        }
        IRuleConfigParser parser = parserFactory.createParser();
        String configText = "";
        // 從 ruleConfigFilePath 檔案中讀取配置文本到 configText 中
        RuleConfig ruleConfig = parser.parse(configText);
        return ruleConfig;
    }
    private String getFileExtension(String filePath) {
        // 解析檔案名以取得副檔名，如 rule.json，回傳 json
        return "json";
    }
}

public class RuleConfigParserFactoryMap { // 工廠的工廠
    private static final Map<String, IRuleConfigParserFactory> cachedFactories = new
HashMap<>();
    static {
        cachedFactories.put("json", new JsonRuleConfigParserFactory());
        cachedFactories.put("xml", new XmlRuleConfigParserFactory());
        cachedFactories.put("yaml", new YamlRuleConfigParserFactory());
        cachedFactories.put("properties", new PropertiesRuleConfigParserFactory());
    }
```

```
    public static IRuleConfigParserFactory getParserFactory(String type) {
      if (type == null || type.isEmpty()) {
        return null;
      }
      IRuleConfigParserFactory parserFactory = cachedFactories.get(type.
toLowerCase());
      return parserFactory;
    }
  }
```

當我們需要新增新的 parser 時，只需要定義新的 parser 對應的類別和工廠類別，並且在 RuleConfigParserFactoryMap 類別中，將工廠類別的物件新增到 cachedFactories 中。這樣做使得程式改動非常少，基本符合開閉原則。

實際上，對於規則配置解析這個應用情境，工廠方法模式需要額外建立諸多工廠類別，而且每一個工廠類別的功能都非常「單薄」，只包含一行建立程式，實際上，這有點過度設計。拆分解耦的目的是降低程式的複雜度，如果程式已經足夠簡單，就沒必要繼續拆分了。因此，在這個應用情境下，簡單工廠模式已經夠用了，沒必要使用工廠方法模式。

相反，如果每個物件的建立邏輯都比較複雜，如物件的建立需要組合其他類別的物件，並進行複雜的初始化操作，那麼，在這種情況下，如果我們使用簡單工廠模式，將所有物件的建立邏輯都放到同一個工廠類別中，那麼這個工廠類別的複雜度仍然過高；如果我們使用工廠方法模式，將複雜的建立邏輯拆分到多個工廠類別中，那麼這樣可以保證每個工廠類別都不會過於複雜。實際上，工廠方法模式是基於簡單工廠模式，對物件建立邏輯的進一步拆分。

6.3.3 抽象工廠模式（AbstractFactory Pattern）

在簡單工廠模式和工廠方法模式中，類別只有一種分類方式。例如，在配置解析的例子中，解析器只會根據設定檔的格式（JSON、XML、YAML 等）來分類。但是，如果解析器有兩種分類方式，既可以按照設定檔格式來分類，又可以按照解析的物件（規則配置或系統組態）來分類，那麼，透過組合，我們會得到下列 8 種解析器類別。

（1）針對規則配置的解析器（基於介面 IRuleConfigParser 的實作類別）

　　1）JsonRuleConfigParser

　　2）XmlRuleConfigParser

3）YamlRuleConfigParser

4）PropertiesRuleConfigParser

（2）針對系統組態的解析器（基於介面 ISystemConfigParser 的實作類別）

1）JsonSystemConfigParser

2）XmlSystemConfigParser

3）YamlSystemConfigParser

4）PropertiesSystemConfigParser

針對這種特殊的情境，如果我們繼續使用工廠方法模式來實作，那麼需要針對每個 parser 分別寫一個工廠類別，也就是要寫 8 個工廠類別。如果我們未來還需要增加針對商業配置的解析器（如基於介面 IBizConfigParser 的實作類別），那麼需要再對應地增加 4 個工廠類別。而我們知道，過多的類別會讓系統變得難以維護。那麼，這個問題應該怎麼解決呢？

抽象工廠模式就是針對這種特殊情境而產生的。我們讓一個工廠負責建立多種不同型別的 parser 物件（IRuleConfigParser、ISystemConfigParser 等），而不是只建立一種型別的 parser 物件。這樣就可以有效地減少工廠類別的個數。範例程式如下。

```
public interface IConfigParserFactory {
  IRuleConfigParser createRuleParser();
  ISystemConfigParser createSystemParser();
  // 此處可以擴展新的 parser 型別，如 IBizConfigParser
}

public class JsonConfigParserFactory implements IConfigParserFactory {
  @Override
  public IRuleConfigParser createRuleParser() {
    return new JsonRuleConfigParser();
  }

  @Override
  public ISystemConfigParser createSystemParser() {
    return new JsonSystemConfigParser();
  }
}

public class XmlConfigParserFactory implements IConfigParserFactory {
  @Override
  public IRuleConfigParser createRuleParser() {
    return new XmlRuleConfigParser();
  }
```

```
  @Override
  public ISystemConfigParser createSystemParser() {
    return new XmlSystemConfigParser();
  }
}
// 省略 YamlConfigParserFactory 和 PropertiesConfigParserFactory 程式
```

6.3.4 工廠模式的應用情境總結

當物件的建立邏輯比較複雜時，我們可以考慮使用工廠模式，即封裝物件的建立過程，將物件的建立和使用分離，以此降低程式的複雜度。那麼，怎麼才算物件的建立邏輯比較複雜呢？我總結了下面兩種情況。

第一種情況：類似規則配置解析的例子，程式中存在 if 分支判斷邏輯，其根據不同的型別動態地建立不同的物件。針對這種情況，我們可以考慮使用工廠模式，將這一大段建立物件的程式抽離，並放到工廠類別中。當每個物件的建立邏輯都比較簡單時，我們使用簡單工廠模式，將多個物件的建立邏輯放到一個工廠類別中即可。當每個物件的建立邏輯都比較複雜時，為了避免工廠類別過於複雜，我們推薦使用工廠方法模式，將物件的建立邏輯拆分得更細，每個物件的建立邏輯單獨放到各自的工廠類別中。

第二種情況：雖然我們不需要根據不同的型別建立不同的物件，但是，單個物件本身的建立過程比較複雜，如前面提到的需要組合其他類別的物件，並進行各種初始化操作。在這種情況下，我們也可以考慮使用工廠模式，即將物件的建立過程封裝到工廠類別中。總結一下，工廠模式的作用有下列 4 個，它們也是判斷是否使用工廠模式的參考標準。

1）封裝變化：利用工廠模式，封裝建立邏輯，建立邏輯的變更對呼叫者透明。

2）程式複用：建立邏輯抽離到工廠類別之後，可以複用，不需要重複寫。

3）隔離複雜性：封裝複雜的建立邏輯，呼叫者無須瞭解如何建立物件。

4）控制複雜度：將建立邏輯與使用邏輯分離，原本複雜的程式變得簡潔。

6.3.5 思考題

1）工廠模式是一種常用的設計模式，在很多開源專案、工具類別中到處可見，如 Java 的 Calendar 類別、DateFormat 類別中。除此之外，讀者還知道哪些使用工廠模式實作的類別？為什麼它們要使用工廠模式？

2）實際上，簡單工廠模式還稱為靜態工廠方法模式（Static Factory Method Pattern），因為其中建立物件的方法是靜態的。為什麼建立物件的方法要設定成靜態的？在使用的時候，這樣的設定是否會影響程式的可測試性？

6.4　工廠模式（下）：如何設計實作依賴注入容器

工廠模式在依賴注入容器（Dependency Injection Container，DI 容器，也稱依賴注入框架）中有廣泛應用。本節重點剖析依賴注入容器的實作原理。

6.4.1　DI 容器與工廠模式的區別

DI 容器底層的基本設計思維基於工廠模式。DI 容器相當於一個大的工廠類別，在程式啟動時，負責根據配置（需要建立哪些類別的物件，每個類別的物件的建立需要依賴哪些其他類別的物件）事先建立好物件。當應用程式需要使用某個類別的物件時，直接從容器中取得即可。因為 DI 容器持有一堆物件，所以它才被稱為「容器」。

相對於普通的工廠模式，DI 容器處理的是更大的物件建立工程。在工廠模式中，一個工廠類別只負責某個類別的物件或某一組相關類別的物件（繼承自同一抽象類別或介面的子類別）的建立，而 DI 容器負責的是整個應用程式中所有類別的物件的建立。

除此之外，相較於工廠模式，DI 容器不只是負責物件的建立，還包括其他工作，如配置的解析、物件生命週期管理等。接下來，我們介紹一個基礎的 DI 容器包含哪些核心功能。

6.4.2　DI 容器的核心功能

一個基礎的 DI 容器一般包含 3 個核心功能：配置解析、物件建立和物件生命週期管理。接下來，我們詳細介紹這 3 個核心功能。

1．配置解析

在工廠模式中，工廠類別要建立哪個類別的物件，是事先確定好的，並且是「硬寫程式」在工廠類別程式中的。作為一個通用的框架，DI 容器的程式與應用程式的程式應該是高度解耦的，也就是說，DI 容器事先並不知道應用程式會建立哪些物件，不可能把某個應用程式要建立的物件「硬寫程式」在 DI 容器的程式中。因此，我們需要透過一種形式讓應用程式「告知」DI 容器需要建立哪些物件。這種形式就是下面要講的「配置」。

我們將需要由 DI 容器建立的類別的物件和建立類別的物件的必要資訊（使用哪個構造函式，以及對應的構造函式的參數等）放到設定檔中。DI 容器讀取設定檔，並根據設定檔提供的資訊建立物件。

下面是一個典型的 Spring 容器（Java 中著名的 DI 容器）的設定檔。Spring 容器讀取這個設定檔，並解析出需要它建立的兩個物件：rateLimiter 和 redisCounter，並且得到二者的依賴關係，即 rateLimiter 依賴 redisCounter，由此建立這兩個物件。

```java
public class RateLimiter {
  private RedisCounter redisCounter;

  public RateLimiter(RedisCounter redisCounter) {
    this.redisCounter = redisCounter;
  }

  public void test() {
    System.out.println("Hello World!");
  }
  ...
}

public class RedisCounter {
  private String ipAddress;
  private int port;

  public RedisCounter(String ipAddress, int port) {
    this.ipAddress = ipAddress;
    this.port = port;
  }
  ...
}
```

設定檔 beans.xml 的內容如下。

```xml
<beans>
    <bean id="rateLimiter" class="com.xzg.RateLimiter">
        <constructor-arg ref="redisCounter"/>
    </bean>

    <bean id="redisCounter" class="com.xzg.redisCounter">
    <constructor-arg type="String" value="127.0.0.1">
    <constructor-arg type="int" value=1234>
    </bean>
</beans>
```

2．物件建立

在 DI 容器中，如果我們給每個類別都對應地建立一個工廠類別，那麼工廠類別的個數非常多，這增加了程式的維護成本。解決這個問題其實並不難，我們只需要將所有類的物件的建立都放到一個工廠類別中完成，如 BeansFactory 工廠類別。

有些讀者可能會問，如果需要建立的類別的物件非常多，那麼 BeansFactory 中的程式會不會線性「膨脹」（程式量與建立的物件個數成正比）呢？實際上並不會。在接下來講到 DI 容器的具體實作時，我們會講到「反射」，它能在程式執行的過程中動態地載入類別並建立物件，不需要事先在程式中「硬寫程式」要建立哪些物件。因此，無論是建立一個物件還是多個物件，BeansFactory 工廠類別的程式都是一樣的。

3．物件生命週期管理

在 6.3.1 節中，我們講到，簡單工廠模式有兩種實作方式，一種是每次都回傳新建立的物件；另一種是每次都回傳同一個事先建立好的物件。在 Spring 框架中，我們可以透過配置 scope 屬性來區分這兩種不同型別的物件，scope=prototype 表示回傳新建立的物件，scope=singleton 表示回傳實作建立好的物件。

除此之外，我們還可以配置物件是否支援「懶」載入。如果 lazy-init=true，那麼物件只有在真正被使用時（如 BeansFactory.getBean(userService)）才會被建立；如果 lazy-init=false，那麼物件在應用程式啟動時事先被建立好。

不僅如此，我們還可以配置物件的 init-method 和 destroy-method 方法，如 init-method=loadProperties() 和 destroy-method=updateConfigFile()。DI 容器在建立好物件之後，會主動呼叫 init-method 屬性指定的方法來初始化物件。在物件被最終銷毀之前，DI 容器會主動呼叫 destroy-method 屬性指定的方法來做一些清理工作，如釋放資料庫連接、關閉檔案等。

6.4.3 DI 容器的設計與實作

實際上，使用 Java 語言實作一個簡單的 DI 容器的核心邏輯只需要包含兩個部分：解析設定檔和根據設定檔並透過「反射」語法來建立物件。接下來，我們介紹如何設計和實作一個簡單的 DI 容器。

1 · 最小原型設計

像 Spring 容器這樣的 DI 容器，它支援的配置格式非常靈活和複雜。為了簡化程式實作，側重講解原理，我們只實作一個 DI 容器的最小原型。在最小原型中，我們只支援下面這個設定檔中涉及的配置語法。

```
<beans>
    <bean id="rateLimiter" class="com.xzg.RateLimiter">
       <constructor-arg ref="redisCounter"/>
    </bean>

    <bean id="redisCounter" class="com.xzg.redisCounter" scope="singleton" lazy-init="true">
      <constructor-arg type="String" value="127.0.0.1">
      <constructor-arg type="int" value=1234>
    </bean>
</beans>
```

最小原型的使用方式與 Spring 容器的使用方法類似，範例程式如下。

```
public class Demo {
  public static void main(String[] args) {
    ApplicationContext applicationContext = new ClassPathXmlApplicationContext("beans.xml");

    RateLimiter rateLimiter = (RateLimiter) applicationContext.getBean("rateLimiter");
    rateLimiter.test();
    ...
  }
}
```

2 · 提供執行入口

在 2.3 節中，我們講到，物件導向設計的最後一步是組裝類別並提供執行入口。對於 ID 容器，執行入口就是一組暴露給外部使用的介面和類別。透過上面提供最小原型的使用範例程式，我們可以看出，執行入口主要包含 ApplicationContext 和 ClassPathXmlApplicationContext。其中，ApplicationContext 是介面，ClassPathXml ApplicationContext 是介面的實作類別。它們的具體實作程式如下。

```
public interface ApplicationContext {
  Object getBean(String beanId);
}

public class ClassPathXmlApplicationContext implements ApplicationContext {
  private BeansFactory beansFactory;
  private BeanConfigParser beanConfigParser;
```

```
public ClassPathXmlApplicationContext(String configLocation) {
  this.beansFactory = new BeansFactory();
  this.beanConfigParser = new XmlBeanConfigParser();
  loadBeanDefinitions(configLocation);
}

private void loadBeanDefinitions(String configLocation) {
  InputStream in = null;
  try {
    in = this.getClass().getResourceAsStream("/" + configLocation);
    if (in == null) {
      throw new RuntimeException("Can not find config file: " + configLocation);
    }
    List<BeanDefinition> beanDefinitions = beanConfigParser.parse(in);
    beansFactory.addBeanDefinitions(beanDefinitions);
  } finally {
    if (in != null) {
      try {
        in.close();
      } catch (IOException e) {
        //TODO：輸出異常日誌
      }
    }
  }
}

@Override
public Object getBean(String beanId) {
  return beansFactory.getBean(beanId);
}
}
```

從上述程式中，我們可以發現，ClassPathXmlApplicationContext 負責組裝 Beans-Factory 和 BeanConfigParser 兩個類別，串聯執行流程：從 classpath（類別載入路徑）中載入 XML 格式的設定檔，透過 BeanConfigParser 類別解析成統一的 BeanDefinition 格式，最後，BeansFactory 類別根據 BeanDefinition 建立物件。

3．設定檔解析

設定檔解析主要包含 BeanConfigParser 介面和 XmlBeanConfigParser 實作類別，負責將設定檔解析為 BeanDefinition 結構，以便 BeansFactory 類別根據這個結構建立物件。

設定檔的解析過程繁瑣，不涉及本書講解的知識，不是我們講解的重點，這裡我只提供 BeanConfigParser 介面和 XmlBeanConfigParser 實作類別的大致設計思維，並未提供具體的實作程式。如果讀者感興趣的話，那麼可以自行補充完整。BeanConfigParser 介面和 XmlBeanConfigParser 實作類的程式框架如下所示。

```java
public interface BeanConfigParser {
  List<BeanDefinition> parse(InputStream inputStream);
  List<BeanDefinition> parse(String configContent);
}

public class XmlBeanConfigParser implements BeanConfigParser {
  @Override
  public List<BeanDefinition> parse(InputStream inputStream) {
    String content = null;
    ...
    return parse(content);
  }

  @Override
  public List<BeanDefinition> parse(String configContent) {
    List<BeanDefinition> beanDefinitions = new ArrayList<>();
    ...
    return beanDefinitions;
  }
}

public class BeanDefinition {
  private String id;
  private String className;
  private List<ConstructorArg> constructorArgs = new ArrayList<>();
  private Scope scope = Scope.SINGLETON;
  private boolean lazyInit = false;
  // 省略必要的 getter、setter 和 constructors 方法

  public boolean isSingleton() {
    return scope.equals(Scope.SINGLETON);
  }

  public static enum Scope {
    SINGLETON,
    PROTOTYPE
  }

  public static class ConstructorArg {
    private boolean isRef;
    private Class type;
    private Object arg;
    // 省略必要的 getter、setter 和 constructors 方法
  }
}
```

4 · 核心工廠類別設計

最後，我們介紹 BeansFactory 類別是如何被設計和實作的。BeansFactory 類別是 DI 容器的核心類別，負責根據從設定檔解析得到的 BeanDefinition 來建立物件。

如果物件的 scope 屬性是 singleton，那麼物件建立之後會快取在 singletonObjects 這樣一個 map 中，下次請求此物件時，可直接從 map 中取出並使用，不需要重新建立。如果物件的 scope 屬性是 prototype，那麼，在每次請求物件時，BeansFactory 類別都會建立一個新的物件。

實際上，BeansFactory 類別建立物件時使用的主要技術是 Java 中的反射語法——一種動態載入類別和建立物件的機制。我們知道，JVM 在啟動時，會根據程式自動地載入類別和建立物件。至於需要載入哪些類別和建立哪些物件，這些都已「硬寫程式」在程式中。但是，如果某個物件的建立並不是「硬寫程式」在程式中，而是放到設定檔中，那麼，在程式執行期間，我們需要動態地根據設定檔來載入類別和建立物件，而這部分工作無法由 JVM 自動完成，我們需要利用 Java 提供的反射語法自行寫程式實作。BeansFactory 類別的程式如下所示。

```java
public class BeansFactory {
    private ConcurrentHashMap<String, Object> singletonObjects = new
ConcurrentHashMap<>();
    private ConcurrentHashMap<String, BeanDefinition> beanDefinitions = new ConcurrentHashMap<>();

    public void addBeanDefinitions(List<BeanDefinition> beanDefinitionList) {
        for (BeanDefinition beanDefinition : beanDefinitionList) {
            this.beanDefinitions.putIfAbsent(beanDefinition.getId(), beanDefinition);
        }
        for (BeanDefinition beanDefinition : beanDefinitionList) {
            if (beanDefinition.isLazyInit() == false && beanDefinition.isSingleton()) {
                createBean(beanDefinition);
            }
        }
    }

    public Object getBean(String beanId) {
        BeanDefinition beanDefinition = beanDefinitions.get(beanId);
        if (beanDefinition == null) {
            throw new NoSuchBeanDefinitionException("Bean is not defined: " + beanId);
        }
        return createBean(beanDefinition);
    }

    @VisibleForTesting
    protected Object createBean(BeanDefinition beanDefinition) {
        if (beanDefinition.isSingleton() && singletonObjects.contains(beanDefinition.getId())) {
            return singletonObjects.get(beanDefinition.getId());
        }
        Object bean = null;
        try {
            Class beanClass = Class.forName(beanDefinition.getClassName());
            List<BeanDefinition.ConstructorArg> args = beanDefinition.
getConstructorArgs();
            if (args.isEmpty()) {
```

```
                bean = beanClass.newInstance();
            } else {
              Class[] argClasses = new Class[args.size()];
              Object[] argObjects = new Object[args.size()];
              for (int i = 0; i < args.size(); ++i) {
                BeanDefinition.ConstructorArg arg = args.get(i);
                if (!arg.getIsRef()) {
                  argClasses[i] = arg.getType();
                  argObjects[i] = arg.getArg();
                } else {
                  BeanDefinition refBeanDefinition = beanDefinitions.get(arg.getArg());
                  if (refBeanDefinition == null) {
                  throw new NoSuchBeanDefinitionException("Bean is not defined: " + arg.getArg());
                  }
                  argClasses[i] = Class.forName(refBeanDefinition.getClassName());
                  argObjects[i] = createBean(refBeanDefinition);
                }
              }
              bean = beanClass.getConstructor(argClasses).newInstance(argObjects);
            }
        } catch (ClassNotFoundException | IllegalAccessException
                | InstantiationException | NoSuchMethodException | InvocationTargetException
e) {
            throw new BeanCreationFailureException("", e);
        }
        if (bean != null && beanDefinition.isSingleton()) {
          singletonObjects.putIfAbsent(beanDefinition.getId(), bean);
          return singletonObjects.get(beanDefinition.getId());
        }
        return bean;
      }
    }
```

在一些軟體發展中，DI 容器已經成為標準配置，如 Spring 容器已經成為了 Java 開發的標準配置。但是，大部分人只是把它當成黑盒子使用，並未真正瞭解它的底層是如何實作的。當然，如果我們面對的是一些簡單的小專案，那麼，對於選擇使用的框架，我們只要會用就足夠了。但是，如果我們面對的是非常複雜的系統，那麼，當系統出現問題時，對底層原理的掌握程度決定了排查問題的能力，直接影響排查問題的效率。希望本節內容能夠加深讀者對 DI 容器底層原理的理解，激發讀者對底層原理的興趣。

6.4.4　思考題

BeansFactory 類別中的 createBean() 函式是一個遞迴函式。當該函式的參數是 ref 型別時，它會遞迴地建立 ref 屬性指向的物件。如果我們在設定檔中錯誤地配置了物件之間的依賴關係，導致存在迴圈依賴，那麼 BeansFactory 類別的 createBean() 函式是否會出現堆疊溢位？若出現堆疊溢位問題，那麼如何解決呢？

生成器模式（Builder Pattern）又稱為建構者模式或生成器模式。實際上，生成器模式的原理和程式實作非常簡單，掌握起來並不難，其難點在於應用情境。讀者是否考慮過下列兩個問題：直接使用構造函式或配合 setter 方法就能建立物件，為什麼還需要透過生成器模式建立呢？生成器模式和工廠模式都可以建立物件，它們的區別是什麼？帶著這兩個問題，我們學習生成器模式。

6.5.1　使用構造函式建立物件

在平時的開發中，建立一個物件的常用方式，是使用 new 關鍵字呼叫類別的構造函式來完成。假設有這樣一道程式設計方面的面試題：請寫程式實作一個資源池配置類別 ResourcePoolConfig。這裡的資源池可以簡單地被理解為執行緒池、連接池和物件集區等。這個資源池配置類別中有表 6-1 所示的成員變數，也就是可配置項。

表 6-1　資源池配置類別 ResourcePoolConfig 中的成員變數

成員變數	說明	是否為必填變數	預設值
name	資源名稱	是	沒有
maxTotal	最大總資源數量	否	8
maxIdle	最大空閒資源數量	否	8
minIdle	最小空閒資源數量	否	0

只要我們有一些專案開發經驗，就能夠輕鬆實作這個資源池配置類別。我們容易想到的實作思路如下面的程式所示。因為 maxTotal、maxIdle 和 minIdle 不是必填變數，所以，在建立 ResourcePoolConfig 類別的物件時，透過向構造函式中傳遞 null 值來表示使用預設值。

```
public class ResourcePoolConfig {
  private static final int DEFAULT_MAX_TOTAL = 8;
  private static final int DEFAULT_MAX_IDLE = 8;
  private static final int DEFAULT_MIN_IDLE = 0;
  private String name;
  private int maxTotal = DEFAULT_MAX_TOTAL;
  private int maxIdle = DEFAULT_MAX_IDLE;
  private int minIdle = DEFAULT_MIN_IDLE;
```

```
    public ResourcePoolConfig(String name, Integer maxTotal, Integer maxIdle, Integer minIdle) {
      if (StringUtils.isBlank(name)) {
        throw new IllegalArgumentException("name should not be empty.");
      }
      this.name = name;
      if (maxTotal != null) {
        if (maxTotal <= 0) {
          throw new IllegalArgumentException("maxTotal should be positive.");
        }
        this.maxTotal = maxTotal;
      }
      if (maxIdle != null) {
        if (maxIdle < 0) {
          throw new IllegalArgumentException("maxIdle should not be negative.");
        }
        this.maxIdle = maxIdle;
      }
      if (minIdle != null) {
        if (minIdle < 0) {
          throw new IllegalArgumentException("minIdle should not be negative.");
        }
        this.minIdle = minIdle;
      }
    }
    //... 省略 getter 方法 ...
  }
```

目前，ResourcePoolConfig 類別中只有 4 個可配置項，對應到構造函式中，就是 4 個參數，參數的個數並不多。但是，如果可配置項逐漸增多，如變成了 8 個、10 個，甚至更多，那麼繼續沿用上述設計思維，構造函式的參數清單會變得很長，程式的可讀性和易用性就會變得很差。在使用構造函式時，我們很容易搞錯各參數的順序，傳遞錯誤的參數值，導致引入隱蔽的 bug，範例程式如下。

```
    ResourcePoolConfig config = new ResourcePoolConfig("dbconnectionpool", 16, null, 8,
null, false, true, 10, 20，false，true);
```

6.5.2　使用 setter 方法為成員變數賦值

實際上，解決 6.5.1 節最後提出的那個問題很簡單，我們可以用 setter 方法替代構造函式為成員變數賦值，具體的程式如下所示。其中，配置項 name 是必填的，因此，我們把它放到構造函式中進行設定，強制在建立物件時填寫。其他配置項 maxTotal、maxIdle 和 minIdle 都不是必填的，因此，我們透過 setter 方法進行設定，讓使用者自己選擇填寫或不填寫。

```
  public class ResourcePoolConfig {
    private static final int DEFAULT_MAX_TOTAL = 8;
    private static final int DEFAULT_MAX_IDLE = 8;
```

```
        private static final int DEFAULT_MIN_IDLE = 0;
        private String name;
        private int maxTotal = DEFAULT_MAX_TOTAL;
        private int maxIdle = DEFAULT_MAX_IDLE;
        private int minIdle = DEFAULT_MIN_IDLE;

        public ResourcePoolConfig(String name) {
          if (StringUtils.isBlank(name)) {
            throw new IllegalArgumentException("name should not be empty.");
          }
          this.name = name;
        }

        public void setMaxTotal(int maxTotal) {
          if (maxTotal <= 0) {
            throw new IllegalArgumentException("maxTotal should be positive.");
          }
          this.maxTotal = maxTotal;
        }

        public void setMaxIdle(int maxIdle) {
          if (maxIdle < 0) {
            throw new IllegalArgumentException("maxIdle should not be negative.");
          }
          this.maxIdle = maxIdle;
        }

        public void setMinIdle(int minIdle) {
          if (minIdle < 0) {
            throw new IllegalArgumentException("minIdle should not be negative.");
          }
          this.minIdle = minIdle;
        }
        //... 省略 getter 方法 ...
      }
```

重構之後的 ResourcePoolConfig 類別的使用方法見下面的範例程式。在建立物件時，不需要建立冗長的參數清單，程式的可讀性和易用性提高了很多。

```
      ResourcePoolConfig config = new ResourcePoolConfig("dbconnectionpool");
      config.setMaxTotal(16);
      config.setMaxIdle(8);
```

6.5.3　使用生成器模式做參數驗證

至此，我們都沒有用到生成器模式，只需要透過構造函式設定必填項，透過 setter 方法設定可選項，就能夠滿足需求。如果我們加大難度，如還需要解決下面 3 個問題，那麼，目前的設計思維是否還滿足需求呢？

1）上文講到，name 是必填項，因此，我們把它放到構造函式中，在強制建立物件時設定。如果必填項很多，把這些必填項都放到構造函式中進行設定，那麼又會出現構造函式的參數清單過長的問題。如果我們不把必填項放到構造函式中，而是透過 setter 方法進行設定，那麼驗證必填項是否已經填寫的邏輯就無處安放了。

2）假設配置項之間有一定的依賴關係，如設定了 maxTotal、maxIdle 和 minIdle 三者中的一個，就必須顯式地設定另外兩個；或者，配置項之間有一定的約束條件，如 maxIdle、minIdle 必須小於或等於 maxTotal。如果我們透過 setter 方法設定配置項，那麼這些配置項之間的依賴關係或約束條件的驗證邏輯就無處安放了。

3）如果我們希望 ResourcePoolConfig 類別的物件是不可變物件，也就是說，物件在建立好之後，就不能再修改內部的屬性值。想要滿足這個需求，我們就不能在 ResourcePoolConfig 類別中暴露 setter 方法。

為了解決這些問題，生成器模式就派上用場了。我們利用生成器模式對程式進行重構，重構之後的程式如下所示。

```java
public class ResourcePoolConfig {
  private String name;
  private int maxTotal;
  private int maxIdle;
  private int minIdle;

  private ResourcePoolConfig(Builder builder) {
    this.name = builder.name;
    this.maxTotal = builder.maxTotal;
    this.maxIdle = builder.maxIdle;
    this.minIdle = builder.minIdle;
  }

  //... 省略 getter 方法 ...

  // 將 Builder 類別設計成 ResourcePoolConfig 類別的內部類別
  // 也可以將 Builder 類別設計成獨立的非內部類別
  public static class Builder {
    private static final int DEFAULT_MAX_TOTAL = 8;
    private static final int DEFAULT_MAX_IDLE = 8;
    private static final int DEFAULT_MIN_IDLE = 0;
    private String name;
    private int maxTotal = DEFAULT_MAX_TOTAL;
    private int maxIdle = DEFAULT_MAX_IDLE;
    private int minIdle = DEFAULT_MIN_IDLE;

    public ResourcePoolConfig build() {
      // 驗證邏輯放到這裡進行，包括必填項目驗證、依賴關係驗證、約束條件驗證等
      if (StringUtils.isBlank(name)) {
        throw new IllegalArgumentException("...");
```

```
        }
        if (maxIdle > maxTotal) {
          throw new IllegalArgumentException("...");
        }
        if (minIdle > maxTotal || minIdle > maxIdle) {
          throw new IllegalArgumentException("...");
        }
        return new ResourcePoolConfig(this);
      }

      public Builder setName(String name) {
        if (StringUtils.isBlank(name)) {
          throw new IllegalArgumentException("...");
        }
        this.name = name;
        return this;
      }

      public Builder setMaxTotal(int maxTotal) {
        if (maxTotal <= 0) {
          throw new IllegalArgumentException("...");
        }
        this.maxTotal = maxTotal;
        return this;
      }

      public Builder setMaxIdle(int maxIdle) {
        if (maxIdle < 0) {
          throw new IllegalArgumentException("...");
        }
        this.maxIdle = maxIdle;
        return this;
      }

      public Builder setMinIdle(int minIdle) {
        if (minIdle < 0) {
          throw new IllegalArgumentException("...");
        }
        this.minIdle = minIdle;
        return this;
      }
    }
  }

  // 這段程式會拋出 IllegalArgumentException 異常，因為 minIdle>maxIdle
      .setName("dbconnectionpool")
      .setMaxTotal(16)
      .setMaxIdle(10)
      .setMinIdle(12)
      .build();
```

　　在上述利用生成器模式實作的程式中，我們把所有的驗證邏輯全部放到生成器模式的 Builder 類別中。我們先建立 Builder 類別的物件，並且透過其 setter 方法設定 Builder 類別的物件的屬性值，然後，在使用 build() 方法建立真正的物件之前，集中進行驗證。除此之外，ResourcePoolConfig 類別的構造函式的存取權限是 private（私有）。ResourcePoolConfig 類別的物件只能透過建造者建立。並且，ResourcePoolConfig 類別沒有提供任何 setter 方法，這樣建立的 ResourcePoolConfig 類別的物件就是不可變物件。

實際上，使用生成器模式建立物件還能避免物件存在無效狀態。例如，我們定義了一個長方形類別，如果不使用生成器模式建立物件，而是先透過構造函式建立物件，再呼叫 setter 方法設定屬性，如下面的程式所示，就會導致在第一個 setter 方法執行之後，第二個 setter 方法執行之前，物件處於無效狀態。

```
Rectangle r = new Rectange(); //r是无效的
r.setWidth(2); //r是无效的，  2，   0
r.setLong(3); //r是无效的
```

為了避免出現無效狀態，我們可以使用構造函式一次性地初始化所有的成員變數。但是，如果構造函式的參數過多，我們就可以使用生成器模式，先設定建造者的變數，再一次性地建立物件，讓物件一直處於有效狀態。

6.5.4 生成器模式在 Guava 中的應用

在專案開發中，我們經常用到快取。快取可以有效地提高存取速度。常用的快取系統有 Redis、Memcached 等。但是，如果要快取的資料比較少，那麼我們沒必要在專案中獨立部署一套快取系統。畢竟，系統都有一定的出錯機率，專案中包含的系統越多，組合起來，專案整體出錯的概率就會升高，可靠性就會降低。同時，多引入一個系統就要多維護一個系統，專案維護的成本就會變高。

取而代之的是，我們可以在系統內部建構一個記憶體快取，將它與系統集成並一起進行開發、部署。如何建構記憶體快取呢？我們可以基於 JDK 提供的類別，如 HashMap，從零開始開發一個記憶體快取。不過，這樣做的開發成本比較高。為了簡化開發，我們可以使用 Google Guava 提供的現成的快取工具類別 com.google. common.cache.*。使用 Google Guava 建構記憶體快取非常簡單，範例程式如下。

```
public class CacheDemo {
  public static void main(String[] args) {
    Cache<String, String> cache = CacheBuilder.newBuilder()
            .initialCapacity(100)
            .maximumSize(1000)
            .expireAfterWrite(10, TimeUnit.MINUTES)
            .build();
    cache.put("key1", "value1");
```

```
        String value = cache.getIfPresent("key1");
        System.out.println(value);
    }
}
```

從上述程式中，我們可以發現，cache 物件由建造者 CacheBuilder 類別建立。之所以這樣做，是因為建構一個快取，需要配置諸多參數，如過期時間、淘汰策略、最大快取等，相應地，cache 物件就會包含諸多成員變數。我們需要在構造函式中設定這些成員變數的值，但又不是必須設定所有成員變數的值，設定哪些成員變數的值由使用者決定。為了滿足這個需求，我們就需要定義多個包含不同參數清單的構造函式。為了避免構造函式的參數清單過長、不同的構造函式過多，我們一般有兩種解決方案。第一種解決方案是使用生成器模式；第二種解決方案是先透過無參構造函式建立物件，再透過 setter 方法逐一設定需要設定的成員變數。為什麼 Guava 會選擇第一種解決方案呢？第二種解決方案是否可以使用呢？想要得到上面兩個問題的答案，我們先看 CacheBuilder 類別中的 build() 函式的實作程式。

```
public <K1 extends K, V1 extends V> Cache<K1, V1> build() {
    this.checkWeightWithWeigher();
    this.checkNonLoadingCache();
    return new LocalManualCache(this);
}

private void checkNonLoadingCache() {
    Preconditions.checkState(this.refreshNanos == -1L, "refreshAfterWrite requires a
LoadingCache");
}

private void checkWeightWithWeigher() {
    if (this.weigher == null) {
        Preconditions.checkState(this.maximumWeight == -1L, "maximumWeight requires
weigher");
    } else if (this.strictParsing) {
        Preconditions.checkState(this.maximumWeight != -1L, "weigher requires
maximumWeight");
    } else if (this.maximumWeight == -1L) {
        logger.log(Level.WARNING, "ignoring weigher specified without
maximumWeight");
    }
}
```

看了上面的程式，讀者是否有答案了呢？必須使用生成器模式的主要原因是，在真正構造 cache 物件時，我們必須做一些必要的參數驗證，也就是 build() 函式中前兩行程式要做的工作。

如果我們採用無參預設構造函式加 setter 方法的方案，那麼這兩個驗證就無處安放了。而不經過驗證，建立的 cache 物件有可能是不合法、不可用的。

在第 1 章中，我們提到過，學習設計模式能夠説明我們更好地閱讀原始碼、理解原始碼。如果沒有之前的理論學習，那麼，對於很多原始碼的閱讀，我們可能都只停留在走馬觀花的層面上，根本學習不到它的精髓。例如，對於上面出現的 CacheBuilder 類別，大部分人都知道它利用了生成器模式，但是，如果對生成器模式沒有深入瞭解，那麼很少人能夠講清楚為什麼要用生成器模式，而不用構造函式加 setter 方法的方式來實作。

6.5.5　生成器模式與工廠模式的區別

生成器模式和工廠模式都可以用來建立物件，那麼二者的區別是什麼？

實際上，工廠模式用來建立型別不同但相關的物件（繼承同一父類別或介面的一組子類別），由給定的參數來決定建立哪種型別的物件；生成器模式用來建立同一種型別的複雜物件，透過設定不同的可選參數，「客制化」地建立不同的物件。

一個經典的例子可以很好地說明二者的區別。顧客走進一家餐廳並點餐，我們利用工廠模式，根據顧客不同的選擇，製作不同的食物，如披薩、漢堡和沙拉等。對於披薩，顧客又有各種配料可以選擇，如起司、番茄和培根等。我們透過生成器模式，根據顧客選擇的不同配料，製作不同口味的披薩。

6.5.6　思考題

在下面程式的 ConstructorArg 類別中，當 isRef 為 true 時，arg 需要設定，type 不需要設定；當 isRef 為 false 時，arg、type 都需要設定。請讀者根據上述需求，完善 ConstructorArg 類別。

```
public class ConstructorArg {
  private boolean isRef;
  private Class type;
  private Object arg;
  //TODO：請讀者完善 ...
}
```

6.6　原型模式：如何快速複製（clone）雜湊表

對於熟悉 JavaScript 語言的前端工程師，原型模式是一種常用的開發模式。這是因為有別於 Java、C++ 等基於類別的物件導向程式設計語言，JavaScript 是一種基於原型的物件導向程式設計語言。雖然 JavaScript 現在也引入了類別的概念，但也只不過是基於原型的語法糖，底層的實作原理仍然是原型。本節我們脫離具體的程式設計語言講一講原型模式。

6.6.1　原型模式的定義

如果物件的建立成本比較大，而同一個類別的不同物件之間差別不大（大部分欄位都相同），那麼，在這種情況下，我們可以利用對已有物件（原型）進行複製的方式來建立新物件，以達到節省建立時間的目的。這種基於原型建立物件的方式稱為原型設計模式（Prototype Design Pattern），簡稱原型模式。

建立物件的過程一般包含申請記憶體和給成員變數賦值這兩個操作。這兩個操作本身並不會花費太多時間。對於大部分商業系統，這點時間完全可以忽略。也就是說，大部分物件沒必要使用原型模式建立。但是，如果物件的建立耗時很多，物件中的資料需要經過複雜的計算（如排序、計算雜湊值）才能得到，或者需要從 RPC（遠端程序呼叫）、網路、資料庫和檔案系統等慢速的 IO 中讀取，那麼，在這種情況下，我們可以利用原型模式，從已有物件中直接複製生成，避免每次在建立新物件時重複執行這些耗時的操作。

6.6.2　原型模式的應用舉例

假設資料庫中儲存了大約 10 萬條搜索關鍵字資訊，每條資訊包含關鍵字、關鍵字被搜索的次數、時間戳記（資訊記錄的時間）等。系統 A 在啟動時，會將所有的資料從資料庫載入到記憶體中。為了提高查詢效率，系統 A 將資料組織成雜湊表結構。假設系統 A 是用 Java 語言開發的，那麼其中的雜湊表結構直接使用 Java 語言中的 HashMap 實作。HashMap 的 key 為搜索關鍵字，value 為關鍵字的詳細資訊（如搜索次數等）。

除系統 A 以外，還有另一個系統 B，它會定期（如每隔 1 小時）分析搜索日誌，統計搜索關鍵字出現的次數等資訊，並更新資料庫中的資料。如表 6-2 所示，經過更新之後，「設計模式」這個關鍵字的搜索次數增加了，並且相應的時間戳記也更新了。

除此之外，增加了一個新的搜索關鍵字「王爭」。注意，這裡假設沒有刪除關鍵字的行為。

表 6-2　資料庫中的資料更新前後對比

更新前			更新後		
關鍵字	搜索次數	時間戳記	關鍵字	搜索次數	時間戳記
演算法	2098	1548506764	演算法	2098	1548506764
設計模式	1938	1548470987	設計模式	2188	1548513456
小爭哥	13098	1548384124	小爭哥	13098	1548384124
...	...	...	王爭	234	1548513781

因為系統 B 會定期地更新資料庫中的資料，為了保證系統 A 中資料的即時性（不一定絕對即時，但資料也不能太過時），系統 A 需要根據資料庫中的資料，定期更新記憶體中的資料。為了實作這個需求，系統 A 中記錄了當前記憶體資料的最後更新時間 T，並從資料庫中「撈出」時間戳記大於 T 的所有搜索關鍵字，也就是找出記憶體記錄的舊資料與資料庫中記錄的最新資料之間的「差集」。然後，系統 A 對差集中的每個關鍵字進行處理，如果某個關鍵字已經在記憶體中存在了，就更新相應的搜索次數、時間戳記等資訊；如果某個關鍵字在記憶體中不存在，就將它新增到記憶體中。按照這個設計思維，我們提供如下範例程式。

```java
public class Demo {
    private ConcurrentHashMap<String, SearchWord> currentKeywords = new
ConcurrentHashMap<>();
    private long lastUpdateTime = -1;

    public void refresh() {
        // 從資料庫中取出時間戳記大於 lastUpdateTime 的資料，
        // 並將它們放入 currentKeywords
        List<SearchWord> toBeUpdatedSearchWords = getSearchWords(lastUpdateTime);
        long maxNewUpdatedTime = lastUpdateTime;
        for (SearchWord searchWord : toBeUpdatedSearchWords) {
            if (searchWord.getLastUpdateTime() > maxNewUpdatedTime) {
                maxNewUpdatedTime = searchWord.getLastUpdateTime();
            }
            if (currentKeywords.containsKey(searchWord.getKeyword())) {
                currentKeywords.replace(searchWord.getKeyword(), searchWord);
            } else {
                currentKeywords.put(searchWord.getKeyword(), searchWord);
            }
        }
        lastUpdateTime = maxNewUpdatedTime;
```

```
  }

  private List<SearchWord> getSearchWords(long lastUpdateTime) {
    //TODO: 從資料庫中取出時間戳記大於 lastUpdateTime 的資料
    return null;
  }
}
```

不過，上述程式存在問題，當系統 A 更新記憶體中的資料時，記憶體中的資料存在不一致的情況。也就是說，在某一時刻，系統 A 中的資料有的是舊的統計資料，有的是新的統計資料。如何解決記憶體中的資料不一致的問題呢？

當然，簡單的辦法是停機更新。也就是說，在更新記憶體中的資料時，讓系統 A 處於不可用狀態，但這種處理思路顯然有點簡單、「粗暴」。優雅的解決方案：我們把正在使用的資料定義為「服務資料」，當需要更新記憶體中的資料時，我們並不是直接在服務資料上進行更新，而是在記憶體中建立新版本的資料，等新版本的資料建立好之後，再一次性地將新版本的資料切換為服務資料（具體的切換操作如下面的程式所示）。這樣既保證了資料一直可用，又避免了不一致狀態的存在。

```
public class Demo {
  private HashMap<String, SearchWord> currentKeywords=new HashMap<>();

  public void refresh() {  // 新版本資料
    HashMap<String, SearchWord> newKeywords = new LinkedHashMap<>();
    // 從資料庫中取出所有資料，並將它們放入 newKeywords
    List<SearchWord> toBeUpdatedSearchWords = getSearchWords();
    for (SearchWord searchWord : toBeUpdatedSearchWords) {
      newKeywords.put(searchWord.getKeyword(), searchWord);
    }
    currentKeywords = newKeywords; // 切換操作：將新版本資料切換為服務資料
  }

  private List<SearchWord> getSearchWords() {
    //TODO: 從資料庫中取出所有資料
    return null;
  }
}
```

不過，在上面的程式實作中，newKeywords 的建構成本比較高，因為我們需要將這大約 10 萬條資料從資料庫中讀出，然後透過一一計算雜湊值來建構雜湊表，這個過程顯然比較耗時。為了提高效率，原型模式就派上用場了。我們首先將 currentKeywords 中的資料複製到 newKeywords 中，然後從資料庫中只「撈出」新增或有更新的關鍵字，並將它們更新到 newKeywords 中。而對於這大約 10 萬條資料，每次新增或更新的關鍵字個數是比較少的，因此，這種策略大大提高了資料更新的效率。按照這個設計思維，我們提供下列範例程式。

```
public class Demo {
  private HashMap<String, SearchWord> currentKeywords=new HashMap<>();
  private long lastUpdateTime = -1;

  public void refresh() {
    // 原型模式：複製已有物件的資料，更新少量差值
    HashMap<String, SearchWord> newKeywords = (HashMap<String, SearchWord>) currentKeywords.
clone();
    // 從資料庫中取出時間戳記大於 lastUpdateTime 的資料，
    // 並將它們放入 newKeywords
    List<SearchWord> toBeUpdatedSearchWords = getSearchWords(lastUpdateTime);
    long maxNewUpdatedTime = lastUpdateTime;
    for (SearchWord searchWord : toBeUpdatedSearchWords) {
      if (searchWord.getLastUpdateTime() > maxNewUpdatedTime) {
        maxNewUpdatedTime = searchWord.getLastUpdateTime();
      }
      if (newKeywords.containsKey(searchWord.getKeyword())) {
        SearchWord oldSearchWord = newKeywords.get(searchWord.getKeyword());
        oldSearchWord.setCount(searchWord.getCount());
        oldSearchWord.setLastUpdateTime(searchWord.getLastUpdateTime());
      } else {
        newKeywords.put(searchWord.getKeyword(), searchWord);
      }
    }
    lastUpdateTime = maxNewUpdatedTime;
    currentKeywords = newKeywords;
  }

  private List<SearchWord> getSearchWords(long lastUpdateTime) {
    //TODO：從資料庫中取出更新時間大於 lastUpdateTime 的資料
    return null;
  }
}
```

在上述程式中，我們利用 Java 中的 clone() 方法複製一個物件。如果讀者熟悉的程式
設計語言中沒有類似語法，那麼需要先將資料從 currentKeywords 中逐一取出，再重
新計算雜湊值，並將其放入 newKeywords。當然，這種處理方式是可以接受的。畢
竟，耗時的還是從資料庫中取資料的操作。相對於資料庫的 IO 操作，記憶體操作和
CPU 計算的耗時都可以忽略。

不知道讀者有沒有發現，上述程式實作是有問題的。想要弄清楚到底有什麼問題，
我們需要先瞭解兩個概念：深層複製（deep copy）和淺層複製（shallow copy）。

6.6.3 原型模式的實作方式：深層複製和淺層複製

使用雜湊表組織搜索關鍵字資訊的記憶體儲存方式如圖 6-2 所示。從圖 6-2 中，我們可以發現，在雜湊表中，每個節點儲存的 key 是搜索關鍵字，value 是 searchWord 物件的記憶體位址。searchWord 物件本身儲存在雜湊表之外的記憶體空間中。

淺層複製和深層複製的區別在於，淺層複製只會複製圖 6-2 中的索引（雜湊表），不會複製資料（searchWord 物件）本身；相反，深層複製不僅複製索引，還複製資料本身。淺層複製得到的物件（newKeywords）與原始物件（currentKeywords）共用資料（searchWord 物件），而深層複製得到的是一個完全獨立的物件。淺層複製和深層複製的對例如圖 6-3 所示。

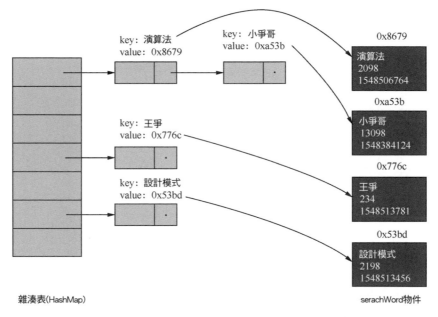

圖 6-2　使用雜湊表組織搜索關鍵字資訊的記憶體儲存方式

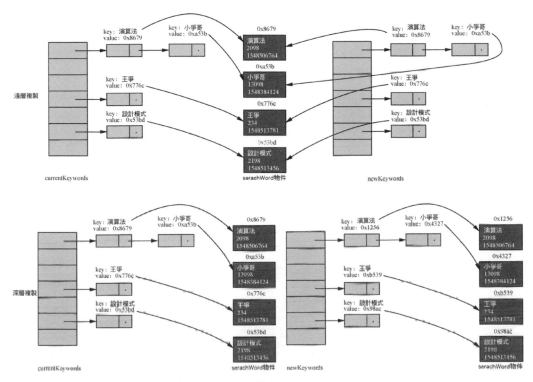

圖 6-3　淺層複製和深層複製的對比

在 Java 語言中，clone() 方法執行的是淺層複製，只會複製物件中的基底資料型別（如 int、long）的資料，以及所引用的物件（searchWord）的記憶體位址，不會遞迴地複製所引用的物件本身。如果我們透過呼叫 HashMap 中的淺層複製方法 clone()來實作原型模式，newKeywords 和 currentKeywords 指向相同的 searchWord 物件，當透過 newKeywords 更新 searchWord 物件時，currentKeywords 指向的 searchWord物件，有的是舊的統計資料，有的是新的統計資料，那麼這會導致資料不一致問題。

實際上，我們將淺層複製替換為深層複製，就可以解決這個問題。如果透過深層複製由 currentKeywords 生成 newKeywords，那麼 newKeywords 和 currentKeywords就指向不同的 searchWord 物件，更新 newKeywords 的資料，不會影響currentKeywords 的資料。

那麼，如何實作深層複製呢？有以下兩種方法。

第一種方法：遞迴複製引用物件、引用物件的引用物件……直到要複製的物件只包含基底資料型別資料，沒有引用物件為止。範例程式如下。

```
public class Demo {
  private HashMap<String, SearchWord> currentKeywords=new HashMap<>();
  private long lastUpdateTime = -1;

  public void refresh() {
    // 深層複製
    HashMap<String, SearchWord> newKeywords = new HashMap<>();
    for (HashMap.Entry<String, SearchWord> e : currentKeywords.entrySet()) {
      SearchWord searchWord = e.getValue();
      SearchWord newSearchWord = new SearchWord(
              searchWord.getKeyword(), searchWord.getCount(), searchWord.
getLastUpdateTime());
      newKeywords.put(e.getKey(), newSearchWord);
    }

    // 從資料庫中取出時間戳記大於 lastUpdateTime 的資料，
    // 並將它們放入 newKeywords
    List<SearchWord> toBeUpdatedSearchWords = getSearchWords(lastUpdateTime);
    long maxNewUpdatedTime = lastUpdateTime;
    for (SearchWord searchWord : toBeUpdatedSearchWords) {
      if (searchWord.getLastUpdateTime() > maxNewUpdatedTime) {
        maxNewUpdatedTime = searchWord.getLastUpdateTime();
      }
      if (newKeywords.containsKey(searchWord.getKeyword())) {
        SearchWord oldSearchWord = newKeywords.get(searchWord.getKeyword());
        oldSearchWord.setCount(searchWord.getCount());
        oldSearchWord.setLastUpdateTime(searchWord.getLastUpdateTime());
      } else {
        newKeywords.put(searchWord.getKeyword(), searchWord);
      }
    }
    lastUpdateTime = maxNewUpdatedTime;
    currentKeywords = newKeywords;
  }

  private List<SearchWord> getSearchWords(long lastUpdateTime) {
    //TODO: 從資料庫中取出更新時間大於 lastUpdateTime 的資料
    return null;
  }
}
```

第二種方法：先將物件序列化，再反序列化成新的物件，範例程式如下。

```
public Object deepCopy(Object object) {
  ByteArrayOutputStream bo = new ByteArrayOutputStream();
  ObjectOutputStream oo = new ObjectOutputStream(bo);
  oo.writeObject(object);

  ByteArrayInputStream bi = new ByteArrayInputStream(bo.toByteArray());
  ObjectInputStream oi = new ObjectInputStream(bi);

  return oi.readObject();
}
```

無論採用哪種實作方式，深層複製都要比淺層複製耗時多、耗費記憶體多。針對搜索關鍵字這個應用情境，有沒有更快、更省記憶體的實作方式呢？

我們可以先採用淺層複製的方式建立 newKeywords，對於需要更新的 searchWord 物件，我們再使用深層複製的方式建立一個新物件，替換 newKeywords 中的舊物件。畢竟，需要更新的資料是很少的。這種方式既利用了淺層複製節省時間和空間的優點，又能確保更新時 currentKeywords 中的資料都是舊資料。具體的程式實作如下所示。這也是 6.6 節節標題中提到的，在這個應用情境下，快速複製雜湊表的方式。

```java
public class Demo {
  private HashMap<String, SearchWord> currentKeywords=new HashMap<>();
  private long lastUpdateTime = -1;

  public void refresh() {
    // 淺層複製
    HashMap<String, SearchWord> newKeywords = (HashMap<String, SearchWord>)
currentKeywords.clone();
    // 從資料庫中取出時間戳記大於 lastUpdateTime 的資料，
    // 並將它們放入 newKeywords
    List<SearchWord> toBeUpdatedSearchWords = getSearchWords(lastUpdateTime);
    long maxNewUpdatedTime = lastUpdateTime;
    for (SearchWord searchWord : toBeUpdatedSearchWords) {
      if (searchWord.getLastUpdateTime() > maxNewUpdatedTime) {
        maxNewUpdatedTime = searchWord.getLastUpdateTime();
      }
      if (newKeywords.containsKey(searchWord.getKeyword())) {
        newKeywords.remove(searchWord.getKeyword());
      }
      newKeywords.put(searchWord.getKeyword(), searchWord);
    }
    lastUpdateTime = maxNewUpdatedTime;
    currentKeywords = newKeywords;
  }

  private List<SearchWord> getSearchWords(long lastUpdateTime) {
    //TODO: 從資料庫中取出時間戳記大於 lastUpdateTime 的資料
    return null;
  }
}
```

6.6.4　思考題

1）在本節的應用情境中，如果我們需要不僅支援向資料庫中新增和更新關鍵字，還支援刪除關鍵字，那麼，如何實作呢？

2）在 2.5.1 節中，為了讓 ShoppingCart 類別的 getItems() 方法回傳不可變物件，我們如下實作程式。當時，我們指出這樣的實作思路是有問題的，因為當呼叫者透過 ShoppingCart 類別的 getItems() 方法取得 items 集合之後,可以修改集合中每個物件(ShoppingCartItem)的資料。在學完本節內容之後,讀者有沒有解決方法了呢?

```java
public class ShoppingCart {
  //... 省略其他程式 ...
  public List<ShoppingCartItem> getItems() {
    return Collections.unmodifiableList(this.items);
  }
}

// 以下是 ShoppingCart 類別的測試程式
ShoppingCart cart = new ShoppingCart();
List<ShoppingCartItem> items = cart.getItems();
items.clear();   // 拋出 UnsupportedOperationException 異常

ShoppingCart cart = new ShoppingCart();
cart.add(new ShoppingCartItem(...));
List<ShoppingCartItem> items = cart.getItems();
ShoppingCartItem item = items.get(0);
item.setPrice(19.0); // 這裡修改了 item 的價格屬性
```

7 結構型設計模式

結構型設計模式主要總結了一些類或物件組合在一起的經典結構，這些經典的結構可以解決特定應用情境的問題。其中，代理模式主要用來給原始類別附加不相關的其他功能；修飾模式主要用來給原始類別附加相關功能（增強功能）；配接器模式主要用來解決程式相容問題；橋接模式主要用來解決組合「爆炸」問題；外觀模式主要用於介面設計（提供不同粒度的介面）；組合模式主要應用在能夠表示為樹形結構的資料中；享元模式用來解決複用問題。

7.1　代理模式在 RPC、快取和監控等情境中的應用

在實際的開發中，我們經常使用代理模式。本節我們重點講解代理模式的兩種實作方式：基於介面的實作方式和基於繼承的實作方式，並且介紹一種特殊的代理：動態代理，以及代理模式在非商業需求開發（如監控、冪等）、RPC 和快取等情境中的應用。

7.1.1　基於介面實作代理模式

代理模式（Proxy Design Pattern）的描述：在不改變原始類別（或稱為被代理類別）的情況下，透過引入代理類別來給原始類別附加不相關的其他功能。我們還是舉例說明，範例程式如下。其中，MetricsCollector 類別用來收集介面請求的效能資料，如處理時長等。在商業系統中，我們透過如下方式使用 MetricsCollector 類別。

```java
public class UserController {
  //...省略其他屬性和方法...
  private MetricsCollector metricsCollector; // 依賴注入

  public UserVo login(String telephone, String password) {
    long startTimestamp = System.currentTimeMillis();
    //...省略 login() 方法邏輯...
    long endTimeStamp = System.currentTimeMillis();
    long responseTime = endTimeStamp - startTimestamp;
    RequestInfo requestInfo = new RequestInfo("login", responseTime,
startTimestamp);
    metricsCollector.recordRequest(requestInfo);
    // 回傳 UserVo 資料
  }
```

```
    public UserVo register(String telephone, String password) {
      long startTimestamp = System.currentTimeMillis();
      //... 省略 register() 方法邏輯 ...
      long endTimeStamp = System.currentTimeMillis();
      long responseTime = endTimeStamp - startTimestamp;
      RequestInfo requestInfo = new RequestInfo("register", responseTime,
startTimestamp);
      metricsCollector.recordRequest(requestInfo);
      // 回傳 UserVo 資料
    }
  }
```

上述程式存在兩個問題。第一個問題：效能統計程式「侵入」商業程式，與商業程式高度耦合。如果未來需要替換 MetricsCollector 類別，那麼替換的成本會比較大。第二個問題：效能統計程式與商業程式無關。商業類別最好只聚焦商業處理。

為了將效能統計程式與商業程式解耦，代理模式就派上用場了。我們定義一個代理類別 UserControllerProxy，它與原始類別 UserController 實作相同的介面 IUserController。UserController 類別只負責商業功能。代理類別 UserControllerProxy 負責在商業程式執行前後，附加其他邏輯程式（這裡的其他邏輯就是效能統計程式），並透過委託方式呼叫原始類別來執行商業程式。具體的程式實作如下所示。

```
  public interface IUserController {
    UserVo login(String telephone, String password);
    UserVo register(String telephone, String password);
  }

  public class UserController implements IUserController {
    //... 省略其他屬性和方法 ...

    @Override
    public UserVo login(String telephone, String password) {
      //... 省略 login() 方法邏輯 ...
    }

    @Override
    public UserVo register(String telephone, String password) {
      //... 省略 register() 方法邏輯 ...
    }
  }

  public class UserControllerProxy implements IUserController {
    private MetricsCollector metricsCollector;
    private UserController userController;

    public UserControllerProxy(UserController userController) {
      this.userController = userController;
```

```
      this.metricsCollector = new MetricsCollector();
    }

    @Override
    public UserVo login(String telephone, String password) {
      long startTimestamp = System.currentTimeMillis();
      UserVo userVo = userController.login(telephone, password);
      long endTimeStamp = System.currentTimeMillis();
      long responseTime = endTimeStamp - startTimestamp;
      RequestInfo requestInfo = new RequestInfo("login", responseTime,
startTimestamp);
      metricsCollector.recordRequest(requestInfo);
      return userVo;
    }

    @Override
    public UserVo register(String telephone, String password) {
      long startTimestamp = System.currentTimeMillis();
      UserVo userVo = userController.register(telephone, password);
      long endTimeStamp = System.currentTimeMillis();
      long responseTime = endTimeStamp - startTimestamp;
      RequestInfo requestInfo = new RequestInfo("register", responseTime,
startTimestamp);
      metricsCollector.recordRequest(requestInfo);
      return userVo;
    }
  }
```

UserControllerProxy 類別的使用方式如下面的範例程式所示。因為原始類別和代理
類別實作相同的介面,在寫程式時,我們基於介面而非實作程式設計,所以,將
UserController 類別的物件替換為 UserControllerProxy 類別的物件,不需要改動太多
程式。

```
  IUserController userController = new UserControllerProxy(new UserController());
```

7.1.2　基於繼承實作代理模式

在基於介面實作的代理模式中,原始類別和代理類別實作相同的介面。但是,如果
原始類別並沒有定義介面,並且原始類別並不是由我們開發和維護的,如它來自一
個第三方廠商類別函式庫,那麼,我們沒辦法直接修改原始類別,也就是無法給它
重新定義一個介面。在這種沒有介面的情況下,我們應該如何實作代理模式呢?

我們可以採用繼承方式,對外部類別進行擴展。我們先讓代理類別繼承原始類別,
再擴展附加功能。具體的程式實作如下所示。

```java
    public class UserControllerProxy extends UserController {
      private MetricsCollector metricsCollector;

      public UserControllerProxy() {
        this.metricsCollector = new MetricsCollector();
      }

      public UserVo login(String telephone, String password) {
        long startTimestamp = System.currentTimeMillis();
        UserVo userVo = super.login(telephone, password);
        long endTimeStamp = System.currentTimeMillis();
        long responseTime = endTimeStamp - startTimestamp;
        RequestInfo requestInfo = new RequestInfo("login", responseTime,
startTimestamp);
        metricsCollector.recordRequest(requestInfo);
        return userVo;
      }

      public UserVo register(String telephone, String password) {
        long startTimestamp = System.currentTimeMillis();
        UserVo userVo = super.register(telephone, password);
        long endTimeStamp = System.currentTimeMillis();
        long responseTime = endTimeStamp - startTimestamp;
        RequestInfo requestInfo = new RequestInfo("register", responseTime,
startTimestamp);
        metricsCollector.recordRequest(requestInfo);
        return userVo;
      }
    }

    //UserControllerProxy 類別使用舉例
    UserController userController = new UserControllerProxy();
```

7.1.3　基於反射實作動態代理

不過，上述程式仍然存在問題。一方面，在代理類中，我們需要將原始類別中的所有方法全部重新實作一遍，並且為每個方法附加相似的程式邏輯。另一方面，如果有很多類別需要新增附加功能，那麼我們需要針對每個類別都建立一個代理類別。如果有 50 個要新增附加功能的原始類別，那麼我們就要建立 50 個對應的代理類別。這會導致專案中類別的個數成倍增加，增加了程式的維護成本。並且，每個代理類別中的程式都很相似，我們沒必要重複開發。針對這個問題，我們應該如何解決呢？

我們可以使用動態代理來解決這個問題。動態代理（dynamic proxy）是指不事先為每個原始類別寫代理類別，而是在程式執行時，動態地為原始類別建立代理類別，並用代理類別替換程式中的原始類別。那麼，如何實作動態代理呢？

對於 Java 語言，其本身就已經提供了動態代理語法（底層依賴 Java 的反射語法）。我們使用 Java 的動態代理實作之前的效能統計的例子，程式實作如下所示。其中，MetricsCollectorProxy 是動態代理類別，動態地給每個需要統計效能的類別建立代理類別。

```java
public class MetricsCollectorProxy {
  private MetricsCollector metricsCollector;

  public MetricsCollectorProxy() {
    this.metricsCollector = new MetricsCollector();
  }

  public Object createProxy(Object proxiedObject) {
    Class<?>[] interfaces = proxiedObject.getClass().getInterfaces();
    DynamicProxyHandler handler = new DynamicProxyHandler(proxiedObject);
    return Proxy.newProxyInstance(proxiedObject.getClass().getClassLoader(), interfaces,
handler);
  }

  private class DynamicProxyHandler implements InvocationHandler {
    private Object proxiedObject;
    public DynamicProxyHandler(Object proxiedObject) {
      this.proxiedObject = proxiedObject;
    }

    @Override
    public Object invoke(Object proxy, Method method, Object[] args) throws
Throwable {
        long startTimestamp = System.currentTimeMillis();
        Object result = method.invoke(proxiedObject, args);
        long endTimeStamp = System.currentTimeMillis();
        long responseTime = endTimeStamp - startTimestamp;
        String apiName = proxiedObject.getClass().getName() + ":" + method.
getName();
        RequestInfo requestInfo = new RequestInfo(apiName, responseTime,
startTimestamp);
        metricsCollector.recordRequest(requestInfo);
        return result;
    }
  }
}

//MetricsCollectorProxy 類別使用舉例
MetricsCollectorProxy proxy = new MetricsCollectorProxy();
IUserController userController = (IUserController) proxy.createProxy(new
UserController());
```

實際上，SpringAOP（剖面導向程式設計）底層的實作原理就是基於動態代理。使用者配置好需要給哪些類別建立代理類別，並定義好在執行原始類別的商業程式前後執行哪些附加功能。Spring 為這些類別建立動態代理類別，並在 JVM 中使用動態代理類別的物件替代原始類別的物件。在程式中，原本應該執行原始類別的方法被替換為執行代理類別的方法，也就實作了給原始類別附加不相關的其他功能的目的。

7.1.4　代理模式的各種應用情境

代理模式的基本功能是透過建立代理類別為原始類別附加不相關的其他功能。基於此基本功能，代理模式的應用情境非常多，這裡列舉一些常見的用法。

1 · 非商業需求開發

代理模式可以應用在開發一些非商業需求上，如監控、統計、驗證、限制流量、事務、冪等和日誌。我們將這些附加功能與商業解構，放到代理類別中統一處理，讓程式設計師只需要關注商業開發。前面列舉的效能統計的例子就是這個應用情境的一個典型範例。實際上，如果讀者熟悉 Java 語言和 Spring 框架，那麼非商業需求開發可以在 Spring AOP 剖面中完成。Spring AOP 的實作原理就是基於動態代理。

2 · 代理模式在 RPC 中的應用

實際上，RPC 框架也是代理模式的一種應用。GoF 合著的《設計模式：可複用物件導向軟體的基礎》一書中把代理模式的這種應用稱為遠端代理。遠端代理可以將網路通信、資料編解碼等細節隱藏。使用者端在使用 RPC 服務時，就像使用本地函式一樣，無須瞭解與伺服器互動的細節。除此之外，服務端在開發 RPC 服務時，只需要開發商業邏輯本身，不需要關注與使用者端的互動細節，就像開發本地使用的函式一樣。

3 · 代理模式在快取中的應用

假設我們要為介面請求開發一個快取功能，對於某些介面請求，如果輸入參數相同，那麼，在設定的過期時間內，直接回傳快取結果，而不需要重新執行程式邏輯。例如，針對取得使用者個人資訊這個需求，我們可以開發兩個介面，一個支援快取，另一個支援即時查詢。對於需要即時資料的系統，我們讓其呼叫即時查詢介面；對於不需要即時資料的系統，我們讓其呼叫支援快取的介面。

不過，這樣做顯然增加了開發成本，而且會讓程式看起來「臃腫」（介面個數成倍增加），也不方便對快取介面集中管理（增加、刪除快取介面）、集中配置（如配置每個介面快取過期時間）。

針對這些問題，代理模式就派上用場了，確切地說，應該是動態代理。如果專案是基於 Spring 框架開發，那麼我們可以在 Spring AOP 剖面中實作介面快取的功能。在應用啟動時，我們從設定檔中載入需要支援快取的介面，以及相應的快取策略（如過期時間）等。當請求到來時，我們在 Spring AOP 剖面中攔截請求，如果請求中帶有支援快取的欄位（如「http://www.***.com/user?cached=true」），那麼便從快取（記憶體快取或 Redis 快取等）中取得資料並直接回傳。

7.1.5 思考題

1）除 Java 語言以外，讀者熟悉的其他程式設計語言是如何實作動態代理的？

2）請讀者對比代理模式的兩種實作方法（基於介面實作和基於繼承實作）的優缺點。

7.2 修飾模式：剖析 Java IO 類別庫的底層設計思維

在本節中，我們透過剖析 Java IO 類別函式庫的底層設計思維，學習一種新的結構型設計模式：修飾模式。

7.2.1 Java IO 類別庫的「奇怪」用法

Java IO 類別函式庫龐大且複雜，包含幾十個不同的類別，負責 IO 資料的讀取和寫入。我們可以從下面兩個維度將 Java 語言的 IO 類別函式庫劃分為 4 類，見表 7-1。

表 7-1　　Java 語言的 IO 類別函式庫的劃分

	位元組流	字元流
輸入流	InputStream	Reader
輸出流	OutputStream	Writer

針對不同的讀取和寫入情境，Java IO 類別函式庫又在 InputStream、OutputStream、Reader 和 Writer 這 4 個父類別的基礎之上，擴展出了很多子類別，如圖 7-1 所示。

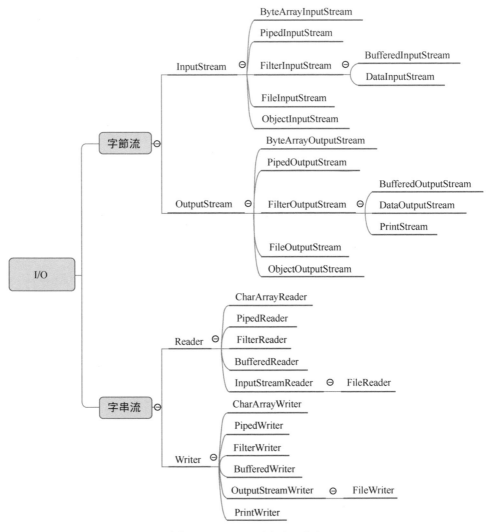

圖 7-1　Java IO 類別函式庫

在我初學 Java 時，曾經對 Java IO 類別函式庫的用法產生過很大的疑惑，如下面這樣一段標準的 Java IO 類別函式庫的使用程式，先建立一個 FileInputStream 類別的物件，並賦值給 InputStream 抽象類別的物件，再將其傳遞給 BufferedInputStream 類別的物件，最終才用 BufferedInputStream 類別的物件讀取檔案。

```
InputStream in = new FileInputStream("/user/wangzheng/test.txt");
InputStream bin = new BufferedInputStream(in);
byte[] data = new byte[128];
while (bin.read(data) != -1) {
  ...
}
```

在 JavaIO 類別函式庫中，為什麼不設計一個繼承 FileInputStream 類別並且支援快取的 BufferedFileInputStream 類別呢？這樣我們就可以像如下程式一樣，直接建立一個 BufferedFileInputStream 類別的物件，用起來豈不是更加簡單？

```
InputStream bin = new BufferedFileInputStream("/user/wangzheng/test.txt");
byte[] data = new byte[128];
while (bin.read(data) != -1) {
  ...
}
```

7.2.2　基於繼承的設計方案

Java IO 類別函式庫之所使用組合而非繼承來設計 BufferedFileInputStream 類別，是因為使用繼承會導致 Java IO 類別函式庫變得特別龐大。如果 InputStream 類別只有一個子類別 FileInputStream，那麼，在子類別 FileInputStream 的基礎之上，再設計一個孫子類別 BufferedFileInputStream，也是可以接受的，畢竟繼承結構還算簡單。但實際上，InputStream 類別的子類別有很多。如果我們給每一個子類別都增加快取讀取的功能，那麼需要派生出很多以 Buffered 開頭的孫子類別。

除支援快取讀取以外，如果我們還需要對功能進行其他方面的增強，如支援按照基底資料型別（int、boolean 和 long 等）讀取資料，那麼又需要派生出很多以 Data 開頭的孫子類別。如果我們需要既支援快取，又支援按照基底資料型別讀取資料的類別，那麼需要再繼續派生出很多以 BufferedData 開頭的孫子類別。這還只是附加了兩個增強功能，如果我們附加更多的增強功能，就會導致組合「爆炸」，類別繼承結構變得無比複雜，程式既不好擴展，又不好維護。

7.2.3　基於修飾模式的設計方案

2.9 節中提到了「組合優於繼承」。針對繼承結構過於複雜的問題，我們可以透過將繼承關係改為組合關係來解決。下面的程式展示了 Java IO 類別函式庫基於組合的設計思維。不過，我們對原始碼做了簡化，只提取了必要的程式結構。如果讀者對這部分程式的詳細內容感興趣，那麼可以去查看 JDK 原始碼。

```
public abstract class InputStream {
  ...
  public int read(byte b[]) throws IOException {
    return read(b, 0, b.length);
  }

  public int read(byte b[], int off, int len) throws IOException {
    ...
  }

  public long skip(long n) throws IOException {
    ...
  }

  public int available() throws IOException {
    return 0;
  }

  public void close() throws IOException {}

  public synchronized void mark(int readlimit) {}

  public synchronized void reset() throws IOException {
    throw new IOException("mark/reset not supported");
  }

  public boolean markSupported() {
    return false;
  }
}

public class BufferedInputStream extends InputStream {
  protected volatile InputStream in;

  protected BufferedInputStream(InputStream in) {
    this.in = in;
  }

  // 實作基於快取的讀數據介面
}

public class DataInputStream extends InputStream {
  protected volatile InputStream in;

  protected DataInputStream(InputStream in) {
    this.in = in;
  }

  // 實作讀取基本型別資料的介面
}
```

看了上面的程式，讀者可能會問，修飾模式就是簡單的「用組合替代繼承」嗎？當然不是。從 Java IO 類別函式庫的設計來看，修飾模式相對於簡單的組合關係，有下列兩個區別。

第一個區別是：裝飾器類別和原始類別繼承同樣的父類別，這樣我們可以對原始類別「巢狀」多個裝飾器類別。例如，對於下面這樣一段程式，我們對 FileInputStream 類別巢狀了兩個裝飾器類別：BufferedInputStream 和 DataInputStream，讓它既支援快取讀取，又支援按照基底資料型別來讀取資料。

```
InputStream in = new FileInputStream("/user/wangzheng/test.txt");
InputStream bin = new BufferedInputStream(in); // 巢狀一
DataInputStream din = new DataInputStream(bin); // 巢狀二
int data = din.readInt();
```

第二個區別是：裝飾器類別的作用是對原始類別進行功能增強，這也是修飾模式應用情境的一個重要特點。實際上，符合「組合關係」這種程式結構的設計模式還有很多，如之前講過的代理模式，以及之後要講的橋接模式。雖然它們的程式結構很相似，但是每種設計模式的應用情境是不同的。就拿比較相似的代理模式和修飾模式來說，在代理模式中，代理類別附加的是與原始類別不相關的功能，而在修飾模式中，裝飾器類別附加的是與原始類別相關的增強功能。

```
// 代理模式的程式結構 ( 下面的介面也可以替換成抽象類別 )
public interface IA {
  void f();
}

public class A implements IA {
  public void f() { ... }
}

public class AProxy implements IA {
  private IA a;
  public AProxy(IA a) {
    this.a = a;
  }

  public void f() {
    // 新增的代理邏輯
    a.f();
    // 新增的代理邏輯
  }
}

// 修飾模式的程式結構 ( 下面的介面也可以替換成抽象類別 )
public interface IA {
  void f();
```

```
}

public class A implements IA {
  public void f() { ... }
}

public class ADecorator implements IA {
  private IA a;
  public ADecorator(IA a) {
    this.a = a;
  }

  public void f() {
    // 功能增強程式
    a.f();
    // 功能增強程式
  }
}
```

實際上，如果我們去查看 JDK 原始碼，就會發現，BufferedInputStream 類別、
DataInputStream 類別並非繼承自 InputStream 類別，而是繼承自 FilterInputStream
類別。那麼，導入 FilterInputStream 這樣一個類別是出於什麼樣的設計意圖呢？

InputStream 是 一 個 抽 象 類 別 而 非 介 面，而 且 它 的 大 部 分 函 式（如 read()、
available()）都有預設實作，按理來說，BufferedInputStream 類別只需要重新實作那
些需要增加快取功能的函式，其他函式繼承 InputStream 類別的預設實作。但實際上，
這樣做是行不通的。

對於即便不需要增加快取功能的函式，BufferedInputStream 類別仍然需要把它重新
實作一遍，並且委託給 InputStream 類別的物件來執行，範例程式如下。如果不重新
實作這些函式，BufferedInputStream 類別就無法將最終讀取資料的任務委託給由構
造函式傳遞進來的 InputStream 類別的物件來完成。

```
public class BufferedInputStream extends InputStream {
  protected volatile InputStream in;

  protected BufferedInputStream(InputStream in) {
    this.in = in;
  }

  //f() 函式不需要增強，只是重新呼叫 InputStream 類別的 in 物件的 f() 函式
  public void f() {
    in.f(); // 委託給 in 物件來執行
  }
}
```

DataInputStream 類別也存在和 BufferedInputStream 類別同樣的問題。為了避免程式重複，Java IO 類別函式庫提取了一個裝飾器父類別 FilterInputStream，程式實作如下所示。InputStream 類別的所有裝飾器類別（BufferedInputStream、DataInputStream）都繼承自這個裝飾器父類別。這樣，裝飾器類別只需要實作它需要增強的方法，其他方法繼承裝飾器父類別的預設實作。

```java
public class FilterInputStream extends InputStream {
  protected volatile InputStream in;

  protected FilterInputStream(InputStream in) {
    this.in = in;
  }

  public int read() throws IOException {
    return in.read();
  }

  public int read(byte b[]) throws IOException {
    return read(b, 0, b.length);
  }

  public int read(byte b[], int off, int len) throws IOException {
    return in.read(b, off, len);
  }

  public long skip(long n) throws IOException {
    return in.skip(n);
  }

  public int available() throws IOException {
    return in.available();
  }

  public void close() throws IOException {
    in.close();
  }

  public synchronized void mark(int readlimit) {
    in.mark(readlimit);
  }

  public synchronized void reset() throws IOException {
    in.reset();
  }

  public boolean markSupported() {
    return in.markSupported();
  }
}
```

最後，我們總結一下，修飾模式可以解決繼承關係過於複雜的問題，透過組合關係來替代繼承關係。修飾模式的主要作用是給原始類別新增增強功能，這也是判斷是否應該使用修飾模式的一個重要依據。除此之外，修飾模式還有一個特點，那就是可以對原始類別巢狀使用多個裝飾器類別。為了滿足這個應用情境，在設計的時候，裝飾器類別需要與原始類別繼承相同的抽象類別或介面。

7.2.4　思考題

在 7.1 節中，我們講到，可以透過代理模式給介面新增快取功能。在本節中，我們透過修飾模式給 InputStream 類別新增了快取讀取資料功能。那麼，對於「新增快取」這個應用情境，我們到底應該選擇使用代理模式還是使用修飾模式呢？

7.3　利用配接器模式解決程式不相容的問題

在本節中，我們主要講解配接器模式的兩種實作方式：類別適配器和物件適配器，以及 5 種常見的應用情境。同時，我們還會透過剖析 SLF4J 日誌框架，向讀者展示這種模式在真實專案中的應用。

7.3.1　類別適配器和物件適配器

適配器設計模式（Adapter Design Pattern）簡稱配接器模式。顧名思義，這個模式是用來做適配的，它將不相容的介面轉換為可相容的介面，讓原本由於介面不相容而不能一起工作的類別可以一起工作。對於這個模式，我們常以 USB 轉接頭這樣一個具體的例子來解釋它。USB 轉接頭充當適配器，透過轉接，把兩種不相容的介面變得可以一起工作。

配接器模式有兩種實作方式：類別適配器和物件適配器。其中，類別適配器使用繼承關係來實作，物件適配器使用組合關係來實作。具體的程式實作如下所示。其中，ITarget 表示要轉化成的目標介面，Adaptee 是一組不相容 ITarget 的原始介面，Adaptor 類別將 Adaptee 轉化成相容 ITarget 介面定義的介面。注意，這裡提到的介面，並非程式設計語言裡的介面，而是表示寬泛的 API（應用程式介面）。

```
// 類別適配器：基於繼承
public interface ITarget {
  void f1();
  void f2();
```

```java
  void fc();
}

public class Adaptee {
  public void fa() { ... }
  public void fb() { ... }
  public void fc() { ... }
}

public class Adaptor extends Adaptee implements ITarget {
  public void f1() {
    super.fa();
  }

  public void f2() {
    // 重新實作 f2()
  }

  // 這裡 fc() 不需要實作，直接繼承自 Adaptee，這是與物件適配器最大的不同點
}

// 物件適配器：基於組合
public interface ITarget {
  void f1();
  void f2();
  void fc();
}

public class Adaptee {
  public void fa() { ... }
  public void fb() { ... }
  public void fc() { ... }
}

public class Adaptor implements ITarget {
  private Adaptee adaptee;

  public Adaptor(Adaptee adaptee) {
    this.adaptee = adaptee;
  }

  public void f1() {
    adaptee.fa(); // 委託給 Adaptee
  }

  public void f2() {
    // 重新實作 f2()
  }

  public void fc() {
    adaptee.fc(); // 委託給 Adaptee
  }
}
```

281

在實際的開發中，到底是選擇使用類別適配器還是物件適配器呢？判斷的標準主要有兩個，一個是 Adaptee 介面的個數，另一個是 Adaptee 介面和 ITarget 介面的契合程度。具體判定規則如下所示。

1）如果 Adaptee 介面並不多，那麼兩種實作方式都可以。

2）如果 Adaptee 介面很多，而且 Adaptee 和 ITarget 介面定義大部分都相同，那麼我們推薦使用類別適配器，因為 Adaptor 類別可以複用父類別 Adaptee 的介面。相較於物件適配器的實作方式，類別適配器的實作方式的程式量要小一些。

3）如果 Adaptee 介面很多，而且 Adaptee 和 ITarget 介面定義大部分都不相同，那麼我們推薦使用物件適配器，因為組合結構相對於繼承結構更加靈活。

7.3.2 配接器模式的 5 種應用情境

一般來說，配接器模式可以被看作一種「補償模式」，用來「補救」設計上的缺陷。應用這種模式其實是一種「無奈之舉」。如果在設計初期，我們就能規避介面不相容的問題，那麼這種模式就沒有應用的機會了。

前面我們反復提到，配接器模式的應用情境是「介面不相容」。那麼，在實際的開發中，什麼情況下才會出現介面不相容呢？我總結了以下 5 點。

1‧封裝有缺陷的介面設計

假設我們依賴的外部系統在介面設計方面有缺陷（如包含大量靜態方法），引入之後，會影響我們的程式的可測試性。為了隔離設計上的缺陷，我們希望對外部系統提供的介面進行二次封裝，封裝得到更易用、更易測試的介面，這個時候就可以使用配接器模式了。範例程式如下。

```
public class CD { // 這個類別來自外部 SDK，我們無權修改它的程式
  ...
  public static void staticFunction1() { ... }
  public void uglyNamingFunction2() { ... }
  public void tooManyParamsFunction3(int paramA, int paramB, ...) { ... }
   public void lowPerformanceFunction4() { ... }
}

// 使用配接器模式進行重構
public class ITarget {
  void function1();
  void function2();
  void fucntion3(ParamsWrapperDefinition paramsWrapper);
  void function4();
```

```
  ...
}

// 注意：適配器類別的命名不一定非得在末尾使用 Adaptor
public class CDAdaptor extends CD implements ITarget {
  ...
  public void function1() {
    super.staticFunction1();
  }

  public void function2() {
    super.uglyNamingFucntion2();
  }

  public void function3(ParamsWrapperDefinition paramsWrapper) {
    super.tooManyParamsFunction3(paramsWrapper.getParamA(), ...);
  }

  public void function4() {
    // 重新實作它
  }
}
```

2．統一多個類別的介面設計

某個功能的實作依賴多個外部系統（或者類別）。透過配接器模式，我們將它們的介面適配為統一的介面定義，然後就可以使用多型特性來複用程式邏輯。這裡的介紹不好理解，我們舉例解釋一下。

假設我們的系統需要對使用者輸入的文本內容進行敏感詞過濾，為了保證萬無一失，我們引入了多款第三方套件敏感詞過濾系統，依次對使用者輸入的內容進行過濾，過濾掉盡可能多的敏感詞。但是，每個系統提供的過濾介面都是不同的。這就意味著我們無法複用一套程式邏輯來呼叫多個系統。範例程式如下。

```
public class ASensitiveWordsFilter { //A 敏感詞過濾系統提供的介面
  //text 是原始文本，函式輸出用 *** 替換敏感詞後的文本
  public String filterObsceneWords(String text) {
    ...
  }

  public String filterPoliticalWords(String text) {
    ...
  }
}

public class BSensitiveWordsFilter  { //B 敏感詞過濾系統提供的介面
  public String filter(String text) {
    ...
  }
```

```
  }

  public class CSensitiveWordsFilter { //C 敏感詞過濾系統提供的介面
    public String filter(String text, String mask) {
      ...
    }
  }

  public class RiskManagement {
    private ASensitiveWordsFilter aFilter = new ASensitiveWordsFilter();
    private BSensitiveWordsFilter bFilter = new BSensitiveWordsFilter();
    private CSensitiveWordsFilter cFilter = new CSensitiveWordsFilter();

    public String filterSensitiveWords(String text) {
      String maskedText = aFilter.filterObsceneWords(text);
      maskedText = aFilter.filterPoliticalWords(maskedText);
      maskedText = bFilter.filter(maskedText);
      maskedText = cFilter.filter(maskedText, "***");
      return maskedText;
    }
  }
```

我們可以使用配接器模式，將所有系統的介面適配為統一的介面定義，方便複用統一的介面呼叫程式。使用配接器模式改造之後的程式的擴展性更好。具體程式如下所示。如果新增一個新的敏感詞過濾系統，那麼我們不需要修改 filterSensitiveWords() 函式的程式。

```
  public interface ISensitiveWordsFilter { // 統一介面定義
    String filter(String text);
  }

  public class ASensitiveWordsFilterAdaptor implements ISensitiveWordsFilter {
    private ASensitiveWordsFilter aFilter;

    public String filter(String text) {
      String maskedText = aFilter. filterObsceneWords(text);
      maskedText = aFilter.filterPoliticalWords(maskedText);
      return maskedText;
    }
  }

  //... 省略 BSensitiveWordsFilterAdaptor 類別、CSensitiveWordsFilterAdaptor 類
別 ...CSensitiveWordsFilterAdaptor   ...

  public class RiskManagement {
    private List<ISensitiveWordsFilter> filters = new ArrayList<>();

    public void addSensitiveWordsFilter(ISensitiveWordsFilter filter) {
      filters.add(filter);
    }

    public String filterSensitiveWords(String text) {
```

```
      String maskedText = text;
      for (ISensitiveWordsFilter filter : filters) {
        maskedText = filter.filter(maskedText);
      }
      return maskedText;
    }
}
```

3‧替換依賴的外部系統

當我們需要將專案中依賴的一個外部系統替換為另一個外部系統時，配接器模式可以減少對程式的改動，範例程式如下。

```java
// 外部系統 A
public interface IA {
  ...
  void fa();
}

public class A implements IA {
  ...
  public void fa() { ... }
}

// 在我們的專案中，外部系統 A 的使用範例
public class Demo {
  private IA a;

  public Demo(IA a) {
    this.a = a;
  }
  ...
}
Demo d = new Demo(new A());

// 將外部系統 A 替換成外部系統 B
public class BAdaptor implements IA {
  private B b;

  public BAdaptor(B b) {
    this.b= b;
  }

  public void fa() {
    ...
    b.fb();
  }
}

// 將 BAdaptor 類別以如下方式注入 Demo 類別即可完成將類別 A 替換為類別 B
Demo d = new Demo(new BAdaptor(new B()));
```

4‧相容舊版本介面

在進行版本升級時，對於一些要廢棄的介面，我們不直接將其刪除，而是暫時保留，標注為 deprecated，並將內部實作邏輯委託為新的介面實作。這樣做的好處是，讓使用舊介面的專案有一個過渡期。同樣，我們還是透過一個例子解釋一下。

JDK 1.0 中包含一個搜尋集合容器的 Enumeration 類別。JDK 2.0 對這個類別進行了重構，將它重命名為 Iterator，並且對它的程式實作做了優化。但是，考慮到如果將 Enumeration 類別直接從 JDK 2.0 中刪除，那麼專案在將 JDK 版本從 1.0 切換到 2.0 時，就會出現編譯失敗的問題。為了避免這種問題的發生，我們必須把專案中所有用到 Enumeration 類別的地方都修改為使用 Iterator 類別。

使用 Java 開發的專案太多了，一次 JDK 的升級將會導致所有專案必須修改程式，不然就會編譯報錯，這顯然是不合理的。為了相容使用低版本 JDK 的老程式，JDK 2.0 中暫時保留了 Enumeration 類別，並將其實作替換為直接呼叫 Iterator 類別。這樣既保證Enumeration類別使用目前最優的程式實作，又避免了強制升級 範例程式如下。

```
public class Collections {
  public static Enumeration enumeration(final Collection c) {
    return new Enumeration() {
      Iterator i = c.iterator();

      public boolean hasMoreElements() {
        return i.hashNext();
      }

      public Object nextElement() {
        return i.next():
      }
    }
  }
}
```

5‧適配不同格式的資料

前面我們講到，配接器模式主要用於介面的適配，實際上，它還可以用於不同格式的資料之間的適配。例如，從不同徵信系統拉取的徵信資料的格式是不同的，為了方便儲存和使用，我們需要將它們統一為相同的格式。又如，Java 中的 Arrays.asList() 可以被看作一種資料適配器，將陣列型別的資料轉換為容器型別，範例程式如下。

```
List<String> stooges = Arrays.asList("Larry", "Moe", "Curly");
```

7.3.3　配接器模式在 Java 日誌中的應用

Java 中有很多日誌框架,常用的有 Log4j、Logback,以及 JDK 提供的 JUL (java. util.logging) 和 Apache 的 JCL (Jakarta Commons Logging) 等,我們經常在專案開發中使用它們來輸出日誌資訊。大部分日誌框架都提供了相似的功能,如按照不同級別 (debug、info、warn 和 error 等) 列印日誌等,卻沒有統一的介面。這主要是歷史的原因,導致日誌框架不像 JDBC 那樣,一開始就制訂了標準的介面規範。

如果我們只是開發一個自己使用的專案,那麼用哪種日誌框架都可以。但是,如果我們開發的是一個集成到其他系統的元件、框架或類別函式庫,那麼日誌框架的選擇就沒有那麼隨意了。

如果我們的專案使用 Logback 列印日誌,而引入的某個元件使用 Log4j 列印日誌,那麼,在將元件引入專案之後,我們的專案就相當於有了兩套日誌框架。由於每種日誌框架都有自己特有的配置方式,因此我們要針對每種日誌框架寫不同的設定檔 (如配置日誌儲存的檔案位址、列印日誌的格式)。更進一步,如果專案引入多個元件,每個元件使用的日誌框架都不一樣,那麼日誌的管理工作將變得非常複雜。為了解決這個問題,我們需要統一日誌框架。

實際上,SLF4J 日誌框架就相當於 JDBC 規範,提供了一套輸出日誌的統一介面規範。不過,它只定義了介面,並沒有提供具體的實作,需要配合其他日誌框架 (Log4j、Logback 等) 使用。而 JUL、JCL、Log4j 等日誌框架早於 SLF4J 出現,因此,這些日誌框架不可能「犧牲」版本相容性,將介面改造成符合 SLF4J 介面規範。SLF4J 事先考慮到了這個問題,因此,它不僅提供了統一的介面定義,還提供了針對不同日誌框架的適配器。SLF4J 對不同日誌框架的介面進行二次封裝,適配成統一的 SLF4J 介面定義。範例程式如下。

```java
//SLF4J 統一的介面定義
package org.slf4j;
public interface Logger {
    public boolean isTraceEnabled();
    public void trace(String msg);
    public void trace(String format, Object arg);
    public void trace(String format, Object arg1, Object arg2);
    public void trace(String format, Object[] argArray);
    public void trace(String msg, Throwable t);

    public boolean isDebugEnabled();
    public void debug(String msg);
    public void debug(String format, Object arg);
    public void debug(String format, Object arg1, Object arg2)
```

```
    public void debug(String format, Object[] argArray)
    public void debug(String msg, Throwable t);
    //... 省略 info、warn、error 等一系列介面 ...
}

//Log4j 日誌框架的適配器 Log4jLoggerAdapter 實作了 LocationAwareLogger 介面，
// 而 LocationAwareLogger 又繼承 Logger 介面，相當於 Log4jLoggerAdapter
// 實作了 Logger 介面
package org.slf4j.impl;
public final class Log4jLoggerAdapter extends MarkerIgnoringBase
  implements LocationAwareLogger, Serializable {
    final transient org.apache.log4j.Logger logger; //Log4j

    public boolean isDebugEnabled() {
        return logger.isDebugEnabled();
    }

    public void debug(String msg) {
        logger.log(FQCN, Level.DEBUG, msg, null);
    }

    public void debug(String format, Object arg) {
        if (logger.isDebugEnabled()) {
            FormattingTuple ft = MessageFormatter.format(format, arg);
            logger.log(FQCN, Level.DEBUG, ft.getMessage(), ft.getThrowable());
        }
    }

    public void debug(String format, Object arg1, Object arg2) {
        if (logger.isDebugEnabled()) {
            FormattingTuple ft = MessageFormatter.format(format, arg1, arg2);
            logger.log(FQCN, Level.DEBUG, ft.getMessage(), ft.getThrowable());
        }
    }

    public void debug(String format, Object[] argArray) {
        if (logger.isDebugEnabled()) {
            FormattingTuple ft = MessageFormatter.arrayFormat(format, argArray);
            logger.log(FQCN, Level.DEBUG, ft.getMessage(), ft.getThrowable());
        }
    }

    public void debug(String msg, Throwable t) {
        logger.log(FQCN, Level.DEBUG, msg, t);
    }
    //... 省略一系列介面的實作 ...
}
```

在平時的開發中，我們統一使用 **SLF4J** 提供的介面來寫列印日誌程式。至於具體使用哪種日誌框架實作（**Log4j**、**Logback** 等），可以動態指定（使用 Java 的 **SPI** 技術），我們只需要將相應的 **SDK** 導入專案。

不過，如果一些老的專案沒有使用 SLF4J，而是直接使用諸如 JCL 的日誌框架來輸出日誌，那麼我們想要將其替換成其他日誌框架，如 Log4j，應該怎麼辦呢？實際上，SLF4J 不僅提供了從其他日誌框架到 SLF4J 的適配器，還提供了反向適配器，也就是從 SLF4J 到其他日誌框架的適配。我們可以先將 JCL 切換為 SLF4J，也就是將 JCL 介面用 SLF4J 介面實作，再將 SLF4J 切換為 Log4j，也就是將 SLF4J 介面用 Log4j 介面實作。在經過兩次適配器的轉換後，我們就能成功地將 JCL 切換為 Log4j。

7.3.4　Wrapper 設計模式

雖然代理模式、修飾模式和配接器模式這 3 種設計模式的程式結構非常相似，但這 3 種設計模式的應用情境不同，這也是它們的主要區別。代理模式在不改變原始類別介面的條件下，為原始類別定義一個代理類別，主要目的是控制存取，而非加強功能，這是它與修飾模式最大的不同。修飾模式在不改變原始類別介面的情況下，對原始類別功能進行增強，並且支援多個裝飾器類別的巢狀使用。配接器模式是一種事後的補救策略。配接器模式提供與原始類別不同的介面，而代理模式、修飾模式提供的都是與原始類別相同的介面。

從程式結構上來講，這 3 種設計模式可以統稱為 Wrapper 設計模式，簡稱 Wrapper 模式。Wrapper 模式透過 Wrapper 類別對原始類別進行二次封裝，程式結構如下所示。

```
public interface Interf {
  void f1();
  void f2();
}

public class OriginalClass implements Interf {
  @Override
  public void f1() { ... }
  @Override
  public void f2() { ... }
}

public class WrapperClass implements Interf {
  private OriginalClass oc;
  public WrapperClass(OriginalClass oc) {
    this.oc = oc;
  }

  @Override
  public void f1() {
    // 附加功能
```

```
    this.oc.f1();
    // 附加功能
  }

  @Override
  public void f2() {
    this.oc.f2();
  }
}
```

接下來，我們看一下 Wrapper 模式的應用。在 Google Guava 的 collection 套件路徑下，有一組以 Forwording 開頭命名的類別，部分類別如圖 7-2 所示。

圖 7-2　部分以 Forwording 開頭命名的類別

我們先來看其中的 ForwardingCollection 類別，這個類別的部分程式如下。

```
@GwtCompatible
public abstract class ForwardingCollection<E> extends ForwardingObject implements Collection<E> {
  protected ForwardingCollection() {
  }
```

```java
protected abstract Collection<E> delegate();

public Iterator<E> iterator() {
  return this.delegate().iterator();
}

public int size() {
  return this.delegate().size();
}

@CanIgnoreReturnValue
public boolean removeAll(Collection<?> collection) {
  return this.delegate().removeAll(collection);
}

public boolean isEmpty() {
  return this.delegate().isEmpty();
}

public boolean contains(Object object) {
  return this.delegate().contains(object);
}

@CanIgnoreReturnValue
public boolean add(E element) {
  return this.delegate().add(element);
}

@CanIgnoreReturnValue
public boolean remove(Object object) {
  return this.delegate().remove(object);
}

public boolean containsAll(Collection<?> collection) {
  return this.delegate().containsAll(collection);
}

@CanIgnoreReturnValue
public boolean addAll(Collection<? extends E> collection) {
  return this.delegate().addAll(collection);
}

@CanIgnoreReturnValue
public boolean retainAll(Collection<?> collection) {
  return this.delegate().retainAll(collection);
}

public void clear() {
  this.delegate().clear();
}

public Object[] toArray() {
  return this.delegate().toArray();
}
```

```
        //... 省略部分程式 ...
    }
```

僅看 ForwardingCollection 類別的程式實作，我們可能想不到它的作用。我們再看一
下它的使用方式，範例程式如下。

```java
    public class AddLoggingCollection<E> extends ForwardingCollection<E> {
        private static final Logger logger = LoggerFactory.getLogger(AddLoggingCollection.
class);

        private Collection<E> originalCollection;

        public AddLoggingCollection(Collection<E> originalCollection) {
            this.originalCollection = originalCollection;
        }

        @Override
        protected Collection delegate() {
            return this.originalCollection;
        }

        @Override
        public boolean add(E element) {
            logger.info("Add element: " + element);
            return this.delegate().add(element);
        }

        @Override
        public boolean addAll(Collection<? extends E> collection) {
            logger.info("Size of elements to add: " + collection.size());
            return this.delegate().addAll(collection);
        }
    }
```

在上述程式中，AddLoggingCollection 類別是基於代理模式實作的代理類別，它在
原始類別 Collection 的基礎之上，針對「add」相關的操作，新增了記錄日誌的功
能。AddLoggingCollection 類別繼承 ForwardingCollection 類別。ForwardingCollection 類
別是一個「預設 Wrapper 類別」（或者稱為「缺省 Wrapper 類別」），這類似於我們在
7.2.3 節中講到的 FilterInputStream 預設裝飾器類別。

如果我們不使用這個 ForwardingCollection 類別，而是讓 AddLoggingCollection
代理類別直接實作 Collection 介面，那麼 Collection 介面中的所有方法都要在
AddLoggingCollection 類別中實作一遍，而真正需要新增日誌功能的只有 add() 和
addAll() 兩個函式。

為了簡化 Wrapper 模式的程式實作，Guava 提供一系列預設的 Forwarding 類別。使
用者在實作自己的 Wrapper 類別時，可以像 AddLoggingCollection 類別的處理方法

一樣，基於預設的 Forwarding 類別擴展，就可以只實作自己關心的方法，其他不關心的方法使用預設 Forwarding 類別的實作。

在閱讀原始碼時，我們要時常問一下自己，為什麼它要這麼設計？不這麼設計行嗎？還有更好的設計嗎？實際上，很多人缺少這種「質疑」精神，特別是面對權威（經典圖書、著名原始碼和權威人士）的時候。我是個充滿質疑精神的人，喜歡「挑戰」權威，推崇以理服人。例如，在上述講解中，我把 Forwarding 類別理解為預設 Wrapper 類別，其可以用在裝飾器、代理和適配器 3 種 Wrapper 模式中，簡化程式的寫。如果讀者去看 GoogleGuava 在 GitHub 上的 Wiki，就會發現，Google Guava 對 ForwardingCollection 類別的理解與我在這裡的講解不一樣。Google Guava 把 ForwardingCollection 類別單純地理解為預設的裝飾器類別，只用在修飾模式中。我認為自己的理解更好，不知道讀者是怎麼認為的呢？

7.3.5 思考題

本節講到，配接器模式有兩種實作方式：類別適配器、物件適配器，那麼，代理模式和修飾模式是否也可以有兩種實作方式（類別代理模式、物件代理模式，以及類別修飾模式、物件修飾模式）呢？

7.4 橋接模式：如何將 $M \times N$ 的繼承關係簡化為 $M+N$ 的組合關係

對於橋接模式，我們有兩種理解方式，不同理解方式，理解的難度不同。本節我們採用比較簡單的理解方式來講解。這種較為簡單的理解方式使用組合替代繼承，不但常用，而且簡單、易懂，能夠有效地將複雜的繼承關係簡化為簡單的組合關係。

7.4.1 橋接模式的定義

橋接設計模式（Bridge Design Pattern）簡稱橋接模式。它有兩種不同的理解方式。

當然，「純正」的理解方式當屬 GoF 合著的《設計模式：可複用物件導向軟體的基礎》一書中對橋接模式的定義。畢竟，22 種經典的設計模式最初就是由這本書總結出來的。在《設計模式：可複用物件導向軟體的基礎》一書中，橋接模式是這樣定義的：將抽象和實作解耦，讓它們可以獨立變化（Decouple an abstraction from its implementation so that the two can vary independently）。

不過，上述定義比較難理解。關於橋接模式，還有另一種更好理解的定義：一個類別存在兩個（或多個）獨立變化的維度，我們透過組合的方式，讓這個類別在兩個（或多個）維度上可以獨立擴展。接下來，我們按照這個定義來講解。

7.4.2 橋接模式解決繼承「爆炸」問題

實際上，從第二個定義來看，橋接模式主要解決繼承「爆炸」問題。我們舉一個簡單的例子來解釋一下。對於很多豪車，如法拉利，在購車時，我們需要選配很多不同的配置。也就是說，一輛汽車有很多可以變化的維度。簡單點說，假設選配時只有兩個維度，一個是天窗，有 M 種選擇，另一個是輪轂，有 N 種選擇，那麼組合起來就有 $M \times N$ 種不同的選配方案，也就對應 $M \times N$ 種不同風格。如果我們採用繼承關係來設計，就需要定義 $M \times N$ 個子類別來描述這 $M \times N$ 種風格。但是，如果我們基於橋接模式，那麼只需要單獨設計 M 個天窗類別和 N 個輪轂類別。透過如下程式所示的組合方式，我們便可以組合出 $M \times N$ 種不同的風格。也就是說，利用橋接模式，我們將 $M \times N$ 的繼承關係簡化成了 $M+N$ 的組合關係。

```java
public class Car {
    private SunProof sunProof;
    private Hub hub;
    public Car(SunProof sunProof, Hub hub) {
        this.sunProof= sunProof;
    this.hub= hub;
  }
}
```

實際上，Java 中的 SLF4J 日誌框架也應用了橋接模式。SLF4J 框架有 3 個核心概念：Logger、Appender 和 Formatter，它們表示 3 個不同的維度。Logger 表示日誌是記錄哪個類別的日誌，Appender 表示日誌輸出到哪裡，Formatter 表示日誌記錄的格式。3 個維度可以有多種不同的實作。利用橋接模式，我們將 3 種維度的任意一種實作組合在一起，就對應一種日誌記錄方式。3 個維度可以獨立變化，互不影響。

7.4.3 思考題

請讀者思考「組合優於繼承」設計思維與橋接模式的區別和聯繫。

7.5　外觀模式：如何設計兼顧介面易用性和通用性的介面

外觀模式的原理和實作都很簡單，應用情境也比較明確，主要應用在介面設計中。如果讀者平時的工作涉及介面開發，那麼應該遇到過有關介面粒度的問題。如果我們希望介面可複用，就應當讓其盡可能縮小粒度、職責單一，但如果介面粒度過小，那麼開發一個商業功能需要呼叫諸多粒度介面才能完成，比較繁瑣。相反，如果針對某個商業情境，單獨開發一個大而全的介面，用起來很方便，但介面粒度過大，職責不單一，就會導致介面通用性不高，可複用性不好，無法用在其他商業開發中。如何權衡介面的易用性和通用性呢？本節我們就利用外觀模式解決這個問題。

7.5.1　外觀模式和介面設計

外觀設計模式（Façade Design Pattern）簡稱外觀模式，也稱為面板模式。在 GoF 合著的《設計模式：可複用物件導向軟體的基礎》一書中，外觀模式是這樣定義的：外觀模式為子系統提供一組統一的介面，定義一組高級別介面讓子系統更易用（Provide a unified interface to a set of interfaces in a subsystem. Facade Pattern defines a higher-level interface that makes the subsystem easier to use）。

我們透過範例解釋一下外觀模式的定義。

假設系統 A 提供了 4 個介面 a、b、c、d。系統 B 完成某個商業功能，需要呼叫系統 A 的 3 個介面 a、b、d。利用外觀模式，我們提供一個包裹介面 a、b、d 的外觀介面 x，供系統 B 直接使用。這就是外觀模式的簡單應用。

讀者可能有疑問，系統 B 直接呼叫系統 A 的介面 a、b、d 即可，為什麼還要提供一個包裹介面 a、b、d 的外觀介面 x 呢？我們透過一個具體的例子來解釋這個問題。

假設剛才提到的系統 A 是一個後端伺服器，系統 B 是一個使用者端（如 APP）。使用者端透過呼叫伺服器提供的介面來取得資料。我們知道，使用者端和伺服器是透過移動網路通信的，而移動網路通信耗時比較長，為了提高使用者端的回應速度，我們要儘量減少使用者端與伺服器的網路通信次數。

假設完成某個商業功能（如顯示某個頁面的資訊）需要「依次」呼叫 a、b、d 這 3 個介面，因其自身商業的特點，不支援併發呼叫這 3 個介面。例如，呼叫介面 b 依賴呼叫 a 介面回傳的資料，因此，必須先完成介面 a 的呼叫，再進行介面 b 的呼叫。

如果使用者端的回應速度比較慢，經過排查發現，這種情況是因為過多的介面呼叫導致過多的網路通信而引發，那麼，我們可以利用外觀模式，讓後端伺服器提供一個包裹介面 a、b、d 的外觀介面 x。使用者端只需要呼叫一次外觀介面 x，就能取得所有想要的資料，網路通信次數從 3 次減少為 1 次，使用者端的回應速度也就提高了。

以上便是外觀模式的一個應用範例。接下來，我們再看外觀模式的 3 種應用情境。

7.5.2　利用外觀模式提高介面易用性

外觀模式可以透過提供一組簡單、易用的介面，封裝系統的底層實作，隱藏系統的複雜性。例如，Linux 作業系統的呼叫函式就可以被看作一種「外觀」。它是 Linux 作業系統暴露給開發者的一組方便使用的程式設計介面，封裝了 Linux 作業系統底層基礎的內核呼叫。又如，Linux 作業系統的 Shell 命令，實際上也可以看作一種「外觀」，它封裝了 Linux 作業系統的呼叫函式，提供更加友好、簡單的命令，讓我們可以直接透過執行命令來與作業系統互動。

7.5.3　利用外觀模式提高介面效能

關於利用外觀模式提高效能這一點，我們在 7.5.1 節已經講過。我們透過將多個介面呼叫替換為一個外觀介面呼叫，減少網路通信成本，提高使用者端的回應速度。那麼，從程式實作的角度來看，應該如何組織外觀介面和非外觀介面？

如果外觀介面不多，那麼，我們完全可以將它反及閘面介面放到一起，也不需要特殊標記，當成普通介面使用即可。如果外觀介面較多，那麼，我們可以在已有的介面之上，重新提取一層（外觀層），專門放置外觀介面，從類別、套件的命名上與原介面層區分。如果外觀介面特別多，並且很多外觀介面橫跨多個系統，那麼，我們可以將外觀介面放到一個新的系統中。

7.5.4　利用外觀模式解決事務問題

關於如何利用外觀模式解決事務問題，我們透過一個例子來解釋。

在某個金融系統中，有使用者和錢包兩個商業領域模型。這兩個商業領域模型對外暴露了一系列介面，如使用者的增加、刪除、修改和查詢介面，以及錢包的增加、刪除、修改和查詢介面。假設有這樣一個商業情境：在使用者註冊時，我們不僅會建立使用者（資料寫入資料庫的 User 表），還會給使用者建立對應的錢包（資料寫入資料庫的 Wallet 表）。

對於這樣一個簡單的商業需求，我們可以透過依次呼叫使用者的建立介面和錢包的建立介面來完成。但是，使用者註冊需要支援事務，也就是說，建立使用者和建立錢包這兩個操作必須兩者皆成功或是兩者皆失敗，不能一個成功，而另一個失敗。

支援兩個介面呼叫在一個事務中執行是比較難實作的，因為這涉及分散式事務問題。雖然我們可以透過引入分散式事務框架或事後補償的機制來解決，但程式實作會比較複雜。而簡單的解決方案是利用資料庫事務，在一個資料庫事務中，執行建立使用者和建立錢包這兩個 SQL 操作。這就要求兩個 SQL 操作在一個介面中完成。我們可以借鑑外觀模式的思維，設計一個包裹這兩個操作的新介面，讓新介面在一個事務中執行兩個 SQL 操作。

最後，我們總結一下。類別、模組、系統之間的「通信」，一般都是透過介面呼叫來完成的。介面設計的好壞，直接影響類別、模組、系統是否易用。因此，我們要多花點心思在介面設計上。完成專案中的介面設計，就相當於完成了專案一半的開發任務。只要介面設計得好，程式就差不到哪裡去。

介面粒度設計得太大或太小都不好。介面粒度太大會導致介面不可複用，太小會導致介面不易用。在實際的開發中，介面的可複用性和易用性需要權衡。針對這個問題，我們的基本處理原則是，儘量保持介面的可複用性，但針對特殊情況，允許提供冗餘的外觀介面來提供更易用的介面。

7.5.5　思考題

配接器模式和外觀模式的共同點是將不好用的介面適配成好用的介面。那麼，它們的區別在哪裡？

7.6　組合模式：應用在樹形結構上的特殊設計模式

組合模式與我們之前講的物件導向設計中的「組合關係」（透過組合來組裝兩個類別）完全是兩碼事。這裡講的「組合模式」，主要用來處理結構為樹形的資料。這裡的「資料」，讀者可以簡單地將其理解為一組物件的集合，下面我們會詳細講解。

因為組合模式的應用情境比較特殊（資料必須能表示成樹形結構），所以，這種模式在實際的專案開發中並不常用。但是，一旦資料能表示成樹形結構，這種模式就能發揮很大的作用，能夠讓程式變得簡潔。

7.6.1　組合模式的應用一：目錄樹

在 GoF 合著的《設計模式：可複用物件導向軟體的基礎》一書中，組合模式是這樣定義的：將一組物件組織成樹形結構，以表示一種「部分 - 整體」的層次結構。組合模式讓使用者端（在很多設計模式圖書中，「使用者端」代指程式的使用者）可以統一單個物件和組合物件的處理邏輯。（Compose objects into tree structure to represent part-whole hierarchies.Composite lets client treat individual objects and compositions of objects uniformly.）

對於組合模式的定義，我們舉例解釋。假設有這樣一個需求：請設計一個類別，表示檔案系統中的目錄，並能夠方便實作以下功能：

1）動態地新增、刪除某個目錄下的子目錄或檔案；

2）統計指定目錄下的檔案個數；

3）統計指定目錄下的檔案總大小。

以下程式是這個類別的「骨架」程式。其核心邏輯並未實作，需要我們補充完整。在程式中，檔案和目錄統一使用 FileSystemNode 類別表示，並透過 isFile 屬性區分。

```java
public class FileSystemNode {
  private String path;
  private boolean isFile;
  private List<FileSystemNode> subNodes = new ArrayList<>();

  public FileSystemNode(String path, boolean isFile) {
    this.path = path;
    this.isFile = isFile;
  }

  public int countNumOfFiles() {
    //TODO：待完善
  }

  public long countSizeOfFiles() {
    //TODO：待完善
  }

  public String getPath() {
    return path;
  }

  public void addSubNode(FileSystemNode fileOrDir) {
    subNodes.add(fileOrDir);
  }
```

```
public void removeSubNode(FileSystemNode fileOrDir) {
    int size = subNodes.size();
    int i = 0;
    for (; i < size; ++i) {
        if (subNodes.get(i).getPath().equalsIgnoreCase(fileOrDir.getPath())) {
            break;
        }
    }
    if (i < size) {
        subNodes.remove(i);
    }
}
```

實際上，如果讀者看過我之前出版的《資料結構與演算法之美》，那麼想要補全 countNumOfFiles() 和 countSizeOfFiles() 這兩個函式並非難事。使用樹的遞迴搜尋演算法搜尋整個目錄結構，就能得到檔案個數和檔案總大小。兩個函式的程式實作如下所示。

```
public int countNumOfFiles() {
    if (isFile) {
        return 1;
    }
    int numOfFiles = 0;
    for (FileSystemNode fileOrDir : subNodes) {
        numOfFiles += fileOrDir.countNumOfFiles();
    }
    return numOfFiles;
}

public long countSizeOfFiles() {
    if (isFile) {
        File file = new File(path);
        if (!file.exists()) return 0;
        return file.length();
    }
    long sizeofFiles = 0;
    for (FileSystemNode fileOrDir : subNodes) {
        sizeofFiles += fileOrDir.countSizeOfFiles();
    }
    return sizeofFiles;
}
```

如果我們單純從能不能用的角度來看，那麼上述程式已經能用了。但是，如果我們開發的是一個大型系統，從擴展性（檔案或目錄可能對應不同的操作）、商業建模（檔案和目錄在商業上是兩個概念）和程式的可讀性（檔案和目錄區分對待更加符合人們對商業的認知）角度來說，我們最好將檔案和目錄區分對待，用 File 類別表示檔案，用 Directory 表示目錄。按照這個設計思維，重構之後的程式如下所示。

```java
public abstract class FileSystemNode {
  protected String path;

  public FileSystemNode(String path) {
    this.path = path;
  }

  public abstract int countNumOfFiles();
  public abstract long countSizeOfFiles();

  public String getPath() {
    return path;
  }
}

public class File extends FileSystemNode {
  public File(String path) {
    super(path);
  }

  @Override
  public int countNumOfFiles() {
    return 1;
  }

  @Override
  public long countSizeOfFiles() {
    java.io.File file = new java.io.File(path);
    if (!file.exists()) return 0;
    return file.length();
  }
}

public class Directory extends FileSystemNode {
  private List<FileSystemNode> subNodes = new ArrayList<>();

  public Directory(String path) {
    super(path);
  }

  @Override
  public int countNumOfFiles() {
    int numOfFiles = 0;
    for (FileSystemNode fileOrDir : subNodes) {
      numOfFiles += fileOrDir.countNumOfFiles();
    }
    return numOfFiles;
  }

  @Override
  public long countSizeOfFiles() {
    long sizeofFiles = 0;
    for (FileSystemNode fileOrDir : subNodes) {
      sizeofFiles += fileOrDir.countSizeOfFiles();
```

```
    }
    return sizeofFiles;
  }

  public void addSubNode(FileSystemNode fileOrDir) {
    subNodes.add(fileOrDir);
  }

  public void removeSubNode(FileSystemNode fileOrDir) {
    int size = subNodes.size();
    int i = 0;
    for (; i < size; ++i) {
      if (subNodes.get(i).getPath().equalsIgnoreCase(fileOrDir.getPath())) {
        break;
      }
    }
    if (i < size) {
      subNodes.remove(i);
    }
  }
}
```

表示檔案的 File 類別和表示目錄的 Directory 類別都設計好了，我們再看一下如何使
用它們表示一個檔案系統中的目錄樹結構，範例程式如下。

```
public class Demo {
  public static void main(String[] args) {
    /**
     * /
     * /wz/
     * /wz/a.txt
     * /wz/b.txt
     * /wz/movies/
     * /wz/movies/c.avi
     * /xzg/
     * /xzg/docs/
     * /xzg/docs/d.txt
     */
    Directory fileSystemTree = new Directory("/");
    Directory node_wz = new Directory("/wz/");
    Directory node_xzg = new Directory("/xzg/");
    fileSystemTree.addSubNode(node_wz);
    fileSystemTree.addSubNode(node_xzg);

    File node_wz_a = new File("/wz/a.txt");
    File node_wz_b = new File("/wz/b.txt");
    Directory node_wz_movies = new Directory("/wz/movies/");
    node_wz.addSubNode(node_wz_a);
    node_wz.addSubNode(node_wz_b);
    node_wz.addSubNode(node_wz_movies);
    File node_wz_movies_c = new File("/wz/movies/c.avi");
    node_wz_movies.addSubNode(node_wz_movies_c);
```

301

```
        Directory node_xzg_docs = new Directory("/xzg/docs/");
        node_xzg.addSubNode(node_xzg_docs);
        File node_xzg_docs_d = new File("/xzg/docs/d.txt");
        node_xzg_docs.addSubNode(node_xzg_docs_d);

        System.out.println("/ files num:" + fileSystemTree.countNumOfFiles());
        System.out.println("/wz/ files num:" + node_wz.countNumOfFiles());
    }
}
```

我們用這個例子與組合模式的定義做個對照：將一組物件（檔案和目錄）組織成樹形結構，以表示一種「部分－整體」的層次結構（目錄與子目錄的巢狀結構）。組合模式讓使用者端可以統一單個物件（檔案）和組合物件（目錄）的處理邏輯（遞迴搜尋）。

實際上，組合模式與其說是一種設計模式，不如說是對商業情境的一種資料結構和演算法的抽象。其中，商業情境中的資料可以表示成樹這種資料結構，商業需求可以透過樹上的遞迴搜尋演算法實作。

7.6.2　組合模式的應用二：人力樹

在上文中，我們舉了檔案系統的例子，接下來，我們再舉一個例子。讀者理解了這兩個例子，基本上就掌握了組合模式。在實際的專案中，如果讀者遇到類似的可以表示成樹形結構的商業情境，那麼，只要「依樣畫葫蘆」地進行設計，就可以了。

假設我們正在開發一個 OA 系統（辦公自動化系統）。公司的組織結構包含部門和員工兩種型別的資料。其中，部門又可以包含子部門和員工。公司的組織結構的資料在資料庫中的表結構如表 7-2 所示。

表 7-2　公司的組織結構的資料在資料庫中的表結構

部門表（Department）		
部門 ID	隸屬上級部門 ID	
id	parent_department_id	
員工表（Employee）		
員工 ID	隸屬部門 ID	員工薪資
id	department_id	salary

我們希望在記憶體中建構整個公司的組織架構圖（部門、子部門、員工之間的隸屬關係），並且提供介面以計算部門的薪資成本（隸屬於某個部門的所有員工的薪資和）。

部門包含子部門和員工，這是一種巢狀結構，可以表示成樹狀這種資料結構。對於計算每個部門的薪資成本這樣一個需求，我們可以透過樹上的搜尋演算法來實作。因此，從上述角度來看，這個應用情境可以使用組合模式來設計和實作。

這個例子的程式結構與 7.6.1 節的例子的程式結構相似。程式實作如下所示。其中，HumanResource 類別是部門類別（Department）和員工類別（Employee）提取出來的父類別，其作用是統一薪資的處理邏輯；Demo 類別中的程式負責從資料庫中讀取資料並在記憶體中建構組織架構圖。

```java
public abstract class HumanResource {
  protected long id;
  protected double salary;

  public HumanResource(long id) {
    this.id = id;
  }

  public long getId() {
    return id;
  }

  public abstract double calculateSalary();
}

public class Employee extends HumanResource {
  public Employee(long id, double salary) {
    super(id);
    this.salary = salary;
  }

  @Override
  public double calculateSalary() {
    return salary;
  }
}

public class Department extends HumanResource {
  private List<HumanResource> subNodes = new ArrayList<>();
  public Department(long id) {
    super(id);
  }

  @Override
  public double calculateSalary() {
    double totalSalary = 0;
```

```
    for (HumanResource hr : subNodes) {
      totalSalary += hr.calculateSalary();
    }
    this.salary = totalSalary;
    return totalSalary;
  }
  public void addSubNode(HumanResource hr) {
    subNodes.add(hr);
  }
}

// 建構組織架構圖的程式
public class Demo {
  private static final long ORGANIZATION_ROOT_ID = 1001;
  private DepartmentRepo departmentRepo; // 依賴注入
  private EmployeeRepo employeeRepo; // 依賴注入

  public void buildOrganization() {
    Department rootDepartment = new Department(ORGANIZATION_ROOT_ID);
    buildOrganization(rootDepartment);
  }

  private void buildOrganization(Department department) {
    List<Long> subDepartmentIds = departmentRepo.getSubDepartmentIds(department.
getId());
    for (Long subDepartmentId : subDepartmentIds) {
      Department subDepartment = new Department(subDepartmentId);
      department.addSubNode(subDepartment);
      buildOrganization(subDepartment);
    }
    List<Long> employeeIds = employeeRepo.getDepartmentEmployeeIds(department.
getId());
    for (Long employeeId : employeeIds) {
      double salary = employeeRepo.getEmployeeSalary(employeeId);
      department.addSubNode(new Employee(employeeId, salary));
    }
  }
}
```

同樣，我們使用這個例子與組合模式的定義相對照：將一組物件（員工和部門）組織成樹形結構，以表示一種「部分 - 整體」的層次結構（部門與子部門的巢狀結構）。組合模式讓使用者端可以統一單個物件（員工）和組合物件（部門）的處理邏輯（遞迴搜尋）。

7.6.3　思考題

在本節的檔案系統的例子中，countNumOfFiles() 和 countSizeOfFiles() 這兩個函式的執行效率並不高，因為每次呼叫它們時，都要重新搜尋一遍子樹。有沒有什麼辦法可以提高這兩個函式的執行效率呢？（注意：檔案系統還會牽扯到頻繁的刪除、新增檔案操作，也就是分別對應 Directory 類別中的 removeSubNode() 和 addSubNode() 函式。）

7.7 享元模式：利用享元模式降低系統的記憶體消耗

顧名思義，「享元」就是被共用的單元。享元模式的使用意圖是複用物件，節省記憶體，應用的前提是被共用的物件是不可變物件。

具體來講，當一個系統中存在大量重複物件時，如果這些重複的物件是不可變物件，我們就可以利用享元模式，將物件設計成享元，在記憶體中只保留一份實例，供多處程式引用。這樣可以減少記憶體中物件的數量，起到節省記憶體的目的。實際上，不僅僅相同物件可以被設計成享元，對於相似物件，我們也可以將這些物件中相同的部分（欄位）提取出來設計成享元，讓這些大量相似物件去引用享元。

定義中的「不可變物件」指的是，物件一旦透過構造函式建立成功，其狀態（物件的成員變數的值）就不會再改變。不可變物件不能暴露任何修改內部狀態的方法（如成員變數的 setter 方法）。之所以要求享元是不可變物件，是因為它會被多處程式共用使用，避免一處程式對享元進行修改，影響其他使用它的程式。

7.7.1 享元模式在棋牌遊戲中的應用

假設我們正在開發一個棋牌遊戲，如象棋。一個「遊戲大廳」中有成千上萬個虛擬房間，每個房間對應一個棋盤。每個棋盤要保存每個棋子的資訊，如棋子型別（將、相、士、炮等）、棋子顏色（紅方、黑方）、棋子在棋盤中的位置。利用這些資訊，我們就能給玩家顯示一個完整的棋盤。具體的程式實作如下所示，其中，ChessPiece 類別表示棋子；ChessBoard 類別表示棋盤，其中保存了棋盤中 32 個棋子的資訊。

```
public class ChessPiece {// 棋子
  private int id;
  private String text;
  private Color color;
  private int positionX;
  private int positionY;

  public ChessPiece(int id, String text, Color color, int positionX, int
positionY) {
      this.id = id;
      this.text = text;
      this.color = color;
```

```
      this.positionX = positionX;
      this.positionY = positionY;
    }

    public static enum Color {
      RED, BLACK
    }

    //... 省略其他屬性，以及 getter 和 setter 方法 ...
  }
  public class ChessBoard {// 棋局
    private Map<Integer, ChessPiece> chessPieces = new HashMap<>();

    public ChessBoard() {
      init();
    }

    private void init() {
      chessPieces.put(1, new ChessPiece(1, "車", ChessPiece.Color.BLACK, 0, 0));
      chessPieces.put(2, new ChessPiece(2, "馬", ChessPiece.Color.BLACK, 0, 1));
      //... 省略擺放其他棋子的程式 ...
    }

    public void move(int chessPieceId, int toPositionX, int toPositionY) {
      //... 省略程式實作 ...
    }
  }
```

為了記錄每個房間當前的棋盤情況，我們需要給每個房間都建立一個 ChessBoard 類別的物件。因為遊戲大廳中有成千上萬個虛擬房間（實際上，百萬人同時線上的遊戲大廳有很多），所以保存這麼多物件會消耗大量的記憶體。有什麼辦法可以節省記憶體呢？

這個時候，享元模式就派上用場了。對於上述實作方式，記憶體中會存在大量的相似物件。這些相似物件的 id、text 和 color 都是相同的，只有 positionX、positionY 不同。我們可以將棋子的 id、text 和 color 屬性拆分出來，設計成獨立的類別，並且作為享元供多個棋盤複用。這樣每個棋盤只需要記錄每個棋子的位置資訊。程式實作如下所示。

```
    public class ChessPieceUnit { // 享元類別
      private int id;
      private String text;
      private Color color;

      public ChessPieceUnit(int id, String text, Color color) {
        this.id = id;
        this.text = text;
        this.color = color;
```

```
  }

  public static enum Color {
    RED, BLACK
  }

  //... 省略其他屬性和 getter 方法 ...
}

public class ChessPieceUnitFactory {
  private static final Map<Integer, ChessPieceUnit> pieces = new HashMap<>();
  static {
    pieces.put(1, new ChessPieceUnit(1, " 車 ", ChessPieceUnit.Color.BLACK));
    pieces.put(2, new ChessPieceUnit(2," 馬 ", ChessPieceUnit.Color.BLACK));
    //... 省略擺放其他棋子的程式 ...
  }

  public static ChessPieceUnit getChessPiece(int chessPieceId) {
    return pieces.get(chessPieceId);
  }
}

public class ChessPiece {
  private ChessPieceUnit chessPieceUnit;
  private int positionX;
  private int positionY;
  public ChessPiece(ChessPieceUnit unit, int positionX, int positionY) {
    this.chessPieceUnit = chessPieceUnit;
    this.positionX = positionX;
    this.positionY = positionY;
  }
  //... 省略 getter、setter 方法 ...
}

public class ChessBoard {
  private Map<Integer, ChessPiece> chessPieces = new HashMap<>();

  public ChessBoard() {
    init();
  }

  private void init() {
    chessPieces.put(1, new ChessPiece(
            ChessPieceUnitFactory.getChessPiece(1), 0,0));
    chessPieces.put(1, new ChessPiece(
            ChessPieceUnitFactory.getChessPiece(2), 1,0));
    //... 省略擺放其他棋子的程式 ...
  }

  public void move(int chessPieceId, int toPositionX, int toPositionY) {
    //... 省略程式實作 ...
  }
}
```

在上面的程式中，我們利用工廠類別 ChessPieceUnitFactory 來快取 ChessPieceUnit 享元類別的物件。所有 ChessBoard 類別的物件共用這 32 個 ChessPieceUnit 享元類別的物件。在使用享元模式之前，如果要記錄 1 萬個棋盤，那麼我們需要建立 32 萬個 ChessPiece 棋子類別的物件。如果利用享元模式，那麼我們只需要建立 32 個 ChessPieceUnit 享元類別的物件，供所有棋局共用使用，大大節省了記憶體。

7.7.2　享元模式在文字編輯器中的應用

假設我們正在開發一個類似 Word、WPS 的文字編輯器，為了簡化需求，我們開發的文字編輯器只實作了基礎的文字編輯功能，不包含圖片、表格等複雜的編輯功能。對於簡化之後的文字編輯器，如果我們要在記憶體中表示一個文字檔，那麼只需要記錄文字和文字的格式兩部分資訊。其中，文字的格式又包括文字的字體、大小和顏色等資訊。

雖然在實際編寫文件時，我們一般都是按照文本類型（標題、正文等）來設定文字的格式，如標題是一種格式，正文是另一種格式，等等。但是，從理論上講，我們可以給文字檔中的每個文字都設定不同的格式。為了實作如此靈活的格式設定，並且程式實作又不能過於複雜，我們把每個文字都當成一個獨立的物件來看待，並且在其中包含格式資訊。具體的程式實作如下所示。

```java
public class Character { // 文字
  private char c;
  private Font font;
  private int size;
  private int colorRGB;

  public Character(char c, Font font, int size, int colorRGB) {
    this.c = c;
    this.font = font;
    this.size = size;
    this.colorRGB = colorRGB;
  }
}

public class Editor {
  private List<Character> chars = new ArrayList<>();

  public void appendCharacter(char c, Font font, int size, int colorRGB) {
    Character character = new Character(c, font, size, colorRGB);
    chars.add(character);
  }
}
```

在文字編輯器中，我們每輸入一個文字，文字編輯器都會呼叫 Editor 類別中的 appendCharacter() 方法，建立一個新的 Character 類別的物件，並保存到 chars 陣列中。如果一個文字檔中有上萬個、十幾萬個或幾十萬個文字，那麼我們需要在記憶體中儲存相同數量的 Character 類別的物件。有什麼辦法可以節省記憶體呢？

實際上，在一個文字檔中，用到的字體格式不會太多，畢竟不大可能有人把每個文字都設定成不同的格式。因此，對於文字格式，我們可以將它設計成享元，讓不同的文字共用使用。按照這個設計思維，我們對上面的程式進行重構。重構後的程式如下所示。

```java
public class CharacterStyle {
  private Font font;
  private int size;
  private int colorRGB;

  public CharacterStyle(Font font, int size, int colorRGB) {
    this.font = font;
    this.size = size;
    this.colorRGB = colorRGB;
  }

  @Override
  public boolean equals(Object o) {
    CharacterStyle otherStyle = (CharacterStyle) o;
    return font.equals(otherStyle.font)
            && size == otherStyle.size
            && colorRGB == otherStyle.colorRGB;
  }
}

public class CharacterStyleFactory {
  private static final List<CharacterStyle> styles = new ArrayList<>();

  public static CharacterStyle getStyle(Font font, int size, int colorRGB) {
    CharacterStyle newStyle = new CharacterStyle(font, size, colorRGB);
    for (CharacterStyle style : styles) {
      if (style.equals(newStyle)) {
        return style;
      }
    }
    styles.add(newStyle);
    return newStyle;
  }
}

public class Character {
  private char c;
  private CharacterStyle style;
  public Character(char c, CharacterStyle style) {
```

```
        this.c = c;
        this.style = style;
      }
    }

    public class Editor {
      private List<Character> chars = new ArrayList<>();
      public void appendCharacter(char c, Font font, int size, int colorRGB) {
        Character character = new Character(c, CharacterStyleFactory.getStyle(font, size,
colorRGB));
        chars.add(character);
      }
    }
```

實際上，享元模式對 JVM 的「垃圾」回收並不友好。因為工廠類別一直保存了對享元類別的物件的引用，所以，這就導致享元類別的物件在沒有任何程式使用的情況下，也並不會被 JVM 的「垃圾」回收機制自動回收。在某些情況下，如果物件的生命週期很短，也不會被密集使用，那麼利用享元模式反而可能浪費更多的記憶體。因此，除非經過線上驗證，利用享元模式真的可以大大節省記憶體，否則，我們就不要過度使用這個模式。為了一點點記憶體的節省而引入一個複雜的設計模式，得不償失。

7.7.3　享元模式在 Java Integer 中的應用

我們先來看下面這段 Java 程式。讀者思考一下，這段程式會輸出什麼結果。

```
Integer i1 = 56;
Integer i2 = 56;
Integer i3 = 129;
Integer i4 = 129;
System.out.println(i1 == i2);
System.out.println(i3 == i4);
```

不熟悉 Java 語言的讀者可能認為，i1 和 i2 的值都是 56，i3 和 i4 的值都是 129，i1 與 i2 的值相等，i3 與 i4 的值相等，因此，這段程式輸出結果應該是兩個 true。這樣的分析結果是不對的。想要正確分析這段程式，我們需要先弄清楚下面兩個問題。

1）什麼是自動裝箱（autoboxing）和自動拆箱（unboxing）？

2）如何判定兩個 Java 物件是否相等（也就程式中的「==」操作子的含義）？

Java 為基底資料型別提供了對應的包裝器型別，見表 7-3。

表 7-3　Java 為基底資料型別提供的對應的包裝器型別

基底資料型別	對應的包裝器型別
int	Integer
long	Long
float	Float
double	Double
boolean	Boolean
short	Short
byte	Byte
char	Character

自動裝箱是指自動將基底資料型別轉換為包裝器型別。自動拆箱是指自動將包裝器型別轉換為基底資料型別。範例程式如下。

```
Integer i = 56; // 自動裝箱
int j = i; // 自動拆箱
```

數值 56 是基底資料型別（int 型別），當賦值給包裝器型別（Integer 型別）的變數時，就會觸發自動裝箱操作，建立一個 Integer 型別的物件，並且賦值給變數 i。實際上，「Integeri=59」這條語句在底層執行了「Integer i = Integer.valueOf(59)」這條語句。反過來，當把包裝器型別的變數 i 賦值給基底資料型別變數 j 時，就會觸發自動拆箱操作，將 i 中的資料取出，並賦值給 j。「int j = i」這條語句在底層執行了「int j = i.intValue()」這條語句。

理解了自動裝箱和自動拆箱，我們再來看 Java 物件在記憶體中是如何儲存的。對於「User a = new User(123, 23)」這條語句，其對應的記憶體儲存結構如圖 7-3 所示。a 儲存的值是 User 類別的物件的記憶體位址，在圖 7-3 中被形象化地表示為 a 指向 User 類別的物件。當透過「==」判定兩個物件是否相等時，實際上是在判斷兩個區域變數儲存的位址是否相同，換句話說，是在判斷兩個區域變數是否指向相同的物件。

圖 7-3　記憶體儲存結構範例 1

在瞭解了 Java 的這幾個語法之後，我們重新看一下本節（7.7.3 節）開頭的那段程式。前 4 行設定陳述式都會觸發自動裝箱操作，建立 Integer 類別的物件並且分別賦值給 i1、i2、i3 和 i4。雖然 i1、i2 儲存的數值相同，都是 56，但是指向不同的 Integer 類別的物件，因此，透過「==」判定二者是否相同時，會回傳 false。同理，「System.out.println(i3 == i4)」這條語句也會回傳 false。

不過，上面的分析仍然不對，輸出並非是兩個 false，而是一個 true，一個 false。之所以會有這麼奇怪的結果，是因為 Integer 類別使用了享元模式來複用物件。Integer 類別的 valueOf() 函式的原始碼如下所示。當透過自動裝箱，也就是在呼叫 valueOf() 建立 Integer 類別的物件時，如果要建立的物件的值的範圍為 - 128 ～ 127，那麼會直接從 IntegerCache 類別中回傳，否則才使用 new 關鍵字建立物件。

```java
public static Integer valueOf(int i) {
    if (i >= IntegerCache.low && i <= IntegerCache.high)
        return IntegerCache.cache[i + (-IntegerCache.low)];
    return new Integer(i);
}
```

實際上，這裡的 IntegerCache 類別相當於生成享元類別的物件的工廠類別，只不過名字不是以 Factory 結尾而已。它的程式實作如下所示。IntegerCache 類別是 Integer 類別的內部類別，讀者可以自行查看 JDK 原始碼。

```java
/**
 * Cache to support the object identity semantics of autoboxing for values
between -128 and 127 (inclusive) as required by JLS.

 *
 * The cache is initialized on first usage.  The size of the cache
 * may be controlled by the {@code -XX:AutoBoxCacheMax=<size>} option.
 * During VM initialization, java.lang.Integer.IntegerCache.high property
 * may be set and saved in the private system properties in the
 * sun.misc.VM class.
 */
private static class IntegerCache {
    static final int low = -128;
    static final int high;
    static final Integer cache[];
    static {
        // high value may be configured by property
        int h = 127;
        String integerCacheHighPropValue =
sun.misc.VM.getSavedProperty("java.lang.Integer.IntegerCache.high");
        if (integerCacheHighPropValue != null) {
            try {
                int i = parseInt(integerCacheHighPropValue);
                i = Math.max(i, 127);
```

```
                    // Maximum array size is Integer.MAX_VALUE
                    h = Math.min(i, Integer.MAX_VALUE - (-low) -1);
                } catch( NumberFormatException nfe) {
                    // If the property cannot be parsed into an int, ignore it.
                }
            }
            high = h;
            cache = new Integer[(high - low) + 1];
            int j = low;
            for(int k = 0; k < cache.length; k++)
                cache[k] = new Integer(j++);
            // range [-128, 127] must be interned (JLS7 5.1.7)
            assert IntegerCache.high >= 127;
        }
        private IntegerCache() {}
    }
```

那麼，新的問題來了，為什麼 IntegerCache 類別只快取－128 ～ 127 之間的整數值呢？

從 IntegerCache 類別的程式實作中，我們可以發現，當 IntegerCache 類別被載入時，快取的享元類別的物件會被集中一次性建立好。畢竟整數值太多了，我們不可能在 IntegerCache 類別中預先建立好所有的整數值，這樣既佔用太多記憶體，又使得載入 IntegerCache 類別的時間過長。因此，我們只能選擇快取大部分應用常用的整數值，也就是大小為 1 位元組的整數值（－128 ～ 127 之間的資料）。

實際上，JDK 也提供了自訂快取最大值的方法。如果我們透過分析應用程式的 JVM 記憶體佔用情況，發現－128 ～ 255 之間的資料佔用的記憶體比較多，我們就可以用如下方式，將快取的最大值從 127 調整到 255。這裡需要注意，JDK 並沒有提供設定最小值的方法。

```
-Djava.lang.Integer.IntegerCache.high=255  //方法一
-XX:AutoBoxCacheMax=255 //方法二
```

現在，讓我們再回到本節（7.7.3 節）一開始提到的問題。因為 56 處於－128 ～ 127 之間，i1 和 i2 會指向相同的享元類別的物件，所以「System.out.println(i1 == i2)」語句回傳 true。而 129 大於 127，並不會被 IntegerCache 類別快取，每次呼叫 valueOf() 函式都會建立一個全新的物件，也就是說，i3 和 i4 指向不同的 Integer 類別的物件，所以「System.out.println(i3 == i4)」語句回傳 false。

實際上，除 Integer 型別以外，其他包裝器型別，如 Long、Short 和 Byte 等，也都使用了享元模式來快取－128 ～ 127 之間的資料。例如，Long 型別對應的 LongCache 工廠類別及 valueOf() 函式的程式如下所示。

```
private static class LongCache {
    private LongCache(){}
    static final Long cache[] = new Long[-(-128) + 127 + 1];
    static {
        for(int i = 0; i < cache.length; i++)
            cache[i] = new Long(i - 128);
    }
}

public static Long valueOf(long l) {
    final int offset = 128;
    if (l >= -128 && l <= 127) {
        return LongCache.cache[(int)l + offset];
    }
    return new Long(l);
}
```

在平時的開發中，對於下面 3 種建立整數物件的方式，我們優先使用後兩種。

```
Integer a = new Integer(123);
Integer a = 123;
Integer a = Integer.valueOf(123);
```

第一種建立方式並不會用到 IntegerCache 類別，而後面兩種建立方式可以利用 IntegerCache 類別回傳共用類別的物件，以達到節省記憶體的目的。下面我們舉一個極端的例子，假設應用程式需要建立 1 萬個處在 − 128 ～ 127 之間的 Integer 類別的物件。如果我們使用第一種建立方式，那麼應用程式需要分配 1 萬個 Integer 類別的物件的記憶體空間；如果我們使用後兩種建立方式，那麼應用程式最多分配 256 個 Integer 類別的物件的記憶體空間。

7.7.4 享元模式在 Java String 中的應用

上文介紹了享元模式在 Java Integer 中的應用，現在，我們再來看一下享元模式在 JavaString 中的應用。同樣，我們還是先看一段程式，程式如下所示，讀者認為這段程式輸出的結果是什麼呢？

```
String s1 = "小爭哥";
String s2 = "小爭哥";
String s3 = new String("小爭哥");
System.out.println(s1 == s2);
System.out.println(s1 == s3);
```

上面程式的執行結果：「System.out.println(s1 == s2)」語句回傳 true，「System.out.println (s1 == s3)」回傳 false。與 Integer 類別的設計思維相似，String 類別利用享元模式來複用相同的字串常數（也就是程式中的「小爭哥」）。上面程式對應的記憶體儲存結構如圖 7-4 所示。JVM 會專門開關一塊儲存區來儲存字串常數，這塊儲存區稱為「字串常數池」。

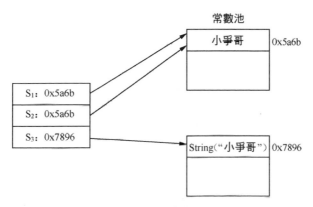

圖 7-4 記憶體儲存結構範例 2

不過，String 類別的享元模式的設計與 Integer 類別的稍微有些不同。Integer 類別中要共用的物件是在類別載入時就集中一次性建立好的。但是，對於字串，我們無法事先知道要共用哪些字串常數。因此，我們沒辦法事先建立好字串常數，只能在某個字串常數第一次被用到時，將其建立好並儲存到常數池中，當之後用到這個字串常數時，直接引用常數池中已經存在的字串常數即可，就不需要重新建立了。

7.7.5 享元模式與單例模式、快取、物件集區的區別

在講解享元模式時，我們多次提到「共用」「快取」「複用」這些詞，那麼，享元模式與單例模式、快取、物件集區這些概念有什麼區別呢？我們簡單對比一下。

首先，我們介紹享元模式與單例的區別。

在單例模式中，一個類別只能建立一個物件，而在享元模式中，一個類別可以建立多個物件，每個物件被多處程式共用。實際上，享元模式有點類似於單例模式的變體：多例模式。在區別兩種設計模式時，我們不能僅看程式實作，還要重點觀察設計意圖，也就是設計模式要解決的問題。從程式實作上來看，雖然享元模式和多例模式有很多相似之處，但從設計意圖上來看，它們是完全不同的。應用享元模式是為了物件複用，節省記憶體，而應用多例模式是為了限制物件的個數。

315

其次，我們介紹享元模式與快取的區別。

享元模式透過工廠類別來「快取」已經建立好的物件。這裡的「快取」實際上是「儲存」的意思，與我們平時提到的「資料庫快取」「CPU 快取」「MemCache 快取」是兩回事。我們平時提到的快取主要是為了提高存取效率，而非複用。

最後，我們介紹享元模式與物件集區的區別。

讀者可能對連接池、執行緒池比較熟悉，對物件集區比較陌生，因此，這裡我們簡單解釋一下物件集區。像 C++ 這樣的程式設計語言，記憶體的管理是由程式設計師負責的。為了避免頻繁地建立和釋放物件而產生記憶體「碎片」，我們可以預先申請一片連續的記憶體空間，也就是這裡說的物件集區。每當建立物件時，我們從物件集區中直接取出一個空閒物件來使用，物件使用完成之後，再放回到物件集區中，以供後續複用。

雖然物件集區、連接池、執行緒池和享元模式都是為了複用，但是，如果我們細緻地研究「複用」這個術語，那麼，實際上，物件集區、連接池和執行緒池等池化技術中的「複用」和享元模式中的「複用」是不同的概念。

池化技術中的「複用」可以被理解為「重複使用」，主要目的是節省時間（如從資料庫連接池中取一個連接，不需要重新建立）。在任意時刻，每一個物件、連接、執行緒，並不會被多處使用，而是被一個使用者獨佔，當使用完成之後，放回到池中，再由其他使用者重複利用。享元模式中的「複用」可以被理解為「共用使用」，在整個生命週期中，它都是被所有使用者共用的，使用它的主要目的是節省空間。

7.7.6　思考題

1）在文字編輯器的例子中，呼叫 CharacterStyleFactory 類別的 getStyle() 方法後，需要在 styles 陣列中遍歷查找，而遍歷查找比較耗時，是否可以優化呢？

2）IntegerCache 類別只能快取事先指定好的整數物件。我們是否可以借鑒 String 類別的設計思維，不事先指定需要快取哪些整數物件，而是在程式的執行過程中，當用到某個整數物件時，將其建立好並放置到 IntegerCache 類別中，以供複用？

8 行為型設計模式

我們知道，建立型設計模式主要解決「物件的建立」問題，結構型設計模式主要解決「類別或物件的組裝」問題，而行為型設計模式主要解決的是「類別或物件之間的互動」問題。行為型設計模式比較多，有 11 個，占了 22 種經典設計模式的一半，它們分別是：觀察者模式、模板方法模式、策略模式、責任鏈模式、狀態模式、迭代器模式、訪問者模式、備忘錄模式、命令模式、直譯器模式和中介模式。

8.1　觀察者模式：實作非同步非阻塞的 EventBus 框架

本節講解第一個行為型設計模式，也是在實際的開發中用得比較多的一種模式；觀察者模式。本節我們重點講解觀察者模式的定義、程式實作、存在的意義和應用情境，並且實作一個基於觀察者模式的非同步非阻塞的 EventBus 框架，以加深讀者對該模式的理解。

8.1.1　觀察者模式的定義

觀察者設計模式（Observer Design Pattern）簡稱觀察者模式，也稱為發佈訂閱模式（Publish-Subscribe Design Pattern）。在 GoF 合著的《設計模式：可複用物件導向軟體的基礎》（Design Patterns: Elements of Reusable Object-Oriented Software）中，觀察者模式是這樣定義的：在多個物件之間，定義一個一對多的依賴，當一個物件狀態改變時，所有依賴這個物件的物件都會自動收到通知（Define a one-to-many dependency between objects so that when one object changes state, all its dependents are notified and updated automatically.）。

一般情況下，被依賴的物件稱為被觀察者（Observable），依賴的物件稱為觀察者（Observer）。不過，在實際的專案開發中，這兩種物件的稱呼是比較靈活的，有多種不同的叫法，如 Subject 和 Observer，Publisher 和 Subscriber，Producer 和 Consumer，EventEmitter 和 EventListener，以及 Dispatcher 和 Listener。無論怎麼稱呼它們，只要應用情境符合上面提出的定義，我們都可以將它們看作觀察者模式。

8.1.2　觀察者模式的程式實作

實際上，觀察者模式是一個比較抽象的模式，根據不同的應用情境，有完全不同的實作方式。我們先來看其中經典的實作方式。這種實作方式也是很多書籍或資料在講到這種模式時會提供的常見實作方式。程式如下所示：

```
public interface Subject {
  void registerObserver(Observer observer);
  void removeObserver(Observer observer);
  void notifyObservers(Message message);
}

public interface Observer {
  void update(Message message);
}

public class ConcreteSubject implements Subject {
  private List<Observer> observers = new ArrayList<Observer>();

  @Override
  public void registerObserver(Observer observer) {
    observers.add(observer);
  }

  @Override
  public void removeObserver(Observer observer) {
    observers.remove(observer);
  }

  @Override
  public void notifyObservers(Message message) {
    for (Observer observer : observers) {
      observer.update(message);
    }
  }
}

public class ConcreteObserverOne implements Observer {
  @Override
  public void update(Message message) {
    //TODO：取得消息通知，執行自己的邏輯
    System.out.println("ConcreteObserverOne is notified.");
  }
}

public class ConcreteObserverTwo implements Observer {
  @Override
  public void update(Message message) {
    //TODO：取得消息通知，執行自己的邏輯
    System.out.println("ConcreteObserverTwo is notified.");
  }
}
```

```
public class Demo {
  public static void main(String[] args) {
    ConcreteSubject subject = new ConcreteSubject();
    subject.registerObserver(new ConcreteObserverOne());
    subject.registerObserver(new ConcreteObserverTwo());
    subject.notifyObservers(new Message());
  }
}
```

上述程式是觀察者模式的「模板程式」，它可以反映觀察者模式大致的設計思維。在實際的軟體發展中，觀察者模式的實作方法各式各樣，類別和函式的命名會根據商業情境的不同做調整，如命名中的 register 可以替換為 attach，remove 可以替換為 detach 等等。不過，萬變不離其宗，整體的設計思維都是差不多的。

8.1.3　觀察者模式存在的意義

觀察者模式的定義和程式實作都非常簡單，下面我們透過一個具體的例子來重點講一下觀察者模式能夠解決什麼問題，換句話說，也就是探討一下觀察者模式存在的意義。

假設我們在開發一個 P2P 投資理財系統，使用者註冊成功之後，我們會給使用者發放體驗金。範例程式如下。

```
public class UserController {
  private UserService userService; // 依賴注入
  private PromotionService promotionService; // 依賴注入

  public Long register(String telephone, String password) {
    // 省略輸入參數的驗證程式
    // 省略 userService.register() 異常的 try-catch 程式
    long userId = userService.register(telephone, password);
    promotionService.issueNewUserExperienceCash(userId);
    return userId;
  }
}
```

雖然註冊介面做了兩件事情：註冊使用者和發放體驗金，違反單一職責原則，但是，如果沒有擴展和修改的需求，那麼目前的程式實作是可以接受的。如果非得用觀察者模式，就需要導入更多的類別和更加複雜的程式結構，反而是一種過度設計。

相反，如果需求頻繁變動，如使用者註冊成功之後，我們不再發放體驗金，而是改為發放優惠券，並且要給使用者發送一封「歡迎註冊成功」的站內信，那麼，這種情況下，我們就需要頻繁地修改 register() 函式，這就違反了開閉原則。如果使用者註冊成功之後，系統需要執行的後續操作越來越多，那麼 register() 函式會變得越來越複雜，影響程式的可讀性和可維護性。這個時候，觀察者模式就派上用場了。利用觀察者模式，我們對上面的程式進行了重構。重構之後的程式如下所示。

```java
public interface RegObserver {
  void handleRegSuccess(long userId);
}

public class RegPromotionObserver implements RegObserver {
  private PromotionService promotionService; // 依賴注入
  @Override
  public void handleRegSuccess(long userId) {
    promotionService.issueNewUserExperienceCash(userId);
  }
}

public class RegNotificationObserver implements RegObserver {
  private NotificationService notificationService;
  @Override
  public void handleRegSuccess(long userId) {
    notificationService.sendInboxMessage(userId, "Welcome...");
  }
}

public class UserController {
  private UserService userService; // 依賴注入
  private List<RegObserver> regObservers = new ArrayList<>();

  // 一次設定好，之後不可能動態修改
  public void setRegObservers(List<RegObserver> observers) {
    regObservers.addAll(observers);
  }

  public Long register(String telephone, String password) {
    // 省略輸入參數的驗證程式
    // 省略 userService.register() 異常的 try-catch 程式
    long userId = userService.register(telephone, password);
    for (RegObserver observer : regObservers) {
      observer.handleRegSuccess(userId);
    }
    return userId;
  }
}
```

當需要新增新的觀察者時，如使用者註冊成功之後，推送使用者註冊資訊給大資料徵信系統，在基於觀察者模式的程式實作中，UserController 類別的 register() 函式不需要任何修改，只需要再新增一個實作了 RegObserver 介面的類別，並且透過 setRegObservers() 函式將其註冊到 UserController 類別中。

可是，當把發送體驗金替換為發送優惠券時，我們需要修改 RegPromotionObserver 類別中 handleRegSuccess() 函式的程式，這仍然違反開閉原則。不過，對 handRegSuccess() 函式的修改是可以接受的。因為相較於 register() 函式，handleRegSuccess() 函式要簡單很多，修改時不容易出錯，引入 bug 的風險更低。

前面我們已經學習了很多設計模式，不知道讀者有沒有發現，實際上，設計模式要做的主要事情就是給程式解耦。建立型模式是將建立程式和使用程式解耦，結構型模式是將不同功能程式解耦，行為型模式是將不同的行為程式解耦，而觀察者模式是將觀察者程式和被觀察者程式解耦。借助設計模式，我們利用更好的程式結構，將大類別拆分成職責單一的小類別，讓其滿足開閉原則，以及高內聚、低耦合等特性，以此來控制程式的複雜性，提高程式的可擴展性。

8.1.4　觀察者模式的應用情境

觀察者模式的應用情境廣泛。小到程式解耦，大到系統解耦，都可以用到觀察者模式。甚至一些產品的設計思維都蘊含了觀察者模式的設計思維，如郵件訂閱、RSS Feeds。

在不同的應用情境下，觀察者模式又可以細分為不同的型別，如同步阻塞觀察者模式和非同步非阻塞觀察者模式，程序內的觀察者模式和跨程序的觀察者模式。

從分類方式上來看，8.1.2 節講到的觀察者模式是同步阻塞觀察者模式，即觀察者程式和被觀察者程式在同一個執行緒內執行，被觀察者程式一直被阻塞，直到所有觀察者程式都執行完成之後，才執行後續的程式。對照上面講到的使用者註冊的例子，register() 函式依次呼叫執行每個觀察者的 handleRegSuccess() 函式，等到所有 handleRegSuccess() 函式都執行完成之後，register() 函式才會回傳結果給使用者端。

如果註冊介面是一個呼叫頻繁的介面，對效能敏感，希望介面的回應時間盡可能短，那麼我們可以將同步阻塞觀察者模式改為非同步非阻塞觀察者模式，以此來減少回應時間。具體來講，當 userService.register() 函式執行完成之後，我們啟動一個新的執行緒來執行觀察者的 handleRegSuccess() 函式，這樣 userController.register() 函式就不需要等到所有 handleRegSuccess() 函式都執行完成之後，才回傳結果給使用者端。userController.register() 函式原本執行完 3 個 SQL 語句才回傳，現在只需要執行完 1 個 SQL 語句就可以回傳，粗略來算，回應時間減少為原來的 1/3。

同步阻塞觀察者模式和非同步非阻塞觀察者模式都是程序內的觀察者模式。如果使用者註冊成功，我們需要發送使用者資訊給大資料徵信系統，而大資料徵信系統是一個獨立系統，與其互動需要跨程序，那麼，如何實作一個跨程序的觀察者模式呢？

如果大資料徵信系統提供了接收使用者註冊資訊的 RPC 介面，那麼，我們可以沿用之前的實作思路，即在 handleRegSuccess() 函式中呼叫 RPC 介面來發送資料。但是，我們還有一種優雅且常用的實作方式，就是基於訊息佇列（Message Queue）來實作。

當然，基於訊息佇列的實作方式也有弊端，那就是需要引入一個新的系統（訊息佇列），增加了維護成本。不過，它的好處非常明顯。在原來的實作方式中，觀察者需要註冊到被觀察者中，被觀察者需要依次搜尋觀察者來發送消息。而基於訊息佇列的實作方式，被觀察者和觀察者的解耦更加徹底，兩個部分的耦合度更小。被觀察者完全不會感知觀察者的存在，同理，觀察者也完全不會感知被觀察者的存在。被觀察者只負責發送消息到訊息佇列，觀察者只負責從訊息佇列中讀取消息並執行相應的邏輯。

總結一下，同步阻塞觀察者模式，主要是為了程式解耦；非同步非阻塞觀察者模式除能夠實作程式解耦以外，還能夠提高程式的執行效率；跨程序的觀察者模式一般基於訊息佇列，其解耦更加徹底，用來實作不同程序間的被觀察者和觀察者的互動。接下來，我們聚焦非同步非阻塞觀察者模式。

8.1.5　非同步非阻塞觀察者模式

對於非同步非阻塞觀察者模式，如果我們只是實作一個簡易版本，即不考慮其通用性和複用性，那麼，實際上，實作它是非常容易的。我們有兩種實作方式，一種方式是在 handleRegSuccess() 函式中建立一個新的執行緒來執行程式邏輯；另一種方式是在 UserController 類別的 register() 函式中，使用執行緒池來執行每個觀察者的 handleRegSuccess() 函式。兩種實作方式的具體程式如下所示。

```
// 第一種實作方式。因為其他類程式不變，所以不再重複列舉
public class RegPromotionObserver implements RegObserver {
  private PromotionService promotionService; // 依賴注入

  @Override
  public void handleRegSuccess(Long userId) {
    Thread thread = new Thread(new Runnable() {
      @Override
      public void run() {
        promotionService.issueNewUserExperienceCash(userId);
      }
```

```
    });
    thread.start();
  }
}

// 第二種實作方式。因為其他類別程式不變，所以不再重複列舉
public class UserController {
  private UserService userService; // 依賴注入
  private List<RegObserver> regObservers = new ArrayList<>();
  private Executor executor;

  public UserController(Executor executor) {
    this.executor = executor;
  }

  public void setRegObservers(List<RegObserver> observers) {
    regObservers.addAll(observers);
  }

  public Long register(String telephone, String password) {
    // 省略輸入參數的驗證程式
    // 省略 userService.register() 異常的 try-catch 程式
    long userId = userService.register(telephone, password);
    for (RegObserver observer : regObservers) {
      executor.execute(new Runnable() {
        @Override
        public void run() {
          observer.handleRegSuccess(userId);
        }
      });
    }
    return userId;
  }
}
```

第一種實作方式會頻繁地建立和銷毀執行緒，耗時較大，並且併發執行緒數無法控制，而且，建立過多的執行緒會導致堆疊溢位。第二種實作方式雖然利用執行緒池解決了第一種實作方式出現的上述問題，但執行緒池、非同步執行邏輯都耦合在 register() 函式中，增加了商業程式的複雜度和維護成本。除此之外，如果我們的需求變得苛刻，需要在同步阻塞和非同步非阻塞之間靈活切換，那麼，UserController 類別的程式就要不停地被修改。而且，如果專案中不止一個商業模組需要用到非同步非阻塞觀察者模式，那麼這樣的程式實作也無法做到複用。

我們知道，框架的作用包括隱藏實作細節，降低開發難度，實作程式複用，解耦商業與非商業程式，以及讓程式設計師聚焦商業開發。對於非同步非阻塞觀察者模式，我們可以透過將它抽象成框架來達到上述作用，這個框架就是 EventBus。

8.1.6　EventBus 框架功能介紹

EventBus（事件匯流排）提供了實作觀察者模式的「骨幹」程式。基於此框架，我們可以輕鬆地在商業情境中實作觀察者模式，不需要從零開始開發。Google Guava EventBus 是一個著名的 EventBus 框架，它不僅支援非同步非阻塞觀察者模式，還支援同步阻塞觀察者模式。我們利用 Guava EventBus 重新實作使用者註冊的例子，程式如下所示。

```
public class UserController {
  private UserService userService; // 依賴注入  private EventBus eventBus;
  private static final int DEFAULT_EVENTBUS_THREAD_POOL_SIZE = 20;

  public UserController() {
    //eventBus = new EventBus(); // 同步阻塞觀察者模式
    eventBus = new AsyncEventBus(Executors.newFixedThreadPool(DEFAULT_EVENTBUS_THREAD_
POOL_SIZE)); // 非同步非阻塞觀察者模式
  }

  public void setRegObservers(List<Object> observers) {
    for (Object observer : observers) {
      eventBus.register(observer);
    }
  }

  public Long register(String telephone, String password) {
    // 省略輸入參數的驗證程式
    // 省略 userService.register() 異常的 try-catch 程式
    long userId = userService.register(telephone, password);
    eventBus.post(userId);
    return userId;
  }
}

public class RegPromotionObserver {
  private PromotionService promotionService; // 依賴注入
  @Subscribe
  public void handleRegSuccess(Long userId) {
    promotionService.issueNewUserExperienceCash(userId);
  }
}

public class RegNotificationObserver {
  private NotificationService notificationService;
  @Subscribe
  public void handleRegSuccess(Long userId) {
    notificationService.sendInboxMessage(userId, "...");
  }
}
```

從大的流程上來說,利用 EventBus 框架實作的觀察者模式的實作思路與從零開始實作觀察者模式大致相同,都需要定義觀察者,並且透過 register() 函式註冊觀察者,也都需要透過呼叫某個函式(如 EventBus 中的 post() 函式)向觀察者發送消息(在 EventBus 中,消息被稱為 event,即事件)。但在實作細節方面,它們有一些區別。基於 EventBus,我們不需要定義觀察者的抽象介面,任意型別的物件都可以註冊到 EventBus 中,透過 @Subscribe 註解來標明類別中哪個函式可以接收被觀察者發送的消息。

接下來,我們詳細介紹 Guava EventBus 中重要的類別、函式和註解。

1.EventBus 和 AsyncEventBus 類別

Guava EventBus 框架對外暴露的所有可呼叫介面都封裝在 EventBus 類別中。EventBus 類別實作了同步阻塞觀察者模式,AsyncEventBus 類別繼承自 EventBus 類別,實作了非同步非阻塞觀察者模式。它們的具體使用方式如下所示。

```
// 同步阻塞觀察者模式
EventBus eventBus = new EventBus();
// 非同步非阻塞觀察者模式
EventBus eventBus = new AsyncEventBus(Executors.newFixedThreadPool(8));
```

2.register() 函式

EventBus 類別提供的 register() 函式用來註冊觀察者,具體的函式定義如下所示。它可以接受任何型別(Object)的觀察者,而經典的觀察者模式的實作中的 register() 函式只能接受實作了同一介面的觀察者。

```
public void register(Object object);
```

3.unregister() 函式

相對於 register() 函式,unregister() 函式用來從 EventBus 類別中刪除某個觀察者,具體的函式定義如下所示。

```
public void unregister(Object object);
```

4.post() 函式

EventBus 類別提供的 post() 函式用來向觀察者發送消息,具體的函式定義如下所示。

```
public void post(Object event);
```

與經典的觀察者模式的不同之處在於，當我們呼叫 post() 函式發送消息時，並非把消息發送給所有觀察者，而是發送給可配對的觀察者。可配對是指能接收的消息型別是發送消息（post() 函式定義中的 event）型別的父類別。我們結合下面的程式範例解釋一下，其中，AObserver 能接收的消息型別是 XMsg，BObserver 能接收的消息型別是 YMsg，CObserver 能接收的消息型別是 ZMsg，XMsg 是 YMsg 的父類別。

```
XMsg xMsg = new XMsg();
YMsg yMsg = new YMsg();
ZMsg zMsg = new ZMsg();
post(xMsg); => AObserver 接收到消息
post(yMsg); => AObserver、BObserver 接收到消息
post(zMsg); => CObserver 接收到消息
```

每個 Observer 能接收的消息型別是在哪裡定義的呢？我們看一下 Guava EventBus 特別的一個地方，那就是 @Subscribe 註解。

5 · @Subscribe 註解

EventBus 框架透過 @Subscribe 註解來標明某個函式能接收哪種型別的消息，具體的使用程式如下所示。

```
public DObserver {
  //... 省略其他屬性和方法 ...

  @Subscribe
  public void f1(PMsg event) { ... }

  @Subscribe
  public void f2(QMsg event) { ... }
}
```

在上述程式的 DObserver 類別中，我們透過 @Subscribe 註解了兩個函式：f1() 和 f2()。當透過 register() 函式將 DObserver 類別的物件註冊到 EventBus 類別時，EventBus 類別會根據 @Subscribe 註解找到 f1() 和 f2()，並且將這兩個函式能接收的消息型別記錄下來（PMsg->f1，QMsg->f2）。當我們透過 post() 函式發送消息（如 QMsg 消息）時，EventBus 類別會透過之前的記錄（如 QMsg->f2），呼叫相應的函式（如 f2()）。

8.1.7　從零開始實作 EventBus 框架

我們先重點看一下 EventBus 類別中的兩個核心函式 register() 和 post() 的實作原理。只要理解了它們，我們就基本上理解了整個 EventBus 框架。

這兩個函式的實作原理如圖 8-1 所示。

從圖 8-1 中，我們可以看出，Observer 註冊表是一個關鍵的資料結構，它記錄了消息型別和可接收消息的函式的對應關係。當呼叫 register() 函式註冊觀察者時，EventBus 框架透過解析 @Subscribe 註解，生成 Observer 註冊表。當呼叫 post() 函式發送消息時，EventBus 框架透過 Observer 註冊表找到相應的可接收消息的函式，然後透過 Java 的反射語法動態地執行函式。對於同步阻塞觀察者模式，EventBus 框架在一個執行緒內依次執行相應的函式。對於非同步非阻塞觀察者模式，EventBus 框架透過執行緒池來執行相應的函式。

理解了原理，實作就變得簡單了。EventBus 框架的程式實作主要包括 1 個註解（@Subscribe）和 4 個類別（ObserverAction、ObserverRegistry、EventBus 和 AsyncEventBus）。

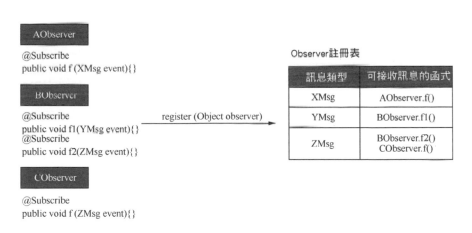

(a)register()的實現原理

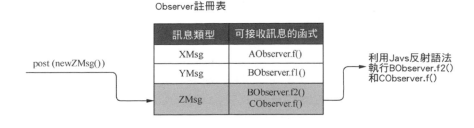

(b)post()的實現原理

圖 8-1　register() 和 post() 的實作原理

1 · @Subscribe 註解

@Subscribe 是一個註解，用於標明觀察者中的哪個函式可以接收消息。

```
@Retention(RetentionPolicy.RUNTIME)
@Target(ElementType.METHOD)
@Beta
public @interface Subscribe {}
```

2 · ObserverAction 類別

ObserverAction 類別用來表示使用 @Subscribe 註解的方法，其中，target 表示觀察者類別，method 表示方法。它主要用在 ObserverRegistry 類別（觀察者註冊表）中。

```
public class ObserverAction {
  private Object target;
  private Method method;

  public ObserverAction(Object target, Method method) {
    this.target = Preconditions.checkNotNull(target);
    this.method = method;
    this.method.setAccessible(true);
  }

  public void execute(Object event) { //event 是 method 的參數
    try {
      method.invoke(target, event);
    } catch (InvocationTargetException | IllegalAccessException e) {
      e.printStackTrace();
    }
  }
}
```

3 · ObserverRegistry 類別

ObserverRegistry 類別就是前面講到的 Observer 註冊表。框架中幾乎所有的核心邏輯都在這個類別中。這個類使用了大量的反射語法，不過，從整體來看，程式不難理解，其中，一個體現技巧的地方是 CopyOnWriteArraySet 的使用。

CopyOnWriteArraySet 在寫入資料時，會建立一個新 set，並且將原始資料 clone 到新 set 中，在新 set 中寫入資料後，再用新 set 替換舊 set。這樣就能保證在寫入資料時，不影響資料的讀取操作，以此來解決併發讀寫問題。除此之外，CopyOnWriteArraySet 還透過加鎖方式，避免了併發寫衝突。

```
public class ObserverRegistry {
  private ConcurrentMap<Class<?>, CopyOnWriteArraySet<ObserverAction>> registry
```

```
= new ConcurrentHashMap<>();

    public void register(Object observer) {
      Map<Class<?>, Collection<ObserverAction>> observerActions = findAllObserverActions(obse
rver);
      for (Map.Entry<Class<?>, Collection<ObserverAction>> entry : observerActions.
entrySet()) {
        Class<?> eventType = entry.getKey();
        Collection<ObserverAction> eventActions = entry.getValue();
        CopyOnWriteArraySet<ObserverAction> registeredEventActions = registry.
get(eventType);
        if (registeredEventActions == null) {
          registry.putIfAbsent(eventType, new CopyOnWriteArraySet<>());
          registeredEventActions = registry.get(eventType);
        }
        registeredEventActions.addAll(eventActions);
      }
    }

    public List<ObserverAction> getMatchedObserverActions(Object event) {
      List<ObserverAction> matchedObservers = new ArrayList<>();
      Class<?> postedEventType = event.getClass();
      for (Map.Entry<Class<?>, CopyOnWriteArraySet<ObserverAction>> entry : registry.entrySet()) {
        Class<?> eventType = entry.getKey();
        Collection<ObserverAction> eventActions = entry.getValue();
        if (eventType.isAssignableFrom(postedEventType)) {
          matchedObservers.addAll(eventActions);
        }
      }
      return matchedObservers;
    }

    private Map<Class<?>, Collection<ObserverAction>> findAllObserverActions(Object observer) {
      Map<Class<?>, Collection<ObserverAction>> observerActions = new HashMap<>();
      Class<?> clazz = observer.getClass();
      for (Method method : getAnnotatedMethods(clazz)) {
        Class<?>[] parameterTypes = method.getParameterTypes();
        Class<?> eventType = parameterTypes[0];
        if (!observerActions.containsKey(eventType)) {
          observerActions.put(eventType, new ArrayList<>());
        }
        observerActions.get(eventType).add(new ObserverAction(observer, method));
      }
      return observerActions;
    }

    private List<Method> getAnnotatedMethods(Class<?> clazz) {
      List<Method> annotatedMethods = new ArrayList<>();
      for (Method method : clazz.getDeclaredMethods()) {
        if (method.isAnnotationPresent(Subscribe.class)) {
          Class<?>[] parameterTypes = method.getParameterTypes();
          Preconditions.checkArgument(parameterTypes.length == 1,
                  "Method %s has @Subscribe annotation but has %s parameters."
                      + "Subscriber methods must have exactly 1 parameter.",
```

```
            method, parameterTypes.length);
        annotatedMethods.add(method);
      }
    }
    return annotatedMethods;
  }
}
```

4．EventBus 類別

EventBus 類別的實作程式如下所示，它實作的是同步阻塞觀察者模式。在閱讀程式後，讀者可能產生下列疑問：EventBus 類別明明使用了執行緒池 Executor，它怎麼會實作的是同步阻塞觀察者模式？實際上，MoreExecutors.directExecutor() 是 Google Guava 提供的工具類別，其看似使用的是多執行緒，實際是單執行緒。之所以這樣實作，主要是為了與 AsyncEventBus 類別統一程式邏輯，便於複用程式。

```java
public class EventBus {
  private Executor executor;
  private ObserverRegistry registry = new ObserverRegistry();

  public EventBus() {
    this(MoreExecutors.directExecutor());
  }

  protected EventBus(Executor executor) {
    this.executor = executor;
  }

  public void register(Object object) {
    registry.register(object);
  }

  public void post(Object event) {
    List<ObserverAction> observerActions = registry.getMatchedObserverActions(event);
    for (ObserverAction observerAction : observerActions) {
      executor.execute(new Runnable() {
        @Override
        public void run() {
          observerAction.execute(event);
        }
      });
    }
  }
}
```

5 · AsyncEventBus 類別

有了 EventBus 類別，AsyncEventBus 類別的實作就非常簡單了。為了實作非同步非阻塞觀察者模式，AsyncEventBus 類別就不能繼續使用預設的 MoreExecutors. directExecutor() 了，而是需要在構造函式中，由呼叫者注入執行緒池。

```
public class AsyncEventBus extends EventBus {
  public AsyncEventBus(Executor executor) {
    super(executor);
  }
}
```

至此，我們用了不到 200 行程式，就實作了一個 EventBus 框架，從功能上來講，它與 Google Guava EventBus 幾乎一樣。不過，如果讀者查看 Google Guava EventBus 的原始碼就會發現，在實作細節方面，相較於我們提供的實作，Google Guava EventBus 其實做了很多優化，如優化了在註冊表中查找消息可比對函式的演算法。如果讀者有時間的話，那麼建議閱讀 Google Guava EventBus 的原始碼。

8.1.8 思考題

在 8.1.6 節中，我們利用 Guava EventBus 重新實作了 UserController 類別，但 UserController 類別中仍然耦合了很多與觀察者模式相關的非商業程式，如建立執行緒池、註冊觀察者。為了讓 UserController 類別聚焦商業功能，讀者有什麼改進的建議嗎？

8.2　模板方法模式（上）：在 JDK、Servlet、JUnit 中的應用

絕大部分設計模式的原理和實作都非常簡單，我們應該重點掌握它們的應用情境，即瞭解它們能夠解決什麼問題。模板方法模式也不例外。模板方法模式主要用來解決複用和擴展兩個問題。下面我們結合 Java Servlet、JUnit TestCase、Java InputStream 和 Java AbstractList4 個例子來具體講解模板方法模式的這兩個作用。

8.2.1　模板方法模式的定義與實作

模板方法模式的全稱是模板方法設計模式（Template Method Design Pattern）。在 GoF 合著的《設計模式：可複用物件導向軟體的基礎》一書中，模板方法模式是

這樣定義的：模板方法模式在一個方法中定義一個演算法框架，並將某些步驟推遲到子類別中實作；模板方法模式可以讓子類別在不改變演算法整體結構的情況下，重新定義演算法中的某些步驟（Define the skeleton of an algorithm in an operation, deferring some steps to subclasses. Template Method lets subclasses redefine certain steps of an algorithm without changing the algorithm's structure）。

我們可以將這裡的「演算法」理解為廣義上的「商業邏輯」，並不特指資料結構和演算法中的「演算法」。這裡的演算法框架就是「模板」，包含演算法框架的方法就是「模板方法」，這也是「模板方法模式」名稱的由來。

模板方法模式的原理很簡單，程式實作更加簡單，範例程式如下。為了避免子類別重寫，我們將 templateMethod() 函式宣告為 final。為了強制子類別去實作，我們將 method1() 和 method2() 函式宣告為 abstract。不過，這些都不是必需的，在實際的專案開發中，模板方法模式的程式實作比較靈活。

```java
public abstract class AbstractClass {
  public final void templateMethod() {
    ...
    method1();
    ...
    method2();
    ...
  }

  protected abstract void method1();
  protected abstract void method2();
}

public class ConcreteClass1 extends AbstractClass {
  @Override
  protected void method1() {
    ...
  }

  @Override
  protected void method2() {
    ...
  }
}

public class ConcreteClass2 extends AbstractClass {
  @Override
  protected void method1() {
    ...
  }

  @Override
  protected void method2() {
```

```
      ...
    }
  }
  AbstractClass demo = ConcreteClass1();
  demo.templateMethod();
```

8.2.2 模板方法模式的作用一：複用

模板方法模式把一個演算法中不變的流程，抽象到父類別的模板方法 templateMethod() 中，將可變的部分 method1()、method2()，留給子類別 ConcreteClass1 和 ConcreteClass2 實作。所有子類別都可以複用父類別中模板方法定義的流程程式。這就是模板方法模式的其中一個作用：複用。我們透過兩個直觀的例子體會一下。

1 · JavaInputStream

在 Java IO 類別函式庫中，很多類的設計用到了模板方法模式，如 InputStream、OutputStream、Reader 和 Writer。我們使用 InputStream 類別舉例說明。InputStream 類別的部分相關程式如下所示。其中，**read()** 函式是一個模板方法，定義了讀取資料的整個流程，並且暴露了一個由子類別來定制的抽象方法，該抽象方法也被命名為 read()，只是它的參數與模板方法不同。

```java
public abstract class InputStream implements Closeable {
  //... 省略其他程式 ...

  public int read(byte b[], int off, int len) throws IOException {
    if (b == null) {
      throw new NullPointerException();
    } else if (off < 0 || len < 0 || len > b.length - off) {
      throw new IndexOutOfBoundsException();
    } else if (len == 0) {
      return 0;
    }
    int c = read();
    if (c == -1) {
      return -1;
    }
    b[off] = (byte)c;
    int i = 1;
    try {
      for (; i < len ; i++) {
        c = read();
        if (c == -1) {
          break;
        }
        b[off + i] = (byte)c;
```

```
        }
    } catch (IOException ee) {
    }
    return i;
  }

  public abstract int read() throws IOException;
}

public class ByteArrayInputStream extends InputStream {
  //... 省略其他程式 ...

  @Override
  public synchronized int read() {
    return (pos < count) ? (buf[pos++] & 0xff) : -1;
  }
}
```

2 · Java AbstractList

在 Java 的 AbstractList 類別中，addAll() 函式可以被看成模板方法，add() 是子類別
需要重寫的方法。雖然 add() 函式沒有被宣告為 abstract，但在其程式實作中直接拋
出了 UnsupportedOperationException 異常，這就強制子類別必須重寫這個函式。

```
public boolean addAll(int index, Collection<? extends E> c) {
    rangeCheckForAdd(index);
    boolean modified = false;
    for (E e : c) {
        add(index++, e);
        modified = true;
    }
    return modified;
}

public void add(int index, E element) {
        throw new UnsupportedOperationException();
}
```

8.2.3　模板方法模式的作用二：擴展

模板方法模式的第二個作用是擴展。這裡所說的擴展，並不是指程式的擴展性，而
是指框架的擴展性，這有點類似 3.5.1 節中講到的控制反轉。基於這個作用，模板方
法模式常用在框架的開發中，讓框架使用者可以在不修改框架原始碼的情況下，定
制框架的功能。我們透過 JavaServlet 和 JUnit TestCase 兩個例子來解釋一下。

1 · Java Servlet

Java Web 專案開發中常用的開發框架是 Spring MVC。利用它，我們只需要關注商業程式的寫，幾乎不需要瞭解框架的底層實作原理。但是，如果我們拋開這些高級框架來開發 Web 專案，那麼必然用到 Servlet。實際上，使用底層的 Servlet 來開發 Web 專案也不難，我們只需要定義一個繼承 HttpServlet 的類別，並且重寫其中的 doGet() 與 doPost() 方法來分別處理 get 和 post 請求。具體的範例程式如下。

```
public class HelloServlet extends HttpServlet {
  @Override
  protected void doGet(HttpServletRequest req, HttpServletResponse resp)
throws ServletException, IOException {
    this.doPost(req, resp);
  }

  @Override
  protected void doPost(HttpServletRequest req, HttpServletResponse resp)
throws ServletException, IOException {
    resp.getWriter().write("Hello World.");
  }
}
```

除此之外，我們還需要在設定檔 web.xml 中做如下配置。Tomcat、Jetty 等 Servlet 容器在啟動時，會自動載入這個設定檔中的 URL 和 Servlet 的映射關係。

```
<servlet>
    <servlet-name>HelloServlet</servlet-name>
    <servlet-class>com.xzg.cd.HelloServlet</servlet-class>
</servlet>
<servlet-mapping>
    <servlet-name>HelloServlet</servlet-name>
    <url-pattern>/hello</url-pattern>
</servlet-mapping>
```

當我們在瀏覽器中輸入網址（如 http://127.0.0.1:8080/hello）時，Servlet 容器（如 Tomcat）會接收到相應的請求，並根據 URL 和 Servlet 的映射關係，找到相應的 Servlet（HelloServlet），然後執行其中的 service() 方法。service() 方法定義在父類別 HttpServlet 中，它會呼叫 doGet() 或 doPost() 方法，然後輸出資料（「Hello World.」）到網頁。HttpServlet 類別的 service() 函式實作如下所示。

```
    public void service(ServletRequest req, ServletResponse resp) throws
ServletException, IOException {
        HttpServletRequest  request;
        HttpServletResponse response;
        if (!(req instanceof HttpServletRequest &&
                resp instanceof HttpServletResponse)) {
```

```
            throw new ServletException("non-HTTP request or response");
        }
        request = (HttpServletRequest) req;
        response = (HttpServletResponse) resp;
        service(request, response);
    }

    protected void service(HttpServletRequest req, HttpServletResponse resp) throws
ServletException, IOException {
        String method = req.getMethod();
        if (method.equals(METHOD_GET)) {
            long lastModified = getLastModified(req);
            if (lastModified == -1) {
                doGet(req, resp);
            } else {
                long ifModifiedSince = req.getDateHeader(HEADER_IFMODSINCE);
                if (ifModifiedSince < lastModified) {
                    maybeSetLastModified(resp, lastModified);
                    doGet(req, resp);
                } else {
                    resp.setStatus(HttpServletResponse.SC_NOT_MODIFIED);
                }
            }
        } else if (method.equals(METHOD_HEAD)) {
            long lastModified = getLastModified(req);
            maybeSetLastModified(resp, lastModified);
            doHead(req, resp);
        } else if (method.equals(METHOD_POST)) {
            doPost(req, resp);
        } else if (method.equals(METHOD_PUT)) {
            doPut(req, resp);
        } else if (method.equals(METHOD_DELETE)) {
            doDelete(req, resp);
        } else if (method.equals(METHOD_OPTIONS)) {
            doOptions(req,resp);
        } else if (method.equals(METHOD_TRACE)) {
            doTrace(req,resp);
        } else {
            String errMsg = lStrings.getString("http.method_not_implemented");
            Object[] errArgs = new Object[1];
            errArgs[0] = method;
            errMsg = MessageFormat.format(errMsg, errArgs);
            resp.sendError(HttpServletResponse.SC_NOT_IMPLEMENTED, errMsg);
        }
    }
```

從上述程式中，我們可以看出，HttpServlet 類別的 service() 方法實際上是一個模板方法，包含整個 HTTP 請求的執行流程，doGet()、doPost() 方法是模板中可以由子類別定制的部分。實際上，這就相當於 Servlet 框架提供了擴展點（doGet()、doPost() 方法），讓程式設計師在不用修改 Servlet 框架原始碼的情況下，將商業程式透過擴展點嵌入框架中執行。

2 · JUnit TestCase

與 Java Servlet 類似，JUnit 框架也透過模板方法模式提供功能擴展點（setUp()、tearDown() 方法等），讓程式設計師可以在這些擴展點上擴展功能。

在使用 JUnit 測試框架寫單元測試程式時，單元測試類別都要繼承框架提供的 TestCase 類別。在 TestCase 類別中，runBare() 函式是模板方法，定義了執行測試用例的整體流程：首先透過執行 setUp() 做些準備工作，然後透過執行 runTest() 執行真正的測試程式，最後透過執行 tearDown() 進行清理工作。TestCase 類別的程式實作如下所示。雖然 setUp()、tearDown() 不是抽象函式，不強制子類別重新實作，但因為這部分是可以在子類別中定制的，所以符合模板方法模式的定義。

```java
public abstract class TestCase extends Assert implements Test {
  public void runBare() throws Throwable {
    Throwable exception = null;
    setUp();
    try {
      runTest();
    } catch (Throwable running) {
      exception = running;
    } finally {
      try {
        tearDown();
      } catch (Throwable tearingDown) {
        if (exception == null) exception = tearingDown;
      }
    }
    if (exception != null) throw exception;
  }

  protected void setUp() throws Exception {
  }

  protected void tearDown() throws Exception {
  }
}
```

8.2.4　思考題

假設某個框架中的某個類別暴露了兩個模板方法，並且定義了一系列供模板方法呼叫的抽象方法，範例程式如下。在專案開發中，即便我們只用到了這個類別的其中一個模板方法，還是要在子類別中把所有的抽象方法都實作一遍，這相當於無效勞動。我們可以透過什麼方法解決這個問題？

```
public abstract class AbstractClass {
  public final void templateMethod1() {
    ...
    method1();
    ...
    method2();
    ...
  }

  public final void templateMethod2() {
    ...
    method3();
    ...
    method4();
    ...
  }

  protected abstract void method1();
  protected abstract void method2();
  protected abstract void method3();
  protected abstract void method4();
}
```

8.3　模板方法模式（下）：與回呼的區別和聯繫

在 8.2 節中，我們講到，模板方法模式的兩個作用是複用和擴展。實際上，回呼（callback）也能起到與模板方法模式相同的作用。在一些框架、類別函式庫和組件等的設計中，我們經常用到回呼。本節首先介紹回呼的原理、實作和應用，然後介紹它與模板方法模式的區別和聯繫。

8.3.1　回呼的原理與實作

相對於普通的函式呼叫，回呼是一種雙向呼叫關係。A 類別事先註冊函式 F 到 B 類別，A 類別在呼叫 B 類別的 P 函式時，B 類別反過來呼叫 A 類別在其註冊的 F 函式。這裡的 F 函式就是回呼函式。A 類別呼叫 B 類別，B 類別反過來又呼叫 A 類別，這種呼叫機制就稱為回呼。

A 類別如何將回呼函式傳遞給 B 類別呢？不同的程式設計語言有不同的實作方法。C 語言可以使用函式指標，Java 則需要使用包裹了回呼函式的類別的物件（簡稱為回呼物件）。我們透過 Java 語言進行舉例說明，程式如下所示。

```
public interface ICallback {
  void methodToCallback();
}

public class BClass {
  public void process(ICallback callback) {
    ...
    callback.methodToCallback();
    ...
  }
}

public class AClass {
  public static void main(String[] args) {
    BClass b = new BClass();
    b.process(new ICallback() { // 回呼物件
      @Override
      public void methodToCallback() { // 回呼函式
        System.out.println("Call back me.");
      }
    });
  }
}
```

上面這段程式就是 Java 語言中回呼的典型實作。從程式實作中，我們可以看出，回呼具有複用和擴展功能。除回呼函式以外，BClass 類別的 process() 函式中的邏輯都可以複用。如果 ICallback 類別、BClass 類別是框架程式，AClass 類別是使用框架的商業程式，那麼，我們可以透過 methodToCallback() 函式，定制 process() 函式中的一部分邏輯，也就是說，框架因此具有了擴展能力。

實際上，回呼不僅可以應用在程式設計上，還經常使用在更高級別次的架構設計上。例如，當透過的第三方支付系統來實作支付功能時，使用者在發起支付請求之後，一般不會一直阻塞到支付結果回傳，而是註冊回呼介面（類似回呼函式，一般是一個回呼使用的 URL）給第三方支付系統，等第三方支付系統執行完成之後，將結果透過回呼介面回傳給使用者。

回呼可以分為同步回呼和非同步回呼（或者稱為延遲回呼）。同步回呼是指在函式回傳之前執行回呼函式，非同步回呼是指在函式回傳之後執行回呼函式。上面的程式實際上是同步回呼，即在 process() 函式回傳之前，執行回呼函式 methodToCallback()。而第三方支付的例子是非同步回呼，即在發起支付之後，不需要等待回呼介面被呼叫。從應用情境來看，同步回呼看起來很像模板方法模式，非同步回呼看起來很像觀察者模式。

8.3.2 應用範例一：JdbcTemplate

Spring 提供了很多 Template 類別，如 JdbcTemplate、RedisTemplate 和 RestTemplate 等。雖然這些類別的名稱都是以 Template 為尾碼，但它們並非基於模板方法模式實作的，而是基於回呼實作的，確切地說，應該是同步回呼。而同步回呼從應用情境來看很像模板方法模式，因此，在命名方面，這些類別使用 Template（模板）這個單字作為尾碼。

這些 Template 類別的設計思維相近，因此，我們只使用其中的 JdbcTemplate 類別舉例講解。對於其他 Template 類別，讀者可以透過自行閱讀對應原始碼的方式進行瞭解。

JDBC 是 Java 存取資料庫的通用介面，封裝了不同資料庫操作的差別。下面這段是使用 JDBC 查詢使用者資訊的程式。

```
public class JdbcDemo {
  public User queryUser(long id) {
    Connection conn = null;
    Statement stmt = null;
    try {
      //1）載入驅動
      Class.forName("com.mysql.jdbc.Driver");
      conn = DriverManager.getConnection("jdbc:mysql://localhost:3306/demo", "xzg",
"xzg");
      //2）建立 Statement 類別的物件，用來執行 SQL 語句
      stmt = conn.createStatement();
      //3）ResultSet 類別用來存放取得的結果集
      String sql = "select * from user where id=" + id;
      ResultSet resultSet = stmt.executeQuery(sql);
      String eid = null, ename = null, price = null;
      while (resultSet.next()) {
        User user = new User();
        user.setId(resultSet.getLong("id"));
        user.setName(resultSet.getString("name"));
        user.setTelephone(resultSet.getString("telephone"));
        return user;
      }
    } catch (ClassNotFoundException e) {
      ...
    } catch (SQLException e) {
      ...
    } finally {
      if (conn != null)
        try {
          conn.close();
        } catch (SQLException e) {
          ...
        }
```

```
        if (stmt != null)
          try {
            stmt.close();
          } catch (SQLException e) {
            ...
          }
      }
      return null;
    }
  }
```

從上述程式，我們可以發現，直接使用 JDBC 寫操作資料庫的程式是比較麻煩的。在上述程式中，queryUser() 函式包含很多與商業無關的流程性程式，如載入驅動、建立資料庫連接、建立 Statement 類別、關閉資料庫連接、關閉 Statement 類別和處理異常。當執行不同的 SQL 語句時，這些流程性程式是可複用的。

為了複用流程性程式，Spring 提供了 JdbcTemplate 類別，其可對 JDBC 進一步封裝，簡化資料庫程式設計。在使用 JdbcTemplate 類別查詢使用者資訊時，我們只需要寫與這個商業相關的程式（查詢使用者的 SQL 語句，查詢結果與 User 類別的物件的映射關係的 SQL 語句）。其他流程性程式都封裝在 JdbcTemplate 類別中，不需要每次都重新寫。我們用 JdbcTemplate 類別重寫了查詢使用者功能，如下所示，程式簡單了很多。

```
public class JdbcTemplateDemo {
  private JdbcTemplate jdbcTemplate;

  public User queryUser(long id) {
    String sql = "select * from user where id="+id;
    return jdbcTemplate.query(sql, new UserRowMapper()).get(0);
  }

  class UserRowMapper implements RowMapper<User> {
    public User mapRow(ResultSet rs, int rowNum) throws SQLException {
      User user = new User();
      user.setId(rs.getLong("id"));
      user.setName(rs.getString("name"));
      user.setTelephone(rs.getString("telephone"));
      return user;
    }
  }
}
```

那麼，JdbcTemplate 類別具體是如何實作的呢？我們看一下它的原始碼。因為 JdbcTemplate 類別的程式比較多，我們只擷取部分相關程式，如下所示。其中，JdbcTemplate 類別透過回呼機制，將不變的執行流程抽離出來，放到模板方法 execute() 中，將可變的部分設計成回呼 StatementCallback，由程式設計師來定制。

```
//query() 函式是對 execute() 函式的二次封裝，讓介面用起來更加方便
public <T> T query(final String sql, final ResultSetExtractor<T> rse) throws
DataAccessException {
 Assert.notNull(sql, "SQL must not be null");
 Assert.notNull(rse, "ResultSetExtractor must not be null");
 if (logger.isDebugEnabled()) {
  logger.debug("Executing SQL query [" + sql + "]");
 }
 return execute(new QueryStatementCallback());
}

// 回呼類別
 class QueryStatementCallback implements StatementCallback<T>, SqlProvider {
  @Override
  public T doInStatement(Statement stmt) throws SQLException { // 回呼函式
   ResultSet rs = null;
   try {
    rs = stmt.executeQuery(sql);
    ResultSet rsToUse = rs;
    if (nativeJdbcExtractor != null) {
     rsToUse = nativeJdbcExtractor.getNativeResultSet(rs);
    }
    return rse.extractData(rsToUse);
   }
   finally {
    JdbcUtils.closeResultSet(rs);
   }
  }
 }

//execute() 是模板方法，包含流程性程式
@Override
public <T> T execute(StatementCallback<T> action) throws DataAccessException {
 Assert.notNull(action, "Callback object must not be null");
 Connection con = DataSourceUtils.getConnection(getDataSource());
 Statement stmt = null;
 try {
  Connection conToUse = con;
  if (this.nativeJdbcExtractor != null &&
this.nativeJdbcExtractor.isNativeConnectionNecessaryForNativeStatements()) {
   conToUse = this.nativeJdbcExtractor.getNativeConnection(con);
  }
  stmt = conToUse.createStatement();
  applyStatementSettings(stmt);
  Statement stmtToUse = stmt;
  if (this.nativeJdbcExtractor != null) {
   stmtToUse = this.nativeJdbcExtractor.getNativeStatement(stmt);
  }
  T result = action.doInStatement(stmtToUse); // 執行回呼
  handleWarnings(stmt);
  return result;
 }
 catch (SQLException ex) {
  JdbcUtils.closeStatement(stmt);
```

```
    stmt = null;
    DataSourceUtils.releaseConnection(con, getDataSource());
    con = null;
    throw getExceptionTranslator().translate("StatementCallback", getSql(action),
ex);
    }
    finally {
    JdbcUtils.closeStatement(stmt);
    DataSourceUtils.releaseConnection(con, getDataSource());
    }
    }
```

8.3.3　應用範例二：setClickListener()

在使用者端開發中，我們經常給控制項註冊事件監聽器。例如下面這段程式，就是在 Android 應用開發中，給 Button 控制項目的點擊事件註冊監聽器。

```
Button button = (Button)findViewById(R.id.button);
button.setOnClickListener(new OnClickListener() {
  @Override
  public void onClick(View v) {
    System.out.println("I am clicked.");
  }
}));
```

從

從程式結構上來看，上述程式很像回呼，因為傳遞了一個包含 onClick() 回呼函式的物件給另一個函式。從應用情境來看，事件監聽器又很像觀察者模式，因為事先註冊了觀察者 OnClickListener，當點擊按鈕時，發送點擊事件給觀察者，並執行相應的 onClick() 函式。

前面講到，回呼分為同步回呼和非同步回呼。這裡的回呼應該是非同步回呼，因為我們往 setOnClickListener() 函式中註冊好回呼函式之後，並不需要等待回呼函式執行。這也印證了我們前面提到的結論：非同步回呼很像觀察者模式。

8.3.4　應用範例三：addShutdownHook()

在平時的開發中，我們有時會用到 Hook 這項技術。有人認為，Hook 就是回呼，二者是一回事，只是表達不同。而有人認為，Hook 是回呼的一種應用。我個人認可後一種說法。回呼側重語法機制的描述，Hook 側重應用情境的描述。

經典的 Hook 應用情境有 Tomcat 和 JVM 的 Shutdown Hook。我們使用 JVM 進行舉例
講解。JVM 提供的 Runtime.addShutdownHook(Thread hook) 方法可以註冊一個 JVM
關閉的 Hook。當應用程式關閉時，JVM 會自動呼叫 Hook 程式。範例程式如下。

```
public class ShutdownHookDemo {
  private static class ShutdownHook extends Thread {
    public void run() {
      System.out.println("I am called during shutting down.");
    }
  }

  public static void main(String[] args) {
    Runtime.getRuntime().addShutdownHook(new ShutdownHook());
  }
}
```

我們再來看 addShutdownHook() 函式的部分實作程式，如下所示。

```
public class Runtime {
  public void addShutdownHook(Thread hook) {
    SecurityManager sm = System.getSecurityManager();
    if (sm != null) {
      sm.checkPermission(new RuntimePermission("shutdownHooks"));
    }
    ApplicationShutdownHooks.add(hook);
  }
}

class ApplicationShutdownHooks {
    private static IdentityHashMap<Thread, Thread> hooks;
    static {
          hooks = new IdentityHashMap<>();
        } catch (IllegalStateException e) {
            hooks = null;
        }
    }

    static synchronized void add(Thread hook) {
        if(hooks == null)
            throw new IllegalStateException("Shutdown in progress");
        if (hook.isAlive())
            throw new IllegalArgumentException("Hook already running");
        if (hooks.containsKey(hook))
            throw new IllegalArgumentException("Hook previously registered");
        hooks.put(hook, hook);
    }

    static void runHooks() {
        Collection<Thread> threads;
        synchronized(ApplicationShutdownHooks.class) {
            threads = hooks.keySet();
            hooks = null;
```

```
        }
        for (Thread hook : threads) {
            hook.start();
        }
        for (Thread hook : threads) {
            while (true) {
                try {
                    hook.join();
                    break;
                } catch (InterruptedException ignored) {
                }
            }
        }
    }
}
```

從上述程式中，我們可以發現，有關 Hook 的邏輯都被封裝在 Application-ShutdownHooks 類別中。當應用程式關閉時，JVM 會呼叫這個類別的 runHooks() 方法，建立多個執行緒，併發地執行多個 Hook。在註冊完 Hook 之後，應用程式並不需要等待 Hook 的執行，因此，JVM 的 Hook 屬於非同步回呼。

8.3.5 模板方法模式與回呼的區別

我們從應用情境和程式實作兩個角度對比模板方法模式與回呼。

從應用情境來看，同步回呼與模板方法模式幾乎一致，它們都是在一個大的演算法框架中，自由替換其中的某個步驟，實作程式複用和擴展的目的；而非同步回呼與模板方法模式有較大差別，其更像觀察者模式。

從程式實作來看，回呼和模板方法模式完全不同。回呼基於組合關係實作，把一個物件傳遞給另一個物件，是一種物件之間的關係；模板方法模式基於繼承關係實作，子類別重寫父類別的抽象方法，是一種類別之間的關係。

前面我們也講到，組合優於繼承。這裡也不例外。在程式實作方面，回呼比模板方法模式更加靈活，主要體現在下列 3 點。

1）在像 Java 這種只支援單一繼承的程式設計語言中，基於模板方法模式寫的子類別已經繼承了一個父類別，就不再具有繼承能力。

2）回呼可以使用匿名類別來建立回呼物件，可以不用事先定義類別；而模板方法模式針對不同的實作，需要定義不同的子類別。

3）如果某個類別中定義了多個模板方法，每個方法都有對應的抽象方法，即便我們只用到其中一個模板方法，子類別也必須實作所有的抽象方法。而回呼更加靈活，我們只需要向用到的模板方法中注入回呼物件。

8.3.6　思考題

關於回呼，讀者還能想到哪些其他應用情境？

8.4　策略模式：避免冗長的 if-else 和 switch-case 語句

在實際的專案開發中，策略模式較為常用。常見的策略模式的應用情境是，利用它來避免冗長的 if-else 和 switch-case 語句。不過，它的作用還不止如此，它也可以像模板方法模式那樣，提供框架的擴展點。

8.4.1　策略模式的定義與實作

策略設計模式（Strategy Design Pattern）簡稱策略模式。在 GoF 合著的《設計模式：可複用物件導向軟體的基礎》一書中，策略模式是這樣定義的：定義一組演算法類別，將每個演算法分別封裝，讓它們可以互相替換；策略模式可以使演算法的變化獨立於使用它們的使用者端（這裡的使用者端代指使用演算法的程式）（Define a family of algorithms, encapsulate each one, and make them interchangeable. Strategy lets the algorithm vary independently from clients that use it）。

我們知道，工廠模式是解耦物件的建立和使用，觀察者模式是解耦觀察者和被觀察者。策略模式也能起到解耦作用，它解耦的是策略的定義、建立和使用。

1．策略的定義

策略的定義比較簡單，包含一個策略介面和一組實作這個介面的策略類別。因為所有策略類別都實作相同的介面，使用者端程式基於介面而非實作程式設計，所以可以靈活地替換不同的策略。範例程式如下。

```
public interface Strategy {
  void algorithmInterface();
}

public class ConcreteStrategyA implements Strategy {
```

```
    @Override
    public void  algorithmInterface() {
      // 具體的演算法
    }
  }

  public class ConcreteStrategyB implements Strategy {
    @Override
    public void  algorithmInterface() {
      // 具體的演算法
    }
  }
```

2 · 策略的建立

因為策略模式包含一群組原則，所以，在使用這群組原則時，我們一般透過型別來判斷建立哪個策略。為了封裝建立邏輯，對使用者端程式遮罩建立細節，我們把根據型別建立策略的邏輯抽離出來，放到工廠類別中。範例程式如下。

```
  public class StrategyFactory {
    private static final Map<String, Strategy> strategies = new HashMap<>();
    static {
      strategies.put("A", new ConcreteStrategyA());
      strategies.put("B", new ConcreteStrategyB());
    }

    public static Strategy getStrategy(String type) {
      if (type == null || type.isEmpty()) {
        throw new IllegalArgumentException("type should not be empty.");
      }
      return strategies.get(type);
    }
  }
```

一般來講，如果策略類別是無狀態的，即不包含成員變數，只包含純粹的演算法實作，那麼，這樣的策略物件是可以被共用使用的，不需要在每次呼叫 getStrategy() 時，都建立一個新的策略物件。針對這種情況，我們可以使用上述程式所示的這種工廠類別的實作方式，事先建立好每個策略物件，並將其快取到工廠類別中，用的時候直接回傳。

相反，如果策略類別是有狀態的，根據商業情境的需要，我們希望每次從工廠方法中獲得的都是新建立的策略物件，而不是快取好的可共用的策略物件，那麼我們需要按照如下方式來實作策略工廠類別。

```
  public class StrategyFactory {
    public static Strategy getStrategy(String type) {
      if (type == null || type.isEmpty()) {
```

347

```
          throw new IllegalArgumentException("type should not be empty.");
        }
        if (type.equals("A")) {
          return new ConcreteStrategyA();
        } else if (type.equals("B")) {
          return new ConcreteStrategyB();
        }
        return null;
      }
    }
```

3．策略的使用

策略模式包含一組可選策略，使用者端程式如何確定使用哪種策略呢？常見的方法是執行時動態確定使用哪種策略。這裡的「執行時動態」指的是，我們事先並不知道使用哪個策略，而是在程式執行期間，根據配置、使用者輸入或計算結果等不確定因素，動態決定使用哪種策略。範例程式如下。

```
// 策略介面：EvictionStrategy
// 策略類別：LruEvictionStrategy、FifoEvictionStrategy、LfuEvictionStrategy...
// 策略工廠：EvictionStrategyFactory
public class UserCache {
  private Map<String, User> cacheData = new HashMap<>();
  private EvictionStrategy eviction;

  public UserCache(EvictionStrategy eviction) {
    this.eviction = eviction;
  }
  ...
}

// 執行時動態確定，即根據設定檔的配置決定使用哪種策略
public class Application {
  public static void main(String[] args) throws Exception {
    EvictionStrategy evictionStrategy = null;
    Properties props = new Properties();
    props.load(new FileInputStream("./config.properties"));
    String type = props.getProperty("eviction_type");
    evictionStrategy = EvictionStrategyFactory.getEvictionStrategy(type);
    UserCache userCache = new UserCache(evictionStrategy);
    ...
  }
}

// 非執行時動態確定，即在程式中指定使用哪種策略
public class Application {
  public static void main(String[] args) {
    ...
    EvictionStrategy evictionStrategy = new LruEvictionStrategy();
    UserCache userCache = new UserCache(evictionStrategy);
    ...
```

```
    }
  }
```

從上面的程式中，我們可以看出，「非執行時動態確定」（也就是第二個 Application 類別中的使用方式）並不能發揮策略模式的優勢。在這種應用情境下，策略模式實際上退化成了「物件導向的多型特性」或「基於介面而非實作程式設計原則」。

8.4.2 利用策略模式替代分支判斷

我們先透過一個例子看一下 if-else 分支判斷是如何產生的，範例程式如下。在這個例子中，我們沒有使用策略模式，而是將策略的定義、建立和使用直接耦合在一起。

```java
public class OrderService {
  public double discount(Order order) {
    double discount = 0.0;
    OrderType type = order.getType();
    if (type.equals(OrderType.NORMAL)) { // 普通訂單
      // 省略折扣的計算演算法程式
    } else if (type.equals(OrderType.GROUPON)) { // 團購訂單
      // 省略折扣的計算演算法程式
    } else if (type.equals(OrderType.PROMOTION)) { // 促銷訂單
      // 省略折扣的計算演算法程式
    }
    return discount;
  }
}
```

如何移除程式中冗長的 if-else 分支判斷呢？策略模式就派上用場了。我們使用策略模式對上面的程式進行重構，將不同型別訂單的打折策略設計成策略類別，並由工廠類別負責建立策略物件。具體的程式如下所示。

```java
// 策略的定義
public interface DiscountStrategy {
  double calDiscount(Order order);
}
// 省略 NormalDiscountStrategy、GrouponDiscountStrategy、PromotionDiscountStrategy
類別的實作程式

// 策略的建立
public class DiscountStrategyFactory {
  private static final Map<OrderType, DiscountStrategy> strategies = new
HashMap<>();
  static {
    strategies.put(OrderType.NORMAL, new NormalDiscountStrategy());
    strategies.put(OrderType.GROUPON, new GrouponDiscountStrategy());
    strategies.put(OrderType.PROMOTION, new PromotionDiscountStrategy());
  }
```

```
      public static DiscountStrategy getDiscountStrategy(OrderType type) {
        return strategies.get(type);
      }
    }

    // 策略的使用
    public class OrderService {
      public double discount(Order order) {
        OrderType type = order.getType();
        DiscountStrategy discountStrategy = DiscountStrategyFactory.
getDiscountStrategy(type);
        return discountStrategy.calDiscount(order);
      }
    }
```

在 DiscountStrategyFactory 工廠類別中，我們使用 Map 快取策略，根據 type 直接從 Map 中取得對應的策略，從而避免了 if-else 分支判斷語句。在 8.6 節講到使用狀態模式來避免分支判斷邏輯時，我們會發現，它們使用的是同樣的思路。本質上，它們都是借助「查表法」，使用根據 type 查表（上述程式中的 strategies 就是表）替代根據 type 分支判斷。

但是，如果商業情境需要每次都建立不同的策略物件，我們就要使用另一種工廠類別的實作方式了。具體的程式如下所示。

```
    public class DiscountStrategyFactory {
      public static DiscountStrategy getDiscountStrategy(OrderType type) {
        if (type == null) {
          throw new IllegalArgumentException("Type should not be null.");
        }
        if (type.equals(OrderType.NORMAL)) {
          return new NormalDiscountStrategy();
        } else if (type.equals(OrderType.GROUPON)) {
          return new GrouponDiscountStrategy();
        } else if (type.equals(OrderType.PROMOTION)) {
          return new PromotionDiscountStrategy();
        }
        return null;
      }
    }
```

這種實作方式相當於把原來的 if-else 分支判斷從 OrderService 類別轉移到了工廠類別中，實際上，並沒有真正將它移除。既然沒有真正移除 if-else 分支判斷，那麼應用策略模式有什麼好處呢？策略模式可以將策略的建立從商業程式中分離出來，並將 if-else 複雜的建立邏輯封裝在工廠類別中，這樣商業程式寫起來就變得輕鬆。

8.4.3　策略模式的應用舉例：對檔案中的內容進行排序

我們結合「對檔案中的內容進行排序」這樣一個具體的例子詳細介紹策略模式的設計意圖和應用情境。除此之外，我們還會透過一步步的分析、重構，向讀者展示一個設計模式是如何「創造」出來的。

假設我們有這樣一個需求：寫程式以實作對檔案中的內容進行排序。我們需要進行內容排序的檔案中只包含整數，並且相鄰的數字透過逗號分隔。這個需求的實作很簡單，我們首先需要將檔案中的內容讀取出來，並透過逗號分隔為一個個數字，然後將它們放到記憶體陣列中，最後，寫某種排序演算法（如快速排序），或者直接使用程式設計語言提供的排序函式，對陣列進行排序，再將排好序的資料寫入檔案就可以了。

如果檔案很小，那麼解決起來很簡單。但是，如果檔案很大，如檔案大小為 9GB，超過了記憶體大小（如記憶體只有 8GB），那麼，我們沒有辦法一次性載入檔案中的所有資料到記憶體中，這個時候，我們就要利用外部排序演算法（具體實作可以參考我撰寫的《資料結構與演算法之美》一書中的「排序」相關章節）。如果檔案更大，如檔案大小為 90GB，那麼，為了利用 CPU 多核的優勢，我們可以在外部排序的基礎之上進行優化，加入多執行緒併發排序功能，這類似「單機版」的 MapReduce。如果檔案非常大，如檔案大小為 1TB，那麼，即便我們使用單機多執行緒外部排序，速度也很慢。這個時候，我們可以使用分散式運算框架 MapReduce，也就是利用多機的處理能力，提高排序效率。

也就是說，應對不同的資料量，我們要使用不同的排序演算法。在理清了問題的解決思路之後，接下來，我們看一下如何將這個解決思路「翻譯」成程式。

我們先使用簡單、直接的方式進行程式實作，範例程式如下。因為我們是在介紹設計模式，而不是介紹演算法，所以，在下面的程式實作中，我們只提供了與設計模式相關的核心程式，並沒有給出每種排序演算法的具體程式實作。

```java
public class Sorter {
  private static final long GB = 1000 * 1000 * 1000;

  public void sortFile(String filePath) {
    //省略驗證邏輯
    File file = new File(filePath);
    long fileSize = file.length();
    if (fileSize < 6 * GB) { //[0, 6GB)
      quickSort(filePath);
    } else if (fileSize < 10 * GB) { //[6GB, 10GB)
```

```
    externalSort(filePath);
  } else if (fileSize < 100 * GB) { //[10GB, 100GB)
    concurrentExternalSort(filePath);
  } else { // 檔案大於或等於 100GB
    mapreduceSort(filePath);
  }
}

private void quickSort(String filePath) {
  // 快速排序
}

private void externalSort(String filePath) {
  // 外部排序
}

private void concurrentExternalSort(String filePath) {
  // 多執行緒外部排序
}

private void mapreduceSort(String filePath) {
  // 利用 MapReduce 進行多機排序
}
}

public class SortingTool {
  public static void main(String[] args) {
    Sorter sorter = new Sorter();
    sorter.sortFile(args[0]);
  }
}
```

在第 4 章中，我們講過，函式的程式行數不能過多，最好不要超過電腦螢幕的高度。
因此，為了避免 sortFile() 函式過長，我們把每種排序演算法從 sortFile() 函式中抽
離出來，拆分成 4 個獨立的排序函式。

如果我們只是開發一個簡單的排序工具，那麼上面的程式實作已經夠用了。畢竟，
程式不多，後續的修改、擴展需求也不多，無論如何寫，都不會導致程式不可維護。
但是，如果我們正在開發一個大型專案，排序檔案只是其中的一個功能模組，那麼，
在程式設計時，我們就要在程式品質上下點功夫。只有每個功能模組的程式都寫
好，整個專案的程式才不會差。

在上面的程式中，我們並沒有提供每種排序演算法的程式實作。實際上，如果讀者
自己實作的話，就會發現，每種排序演算法的實作邏輯都比較複雜，程式行數都比
較多。所有排序演算法的程式實作都放在 Sorter 類別中，這就會導致這個類別的程
式很多。而一個類別的程式太多，會影響程式的可讀性、可維護性。

為了解決 Sorter 類別過大的問題，我們可以將 Sorter 類別中的某些程式拆分出來，獨立成職責單一的類別。實際上，拆分是應對類別或函式中程式過多等程式複雜性問題的常用手段。按照這個解決思路，我們對程式進行重構。重構之後的程式如下所示。

```java
public interface ISortAlg {
  void sort(String filePath);
}

public class QuickSort implements ISortAlg {
  @Override
  public void sort(String filePath) {
    ...
  }
}

public class ExternalSort implements ISortAlg {
  @Override
  public void sort(String filePath) {
    ...
  }
}

public class ConcurrentExternalSort implements ISortAlg {
  @Override
  public void sort(String filePath) {
    ...
  }
}

public class MapReduceSort implements ISortAlg {
  @Override
  public void sort(String filePath) {
    ...
  }
}

public class Sorter {
  private static final long GB = 1000 * 1000 * 1000;

  public void sortFile(String filePath) {
    // 省略驗證邏輯
    File file = new File(filePath);
    long fileSize = file.length();
    ISortAlg sortAlg;
    if (fileSize < 6 * GB) { //[0, 6GB)
      sortAlg = new QuickSort();
    } else if (fileSize < 10 * GB) { //[6GB, 10GB)
      sortAlg = new ExternalSort();
    } else if (fileSize < 100 * GB) { //[10GB, 100GB)
      sortAlg = new ConcurrentExternalSort();
    } else { // 檔案大於或等於 100GB
```

```
      sortAlg = new MapReduceSort();
    }
    sortAlg.sort(filePath);
  }
}
```

經過拆分，每個類別的程式都不會太多，每個類別的邏輯都不會太複雜，程式的可讀性、可維護性得到提高。除此之外，我們將排序演算法設計成獨立的類別，與具體的商業邏輯解耦，提高了排序演算法的可複用性。這一步實際上就是策略模式的第一步：將策略的定義從商業程式中分離出來。

實際上，上面的程式還可以繼續優化。由於每種排序類別都是無狀態的，沒必要在每次使用時，都重新建立一個新物件，因此，我們可以使用工廠模式對物件的建立進行封裝。按照這個思路，我們對程式進行重構。重構之後的程式如下所示。

```
public class SortAlgFactory {
  private static final Map<String, ISortAlg> algs = new HashMap<>();
  static {
    algs.put("QuickSort", new QuickSort());
    algs.put("ExternalSort", new ExternalSort());
    algs.put("ConcurrentExternalSort", new ConcurrentExternalSort());
    algs.put("MapReduceSort", new MapReduceSort());
  }

  public static ISortAlg getSortAlg(String type) {
    if (type == null || type.isEmpty()) {
      throw new IllegalArgumentException("type should not be empty.");
    }
    return algs.get(type);
  }
}

public class Sorter {
  private static final long GB = 1000 * 1000 * 1000;

  public void sortFile(String filePath) {
    // 省略驗證邏輯
    File file = new File(filePath);
    long fileSize = file.length();
    ISortAlg sortAlg;
    if (fileSize < 6 * GB) { //[0, 6GB)
      sortAlg = SortAlgFactory.getSortAlg("QuickSort");
    } else if (fileSize < 10 * GB) { //[6GB, 10GB)
      sortAlg = SortAlgFactory.getSortAlg("ExternalSort");
    } else if (fileSize < 100 * GB) { //[10GB, 100GB)
      sortAlg = SortAlgFactory.getSortAlg("ConcurrentExternalSort");
    } else { // 檔案大於或等於100GB
      sortAlg = SortAlgFactory.getSortAlg("MapReduceSort");
    }
```

```
        sortAlg.sort(filePath);
    }
}
```

經過多次重構，目前的程式實際上已經是策略模式的程式結構了。我們透過策略模式將策略的定義、建立和使用解耦，讓每一部分都不至於太複雜。不過，Sorter 類別的 sortFile() 函式中還是有一系列 if-else 邏輯。這裡的 if-else 邏輯的分支不多，也不複雜，這樣寫完全沒問題。如果我們想將 if-else 分支判斷語句移除，那麼可以使用查表法具體程式如下所示，其中的「algs」就是「表」。

```java
public class Sorter {
    private static final long GB = 1000 * 1000 * 1000;
    private static final List<AlgRange> algs = new ArrayList<>();
    static {
        algs.add(new AlgRange(0, 6*GB, SortAlgFactory.getSortAlg("QuickSort")));
        algs.add(new AlgRange(6*GB, 10*GB, SortAlgFactory.
getSortAlg("ExternalSort")));
        algs.add(new AlgRange(10*GB, 100*GB, SortAlgFactory.getSortAlg("ConcurrentExternalSort")));
        algs.add(new AlgRange(100*GB, Long.MAX_VALUE, SortAlgFactory.getSortAlg("MapReduceSort")));
    }

    public void sortFile(String filePath) {
        // 省略驗證邏輯
        File file = new File(filePath);
        long fileSize = file.length();
        ISortAlg sortAlg = null;
        for (AlgRange algRange : algs) {
            if (algRange.inRange(fileSize)) {
                sortAlg = algRange.getAlg();
                break;
            }
        }
        sortAlg.sort(filePath);
    }

    private static class AlgRange {
        private long start;
        private long end;
        private ISortAlg alg;

        public AlgRange(long start, long end, ISortAlg alg) {
            this.start = start;
            this.end = end;
            this.alg = alg;
        }

        public ISortAlg getAlg() {
            return alg;
        }
```

```
    public boolean inRange(long size) {
      return size >= start && size < end;
    }
  }
}
```

目前的程式實作更加優雅。我們把原來程式內可變的部分隔離到了策略工廠類別和 Sorter 類別的靜態程式碼片段中。當需要新增一個新排序演算法時，我們只需要修改策略工廠類別和 Sorter 類別中的靜態程式碼片段，不需要修改其他程式，這樣，我們就將程式改動最小化、集中化了。

讀者可能認為，即便這樣，當新增新的排序演算法時，還是需要修改程式，這並不完全符合開閉原則。什麼辦法能讓程式完全滿足開閉原則呢？

對於 Java 語言，我們可以透過反射來避免對策略工廠類別的修改。我們透過一個設定檔或自訂註解來標記哪些類別是策略類別。策略工廠類別讀取設定檔或搜索註解，得到所有策略類別，然後透過反射動態地載入這些策略類別和建立策略物件。當新增一個新策略時，只需要將這個新策略類別新增到設定檔或使用註解標記。

對於 Sorter 類別，我們可以使用同樣的方法來避免修改。我們將檔案大小區間和排序演算法的對應關係放到設定檔中。當新增新的排序演算法時，我們只需要改動設定檔，不需要改動程式。

8.4.4　避免策略模式誤用

一提到 if-else 分支判斷，就有人認為它是「爛」程式。實際上，只要 if-else 分支判斷不複雜、程式不多，就可以大膽使用，畢竟 if-else 分支判斷是幾乎所有程式設計語言都會提供的語法，存在即有理由。只要遵循 KISS 原則，保持簡單，就是好的程式設計。如果我們非得用策略模式替代 if-else 分支判斷，那麼有時反而是一種過度設計。

一提到策略模式，就有人認為它的作用是避免 if-else 分支判斷。實際上，這種認識是片面的。策略模式的主要作用是解耦策略的定義、建立和使用，控制程式的複雜度，讓每個部分都不會太複雜。除此之外，對於複雜程式，策略模式還能讓其滿足開閉原則，即在新增新策略時，最小化、集中化程式改動，降低引入 bug 的風險。

8.4.5　思考題

什麼情況下才有必要消除程式中的 if-else 或 switch-case 分支判斷語句？

責任鏈模式：如何實現框架中的篩檢程式、攔截器和外掛程式

在 8.2 節～ 8.4 節中，我們分別介紹了模板方法模式、策略模式，在本節中，我們介紹責任鏈模式。這 3 種設計模式具有相同的作用：複用和擴展。在實際的專案開發中，我們經常使用它們。特別是在框架開發中，我們利用它們為框架提供擴展點，讓框架使用者在不修改框架原始碼的情況下，能夠基於擴展點定制框架功能。具體來說，我們經常使用責任鏈模式開發框架的篩檢程式、攔截器和外掛程式。

8.5.1　責任鏈模式的定義和實作

責任鏈設計模式（Chain of Responsibility Design Pattern）簡稱責任鏈模式。在 GoF 合著的《設計模式：可複用物件導向軟體的基礎》中，它是這樣定義的：將請求的發送和接收解耦，讓多個接收物件都有機會處理這個請求；將這些接收物件串成一條鏈，並沿著這條鏈傳遞這個請求，直到鏈上的某個接收物件能夠處理它為止（Avoid coupling the sender of a request to its receiver by giving more than one object a chance to handle the request. Chain the receiving objects and pass the request along the chain until an object handles it）。

在責任鏈模式中，多個處理器（也就是定義中所說的「接收物件」）依次處理同一個請求。一個請求首先經過 A 處理器處理，然後，這個請求被傳遞給 B 處理器，B 處理器處理完後再將其傳遞給 C 處理器，以此類推，形成一個鏈條。因為鏈條上的每個處理器各自承擔各自的職責，所以稱為責任鏈模式。

責任鏈模式有多種實作方式，這裡介紹兩種常用的。

第一種實作方式的程式如下所示。其中，Handler 類別是所有處理器類別的抽象父類別，handle() 是抽象方法。每個具體的處理器類別（HandlerA、HandlerB）的 handle() 函式的程式結構類似，如果某個處理器能夠處理該請求，就不繼續往下傳遞；如果它不能處理，則交由後面的處理器處理（也就是呼叫 successor.handle()）。HandlerChain 類別表示處理器鏈，從資料結構的角度來看，它就是一個記錄了鏈頭、鏈尾的鏈表。其中，記錄鏈尾是為了方便新增處理器。

```
public abstract class Handler {
  protected Handler successor = null;

  public void setSuccessor(Handler successor) {
    this.successor = successor;
```

```
  }

  public abstract void handle();
}

public class HandlerA extends Handler {
  @Override
  public void handle() {
    boolean handled = false;
    ...
    if (!handled && successor != null) {
      successor.handle();
    }
  }
}

public class HandlerB extends Handler {
  @Override
  public void handle() {
    boolean handled = false;
    ...
    if (!handled && successor != null) {
      successor.handle();
    }
  }
}

public class HandlerChain {
  private Handler head = null;
  private Handler tail = null;

  public void addHandler(Handler handler) {
    handler.setSuccessor(null);
    if (head == null) {
      head = handler;
      tail = handler;
      return;
    }
    tail.setSuccessor(handler);
    tail = handler;
  }

  public void handle() {
    if (head != null) {
      head.handle();
    }
  }
}

// 使用舉例
public class Application {
  public static void main(String[] args) {
    HandlerChain chain = new HandlerChain();
    chain.addHandler(new HandlerA());
    chain.addHandler(new HandlerB());
```

```
      chain.handle();
    }
  }
```

實際上，上面的程式實作不夠優雅，因為處理器類別的 handle() 函式不僅包含自己的商業邏輯，還包含對下一個處理器的呼叫（對應程式中的 successor.handle()）。如果一個不熟悉這種程式結構的程式設計師想要在其中新增新的處理器類別，那麼很有可能忘記在 handle() 函式中呼叫 successor.handle()，這就會導致程式出現 bug。

針對這個問題，我們對程式進行重構，利用模板方法模式，將呼叫 successor. handle() 的邏輯從處理器類別中剝離出來，放到抽象父類別中。這樣，處理器類別只需要實作自己的商業邏輯。重構之後的程式如下所示。

```java
public abstract class Handler {
  protected Handler successor = null;

  public void setSuccessor(Handler successor) {
    this.successor = successor;
  }

  public final void handle() {
    boolean handled = doHandle();
    if (successor != null && !handled) {
      successor.handle();
    }
  }

  protected abstract boolean doHandle();
}

public class HandlerA extends Handler {
  @Override
  protected boolean doHandle() {
    boolean handled = false;
    ...
    return handled;
  }
}

public class HandlerB extends Handler {
  @Override
  protected boolean doHandle() {
    boolean handled = false;
    ...
    return handled;
  }
}
```

我們再來看責任鏈模式的第二種實作方式,程式如下所示。這種實作方式更加簡單。其中,HandlerChain 類別用陣列而非鏈表來保存所有處理器類別,並且在 HandlerChain 類別的 handle() 函式中,依次呼叫每個處理器類別的 handle() 函式。

```java
public interface IHandler {
  boolean handle();
}

public class HandlerA implements IHandler {
  @Override
  public boolean handle() {
    boolean handled = false;
    ...
    return handled;
  }
}

public class HandlerB implements IHandler {
  @Override
  public boolean handle() {
    boolean handled = false;
    ...
    return handled;
  }
}

public class HandlerChain {
  private List<IHandler> handlers = new ArrayList<>();

  public void addHandler(IHandler handler) {
    this.handlers.add(handler);
  }

  public void handle() {
    for (IHandler handler : handlers) {
      boolean handled = handler.handle();
      if (handled) {
        break;
      }
    }
  }
}

// 使用舉例
public class Application {
  public static void main(String[] args) {
    HandlerChain chain = new HandlerChain();
    chain.addHandler(new HandlerA());
    chain.addHandler(new HandlerB());
    chain.handle();
  }
}
```

在 GoF 合著的《設計模式：可複用物件導向軟體的基礎》提出的責任鏈模式的定義中，如果處理器鏈上的某個處理器能夠處理這個請求，就不會繼續往下傳遞請求。實際上，責任鏈模式還有一種變體，那就是請求會被所有處理器都處理一遍，不存在中途終止的情況。這種變體也有兩種實作方式：用鏈表儲存處理器類別和用陣列儲存處理器類別，與上面兩種實作方式類似，稍加修改即可。這裡只提供用鏈表儲存處理器類別的實作方式，程式如下所示。對於用陣列儲存處理器類別的實作方式，讀者可對照上面的實作自行修改。

```java
public abstract class Handler {
  protected Handler successor = null;

  public void setSuccessor(Handler successor) {
    this.successor = successor;
  }

  public final void handle() {
    doHandle();
    if (successor != null) {
      successor.handle();
    }
  }
  protected abstract void doHandle();
}

public class HandlerA extends Handler {
  @Override
  protected void doHandle() {
    ...
  }
}

public class HandlerB extends Handler {
  @Override
  protected void doHandle() {
    ...
  }
}

public class HandlerChain {
  private Handler head = null;
  private Handler tail = null;

  public void addHandler(Handler handler) {
    handler.setSuccessor(null);
    if (head == null) {
      head = handler;
      tail = handler;
      return;
    }
    tail.setSuccessor(handler);
    tail = handler;
```

```
    }

    public void handle() {
      if (head != null) {
        head.handle();
      }
    }
  }

  // 使用範例
  public class Application {
    public static void main(String[] args) {
      HandlerChain chain = new HandlerChain();
      chain.addHandler(new HandlerA());
      chain.addHandler(new HandlerB());
      chain.handle();
    }
  }
```

雖然我們提供了典型的責任鏈模式的程式實作，但在實際的開發中，我們還是要具
體問題具體對待，因為責任鏈模式的程式實作會根據需求的不同而有所變化。實際
上，這一點對於所有設計模式都適用。

8.5.2　責任鏈模式在敏感詞過濾中的應用

對於支援 UGC（User Generated Content，使用者生成內容）的應用（如論壇），使
用者生成的內容（如在論壇中發表的帖子）可能包含敏感詞（如辱罵、色情、暴力
等詞彙），我們需要對敏感詞進行處理。針對這個應用情境，我們可以利用責任鏈模
式過濾敏感詞。

對於包含敏感詞的內容，我們有兩種處理方式，一種是直接禁止發佈，另一種是用
特殊符號替代敏感詞（如用「＊＊＊」替換敏感詞）。第一種處理方式符合 GoF 提出的
責任鏈模式的定義，第二種處理方式是責任鏈模式的變體。

這裡只提供第一種實作方式的範例程式，如下所示。注意，我們只提供核心程式，
並沒有提供具體的敏感詞過濾演算法的程式實作，讀者可以參考我之前出版的《資
料結構與演算法之美》中多模式字串比對相關章節，自行實作。

```
  public interface SensitiveWordFilter {
    boolean doFilter(Content content);
  }

  //ProfanityWordFilter 類別、ViolenceWordFilter 類別的程式結構
  // 與 SexualWordFilter 類別相似，因此本書沒有提供前兩個類別的定義
  public class SexualWordFilter implements SensitiveWordFilter {
    @Override
```

```java
  public boolean doFilter(Content content) {
    boolean legal = true;
    ...
    return legal;
  }
}

public class SensitiveWordFilterChain {
  private List<SensitiveWordFilter> filters = new ArrayList<>();

  public void addFilter(SensitiveWordFilter filter) {
    this.filters.add(filter);
  }

  public boolean filter(Content content) {
    for (SensitiveWordFilter filter : filters) {
      if (!filter.doFilter(content)) {
        return false;
      }
    }
    return true;
  }
}

public class ApplicationDemo {
  public static void main(String[] args) {
    SensitiveWordFilterChain filterChain = new SensitiveWordFilterChain();
    filterChain.addFilter(new ViolenceWordFilter());
    filterChain.addFilter(new SexualWordFilter());
    filterChain.addFilter(new ProfanityWordFilter());
    boolean legal = filterChain.filter(new Content());
    if (!legal) {
      // 不發表
    } else {
      // 發表
    }
  }
}
```

看了上面的程式實作，讀者可能會問，下面這段程式也可以實作敏感詞過濾功能，而且程式更加簡單，為什麼我們非要使用責任鏈模式呢？這是不是過度設計呢？

```java
public class SensitiveWordFilter {
  public boolean filter(Content content) {
    if (!filterViolenceWord(content)) {
      return false;
    }
    if (!filterSexualWord(content)) {
      return false;
    }
    if (!filterProfanityWord(content)) {
      return false;
    }
```

```
     return true;
  }

  private boolean filterViolenceWord(Content content) {
   ...
  }

  private boolean filterSexualWord(Content content) {
   ...
  }

  private boolean filterProfanityWord(Content content) {
   ...
  }
}
```

設計模式的應用主要是為了應對程式的複雜性，讓其滿足開閉原則，提高程式的擴展性。責任鏈模式也不例外。

如果程式的行數不多，邏輯簡單，那麼怎樣實作都可以。但是，如果程式的行數很多，邏輯複雜，就需要對程式進行拆分。應對程式複雜性的常用方法是將大函式拆分成小函式，將大類別拆分成小類別。透過責任鏈模式，我們可以把各個敏感詞過濾函式拆分出來，設計成獨立的類別，進一步簡化 SensitiveWordFilter 類別。

當我們需要擴展新過濾演算法時，如還需要過濾某些特殊符號，按照非責任鏈模式的程式實作方式，需要修改 SensitiveWordFilter 類別的程式，這違反開閉原則。基於責任鏈模式的實作方式更加優雅，只需要新增一個 Filter 類別，並透過 addFilter() 函式將它新增到 FilterChain 類別中，其他程式均不需要修改。

不過，讀者可能會說，即便使用責任鏈模式來實作，當新增新過濾演算法時，還是要修改使用者端程式（ApplicationDemo 類別），這樣做也沒有完全符合開閉原則。

實際上，如果細化一下的話，那麼，我們可以把程式分成兩類：框架程式和使用者端程式。其中，ApplicationDemo 類別屬於使用者端程式，也就是使用框架的程式。除 ApplicationDemo 類別之外的程式屬於敏感詞過濾框架程式。假設敏感詞過濾框架並不是我們開發和維護的，而是導入的第三方框架，如果我們要擴展一個新過濾演算法，那麼不可能直接修改框架的原始碼。這個時候，利用責任鏈模式，就能在不修改框架原始碼的情況下，實作基於責任鏈模式提供的擴展點來擴展新功能。換句話說，我們在框架這個程式範圍內實作了開閉原則。

8.5.3 責任鏈模式在 Servlet Filter 中的應用

Servlet Filter（篩檢程式）可以實作對 HTTP 請求的過濾功能，如驗證、限流、記錄日誌和驗證參數等。Servlet Filter 是 Servlet 規範的一部分，只要是支援 Servlet 規範的 Web 容器（如 Tomcat、Jetty 等），都支援篩檢程式功能。Servlet Filter 的工作原理如圖 8-2 所示。

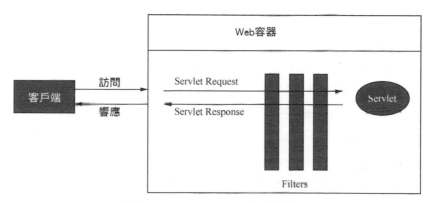

圖 8-2　Servlet Filter 的工作原理

在實際專案中，Servlet Filter 的使用方式如下面的範例程式所示。在新增一個篩檢程式時，我們只需要定義一個實作 javax.servlet.Filter 介面的篩檢程式類別，並且將它配置在 web.xml 設定檔中。Web 容器啟動時，會讀取 web.xml 中的配置，建立篩檢程式物件。當有請求到來時，請求會先經過篩檢程式處理，然後才由 Servlet 處理。

```java
public class LogFilter implements Filter {
  @Override
  public void init(FilterConfig filterConfig) throws ServletException {
    // 在建立 Filter 類別時自動呼叫，其中 filterConfig 包含這個 Filter 類別的配置參數，
    // 如 name 之類的（從配置檔案中讀取的）
  }

  @Override
  public void doFilter(ServletRequest request, ServletResponse response,
FilterChain chain) throws IOException, ServletException {
    System.out.println("攔截使用者端發來的請求.");
    chain.doFilter(request, response);
    System.out.println("攔截發給使用者端的回應.");
  }

  @Override
  public void destroy() {
    // 在銷毀 Filter 類別時自動呼叫
  }
```

```
    }

    // 在 web.xml 設定檔中進行如下配置
    <filter>
        <filter-name>logFilter</filter-name>
        <filter-class>com.xzg.cd.LogFilter</filter-class>
    </filter>
    <filter-mapping>
            <filter-name>logFilter</filter-name>
            <url-pattern>/*</url-pattern>
    </filter-mapping>
```

從上述範例程式中，我們可以發現，新增篩檢程式非常簡單，不需要修改程式，只需要定義一個實作 javax.servlet.Filter 的篩檢程式類別，並修改一下配置，這符合開閉原則。那麼，Servlet Filter 是如何做到如此好的擴展性的呢？這正是因為其使用了責任鏈模式。接下來，透過解析它的原始碼，我們詳細介紹它是如何實作的。

責任鏈模式的典型程式實作包含處理器介面（IHandler）或抽象類別（Handler），以及處理器鏈（HandlerChain）。對應到 Servlet Filter，javax.servlet.Filter 就是處理器介面，FilterChain 就是處理器鏈。接下來，我們重點介紹 FilterChain 是如何實作的。

不過，Servlet 只是一個規範，並不包含具體的實作，因此，Servlet 中的 FilterChain 只是一個介面。具體的實作類別由遵守 Servlet 規範的 Web 容器提供，如 ApplicationFilterChain 類別就是 Tomcat 提供的 FilterChain 的實作類別，原始碼如下所示。注意，為了讓程式更易讀懂，我們對程式進行了簡化，只保留了與責任鏈模式相關的程式片段。讀者可以自行去 Tomcat 官網查看完整的程式。

```java
public final class ApplicationFilterChain implements FilterChain {
  private int pos = 0; // 當前執行到了哪個篩檢程式
  private int n; // 篩檢程式的個數
  private ApplicationFilterConfig[] filters;
  private Servlet servlet;

  @Override
  public void doFilter(ServletRequest request, ServletResponse response) {
    if (pos < n) {
      ApplicationFilterConfig filterConfig = filters[pos++];
      Filter filter = filterConfig.getFilter();
      filter.doFilter(request, response, this);
    } else {
      //Filter 都處理完畢後，執行 Servlet
      servlet.service(request, response);
    }
  }

  public void addFilter(ApplicationFilterConfig filterConfig) {
    for (ApplicationFilterConfig filter:filters)
```

```
            if (filter==filterConfig)
                return;
        if (n == filters.length) { // 擴增容量
            ApplicationFilterConfig[] newFilters = new ApplicationFilterConfig[n +
INCREMENT];
            System.arraycopy(filters, 0, newFilters, 0, n);
            filters = newFilters;
        }
        filters[n++] = filterConfig;
    }
}
```

ApplicationFilterChain 類別中的 doFilter() 函式的程式實作非常具有技巧性，實際上，doFilter() 函式是一個遞迴函式。我們可以將每個 Filter 類別（如 LogFilter 類別）的 doFilter() 函式的程式實作直接替換到 doFilter() 函式中，如下所示，就能更加清楚地看出 doFilter() 函式是遞迴函式了。

```
@Override
public void doFilter(ServletRequest request, ServletResponse response) {
  if (pos < n) {
    ApplicationFilterConfig filterConfig = filters[pos++];
    Filter filter = filterConfig.getFilter();
    //filter.doFilter(request, response, this);  這一行替換為下面 3 行
    System.out.println("攔截使用者端發來的請求 .");
    chain.doFilter(request, response); //chain 就是 this，遞迴呼叫
    System.out.println("攔截發給使用者端的回應 .")
  } else {
    //Filter 都處理完畢後，執行 Servlet
    servlet.service(request, response);
  }
}
```

利用遞迴實作 doFilter() 函式，主要是為了在一個 doFilter() 方法中實作雙向攔截，既能攔截使用者端發來的請求，又能攔截發給使用者端的回應。理解上述程式，需要讀者對遞迴有比較透徹的理解。遞迴已經超出本書的講解範疇，讀者可以自行閱讀我出版的另一本書《資料結構與演算法之美》中遞迴相關章節。

8.5.4　責任鏈模式在 SpringInterceptor 中的應用

現在，我們介紹一個功能上與 Servlet Filter 類似的技術：Spring Interceptor（攔截器）。Servlet Filter 和 Spring Interceptor 都用來實作對 HTTP 請求進行攔截處理。它們的不同之處在於，Servlet Filter 是 Servlet 規範的一部分，由 Web 容器提供程式實作；Spring Interceptor 是 Spring MVC 框架的一部分，由 Spring MVC 框架提供程式

實作。使用者端發送的請求會首先經過 Servlet Filter，然後經過 Spring Interceptor，最後到達具體的商業程式中。圖 8-3 展示了使用者端發來的一個請求的處理流程。

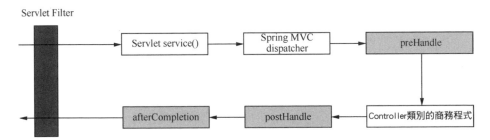

圖 8-3　使用者端發來的一個請求的處理流程

Spring Interceptor 使用的範例程式如下所示。LogInterceptor 類別實作的功能與 LogFilter 類別完全相同，只是實作方式上稍有區別。LogFilter 類別對請求和回應的攔截是在 doFilter() 函式中實作的，而 LogInterceptor 類別對請求的攔截在 preHandle() 函式中實作，對回應的攔截在 postHandle() 函式中實作。

```
public class LogInterceptor implements HandlerInterceptor {
    @Override
    public boolean preHandle(HttpServletRequest request, HttpServletResponse
response, Object handler) throws Exception {
        System.out.println("攔截使用者端發來的請求.");
        return true; // 繼續後續處理
    }

    @Override
    public void postHandle(HttpServletRequest request, HttpServletResponse
response, Object handler, ModelAndView modelAndView) throws Exception {
        System.out.println("攔截發給使用者端的回應.");
    }

    @Override
    public void afterCompletion(HttpServletRequest request, HttpServletResponse
response, Object handler, Exception ex) throws Exception {
        System.out.println("這裡總是被執行.");
    }
}

// 在 Spring MVC 設定檔中配置 interceptors
<mvc:interceptors>
    <mvc:interceptor>
        <mvc:mapping path="/*"/>
        <bean class="com.xzg.cd.LogInterceptor" />
```

```
          </mvc:interceptor>
      </mvc:interceptors>
```

當然，Spring Interceptor 也是基於責任鏈模式實作的。在其程式實作中，Handler-ExecutionChain 類別是責任鏈模式中的處理器鏈。HandlerExecutionChain 類別的原始碼如下所示，同樣，我們對原始碼進行了簡化，只保留了與責任鏈模式相關的程式。

```java
public class HandlerExecutionChain {
  private final Object handler;
  private HandlerInterceptor[] interceptors;

  public void addInterceptor(HandlerInterceptor interceptor) {
    initInterceptorList().add(interceptor);
  }

  boolean applyPreHandle(HttpServletRequest request, HttpServletResponse response)
throws Exception {
      HandlerInterceptor[] interceptors = getInterceptors();
      if (!ObjectUtils.isEmpty(interceptors)) {
        for (int i = 0; i < interceptors.length; i++) {
          HandlerInterceptor interceptor = interceptors[i];
          if (!interceptor.preHandle(request, response, this.handler)) {
            triggerAfterCompletion(request, response, null);
            return false;
          }
        }
      }
      return true;
  }

  void applyPostHandle(HttpServletRequest request, HttpServletResponse
response, ModelAndView mv) throws Exception {
      HandlerInterceptor[] interceptors = getInterceptors();
      if (!ObjectUtils.isEmpty(interceptors)) {
        for (int i = interceptors.length - 1; i >= 0; i--) {
          HandlerInterceptor interceptor = interceptors[i];
          interceptor.postHandle(request, response, this.handler, mv);
        }
      }
  }

  void triggerAfterCompletion(HttpServletRequest request, HttpServletResponse
response, Exception ex)
      throws Exception {
      HandlerInterceptor[] interceptors = getInterceptors();
      if (!ObjectUtils.isEmpty(interceptors)) {
        for (int i = this.interceptorIndex; i >= 0; i--) {
          HandlerInterceptor interceptor = interceptors[i];
          try {
```

```
                interceptor.afterCompletion(request, response, this.handler, ex);
            } catch (Throwable ex2) {
                logger.error("HandlerInterceptor.afterCompletion threw exception",
ex2);
            }
        }
    }
}
```

相較於 Tomcat 中的 ApplicationFilterChain 類別，HandlerExecutionChain 類別的實作邏輯更加清晰，沒有使用遞迴。之所以沒有使用遞迴，是因為它將對請求和回應的攔截工作拆分到了 preHandle() 和 postHandle() 兩個函式中完成。在 Spring MVC 框架中，DispatcherServlet 類別的 doDispatch() 方法用來分發請求，其在真正的商業邏輯執行前後，執行 HandlerExecutionChain 類別中的 applyPreHandle() 和 applyPostHandle() 函式，用來實作攔截功能。

8.5.5　責任鏈模式在 MyBatis Plugin 中的應用

實際上，MyBatis Plugin 的功能與 Servlet Filter、Spring Interceptor 類別似，都是在不需要修改原有流程程式的情況下，攔截某些方法呼叫，在攔截的方法呼叫的前後，執行一些額外的程式邏輯。它們的唯一區別在於攔截的物件是不同的。Servlet Filter 主要攔截 Servlet 請求，Spring Interceptor 主要攔截 Spring 管理的 Bean 的方法（如 Controller 類別的方法等），而 MyBatis Plugin 主要攔截的是 MyBatis 框架在執行 SQL 語句的過程中涉及的一些方法。

接下來，我們透過一個例子介紹一下 MyBatis Plugin 如何使用。

假設我們需要統計應用中每個 SQL 語句的執行耗時，如果使用 MyBatis Plugin 來實作，那麼只需要定義一個 SqlCostTimeInterceptor 類別，讓它實作 MyBatis 的 Interceptor 介面，並在 MyBatis 的全域設定檔中寫相應的配置。具體的程式和配置如下所示。

```
    @Intercepts({
            @Signature(type = StatementHandler.class, method = "query", args =
{Statement.class, ResultHandler.class}),
            @Signature(type = StatementHandler.class, method = "update", args = {Statement.
class}),
            @Signature(type = StatementHandler.class, method = "batch", args = {Statement.
class})})
    public class SqlCostTimeInterceptor implements Interceptor {
      private static Logger logger = LoggerFactory.getLogger(SqlCostTimeInterceptor.
class);
```

```java
  @Override
  public Object intercept(Invocation invocation) throws Throwable {
    Object target = invocation.getTarget();
    long startTime = System.currentTimeMillis();
    StatementHandler statementHandler = (StatementHandler) target;
    try {
      return invocation.proceed();
    } finally {
      long costTime = System.currentTimeMillis() - startTime;
      BoundSql boundSql = statementHandler.getBoundSql();
      String sql = boundSql.getSql();
      logger.info("執行 SQL：[{}] 執行耗時 [{} ms]", sql, costTime);
    }
  }

  @Override
  public Object plugin(Object target) {
    return Plugin.wrap(target, this);
  }

  @Override
  public void setProperties(Properties properties) {
    System.out.println("外掛程式配置的資訊："+properties);
  }
}

<!-- MyBatis 全域設定檔：mybatis-config.xml -->
<plugins>
  <plugin interceptor="com.xzg.cd.a88.SqlCostTimeInterceptor">
    <property name="someProperty" value="100"/>
  </plugin>
</plugins>
```

我們重點看一下 @Intercepts 註解這部分。我們知道，無論是攔截器、篩檢程式，還是外掛程式，都需要明確地標明攔截的目標方法。@Intercepts 註解實際上就是起到了這個作用。其中，@Intercepts 註解可以巢狀 @Signature 註解。@Signature 註解標明要攔截的目標方法。如果要攔截多個方法，那麼我們可以像上面的範例程式一樣，寫多條 @Signature 註解。

@Signature 註解包含 3 個元素：type、method 和 args。其中，type 指明要攔截的類別，method 指明方法名，args 指明方法的參數列表。透過指定這 3 個元素，我們就能完全確定一個要攔截的方法。在預設情況下，MyBatis Plugin 允許攔截的方法如表 8-1 所示。

表 8-1　MyBatis Plugin 允許攔截的方法

類別	方法
Executor	update、query、flushStatements、commit、rollback、getTransaction、close 和 isClosed
ParameterHandler	getParameterObject 和 setParameters
ResultSetHandler	handleResultSets 和 handleOutputParameters
StatementHandler	prepare、parameterize、batch、update 和 query

MyBatis 的底層透過 Executor 類別執行 SQL 語句。Executor 類別會建立 Statement-Handler、ParameterHandler 和 ResultSetHandler 這 3 個類別的物件，並且，首先使用 ParameterHandler 類別設定 SQL 中的預留位置參數，然後使用 StatementHandler 類別執行 SQL 語句，最後使用 ResultSetHandler 類別封裝執行結果。因此，我們只需要攔截 Executor、ParameterHandler、ResultSetHandler 和 StatementHandler 這 4 個類別的方法，這樣基本上就能夠實作對整個 SQL 執行流程中每個步驟的攔截。實際上，除統計 SQL 語句的執行耗時以外，MyBatis Plugin 還可以做很多事情，如分庫分表、自動分頁、資料去識別化和加解密等。

在上文中，我們簡單介紹了如何使用 MyBatis Plugin。現在，我們透過剖析原始碼，介紹一下如此簡潔的使用方式的底層是如何實作的，以及隱藏了哪些複雜的設計。

Servlet Filter 採用遞迴來實作在攔截方法前後新增邏輯。Spring Interceptor 把攔截方法前後要新增的邏輯放到兩個方法中實作。MyBatis Plugin 採用巢狀動態代理的方法來實作在攔截方法前後新增邏輯。這種實作思路很有技巧性。責任鏈模式的實作一般包含處理器（Handler）和處理器鏈（HandlerChain）兩部分。這兩個部分對應到 Servlet Filter 的原始碼中就是 Filter 和 FilterChain，對應到 Spring Interceptor 的原始碼中就是 HandlerInterceptor 和 HandlerExecutionChain，對應到 MyBatis Plugin 的原始碼中就是 Interceptor 和 InterceptorChain。除此之外，MyBatis Plugin 還包含另外一個非常重要的類別：Plugin。它用來生成被攔截物件的動態代理。

在集成了 MyBatis 框架的應用啟動時，MyBatis 框架會讀取全域設定檔（前面例子中的 mybatis-config.xml 檔案），解析出 Interceptor（也就是前面例子中的 SqlCostTimeInterceptor），並且將它注入 Configuration 類別的 InterceptorChain 類別的物件中。Interceptor 和 InterceptorChain 這兩個類別的程式如下所示。

```java
    public class Invocation {
      private final Object target;
      private final Method method;
      private final Object[] args;
      // 省略構造函式和 getter 方法

      public Object proceed() throws InvocationTargetException,
IllegalAccessException {
          return method.invoke(target, args);
      }
    }

    public interface Interceptor {
      Object intercept(Invocation invocation) throws Throwable;
      Object plugin(Object target);
      void setProperties(Properties properties);
    }

    public class InterceptorChain {
      private final List<Interceptor> interceptors = new ArrayList<Interceptor>();

      public Object pluginAll(Object target) {
        for (Interceptor interceptor : interceptors) {
          target = interceptor.plugin(target);
        }
        return target;
      }

      public void addInterceptor(Interceptor interceptor) {
        interceptors.add(interceptor);
      }

      public List<Interceptor> getInterceptors() {
        return Collections.unmodifiableList(interceptors);
      }
    }
```

在解析完設定檔之後，所有攔截器都被載入到了 InterceptorChain 類別中。攔截器是在什麼時候被觸發執行的呢？如何被觸發執行的呢？

在上文中，我們提到，在執行 SQL 語句的過程中，MyBatis 會建立 Executor、StatementHandler、ParameterHandler 和 ResultSetHandler 這 4 個類別的物件，對應的建立程式在 Configuration 類別中，如下所示。

```java
    public Executor newExecutor(Transaction transaction, ExecutorType
executorType) {
      executorType = executorType == null ? defaultExecutorType : executorType;
      executorType = executorType == null ? ExecutorType.SIMPLE : executorType;
      Executor executor;
      if (ExecutorType.BATCH == executorType) {
        executor = new BatchExecutor(this, transaction);
```

```
    } else if (ExecutorType.REUSE == executorType) {
      executor = new ReuseExecutor(this, transaction);
    } else {
      executor = new SimpleExecutor(this, transaction);
    }
    if (cacheEnabled) {
      executor = new CachingExecutor(executor);
    }
    executor = (Executor) interceptorChain.pluginAll(executor);
    return executor;
  }

  public ParameterHandler newParameterHandler(MappedStatement mappedStatement, Object
parameterObject, BoundSql boundSql) {
    ParameterHandler parameterHandler = mappedStatement.getLang().createParameterHa
ndler(mappedStatement, parameterObject, boundSql);
    parameterHandler = (ParameterHandler) interceptorChain.
pluginAll(parameterHandler);
    return parameterHandler;
  }

  public ResultSetHandler newResultSetHandler(Executor executor, MappedStatement
mappedStatement, RowBounds rowBounds, ParameterHandler parameterHandler,
      ResultHandler resultHandler, BoundSql boundSql) {
    ResultSetHandler resultSetHandler = new DefaultResultSetHandler(executor,
mappedStatement, parameterHandler, resultHandler, boundSql, rowBounds);
    resultSetHandler = (ResultSetHandler) interceptorChain.
pluginAll(resultSetHandler);
    return resultSetHandler;
  }

  public StatementHandler newStatementHandler(Executor executor, MappedStatement
mappedStatement, Object parameterObject, RowBounds rowBounds, ResultHandler
resultHandler, BoundSql boundSql) {
    StatementHandler statementHandler = new RoutingStatementHandler(executor,
mappedStatement, parameterObject, rowBounds, resultHandler, boundSql);
    statementHandler = (StatementHandler) interceptorChain.
pluginAll(statementHandler);
    return statementHandler;
  }
```

從上面的程式中，我們可以發現，Executor、StatementHandler、ParameterHandler、ResultSetHandler 這 4 個類別的物件的建立過程中都呼叫了 InterceptorChain 類別的 pluginAll() 方法。這個方法的原始碼我們已經在上文中提供了。它的邏輯很簡單，迴圈呼叫 InterceptorChain 類別中每個 Interceptor 類別的 plugin() 方法。plugin() 是一個介面方法（不包含實作程式），需要由使用者提供具體的實作程式。在之前的例子中，SqlCostTimeInterceptor 類別的 plugin() 方法透過直接呼叫 Plugin 類別的 wrap() 方法來實作。wrap() 方法的實作程式如下所示。

```java
// 借助 Java InvocationHandler 實作的動態代理模式
public class Plugin implements InvocationHandler {
  private final Object target;
  private final Interceptor interceptor;
  private final Map<Class<?>, Set<Method>> signatureMap;

  private Plugin(Object target, Interceptor interceptor, Map<Class<?>, Set<Method>>
signatureMap) {
      this.target = target;
      this.interceptor = interceptor;
      this.signatureMap = signatureMap;
  }

  //wrap() 靜態方法，用來生成 target 的動態代理，
  // 動態代理物件 =target 物件 +interceptor 物件。
  public static Object wrap(Object target, Interceptor interceptor) {
    Map<Class<?>, Set<Method>> signatureMap = getSignatureMap(interceptor);
    Class<?> type = target.getClass();
    Class<?>[] interfaces = getAllInterfaces(type, signatureMap);
    if (interfaces.length > 0) {
      return Proxy.newProxyInstance(
          type.getClassLoader(),
          interfaces,
          new Plugin(target, interceptor, signatureMap));
    }
    return target;
  }

  // 呼叫 target 物件的 f() 方法，會觸發執行下面這個方法。
  // 執行 interceptor 物件的 intercept() 方法 + 執行 target 物件的 f() 方法
  @Override
  public Object invoke(Object proxy, Method method, Object[] args) throws
Throwable {
      try {
        Set<Method> methods = signatureMap.get(method.getDeclaringClass());
        if (methods != null && methods.contains(method)) {
          return interceptor.intercept(new Invocation(target, method, args));
        }
        return method.invoke(target, args);
      } catch (Exception e) {
        throw ExceptionUtil.unwrapThrowable(e);
      }
  }
}
```

Plugin 類別的 wrap() 函式用來生成 target 物件的動態代理物件。target 物件就是 Executor、StatementHandler、ParameterHandler 和 ResultSetHandler 這 4 個類別的物件。MyBatis 中的責任鏈模式的實作方式比較特殊。它對同一個 target 物件巢狀多次代理，也就是 InterceptorChain 類別中的 pluginAll() 函式要執行的任務。

```java
public Object pluginAll(Object target) {
    // 巢狀代理
```

```
    for (Interceptor interceptor : interceptors) {
      target = interceptor.plugin(target);
      // 上面這行程式等價於下面這行程式,
      //target(代理物件)=target(目標物件)+interceptor(攔截器功能)
      //target = Plugin.wrap(target, interceptor);
    }
    return target;
}
//MyBatis 像下面這樣建立 target 物件(Executor、StatementHandler、ParameterHandler 和
//ResultSetHandler 類別),相當於多次巢狀代理
Object target = interceptorChain.pluginAll(target);
```

當執行 Executor、StatementHandler、ParameterHandler 和 ResultSetHandler 這 4 個類別中的某個方法時,MyBatis 會巢狀執行每層代理物件(Plugin 類別的物件)的 invoke() 方法。而 invoke() 方法會先執行代理物件中 interceptor 物件的 intercept() 函式,再執行被代理物件的方法。這樣,在一層層地執行完代理物件的 intercept() 函式之後,MyBatis 才最終執行那 4 個原始類別的物件的方法。

8.5.6　思考題

利用責任鏈模式,我們可以讓框架程式滿足開閉原則。如果新增一個新處理器,那麼只需要修改使用者端程式。如果我們希望使用者端程式也滿足開閉原則,即不修改任何程式,那麼,讀者有什麼辦法可以做到嗎?

8.6　狀態模式:如何實現遊戲和工作流引擎中常用的狀態機

在實際的軟體發展中,狀態模式並不常用,但是,一旦使用,它便可以發揮強大的作用。從這一點來看,它有點像我們在 7.6 節中講過的組合模式。狀態模式一般用來實作狀態機,而狀態機常用在遊戲、工作流引擎等系統的開發中。不過,狀態機的實作方式有多種,除狀態模式以外,常用的還有分支判斷法和查表法。在本節中,我們詳細講解這 3 種實作方式,並對比它們的優劣和應用情境。

8.6.1　什麼是有限狀態機

有限狀態機(Finite State Machine,FSM)簡稱狀態機。狀態機有 3 個組成部分:狀態(State)、事件(Event)和動作(Action)。其中,事件也稱為轉移條件(Transition Condition)。事件觸發狀態的轉移和動作的執行。不過,動作不是必需的,也可能存在只轉移狀態,不執行任何動作的情況。

我們結合一個具體的例子來解釋一下狀態機的各個組成部分。

讀者有沒有玩過《超級瑪利歐》遊戲？在該遊戲中，瑪利歐可以變身為多種形態，如小瑪利歐（Small Mario）、超級瑪利歐（Super Mario）、火焰瑪利歐（Fire Mario）和斗篷瑪利歐（Cape Mario）等。在不同的遊戲情節中，各個形態會互相轉化，並相應地增減積分。例如，瑪利歐的初始形態是小瑪利歐，吃了「蘑菇」之後，就會變成超級瑪利歐，並且增加 100 積分。

實際上，瑪利歐形態的轉變就是一個狀態機。其中，瑪利歐的不同形態就是狀態機中的「狀態」，遊戲情節（如吃了「蘑菇」）就是狀態機中的「事件」，加減積分就是狀態機中的「動作」。例如，吃「蘑菇」這個事件會觸發狀態的轉移，從小瑪利歐轉移到超級瑪利歐，以及觸發動作的執行，增加 100 積分。

為了方便接下來的講解，我們對該遊戲的背景做了簡化，只保留了部分狀態和事件。簡化之後的狀態轉移如圖 8-4 所示。

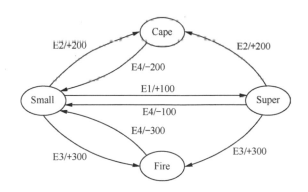

E1：吃了「蘑菇」　　E2：獲得斗篷
E3：獲得火焰　　　　E4：遇到怪物

圖 8-4　簡化之後的狀態轉移

我們如何將圖 8-4 所示的狀態轉移圖「翻譯」成程式呢？換句話說，如何程式設計實作圖 8-4 對應的狀態機呢？狀態機的「骨幹」程式如下所示。其中，obtainMushRoom()、obtainCape()、obtainFireFlower() 和 meetMonster() 這 4 個函式根據當前的狀態和事件，實作了狀態更新和積分增減。不過，這 4 個函式的具體程式實作暫時沒有秀出來，我們會在下文中逐步補全。

```
public enum State {
  SMALL(0),
  SUPER(1),
  FIRE(2),
  CAPE(3);
  private int value;

  private State(int value) {
    this.value = value;
  }

  public int getValue() {
    return this.value;
  }
}

public class MarioStateMachine {
  private int score;
  private State currentState;

  public MarioStateMachine() {
    this.score = 0;
    this.currentState = State.SMALL;
  }

  public void obtainMushRoom() {
    //TODO
  }

  public void obtainCape() {
    //TODO
  }

  public void obtainFireFlower() {
    //TODO
  }

  public void meetMonster() {
    //TODO
  }

  public int getScore() {
    return this.score;
  }

  public State getCurrentState() {
    return this.currentState;
  }
}

public class ApplicationDemo {
  public static void main(String[] args) {
    MarioStateMachine mario = new MarioStateMachine();
    mario.obtainMushRoom();
```

```
    int score = mario.getScore();
    State state = mario.getCurrentState();
    System.out.println("mario score: " + score + "; state: " + state);
  }
}
```

8.6.2 狀態機實作方式一：分支判斷法

對於如何實作狀態機，我總結出了 3 種方式：分支判斷法、查表法和狀態模式。其中，簡單、直接的實作方式是，參照狀態轉移圖，將每一個狀態轉移照樣直翻成程式。這樣寫的程式會包含大量的 if-else 或 switch-case 分支判斷語句，因此，我們把這種實作方式暫且命名為分支判斷法。按照這個實作思路，我們將上面的「骨幹」程式補全。補全之後的程式如下所示。

```java
public class MarioStateMachine {
  private int score;
  private State currentState;

  public MarioStateMachine() {
    this.score = 0;
    this.currentState = State.SMALL;
  }

  public void obtainMushRoom() {
    if (currentState.equals(State.SMALL)) {
      this.currentState = State.SUPER;
      this.score += 100;
    }
  }

  public void obtainCape() {
    if (currentState.equals(State.SMALL) || currentState.equals(State.SUPER) ) {
      this.currentState = State.CAPE;
      this.score += 200;
    }
  }

  public void obtainFireFlower() {
    if (currentState.equals(State.SMALL) || currentState.equals(State.SUPER) ) {
      this.currentState = State.FIRE;
      this.score += 300;
    }
  }

  public void meetMonster() {
    if (currentState.equals(State.SUPER)) {
      this.currentState = State.SMALL;
      this.score -= 100;
      return;
```

```
      }
    if (currentState.equals(State.CAPE)) {
      this.currentState = State.SMALL;
      this.score -= 200;
      return;
    }
    if (currentState.equals(State.FIRE)) {
      this.currentState = State.SMALL;
      this.score -= 300;
      return;
    }
  }

  public int getScore() {
    return this.score;
  }

  public State getCurrentState() {
    return this.currentState;
  }
}
```

對於簡單的狀態機，分支判斷法這種實作方式是可以接受的。但是，對於複雜的狀態機，這種實作方式極易漏寫或錯寫某個狀態轉移。除此之外，程式中充斥著大量的 if-else 或 switch-case 分支判斷語句，可讀性和可維護性都很差。如果未來某一天需要修改狀態機中的某個狀態轉移，那麼我們要在冗長的分支邏輯中找到對應的程式並進行修改，很容易改錯而引入 bug。

8.6.3　狀態機實作方式二：查表法

分支判斷法有些類似硬寫程式（hard code），只能處理簡單的狀態機。對於複雜的狀態機，查表法更加適合。接下來，我們看一下如何使用查表法實作狀態機。

實際上，狀態機除用狀態轉移圖表示以外，還可以使用二維的狀態轉移表表示，如表 8-2 所示。在這個狀態轉移表中，第一維表示當前狀態，第二維表示事件，值表示當前狀態經過事件之後，轉移到的新狀態及其執行的動作。

表 8-2　狀態轉移表

	E1（Obtain MushRoom）	E2（Obtain Cape）	E3（Obatin Fire Flower）	E4（Meet Monster）
Small	Super/+100	Cape/+200	Fire/+300	—
Super	—	Cape/+200	Fire/+300	Small/−100
Cape	—	—	—	Small/−200
Fire	—	—	—	Small/−300

註：表中的一字線表示不存在這種狀態轉移。

我們用查表法補全 MarioStateMachine 類別，補全後的程式如下所示。相對於分支判斷法，查表法的程式實作更加清晰，可讀性和可維護性更好。當修改狀態機時，我們只需要修改 transitionTable 和 actionTable 兩個二維陣列。實際上，如果我們把這兩個二維陣列儲存在設定檔中，當需要修改狀態機時，我們甚至不用修改任何程式，只需要修改設定檔。

```
public enum Event {
  OBTAIN_MUSHROOM(0),
  OBTAIN _CAPE(1),
  OBTAIN _FIRE(2),
  MEET_MONSTER(3);
  private int value;

  private Event(int value) {
    this.value = value;
  }

  public int getValue() {
    return this.value;
  }
}

public class MarioStateMachine {
  private int score;
  private State currentState;

  private static final State[][] transitionTable = {
        {SUPER, CAPE, FIRE, SMALL},
        {SUPER, CAPE, FIRE, SMALL},
        {CAPE, CAPE, CAPE, SMALL},
        {FIRE, FIRE, FIRE, SMALL}
  };
```

```java
    private static final int[][] actionTable = {
            {+100, +200, +300, +0},
            {+0, +200, +300, -100},
            {+0, +0, +0, -200},
            {+0, +0, +0, -300}
    };

    public MarioStateMachine() {
      this.score = 0;
      this.currentState = State.SMALL;
    }

    public void obtainMushRoom() {
      executeEvent(Event.OBTAIN_MUSHROOM);
    }

    public void obtainCape() {
      executeEvent(Event.OBTAIN_CAPE);
    }

    public void obtainFireFlower() {
      executeEvent(Event.OBTAIN_FIRE);
    }

    public void meetMonster() {
      executeEvent(Event.MEET_MONSTER);
    }

    private void executeEvent(Event event) {
      int stateValue = currentState.getValue();
      int eventValue = event.getValue();
      this.currentState = transitionTable[stateValue][eventValue];
      this.score += actionTable[stateValue][eventValue];
    }

    public int getScore() {
      return this.score;
    }

    public State getCurrentState() {
      return this.currentState;
    }
}
```

8.6.4　狀態機實作方式三：狀態模式

在超級瑪利歐這個例子中，事件觸發的動作只是簡單的積分加減，因此，在查表法的程式實作中，我們用一個 int 型別的二維陣列 actionTable，就能表示事件觸發的動作。二維陣列中的值表示積分的加減值。但是，如果要執行的動作並非這麼簡單，而是一系列複雜的邏輯操作（如加減積分、寫入資料庫和發送消息通知等），我們就無法使用如此簡單的二維陣列來表示了。也就是說，查表法的實作方式有一定的局限性。

針對分支判斷法和查表法存在的問題，我們可以使用狀態模式來解決。狀態模式透過將不同事件觸發的狀態轉移和動作執行拆分到不同的狀態類別中，來避免分支判斷語句。利用狀態模式，我們補全 MarioStateMachine 類別，補全後的程式如下所示。其中，IMario 是狀態的介面，定義了所有事件。SmallMario、SuperMario、CapeMario 和 FireMario 是 IMario 介面的實作類別，分別對應狀態機中的 4 個狀態。原來所有的狀態轉移和動作執行的邏輯都集中在 MarioStateMachine 類別中，現在，這些邏輯被分散到了這 4 個狀態類別中。

```java
public interface IMario { // 所有狀態類別的介面
  State getName();
  // 以下是定義的事件
  void obtainMushRoom();
  void obtainCape();
  void obtainFireFlower();
  void meetMonster();
}

public class SmallMario implements IMario {
  private MarioStateMachine stateMachine;

  public SmallMario(MarioStateMachine stateMachine) {
    this.stateMachine = stateMachine;
  }

  @Override
  public State getName() {
    return State.SMALL;
  }

  @Override
  public void obtainMushRoom() {
    stateMachine.setCurrentState(new SuperMario(stateMachine));
    stateMachine.setScore(stateMachine.getScore() + 100);
  }

  @Override
  public void obtainCape() {
    stateMachine.setCurrentState(new CapeMario(stateMachine));
    stateMachine.setScore(stateMachine.getScore() + 200);
  }

  @Override
  public void obtainFireFlower() {
    stateMachine.setCurrentState(new FireMario(stateMachine));
    stateMachine.setScore(stateMachine.getScore() + 300);
  }
```

```
      @Override
      public void meetMonster() {
        // 此處程式為空，什麼都不做
      }
    }
    // 省略 SuperMario、CapeMario 和 FireMario 類別的程式實作

    public class MarioStateMachine {
      private int score;
      private IMario currentState;  // 不再使用枚舉表示狀態

      public MarioStateMachine() {
        this.score = 0;
        this.currentState = new SmallMario(this);
      }

      public void obtainMushRoom() {
        this.currentState.obtainMushRoom();
      }

      public void obtainCape() {
        this.currentState.obtainCape();
      }

      public void obtainFireFlower() {
        this.currentState.obtainFireFlower();
      }

      public void meetMonster() {
        this.currentState.meetMonster();
      }

      public int getScore() {
        return this.score;
      }

      public State getCurrentState() {
        return this.currentState.getName();
      }

      public void setScore(int score) {
        this.score = score;
      }

      public void setCurrentState(IMario currentState) {
        this.currentState = currentState;
      }
    }
```

上面的程式不難理解，我們強調其中一點，即 MarioStateMachine 類別和各個狀態類別是雙向依賴關係。MarioStateMachine 類別依賴各個狀態類別是理所當然的，但是，各個狀態類別為什麼要依賴 MarioStateMachine 類別呢？因為各個狀態類別需要更新 MarioStateMachine 類別中的兩個變數：score 和 currentState。

實際上，上面的程式還可以優化，我們可以將狀態類別設計成單例，畢竟狀態類別中不包含任何成員變數。但是，當狀態類別被設計成單例之後，我們就無法透過構造函式給狀態類傳遞 MarioStateMachine 類別的物件了，而狀態類別又需要依賴 MarioStateMachine 類別的物件，如何解決這個問題呢？

實際上，在 6.1 節關於單例模式的講解中，我們提到過相應的解決方法。對於現在這個問題，我們可以透過函式的參數將 MarioStateMachine 類別的物件傳遞進狀態類別。根據這個設計思維，我們對上面的程式進行重構。重構之後的程式如下所示。

```java
public interface IMario {
  State getName();
  void obtainMushRoom(MarioStateMachine stateMachine);
  void obtainCape(MarioStateMachine stateMachine);
  void obtainFireFlower(MarioStateMachine stateMachine);
  void meetMonster(MarioStateMachine stateMachine);
}

public class SmallMario implements IMario {
  private static final SmallMario instance = new SmallMario();
  private SmallMario() {}

  public static SmallMario getInstance() {
    return instance;
  }

  @Override
  public State getName() {
    return State.SMALL;
  }

  @Override
  public void obtainMushRoom(MarioStateMachine stateMachine) {
    stateMachine.setCurrentState(SuperMario.getInstance());
    stateMachine.setScore(stateMachine.getScore() + 100);
  }

  @Override
  public void obtainCape(MarioStateMachine stateMachine) {
    stateMachine.setCurrentState(CapeMario.getInstance());
    stateMachine.setScore(stateMachine.getScore() + 200);
  }
```

```java
  @Override
  public void obtainFireFlower(MarioStateMachine stateMachine) {
    stateMachine.setCurrentState(FireMario.getInstance());
    stateMachine.setScore(stateMachine.getScore() + 300);
  }

  @Override
  public void meetMonster(MarioStateMachine stateMachine) {
    // 此處程式為空，什麼都不做
  }
}

// 省略 SuperMario、CapeMario 和 FireMario 類別的程式實作
public class MarioStateMachine {
  private int score;
  private IMario currentState;

  public MarioStateMachine() {
    this.score = 0;
    this.currentState = SmallMario.getInstance();
  }

  public void obtainMushRoom() {
    this.currentState.obtainMushRoom(this);
  }

  public void obtainCape() {
    this.currentState.obtainCape(this);
  }

  public void obtainFireFlower() {
    this.currentState.obtainFireFlower(this);
  }

  public void meetMonster() {
    this.currentState.meetMonster(this);
  }

  public int getScore() {
    return this.score;
  }

  public State getCurrentState() {
    return this.currentState.getName();
  }

  public void setScore(int score) {
    this.score = score;
  }

  public void setCurrentState(IMario currentState) {
    this.currentState = currentState;
  }
}
```

實際上，像遊戲這種比較複雜的狀態機，包含的狀態比較多，狀態模式會引入非常多的狀態類別，將導致程式比較難維護，因此，我們推薦優先使用查表法。相反，像電商下單、外送下單這種型別的狀態機，它們的狀態並不多，狀態轉移也比較簡單，但事件觸發執行的動作包含的商業邏輯可能比較複雜，因此，我們推薦優先使用狀態模式。

8.6.5　思考題

本節中狀態模式的程式實作仍然存在一些問題，如狀態介面中定義了所有的事件函式，這就導致即便某個狀態類別並不需要支援其中的某個或某些事件，但也要實作所有的事件函式。不僅如此，新增一個事件到狀態介面，所有狀態類別都要做相應的修改。針對這些問題，讀者有什麼解決方法嗎？

8.7　迭代器模式（上）：為什麼要用迭代器搜尋集合

很多程式設計語言都提供了現成的迭代器。在平時的開發中，我們直接使用現成的迭代器即可，很少從零開始實作一個迭代器。不過，知其然，知其所以然，理解了相關原理後，我們可以更好地使用這些工具類別。迭代器的底層實作原理就是本節要講的設計模式：迭代器模式。

8.7.1　迭代器模式的定義和實作

迭代器設計模式（Iterator Design Pattern）簡稱迭代器模式，也稱為游標設計模式（Cursor Design Pattern）。它用來搜尋集合。這裡的「集合」就是包含一組資料的容器，如陣列、鏈表、樹、圖和跳表。迭代器模式將集合的搜尋操作，從集合中拆分出來，放到迭代器中，讓集合和迭代器的職責變得單一。

一個完整的迭代器模式包含集合和迭代器兩部分內容。為了達到基於介面而非實作程式設計的目的，集合又包含集合介面、集合實作類別，迭代器又包含迭代器介面、迭代器實作類別，如圖 8-5 所示。

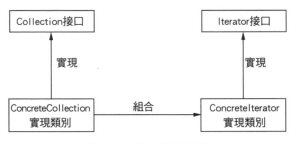

圖 8-5　集合和迭代器

為了講解迭代器的實作原理,我們假設某個新程式設計語言的基礎類別函式庫中,還沒有提供線性集合對應的迭代器,需要我們從零開始開發。我們知道,線性資料結構包括陣列和鏈表,大部分程式設計語言中都有對應的類別來封裝這兩種資料結構,我們在開發時直接拿來使用即可。在這種新程式設計語言中,我們假設這兩個資料結構分別對應 ArrayList 類別和 LinkedList 類別。除此之外,我們從這兩個類別中提取公共的介面,定義為 List 介面,以方便開發者基於介面而非實作程式設計。這樣,寫的程式能夠在這兩種資料結構之間靈活切換。

現在,我們設計實作 ArrayList 和 LinkedList 這兩個集合類對應的迭代器。我們定義一個迭代器介面 Iterator,以及針對這兩個集合類別的迭代器實作類別:ArrayIterator 和 LinkedIterator。其中,Iterator 介面有兩種定義方式,如下所示。

```
// 介面定義方式一
public interface Iterator<E> {
  boolean hasNext();
  void next();
  E currentItem();
}
// 介面定義方式二
public interface Iterator<E> {
  boolean hasNext();
  E next();
}
```

從上述程式中,我們可以發現,在第一種 Iterator 介面的定義方式中,next() 函式用來將游標後移一位元,currentItem() 函式用來回傳當前游標指向的元素;在第二種 Iterator 介面的定義方式中,我們將回傳當前游標指向的元素與游標後移一位元這兩個操作放到同一個函式 next() 中完成。第一種定義方式更加靈活,如我們可以多次呼叫 currentItem() 函式查詢當前元素,而不移動游標。因此,在接下來的實作中,我們選擇第一種介面定義方式。

ArrayIterator 類別的程式實作如下所示。LinkedIterator 類別的程式結構與 ArrayIterator 類別相似，我在這裡就不提供具體的程式實作了，讀者可以參照 ArrayIterator 類別自行實作。

```java
public class ArrayIterator<E> implements Iterator<E> {
  private int cursor;
  private ArrayList<E> arrayList;

  public ArrayIterator(ArrayList<E> arrayList) {
    this.cursor = 0;
    this.arrayList = arrayList;
  }

  @Override
  public boolean hasNext() {
    return cursor != arrayList.size();
  }

  @Override
  public void next() {
    cursor++;
  }

  @Override
  public E currentItem() {
    if (cursor >= arrayList.size()) {
      throw new NoSuchElementException();
    }
    return arrayList.get(cursor);
  }
}

public class Demo {
  public static void main(String[] args) {
    ArrayList<String> names = new ArrayList<>();
    names.add("xzg");
    names.add("wang");
    names.add("zheng");
    Iterator<String> iterator = new ArrayIterator(names);
    while (iterator.hasNext()) {
      System.out.println(iterator.currentItem());
      iterator.next();
    }
  }
}
```

在上面的程式實作中，我們需要透過構造函式將待搜尋的集合傳遞給迭代器類別。實際上，為了封裝迭代器的建立細節，我們可以在集合類別中定義一個方法來建立對應的迭代器。為了實作基於介面而非實作程式設計，我們還需要將這個方法定義在 List 介面中。具體的程式實作和使用範例如下所示。

```
public interface List<E> {
  Iterator iterator();
  // 省略其他介面函式的實作
}

public class ArrayList<E> implements List<E> {
  ...
  public Iterator iterator() {
    return new ArrayIterator(this);
  }
  // 省略其他程式
}

// 使用範例
public class Demo {
  public static void main(String[] args) {
    List<String> names = new ArrayList<>();
    names.add("xzg");
    names.add("wang");
    names.add("zheng");
    Iterator<String> iterator = names.iterator();
    while (iterator.hasNext()) {
      System.out.println(iterator.currentItem());
      iterator.next();
    }
  }
}
```

8.7.2 搜尋集合的 3 種方法

一般來講，搜尋集合有 3 種方法：for 迴圈、foreach 迴圈和迭代器。對於這 3 種搜尋方式，我們結合 Java 程式設計語言進行舉例說明，具體的範例程式如下。

```
List<String> names = new ArrayList<>();
names.add("xzg");
names.add("wang");
names.add("zheng");
// 第一種搜尋方式：for 迴圈
for (int i = 0; i < names.size(); i++) {
  System.out.print(names.get(i) + ",");
}
// 第二種搜尋方式：foreach 迴圈
for (String name : names) {
  System.out.print(name + ",")
}
// 第三種搜尋方式：迭代器
Iterator<String> iterator = names.iterator();
while (iterator.hasNext()) {
 //Java 迭代器的 next() 函式既移動游標，又回傳資料
 System.out.print(iterator.next() + ",");
}
```

實際上，foreach 迴圈只是一個語法糖，其底層是基於迭代器實作的。我們可以將這兩種搜尋方式看成同一種搜尋方式。

從上面的程式來看，for 迴圈搜尋方式的程式實作比迭代器搜尋方式更加簡潔，那麼，我們為什麼還要使用迭代器來搜尋集合呢？

對於陣列和鏈表這樣的資料結構，搜尋方式比較簡單，直接使用 for 迴圈方式搜尋就足夠了。但是，對於複雜的資料結構（如樹、圖），我們有多種複雜的搜尋方式，如樹的前序、中序、後序和按層搜尋，以及圖的深度優先搜尋和廣度優先搜尋，等等。如果由使用者端程式（資料結構的使用者）來實作這些搜尋演算法，那麼勢必增加開發成本，而且容易寫錯。如果我們將這部分搜尋的邏輯放到集合類別中實作，那麼會增加集合類別程式的複雜性。我們多次提到，應對複雜的方法就是拆分。因此，我們可以將搜尋操作拆分到迭代器類別中。例如，針對圖的搜尋，我們就可以定義兩個迭代器類別：DFSIterator、BFSIterator，讓它們分別實作深度優先搜尋和廣度優先搜尋。

容器和迭代器都提供了抽象的介面，它們方便我們在開發時，基於介面而非具體的實作程式設計。當需要切換新搜尋演算法的時候，如從前往後搜尋鏈表切換成從後往前搜尋鏈表，使用者端程式只需要將迭代器類別從 LinkedIterator 切換為 ReversedLinkedIterator，其他程式都不需要修改。

8.7.3　迭代器搜尋集合的問題

在使用迭代器搜尋集合的同時，增加或刪除集合中的元素有可能導致某個元素被重複搜尋或搜尋不到。不過，並不是所有情況下都會搜尋出錯，有時也可以正常搜尋，因此，這種行為稱為結果不可預期行為或未決行為，也就是說，執行結果到底是對還是錯，要視情況而定。我們透過一個例子來解釋一下，範例程式如下。範例程式中的 Iterator 是我們在 8.7.1 節中實作的迭代器。

```
public class Demo {
  public static void main(String[] args) {
    List<String> names = new ArrayList<>();
    names.add("a");
    names.add("b");
    names.add("c");
    names.add("d");
    Iterator<String> iterator = names.iterator();
    iterator.next();
    names.remove("a");
  }
}
```

我們知道，ArrayList 類別的底層對應的是陣列這種資料結構，在執行完 4 個 add() 函式之後，陣列中儲存的是 a、b、c、d 這 4 個元素，迭代器的游標指向元素 a。當執行完 next() 函式之後，迭代器的游標指向元素 b，到這裡都沒有問題。

為了保持陣列儲存資料的連續性，陣列的刪除操作會涉及元素的搬移（關於這部分的詳細講解，讀者可以查看我之前出版的《資料結構與演算法之美》）。當執行完 remove() 函式之後，元素 a 從陣列中刪除，b、c、d 這 3 個元素會依次往前搬移一位，這就會導致游標原本指向元素 b，現在變成了指向元素 c。也就是說，因為元素 a 的刪除，元素 b 透過迭代器搜尋不到了，如圖 8-6 所示。

不過，如果 remove() 函式刪除的不是游標前面的元素（元素 a）以及游標所在位置的元素（元素 b），而是游標後面的元素（元素 c 和 d），就不會存在某個元素搜尋不到的情況。因此，在搜尋過程中，刪除集合元素的結果是不可預期的。

在搜尋過程中，刪除集合元素可能導致某個元素搜尋不到，那麼，在搜尋過程中，新增集合元素又會怎樣呢？我們還是結合上面的例子進行講解。我們對程式稍加改造，即把刪除元素改為新增元素。具體的程式如下所示。

```java
public class Demo {
  public static void main(String[] args) {
    List<String> names = new ArrayList<>();
    names.add("a");
    names.add("b");
    names.add("c");
    names.add("d");
    Iterator<String> iterator = names.iterator();
    iterator.next();
    names.add(0, "x");
  }
}
```

在執行完 4 個 add() 函式之後，陣列中包含 a、b、c、d 這 4 個元素。在執行完 next() 函式之後，游標已經跳過了元素 a，指向元素 b。在執行完第 5 個 add() 函式之後，我們將 x 插入下標為 0 的位置，a、b、c、d 這 4 個元素依次往後移動一位元。這個時候，游標又重新指向了元素 a，元素 a 會被重複搜尋，如圖 8-7 所示。

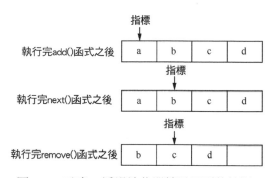

圖 8-6　元素 b 透過迭代器搜尋不到的情況

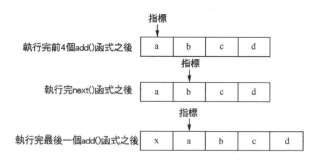

圖 8-7　元素 a 被重複搜尋的情況

與刪除元素情況類似，如果在游標的後面新增元素，就不會存在元素被重複搜尋的問題。因此，在搜尋的同時，新增集合元素也是一種不可預期行為。

8.7.4　迭代器搜尋集合的問題的解決方案

當透過迭代器搜尋集合時，新增、刪除集合元素都會導致不可預期的搜尋結果。實際上，不可預期的結果比直接出錯更可怕。有時執行結果正確，有時執行結果錯誤，一些隱藏很深的 bug 就是這樣產生的。那麼，如何才能避免出現這種不可預期的執行結果呢？

我們有兩種簡單、「粗暴」的解決方案。第一種解決方案是搜尋時不允許新增和刪除元素；第二種解決方案是，在新增和刪除元素之後，搜尋集合報錯。不過，第一種解決方案難以實作，因為我們需要確定搜尋的開始時間和結束時間。搜尋的開始時間容易確定，我們可以把建立迭代器的時間點作為搜尋的開始時間。但是，搜尋的結束時間很難確定，因為並不是搜尋到最後一個元素的時候就算結束。在實際的軟體發展中,我們在搜尋元素時並不一定非要把所有元素都搜尋一遍。如下面的程式所示,我們在找到一個值為 b 的元素後就提前結束搜尋。

```
public class Demo {
  public static void main(String[] args) {
    List<String> names = new ArrayList<>();
    names.add("a");
    names.add("b");
    names.add("c");
    names.add("d");
    Iterator<String> iterator = names.iterator();
    while (iterator.hasNext()) {
      String name = iterator.currentItem();
      if (name.equals("b")) {
        break;
      }
    }
  }
}
```

實際上,我們還可以在迭代器類別中定義一個新介面 finishIteration(),使用它主動告知集合,迭代器已經使用完畢,可以新增或刪除元素了,範例程式如下。但是,這就要求程式設計師在使用完迭代器後主動呼叫這個函式,增加了開發成本,而且很容易因忘記呼叫這個函式而產生 bug。

```
public class Demo {
  public static void main(String[] args) {
    List<String> names = new ArrayList<>();
    names.add("a");
    names.add("b");
    names.add("c");
    names.add("d");
    Iterator<String> iterator = names.iterator();
    while (iterator.hasNext()) {
      String name = iterator.currentItem();
      if (name.equals("b")) {
        iterator.finishIteration(); // 主動告知集合,這個迭代器使用完畢
        break;
      }
    }
  }
}
```

實際上,第二種解決方法更加合理。Java 語言採用的就是這種解決方案,即在新增或刪除元素之後,讓迭代器的搜尋操作報錯。

在搜尋時,如何確定集合有沒有新增加或刪除元素呢?我們可以在 ArrayList 類別中定義一個成員變數 modCount,記錄集合被修改的次數,集合每呼叫一次新增或刪

除元素的函式，就會給 modCount 加 1。當透過呼叫集合上的 iterator() 函式建立迭代器時，集合把 modCount 值傳遞給迭代器的 expectedModCount 成員變數，之後，迭代器每次呼叫其上的 hasNext()、next()、currentItem() 函式，都會檢查集合上的 modCount 是否等於迭代器上的 expectedModCount。如果兩個值不相同，就說明在建立完迭代器之後，modCount 改變了，集合有可能新增了元素或是刪除了元素，之前建立的迭代器已經不能正確執行了，再繼續使用就會產生不可預期的結果。於是，我們選擇 fail-fast 的處理思路，立即拋出執行時異常，結束程式，讓程式設計師儘快修復這個因為不正確使用迭代器而產生的 bug。具體程式如下所示。

```java
public class ArrayIterator implements Iterator {
  private int cursor;
  private ArrayList arrayList;
  private int expectedModCount;

  public ArrayIterator(ArrayList arrayList) {
    this.cursor = 0;
    this.arrayList = arrayList;
    this.expectedModCount = arrayList.modCount;
  }

  @Override
  public boolean hasNext() {
    checkForComodification();
    return cursor < arrayList.size();
  }

  @Override
  public void next() {
    checkForComodification();
    cursor++;
  }

  @Override
  public Object currentItem() {
    checkForComodification();
    return arrayList.get(cursor);
  }

  private void checkForComodification() {
    if (arrayList.modCount != expectedModCount)
        throw new ConcurrentModificationException();
  }
}

// 程式範例
public class Demo {
  public static void main(String[] args) {
    List<String> names = new ArrayList<>();
    names.add("a");
```

```
      names.add("b");
      names.add("c");
      names.add("d");
      Iterator<String> iterator = names.iterator();
      iterator.next();
      names.remove("a");
      iterator.next(); // 拋出 ConcurrentModificationException 異常
    }
  }
```

實際上，Java 語言的迭代器類別提供了 remove() 函式，在搜尋集合的同時，能夠安全地刪除集合中的元素。不過，這個方法的作用有限。它只能刪除游標指向元素的前一個元素，而且呼叫完一次 next() 函式之後，緊接著只能最多呼叫一次 remove() 函式，多次呼叫 remove() 函式會報錯，範例程式如下。需要說明的是，迭代器類別並沒有提供新增元素的方法。畢竟，迭代器的主要作用是搜尋，新增元素的操作放到迭代器裡本來就不合適。

```java
public class Demo {
  public static void main(String[] args) {
    List<String> names = new ArrayList<>();
    names.add("a");
    names.add("b");
    names.add("c");
    names.add("d");
    Iterator<String> iterator = names.iterator();
    iterator.next();
    iterator.remove();
    iterator.remove(); // 報錯，拋出 IllegalStateException 異常
  }
}
```

為什麼透過呼叫迭代器類來的 remove() 函式就能安全地刪除集合中的元素呢？原始碼之下無秘密。我們看一下 remove() 函式是如何實作的，程式如下所示。提醒一下，Java 語言的迭代器類別是集合類別的內部類別，並且 next() 函式不僅將游標後移一位元，還回傳當前元素。

```java
public class ArrayList<E> {
  transient Object[] elementData;
  private int size;

  public Iterator<E> iterator() {
    return new Itr();
  }

  private class Itr implements Iterator<E> {
    int cursor;
    int lastRet = -1;
```

```
    int expectedModCount = modCount;

    Itr() {}

    public boolean hasNext() {
      return cursor != size;
    }

    @SuppressWarnings("unchecked")
    public E next() {
      checkForComodification();
      int i = cursor;
      if (i >= size)
        throw new NoSuchElementException();
      Object[] elementData = ArrayList.this.elementData;
      if (i >= elementData.length)
        throw new ConcurrentModificationException();
      cursor = i + 1;
      return (E) elementData[lastRet = i];
    }

    public void remove() {
      if (lastRet < 0)
        throw new IllegalStateException();
      checkForComodification();
      try {
        ArrayList.this.remove(lastRet);
        cursor = lastRet;
        lastRet = -1;
        expectedModCount = modCount;
      } catch (IndexOutOfBoundsException ex) {
        throw new ConcurrentModificationException();
      }
    }
  }
}
```

在上面的程式實作中，迭代器類別中新增了一個成員變數 lastRet，用來記錄游標指向元素的前一個元素。在透過迭代器刪除這個元素時，我們可以更新迭代器中的游標和 lastRet 值，以保證不會因為刪除元素而導致某個元素搜尋不到。

8.7.5 思考題

基於本節中提供的 Java 迭代器的程式實作，如果一個集合同時建立了兩個迭代器，如下面的程式所示，其中一個迭代器呼叫了 remove() 方法，刪除了集合中的一個元素，那麼，另一個迭代器是否仍然可用？在另一個迭代器上呼叫 next() 函式的執行結果是什麼？

```
public class Demo {
  public static void main(String[] args) {
```

```
        List<String> names = new ArrayList<>();
        names.add("a");
        names.add("b");
        names.add("c");
        names.add("d");
        Iterator<String> iterator1 = names.iterator();
        Iterator<String> iterator2 = names.iterator();
        iterator1.next();
        iterator1.remove();
        iterator2.next(); // 執行結果是什麼？
    }
}
```

8.8　迭代器模式（下）：如何實作支援快照功能的迭代器

在本節中，我們討論這樣一個問題：如何實作一個支援快照功能的迭代器？這個問題是對 8.7 節內容的延伸思考，目的是加深讀者對迭代器模式的理解，鍛煉分析問題、解決問題的能力。讀者可以把它當成一道面試題，在閱讀本節內容之前，先試著回答。

8.8.1　支援快照功能的迭代器

如何實作一個支援快照功能的迭代器？回答這個問題的關鍵是理解「快照」這兩個字。「快照」是指原始集合的副本。即便新增或刪除原始集合中的元素，快照不會做相應的改動。而迭代器搜尋的目標物件是快照而非原始集合，這樣就避免了在使用迭代器搜尋的過程中，新增或刪除集合中的元素而導致的不可預期的結果。

範例程式如下，其中，集合 list 初始儲存了 3 個元素：3、8 和 2。雖然在迭代器 iter1 建立之後，集合 list 刪除了元素 3，只剩下 8、2 兩個元素，但是，因為 iter1 搜尋的物件是快照，而非集合 list 本身，所以，iter1 搜尋的結果仍然是 3、8、2。同理，iter2、iter3 也是在各自的快照上搜尋，輸出結果如下面程式中的註解所示。

```
    List<Integer> list = new ArrayList<>();
    list.add(3);
    list.add(8);
    list.add(2);
    Iterator<Integer> iter1 = list.iterator();  //snapshot: 3, 8, 2
    list.remove(new Integer(2));  //list:3, 8
    Iterator<Integer> iter2 = list.iterator();  //snapshot: 3, 8
    list.remove(new Integer(3));  //list:8
    Iterator<Integer> iter3 = list.iterator();  //snapshot: 3
    // 輸出結果：3 8 2
```

```
  while (iter1.hasNext()) {
    System.out.print(iter1.next() + " ");
  }
  System.out.println();
  // 輸出結果：3 8
  while (iter2.hasNext()) {
    System.out.print(iter1.next() + " ");
  }
  System.out.println();
  // 輸出結果：8
  while (iter3.hasNext()) {
    System.out.print(iter1.next() + " ");
  }
  System.out.println();
```

實作上述需求的「骨幹」程式如下所示，其中包含 ArrayList 和 SnapshotArrayIterator
兩個類別。對於這兩個類別，目前我們只定義了必要的幾個介面，完整的程式實作
如下。

```
  public ArrayList<E> implements List<E> {
    //TODO：成員變數、私有函式等可自由定義

    @Override
    public void add(E obj) {
      //TODO：下文將會完善
    }

    @Override
    public void remove(E obj) {
      //TODO：下文將會完善
    }

    @Override
    public Iterator<E> iterator() {
      return new SnapshotArrayIterator(this);
    }
  }

  public class SnapshotArrayIterator<E> implements Iterator<E> {
    //TODO：成員變數、私有函式等可自由定義

    @Override
    public boolean hasNext() {
      //TODO：下文將會完善
    }

    @Override
    public E next() {// 回傳目前元素，而且指針向後移一位
      //TODO：下文將會完善
    }
  }
```

8.8.2 設計思維一：基於多副本

我們先來看一種簡單的設計思維：基於多副本。在迭代器類別中，定義一個成員變數 snapshot 來儲存快照。每當建立迭代器時，複製一份集合中的元素並放到快照中，這個快照相當於一個副本，後續的搜尋操作都在這個副本上進行。具體的實作程式如下所示。

```java
public class SnapshotArrayIterator<E> implements Iterator<E> {
  private int cursor;
  private ArrayList<E> snapshot;

  public SnapshotArrayIterator(ArrayList<E> arrayList) {
    this.cursor = 0;
    this.snapshot = new ArrayList<>();
    this.snapshot.addAll(arrayList);
  }

  @Override
  public boolean hasNext() {
    return cursor < snapshot.size();
  }

  @Override
  public E next() {
    E currentItem = snapshot.get(cursor);
    cursor++;
    return currentItem;
  }
}
```

這種設計思維雖然簡單，但付出的代價比較高，因為每次建立迭代器時，都要增加一個副本。如果我們給一個集合建立多個迭代器，就要建立多份副本，記憶體消耗相當大。不過，值得慶倖的是，Java 中的複製屬於「淺層複製」，也就是說，集合中的物件並非真的複製了多份，只是複製了物件的引用而已。

8.8.3 設計思維二：基於時間戳記

我們再來看第二種設計思維：基於時間戳記。我們可以在集合中，為每個元素保存兩個時間戳記，一個是新增時間戳記 addTimestamp，另一個是刪除時間戳記 delTimestamp。當元素被加入集合中時，我們給 addTimestamp 賦值為當前時間，並且初始化 delTimestamp 為最大長整數值（Long.MAX_VALUE）。當元素被刪除時，我們更新 delTimestamp 的值。注意，這裡只是標記刪除，而並非將元素真正從集合中刪除。

同時，每個迭代器也保存了一個時間戳記 snapshotTimestamp。當使用迭代器搜尋集合時，只有滿足 addTimestamp < snapshotTimestamp < delTimestamp 的元素，才是這個迭代器應該搜尋的元素。如果某個元素的 addTimestamp 大於 snapshotTimestamp，那麼說明這個元素是在迭代器建立之後才新增到集合中的，不屬於這個迭代器；如果某個元素的 delTimestamp 小於 snapshotTimestamp，那麼說明這個元素在迭代器建立之前就被刪除了，也不屬於這個迭代器。這樣，我們就不需要維護多個副本，在集合本身上借助時間戳記實作了快照功能。具體的實作程式如下所示。

```java
public class ArrayList<E> implements List<E> {
  private static final int DEFAULT_CAPACITY = 10;
  private int actualSize; // 不包含標記刪除元素
  private int totalSize; // 包含標記刪除元素
  private Object[] elements;
  private long[] addTimestamps;
  private long[] delTimestamps;

  public ArrayList() {
    this.elements = new Object[DEFAULT_CAPACITY];
    this.addTimestamps = new long[DEFAULT_CAPACITY];
    this.delTimestamps = new long[DEFAULT_CAPACITY];
    this.totalSize = 0;
    this.actualSize = 0;
  }

  @Override
  public void add(E obj) {
    elements[totalSize] = obj;
    addTimestamps[totalSize] = System.currentTimeMillis();
    delTimestamps[totalSize] = Long.MAX_VALUE;
    totalSize++;
    actualSize++;
  }

  @Override
  public void remove(E obj) {
    for (int i = 0; i < totalSize; ++i) {
      if (elements[i].equals(obj)) {
        delTimestamps[i] = System.currentTimeMillis();
        actualSize--;
      }
    }
  }

  public int actualSize() {
    return this.actualSize;
  }

  public int totalSize() {
```

```java
    return this.totalSize;
  }

  public E get(int i) {
    if (i >= totalSize) {
      throw new IndexOutOfBoundsException();
    }
    return (E)elements[i];
  }

  public long getAddTimestamp(int i) {
    if (i >= totalSize) {
      throw new IndexOutOfBoundsException();
    }
    return addTimestamps[i];
  }

  public long getDelTimestamp(int i) {
    if (i >= totalSize) {
      throw new IndexOutOfBoundsException();
    }
    return delTimestamps[i];
  }
}

public class SnapshotArrayIterator<E> implements Iterator<E> {
  private long snapshotTimestamp;
  private int cursorInAll; // 在整個容器中的下標，而非快照中的下標
  private int leftCount; // 表示快照中還有幾個元素未被搜尋
  private ArrayList<E> arrayList;

  public SnapshotArrayIterator(ArrayList<E> arrayList) {
    this.snapshotTimestamp = System.currentTimeMillis();
    this.cursorInAll = 0;
    this.leftCount = arrayList.actualSize();;
    this.arrayList = arrayList;
    justNext(); // 先跳到這個迭代器快照的第一個元素
  }

  @Override
  public boolean hasNext() {
    return this.leftCount >= 0; // 注意，比較符號是 >=，而非 >
  }

  @Override
  public E next() {
    E currentItem = arrayList.get(cursorInAll);
    justNext();
    return currentItem;
  }

  private void justNext() {
    while (cursorInAll < arrayList.totalSize()) {
      long addTimestamp = arrayList.getAddTimestamp(cursorInAll);
```

```
        long delTimestamp = arrayList.getDelTimestamp(cursorInAll);
        if (snapshotTimestamp > addTimestamp && snapshotTimestamp < delTimestamp) {
          leftCount--;
          break;
        }
        cursorInAll++;
      }
    }
  }
```

實際上，上面的設計思維仍然存在問題。ArrayList 類別的底層實作依賴陣列這種資料結構，原本可以支援隨機存取，即在 O(1) 時間複雜度內快速地按照下標存取元素，但在這種設計思維中，刪除資料並非是真正的刪除，而是透過時間戳記來標記刪除，這就導致無法支援按照下標快速存取了。

那麼，如何讓集合既支援快照搜尋，又支援隨機存取呢？

解決方法並不難，這裡我稍微提示，就不展開講解了。我們可以在 ArrayList 類別中儲存兩個陣列，一個陣列支援標記刪除，用來實作快照搜尋功能；另一個陣列不支援標記刪除，也就是將要刪除的資料直接從陣列中移除，用來支援按照下標快速存取。

8.8.4　思考題

在 8.8.3 節提供的設計思維二中，刪除的元素只是被標記為刪除。被刪除的元素即便在沒有迭代器使用的情況下，也不會從陣列中真正移除，這就會導致不必要的記憶體浪費。針對這個問題，讀者有進一步優化的方法嗎？

8.9　訪問者模式：支援雙分派的程式設計語言不需要訪問者模式

前面我們講到，大部分設計模式的原理和實作都很簡單，不過也有例外，如本節要講的訪問者模式。它可以算是 22 種經典設計模式中最難理解的。因為它難理解、難實作，應用它會導致程式的可讀性、可維護性變差，所以，訪問者模式在實際的軟體發展中很少被用到。在沒有特別必要的情況下，我建議讀者不要使用訪問者模式。雖然如此，但為了讓讀者以後讀到應用了訪問者模式的程式時，能夠一眼看出程式的設計意圖，同時為了本書內容的完整性，我們還是有必要介紹一下存取者模式。

8.9.1 「發明」訪問者模式

存取者設計模式（Visitor Design Pattern）簡稱訪問者模式。在 GoF 合著的《設計模式：可複用物件導向軟體的基礎》一書中，它是這樣定義的：允許一個或多個操作應用到一組物件上，解耦操作和物件本身（Allows for one or more operation to be applied to a set of objects at runtime, decoupling the operations from the object structure）。

接下來，我們透過一個例子，帶領讀者還原訪問者模式產生的過程。

假設我們從網站上「爬取」了很多資源檔，它們的格式有 3 種：PDF、PPT 和 Word。現在，我們需要開發一個工具來處理這批資源檔。這個工具的其中一個功能是，把這些資源檔中的文本內容抽取出來並放到 TXT 檔中。這個功能應該如何實現呢？

其實，實作這個功能並不難，不同的人有不同的實作方法，其中一種實作方式如下面的程式所示。其中，ResourceFile 是一個抽象類別，其包含一個抽象函式 extract2txt()；PdfFile 類別、PPTFile 類別和 WordFile 類別都繼承 ResourceFile 類別，並且重寫了 extract2txt() 函式；ToolApplication 類別利用多型特性，根據物件的實際類型來決定執行哪個類別的 extract2txt() 函式。

```java
public abstract class ResourceFile {
  protected String filePath;

  public ResourceFile(String filePath) {
    this.filePath = filePath;
  }

  public abstract void extract2txt();
}

public class PPTFile extends ResourceFile {
  public PPTFile(String filePath) {
    super(filePath);
  }

  @Override
  public void extract2txt() {
    // 省略從 PPT 格式的檔案中抽取文本的程式
    // 將抽取的文本保存在與 filePath 同名的 TXT 格式的檔案中
    System.out.println("Extract PPT.");
  }
}

public class PdfFile extends ResourceFile {
  public PdfFile(String filePath) {
    super(filePath);
```

```
    }

    @Override
    public void extract2txt() {
      ...
      System.out.println("Extract PDF.");
    }
  }

  public class WordFile extends ResourceFile {
    public WordFile(String filePath) {
      super(filePath);
    }
    @Override
    public void extract2txt() {
      ...
      System.out.println("Extract WORD.");
    }
  }

  // 執行結果是：
  //Extract PDF.
  //Extract WORD.
  //Extract PPT.
  public class ToolApplication {
    public static void main(String[] args) {
      List<ResourceFile> resourceFiles = listAllResourceFiles(args[0]);
      for (ResourceFile resourceFile : resourceFiles) {
        resourceFile.extract2txt();
      }
    }

    private static List<ResourceFile> listAllResourceFiles(String
resourceDirectory) {
      List<ResourceFile> resourceFiles = new ArrayList<>();
      // 根據檔案副檔名（pdf、word 和 ppt），由工廠方法建立不同
      // 的類別的物件（PdfFile、WordFile 和 PPTFile），並新增到 resourceFiles
      resourceFiles.add(new PdfFile("a.pdf"));
      resourceFiles.add(new WordFile("b.word"));
      resourceFiles.add(new PPTFile("c.ppt"));
      return resourceFiles;
    }
  }
```

如果該工具需要擴展新功能，不僅要能抽取文本內容，還要支援壓縮、獲取檔案資訊（檔案名、檔案大小和更新時間等）建構索引等一系列功能，那麼，我們要是繼續按照上面的思路實作，就會存在以下 3 個問題。

1）違背開閉原則，因為新增一個新功能，所有類別的程式都要修改。

2）功能增多，每個類別的程式也相應增加，程式的可讀性和可維護性變差。

405

3）把所有上層的商業邏輯都耦合到 PdfFile 類別、PPTFile 類別和 WordFile 類別中，導致這些類別的職責不單一。

針對上述 3 個問題，有效且常用的解決方法是拆分（也稱為解耦），即把商業操作與具體的資料結構解耦，設計成獨立的類別。拆分之後的程式如下所示。這段程式的關鍵之處是，把抽取文本內容的操作設計成了 3 個重載函式。函式重載是 Java、C++ 這類物件導向程式設計語言中常見的語法。重載函式是指在同一類別中函式名相同、參數不同的一組函式。

```java
public abstract class ResourceFile {
  protected String filePath;

  public ResourceFile(String filePath) {
    this.filePath = filePath;
  }
}

public class PdfFile extends ResourceFile {
  public PdfFile(String filePath) {
    super(filePath);
  }
  ...
}
// 省略 PPTFile 類別、WordFile 類別的實作程式
public class Extractor {
  public void extract2txt(PPTFile pptFile) {
    ...
    System.out.println("Extract PPT.");
  }

  public void extract2txt(PdfFile pdfFile) {
    ...
    System.out.println("Extract PDF.");
  }

  public void extract2txt(WordFile wordFile) {
    ...
    System.out.println("Extract WORD.");
  }
}

public class ToolApplication {
  public static void main(String[] args) {
    Extractor extractor = new Extractor();
    List<ResourceFile> resourceFiles = listAllResourceFiles(args[0]);
    for (ResourceFile resourceFile : resourceFiles) {
      extractor.extract2txt(resourceFile); // 此處會報編譯錯誤
    }
  }
```

```
        private static List<ResourceFile> listAllResourceFiles(String
resourceDirectory) {
        List<ResourceFile> resourceFiles = new ArrayList<>();
        // 根據檔案副檔名（pdf、word 和 ppt），由工廠方法建立不同
        // 的類別的物件（PdfFile、WordFile 和 PPTFile），並新增到 resourceFiles
        resourceFiles.add(new PdfFile("a.pdf"));
        resourceFiles.add(new WordFile("b.word"));
        resourceFiles.add(new PPTFile("c.ppt"));
        return resourceFiles;
    }
}
```

不過，上面的程式是無法透過編譯的，ToolApplication 類別的 main() 函式的 for 迴
圈裡的語句會報錯。報錯的原因：多型是一種動態連結，可以在執行時取得物件的
實際型別，執行實際型別對應的方法，而函式重載是一種靜態連結，在編譯時，並
不能取得物件的實際型別，而是根據宣告型別執行宣告型別對應的方法。在上面的
程式中，resourceFiles 包含的物件的宣告型別是 ResourceFile，而 Extractor 類別中
並沒有定義參數型別為 ResourceFile 的 extract2txt() 函式，因此，這段程式在編譯階
段就會失敗，更不用提在執行時，根據物件的實際型別執行不同的重載函式了。這
個問題的解決方法有點難理解，我們結合下面的程式進行說明。

```
public abstract class ResourceFile {
  protected String filePath;

  public ResourceFile(String filePath) {
    this.filePath = filePath;
  }

  abstract public void accept(Extractor extractor);
}

public class PdfFile extends ResourceFile {
  public PdfFile(String filePath) {
    super(filePath);
  }

  @Override
  public void accept(Extractor extractor) {
    extractor.extract2txt(this);
  }
  ...
}

//PPTFile 類別、WordFile 類別與 PdfFile 類別相似，這裡省略它們的程式實作
//Extractor 類別的程式不變
public class ToolApplication {
  public static void main(String[] args) {
    Extractor extractor = new Extractor();
    List<ResourceFile> resourceFiles = listAllResourceFiles(args[0]);
```

```
      for (ResourceFile resourceFile : resourceFiles) {
        resourceFile.accept(extractor); // 不會再報編譯錯誤
      }
    }

    private static List<ResourceFile> listAllResourceFiles(String
resourceDirectory) {
        List<ResourceFile> resourceFiles = new ArrayList<>();
        // 根據檔案副檔名（pdf、word 和 ppt），由工廠方法建立不同
        // 的類別的物件（PdfFile、WordFile 和 PPTFile），並新增到 resourceFiles
        resourceFiles.add(new PdfFile("a.pdf"));
        resourceFiles.add(new WordFile("b.word"));
        resourceFiles.add(new PPTFile("c.ppt"));
        return resourceFiles;
    }
}
```

上述程式就不會出現編譯報錯了。在 ToolApplication 類別的 main() 函式中，根據多型特性，程式會呼叫實際型別（PdfFile、PPTFile 和 WordFile）的 accept() 函式。假設呼叫的是 PdfFile 類別的 accept() 函式，而 PdfFile 類別的 accept() 函式的 this 參數的型別是類別本身，也就是 PdfFile，這在編譯時就確定好了，因此，PdfFile 類別的 accept() 函式會呼叫 Extractor 類別的 extract2txt(PdfFile pdfFile) 這個重載函式。這個實作思路是不是很有技巧性？它已經是訪問者模式的雛形了，這也是之前我們說訪問者模式不好理解的原因。

如果我們需要繼續新增新功能，如新增壓縮功能，即根據不同的檔案型別，使用不同的壓縮演算法來壓縮資源檔，那麼，應該如何實作呢？我們需要實作一個類似 Extractor 類別的新類別 Compressor，在其中定義 3 個重載函式，實作對 3 種型別資源檔的壓縮。除此之外，我們還要在每個資源檔類別中定義新的 accept() 重載函式。具體的程式如下所示。

```
public abstract class ResourceFile {
  protected String filePath;

  public ResourceFile(String filePath) {
    this.filePath = filePath;
  }

  abstract public void accept(Extractor extractor);
  abstract public void accept(Compressor compressor);
}

public class PdfFile extends ResourceFile {
  public PdfFile(String filePath) {
    super(filePath);
```

```
  }

  @Override
  public void accept(Extractor extractor) {
    extractor.extract2txt(this);
  }

  @Override
  public void accept(Compressor compressor) {
    compressor.compress(this);
  }
}
//PPTFile 類別、WordFile 類別與 PdfFile 類別相似，這裡省略它們的程式實作
//Extractor 類別的程式不變，這裡就省略了

public class Compressor {
  public void compress(PPTFile pptFile) {
    ...
    System.out.println("Compress PPT.");
  }

  public void compress(PdfFile pdfFile) {
    ...
    System.out.println("Compress PDF.");
  }

  public void compress(WordFile wordFile) {
    ...
    System.out.println("Compress WORD.");
  }
}

public class ToolApplication {
  public static void main(String[] args) {
    Extractor extractor = new Extractor();
    List<ResourceFile> resourceFiles = listAllResourceFiles(args[0]);
    for (ResourceFile resourceFile : resourceFiles) {
      resourceFile.accept(extractor);
    }
    Compressor compressor = new Compressor();
    for(ResourceFile resourceFile : resourceFiles) {
      resourceFile.accept(compressor);
    }
  }
  //listAllResourceFiles() 函式的程式不變，這裡就省略了
}
```

上面的程式存在一些問題，即在新增一個新的商業功能時，我們需要修改每個資源
檔類別，這違反了開閉原則。針對這個問題，我們提取一個 Visitor 介面，包含 3 個
visit() 重載函式，分別處理 3 種不同型別的資源檔。具體進行什麼商業處理，由實作

Visitor 介面的具體的類別來決定，如 Extractor 類別負責抽取文本內容，Compressor 類別負責壓縮檔案。當新增一個新的商業功能時，資源檔類別不需要做任何修改，只需要新增實作了 Visitor 介面的處理類別，以及在 ToolApplication 類別中新增相應的函式呼叫語句。按照這個思路，我們對程式進行重構，重構之後的程式如下所示。

```java
public abstract class ResourceFile {
  protected String filePath;

  public ResourceFile(String filePath) {
    this.filePath = filePath;
  }

  abstract public void accept(Visitor vistor);
}

public class PdfFile extends ResourceFile {
  public PdfFile(String filePath) {
    super(filePath);
  }

  @Override
  public void accept(Visitor visitor) {
    visitor.visit(this);
  }
  ...
}
//PPTFile 類別、WordFile 類別與 PdfFile 類別相似，這裡省略了它們的程式實作

public interface Visitor {
  void visit(PdfFile pdfFile);
  void visit(PPTFile pptFile);
  void visit(WordFile wordFile);
}

public class Extractor implements Visitor {
  @Override
  public void visit(PPTFile pptFile) {
    ...
    System.out.println("Extract PPT.");
  }

  @Override
  public void visit(PdfFile pdfFile) {
    ...
    System.out.println("Extract PDF.");
  }

  @Override
  public void visit(WordFile wordFile) {
    ...
```

```
      System.out.println("Extract WORD.");
    }
  }

  public class Compressor implements Visitor {
    @Override
    public void visit(PPTFile pptFile) {
      ...
      System.out.println("Compress PPT.");
    }

    @Override
    public void visit(PdfFile pdfFile) {
      ...
      System.out.println("Compress PDF.");
    }

    @Override
    public void visit(WordFile wordFile) {
      ...
      System.out.println("Compress WORD.");
    }
  }

  public class ToolApplication {
    public static void main(String[] args) {
      Extractor extractor = new Extractor();
      List<ResourceFile> resourceFiles = listAllResourceFiles(args[0]);
      for (ResourceFile resourceFile : resourceFiles) {
        resourceFile.accept(extractor);
      }
      Compressor compressor = new Compressor();
      for(ResourceFile resourceFile : resourceFiles) {
        resourceFile.accept(compressor);
      }
    }
    //listAllResourceFiles() 函式的程式不變，這裡就省略了
  }
```

以上便是訪問者模式產生的整個過程。最後，我們對訪問者模式做個總結。訪問者模式允許將一個或多個操作應用到一組物件上，設計意圖是解耦操作和物件本身，保持類別職責單一、滿足開閉原則。對於訪問者模式，學習的主要難點在程式實作。而程式實作比較複雜的主要原因是，函式重載在大部分物件導向程式設計語言中是靜態連結的，也就是說，呼叫類別的哪個重載函式，在編譯期間，是由參數的宣告型別決定的，而非執行時，是由參數的實際型別決定的。

實際上，開發這個工具有很多種程式設計和實作思路。為了講解訪問者模式，我們選擇了使用訪問者模式來實作。實際上，我們還可以利用工廠模式來實作，程式如下所示。其中，我們定義了一個包含 extract2txt() 函式的 Extractor 介面；

PdfExtractor 類別、PPTExtractor 類別和 WordExtractor 類別實作 Extractor 介面,並且在各自的 extract2txt() 函式中,分別實作對 PDF、PPT 和 Word 格式檔案的文本內容抽取;ExtractorFactory 工廠類別根據不同的檔案型別,回傳不同的 Extractor 類別的物件。

```java
public abstract class ResourceFile {
  protected String filePath;

  public ResourceFile(String filePath) {
    this.filePath = filePath;
  }

  public abstract ResourceFileType getType();
}

public class PdfFile extends ResourceFile {
  public PdfFile(String filePath) {
    super(filePath);
  }

  @Override
  public ResourceFileType getType() {
    return ResourceFileType.PDF;
  }
  ...
}
//PPTFile 類別、WordFile 類別的程式結構與 PdfFile 類別相似,此處省略

public interface Extractor {
  void extract2txt(ResourceFile resourceFile);
}

public class PdfExtractor implements Extractor {
  @Override
  public void extract2txt(ResourceFile resourceFile) {
    ...
  }
}
//PPTExtractor 類別、WordExtractor 類別的程式結構與 PdfExtractor 類別相似,
// 此處省略它們的實作程式

public class ExtractorFactory {
  private static final Map<ResourceFileType, Extractor> extractors = new
HashMap<>();
  static {
    extractors.put(ResourceFileType.PDF, new PdfExtractor());
    extractors.put(ResourceFileType.PPT, new PPTExtractor());
    extractors.put(ResourceFileType.WORD, new WordExtractor());
  }

  public static Extractor getExtractor(ResourceFileType type) {
    return extractors.get(type);
```

```
        }
      }

      public class ToolApplication {
        public static void main(String[] args) {
          List<ResourceFile> resourceFiles = listAllResourceFiles(args[0]);
          for (ResourceFile resourceFile : resourceFiles) {
            Extractor extractor = ExtractorFactory.getExtractor(resourceFile.
getType());
            extractor.extract2txt(resourceFile);
          }
        }

        private static List<ResourceFile> listAllResourceFiles(String
resourceDirectory) {
          List<ResourceFile> resourceFiles = new ArrayList<>();
          // 根據檔案副檔名（pdf、word 和 ppt），由工廠方法建立不同
          // 的類別的物件（PdfFile、WordFile 和 PPTFile），並新增到 resourceFiles
          resourceFiles.add(new PdfFile("a.pdf"));
          resourceFiles.add(new WordFile("b.word"));
          resourceFiles.add(new PPTFile("c.ppt"));
          return resourceFiles;
        }
      }
```

當需要新增新功能時，如壓縮資源檔，我們只需要新增一個 Compressor 介面，
PdfCompressor、PPTCompressor、WordCompressor3 個實作類別，以及建立它們的
CompressorFactory 工廠類別。此時，我們唯一需要修改的是上層的 ToolApplication
類別的程式。這基本符合「對擴展開放、對修改關閉」的設計原則。

對於資源檔處理工具這個例子，如果該工具提供的功能並不多，那麼我們推薦使用
工廠模式，畢竟工廠模式實作的程式更加清晰、易懂。相反，如果該工具提供的功
能很多，那麼我們推薦使用訪問者模式，因為訪問者模式需要定義的類別比工廠模
式少很多。

8.9.2　雙分派（Double Dispatch）

講到訪問者模式，我們就不得不介紹一下雙分派（Double Dispatch）。Double
Dispatch 是指，執行哪個物件的方法，由物件的執行時型別決定；執行物件的哪個
方法，由方法參數的執行時型別決定。既然有 Double Dispatch，那麼就有對應的
Single Dispatch。Single Dispatch 是指，執行哪個物件的方法，由物件的執行時型別
決定；執行物件的哪個方法，由方法參數的編譯時型別決定。

如何理解「Dispatch」這個單字呢？在物件導向程式設計語言中，我們可以把方法呼叫理解為一種消息傳遞，也就是「Dispatch」。一個物件呼叫另一個物件的方法，就相當於一個物件給另一個物件發送了一條消息。這條消息包含物件名、方法名和方法參數。

如何理解「Single」「Double」這兩個單字呢？「Single」「Double」是指執行哪個物件的哪個方法與幾個（1 個或 2 個）執行時型別有關。Single Dispatch 命名的由來是執行哪個物件的哪個方法只與「物件」這一個執行時型別有關。Double Dispatch 命名的由來是執行哪個物件的哪個方法與「物件」和「方法參數」這兩個執行時型別有關。

具體到程式設計語言的語法機制，Single Dispatch 和 Double Dispatch 與多型和函式重載直接相關。當前主流的物件導向程式設計語言（如 Java、C++、C#）都只支援 Single Dispatch，不支援 Double Dispatch。接下來，我們透過 Java 語言舉例說明。

Java 支援多型特性，程式可以在執行時獲得物件的實際型別（也就是前面反復提到的執行時型別），然後根據實際型別決定呼叫哪個方法。雖然 Java 支援函式重載，但 Java 設計的函式重載的語法規則，並不是在執行時，根據傳入函式的參數的實際型別來決定呼叫哪個重載函式，而是在編譯時，根據傳入函式的參數的宣告型別（也就是前面反復提到的編譯時型別）來決定呼叫哪個重載函式。也就是說，具體執行哪個物件的哪個方法，只與物件的執行時型別有關，而與參數的執行時型別無關。因此，Java 語言只支援 Single Dispatch。我們再舉個例子進一步解釋一下，程式如下所示。

```java
public class ParentClass {
  public void f() {
    System.out.println("I am ParentClass's f().");
  }
}

public class ChildClass extends ParentClass {
  public void f() {
    System.out.println("I am ChildClass's f().");
  }
}

public class SingleDispatchClass {
  public void polymorphismFunction(ParentClass p) {
    p.f();
  }

  public void overloadFunction(ParentClass p) {
    System.out.println("I am overloadFunction(ParentClass p).");
  }
```

```java
  public void overloadFunction(ChildClass c) {
    System.out.println("I am overloadFunction(ChildClass c).");
  }
}

public class DemoMain {
  public static void main(String[] args) {
    SingleDispatchClass demo = new SingleDispatchClass();
    ParentClass p = new ChildClass();
    demo.polymorphismFunction(p); // 執行哪個物件的方法由物件的實際型別決定
    demo.overloadFunction(p); // 執行物件的哪個方法由方法參數的宣告型別決定
  }
}
```

在上面的程式中，polymorphismFunction() 函式執行 p 的實際型別的 f() 函式，也就是 ChildClass 類別的 f() 函式；overloadFunction() 函式根據 p 的宣告類型來決定比對哪個重載函式，也就是比對 overloadFunction(ParentClassp) 這個函式。因此，上述程式的執行結果如下。

```
I am ChildClass's f().
I am overloadFunction(ParentClass p).
```

假設 Java 語言支援 Double Dispatch，那麼下面的程式就不會報錯了。程式會在執行時，根據參數（resourceFile）的實際型別（PdfFile、PPTFile、WordFile），決定使用 extract2txt() 的 3 個重載函式中的哪一個。那麼，此時就不需要訪問者模式了。這就回答了本節標題中提到的問題：為什麼支援雙分派的程式設計語言不需要訪問者模式。

```java
public abstract class ResourceFile {
  protected String filePath;

  public ResourceFile(String filePath) {
    this.filePath = filePath;
  }
}

public class PdfFile extends ResourceFile {
  public PdfFile(String filePath) {
    super(filePath);
  }
  ...
}

// 省略 PPTFile 類別、WordFile 類別的實作程式
public class Extractor {
  public void extract2txt(PPTFile pptFile) {
    ...
    System.out.println("Extract PPT.");
```

```
      }

      public void extract2txt(PdfFile pdfFile) {
        ...
        System.out.println("Extract PDF.");
      }

      public void extract2txt(WordFile wordFile) {
        ...
        System.out.println("Extract WORD.");
      }
    }

    public class ToolApplication {
      public static void main(String[] args) {
        Extractor extractor = new Extractor();
        List<ResourceFile> resourceFiles = listAllResourceFiles(args[0]);
        for (ResourceFile resourceFile : resourceFiles) {
          extractor.extract2txt(resourceFile); // 此行程式不再報編譯錯誤
        }
      }

      private static List<ResourceFile> listAllResourceFiles(String
resourceDirectory) {
        List<ResourceFile> resourceFiles = new ArrayList<>();
        // 根據檔案副檔名（pdf、word 和 ppt），由工廠方法建立不同
        // 的類別的物件（PdfFile、WordFile 和 PPTFile），並新增到 resourceFilesresourceFiles
        resourceFiles.add(new PdfFile("a.pdf"));
        resourceFiles.add(new WordFile("b.word"));
        resourceFiles.add(new PPTFile("c.ppt"));
        return resourceFiles;
      }
    }
```

8.9.3 思考題

1）訪問者模式將操作與物件分離，是否違反物件導向程式設計的封裝特性？

2）在 8.9.2 節的範例程式中，如果我們把 SingleDispatchClass 類別的程式改成如下
所示，其他程式不變，那麼 DemoMain 類別的輸出結果是什麼？

```
    public class SingleDispatchClass {
      public void polymorphismFunction(ParentClass p) {
        p.f();
      }
      public void overloadFunction(ParentClass p) {
        p.f();
      }
      public void overloadFunction(ChildClass c) {
        c.f();
      }
    }
```

8.10　備忘錄模式：優雅地實現資料防丟失、取消和還原功能

備忘錄模式通常用於明確且有限制的應用情境，主要用來防止資料丟失、取消操作以及還原先前的狀態。當處理大型物件的備份和還原時，使用備忘錄模式有助於有效節省時間和記憶體空間。

8.10.1　備忘錄模式的定義與實作

備忘錄設計模式（Memento Design Pattern）簡稱備忘錄模式，也稱為快照模式。在GoF 合著的《設計模式：可複用物件導向軟體的基礎》一書中，備忘錄模式是這樣定義的：在不違反封裝原則的前提下，捕獲一個物件的內部狀態，並在該物件之外保存這個狀態，以便之後還原物件為先前的狀態（Captures and externalizes an object's internal state so that it can be restored later, all without violating encapsulation）。

備忘錄模式的定義主要表達了兩部分內容。第一部分是，儲存副本以便後期恢復。這一部分很好理解。第二部分是，要在不違反封裝原則的前提下，進行物件的備份和恢復。這部分不容易理解。為什麼儲存和恢復副本會違反封裝原則？備忘錄模式是如何做到不違反封裝原則的？接下來，我們結合一個例子來解釋一下。

假設面試官給出了這樣一道面試題，希望面試者寫一個小程式，能夠接收命令列的輸入並執行相應的操作。在使用者輸入文本後，程式將其追加儲存到記憶體文本中；使用者輸入「:list」，程式在命令列中輸出記憶體文本中的內容；使用者輸入「:undo」，程式會取消上一次輸入的文本，也就是從記憶體文本中，將上次輸入的文本刪除，範例如下。

```
>hello
>:list
hello
>world
>:list
helloworld
>:undo
>:list
hello
```

從整體上來講，這個小程式的實作並不複雜。其中一種實作方式如下所示。

```
public class InputText {
  private StringBuilder text = new StringBuilder();
```

```
    public String getText() {
      return text.toString();
    }

    public void append(String input) {
      text.append(input);
    }

    public void setText(String text) {
      this.text.replace(0, this.text.length(), text);
    }
  }

  public class SnapshotHolder {
    private Stack<InputText> snapshots = new Stack<>();

    public InputText popSnapshot() {
      return snapshots.pop();
    }

    public void pushSnapshot(InputText inputText) {
      InputText deepClonedInputText = new InputText();
      deepClonedInputText.setText(inputText.getText());
      snapshots.push(deepClonedInputText);
    }
  }

  public class ApplicationMain {
    public static void main(String[] args) {
      InputText inputText = new InputText();
      SnapshotHolder snapshotsHolder = new SnapshotHolder();
      Scanner scanner = new Scanner(System.in);
      while (scanner.hasNext()) {
        String input = scanner.next();
        if (input.equals(":list")) {
          System.out.println(inputText.getText());
        } else if (input.equals(":undo")) {
          InputText snapshot = snapshotsHolder.popSnapshot();
          inputText.setText(snapshot.getText());
        } else {
          snapshotsHolder.pushSnapshot(inputText);
          inputText.append(input);
        }
      }
    }
  }
```

上面的程式實作了基本的備忘錄功能，但它並不滿足備忘錄模式的第二個要求：要在不違反封裝原則的前提下，進行物件的備份和恢復。不滿足這個要求的原因有以下兩點：

1）為了能用快照恢復 InputText 類別的物件，InputText 類別中定義了 setText() 函式，這個函式有可能被其他商業誤用，因此，暴露不應該暴露的函式違反了封裝原則。

2）快照本身是不可變的，從理論上來講，不應該包含任何修改內部狀態的函式，但在上面的程式實作中，「快照」這個商業模型複用了 InputText 類別的定義，而 InputText 類別包含一系列修改內部狀態的函式，因此，用 InputText 類別來表示快照違反了封裝原則。

針對上述問題，我們對上面的程式進行以下兩點修改。

1）定義一個獨立的類別（Snapshot 類別）來表示快照，而不是複用 InputText 類別的定義。Snapshot 類別只暴露 getter 方法，不包含 setter 方法等任何修改內部狀態的方法。

2）InputText 類別中的 setText() 方法重命名為 restoreSnapshot()，用意更加明確。這樣可以避免被其他商業誤用。

按照這個修改思路，我們對程式進行重構。重構之後的程式便是典型的備忘錄模式的實作程式，具體如下所示。

```java
public class InputText {
  private StringBuilder text = new StringBuilder();

  public String getText() {
    return text.toString();
  }

  public void append(String input) {
    text.append(input);
  }

  public Snapshot createSnapshot() {
    return new Snapshot(text.toString());
  }

  public void restoreSnapshot(Snapshot snapshot) {
    this.text.replace(0, this.text.length(), snapshot.getText());
  }
}

public class Snapshot {
  private String text;

  public Snapshot(String text) {
    this.text = text;
  }
```

```java
    public String getText() {
      return this.text;
    }
  }

  public class SnapshotHolder {
    private Stack<Snapshot> snapshots = new Stack<>();

    public Snapshot popSnapshot() {
      return snapshots.pop();
    }

    public void pushSnapshot(Snapshot snapshot) {
      snapshots.push(snapshot);
    }
  }

  public class ApplicationMain {
    public static void main(String[] args) {
      InputText inputText = new InputText();
      SnapshotHolder snapshotsHolder = new SnapshotHolder();
      Scanner scanner = new Scanner(System.in);
      while (scanner.hasNext()) {
        String input = scanner.next();
        if (input.equals(":list")) {
          System.out.println(inputText.toString());
        } else if (input.equals(":undo")) {
          Snapshot snapshot = snapshotsHolder.popSnapshot();
          inputText.restoreSnapshot(snapshot);
        } else {
          snapshotsHolder.pushSnapshot(inputText.createSnapshot());
          inputText.append(input);
        }
      }
    }
  }
```

8.10.2　優化備忘錄模式以節省時間和記憶體空間

在應用備忘錄模式時，如果我們需要備份的物件比較大，備份頻率又比較高，那麼，快照佔用的記憶體會比較大，備份和恢復的耗時會比較長。這個問題應該如何解決呢？

不同的應用情境下有不同的解決方法。例如，8.10.1 節的那個例子的應用情境是利用備忘錄來實作撤銷功能，而且僅支援順序撤銷，也就是說，每次撤銷操作只能撤銷上一次的輸入，不能跳過上次輸入而撤銷之前的輸入。在具有這樣特點的應用情境下，為了節省記憶體，我們不需要在快照中儲存完整的文本，只需要記錄少許資訊：在取得快照時的當下的文本長度，透過這個值，並結合原始文本，進行撤銷操作。

我們再舉一個例子。假設每當有資料改動時，我們都需要生成一個備份，以供之後恢復使用。如果需要備份的資料很大，且需要進行高頻率的備份，那麼，無論是對儲存（記憶體或硬碟）的消耗，還是對時間的消耗，都可能是令人無法接受的。對於這個問題，我們一般採用「低頻率全量備份」和「高頻率增量備份」相結合的方法來解決。

全量備份就是對所有資料「拍個快照」並保存。增量備份是指，記錄每次操作或資料變動。當我們需要恢復到某一時間點的備份時，如果這一時間點有對應的全量備份，那麼我們直接利用這個全量備份進行恢復；如果這一時間點沒有對應的全量備份，我們就先找到最近的一次全量備份，然後用它來恢復，之後執行此次全量備份與這一時間點之間的所有增量備份。這樣就能減少全量備份的數量和頻率，減少對時間、空間的消耗。

8.10.3　思考題

備份在架構設計或產品設計中比較常見，如重啟 Chrome 瀏覽器可以選擇恢復之前打開的頁面，讀者還能想到其他類似的應用情境嗎？

8.11　命令模式：如何設計實作基於命令模式的手遊伺服器

我們關於設計模式的講解已接近尾聲，現在只剩下 3 種設計模式還沒有介紹，它們分別是命令模式、直譯器模式和中介模式。這 3 種設計模式使用頻率低、理解難度大，只有在特定的應用情境下才會用到，因此，它們不是我們學習的重點，讀者稍加瞭解，見到後能夠認識即可。本節講解命令模式。

8.11.1　命令模式的定義

命令設計模式（Command Design Pattern）簡稱命令模式。在 GoF 合著的《設計模式：可複用物件導向軟體的基礎》一書中，它是這樣定義的：命令模式將請求（也可以稱為命令）封裝為物件，這樣，請求就可以作為參數來傳遞，並且能夠支援請求的排隊執行、記錄日誌、撤銷等功能（The command pattern encapsulates a request as an object, thereby letting us parameterize other objects with different requests, queue or log requests, and support undoable operations）。

命令模式的程式實作的關鍵部分是將函式封裝成物件。我們知道，C 語言支援函式指標，我們可以把函式作為參數來傳遞。但是，除 C 語言以外，在大部分其他程式設計語言中，函式無法作為參數傳遞給其他函式，也無法賦值給變數。借助命令模式，我們可以將函式封裝成物件。具體來說，就是設計一個包含這個函式的類別，這類似我們之前講過的回呼。

當我們把命令封裝成物件之後，命令的發送和執行就可以解耦，進而我們可以對命令執行更加複雜的操作，如非同步、延遲、排隊執行命令，撤銷重做命令，儲存命令，以及給命令記錄日誌等。

8.11.2　命令模式的應用：手遊伺服器

假設我們正在開發一個類似《天天酷跑》、《QQ 卡丁車》這樣的手遊。這類手遊開發的難度主要集中在使用者端上。伺服器基本上只負責資料（如積分、生命值和裝備）的更新和查詢，相對於使用者端，伺服器的邏輯要簡單很多。

為了提高讀寫效能，我們將遊戲中玩家的資訊保存在記憶體中。在遊戲進行的過程中，我們只在記憶體中更新資料，遊戲結束之後，才將記憶體中的資料存檔，也就是持久化到資料庫中。為了降低實作的難度，一般來說，同一個遊戲情境裡的玩家會被分配到同一台伺服器上。當一個玩家讀取同一個遊戲情境中的其他玩家的資訊時，我們就不需要跨伺服器查找資訊。這樣的設計對應的程式實作會比較簡單。

一般來說，遊戲使用者端和伺服器的資料互動是比較頻繁的，因此，為了節省建立網路連接的開銷，使用者端和伺服器一般採用長連接方式通信。通信的格式有多種，如 Protocol Buffer、JSON、XML，甚至可以自訂格式。無論使用哪種格式，使用者端發送給伺服器的請求一般包括兩部分內容：指令和資料。其中，指令也可以稱為事件，資料是執行這個指令所需的資料。伺服器接收使用者端的請求之後，會解析出指令和資料，並且根據不同的指令，執行不同的處理邏輯。

伺服器一般有兩種實作方式。

第一種實作方式是基於多執行緒。主執行緒負責接收使用者端發來的請求。在接收請求之後，就從一個專門用來處理請求的執行緒池中，「撈出」一個空閒執行緒來處理請求。實際上，Java 中的執行緒池就用到了命令模式，要執行的邏輯定義在實作了 Runnable 介面的類別中，可以實作排隊執行、定時執行等。

第二種實作方式是基於單執行緒。在一個執行緒內迴圈交替執行接收請求和處理請求兩類邏輯。對於手遊後端伺服器，記憶體操作較多，CPU 計算較少，單執行緒避免了多執行緒不斷切換對記憶體操作輸送量的損耗，並且克服了多執行緒程式設計和除錯複雜的缺點。實際上，這與 Redis 即便採用單執行緒命令還能如此快的原因是一樣的。

接下來，我們就重點講一下第二種實作方式。

手遊伺服器輪詢取得使用者端發來的請求，取得請求之後，借助命令模式，把請求包含的資料和處理邏輯封裝為命令物件，並儲存在記憶體佇列中。然後，從佇列中取出一定數量的命令來執行。執行完成之後，再重新開始新的一輪輪詢。至於為什麼需要快取命令排隊執行而不是立刻執行，是因為遊戲伺服器與成千上萬的使用者端建立了長連接，成千上萬的使用者端發送命令到伺服器，而處理命令的消費者只有一個伺服器執行緒，消費者比生產者少很多。為了均衡處理速度，讓伺服器有條不紊地接收命令、處理命令，於是，我們採用佇列來快取命令，截長補短，非同步執行。這種實作方式的範例程式如下。

```java
public interface Command {
  void execute();
}

public class GotDiamondCommand implements Command {
  // 省略成員變數的定義程式
  public GotDiamondCommand(/* 資料 */) {
    ...
  }

  @Override
  public void execute() {
    // 執行相應的邏輯
  }
}
//GotStartCommand 類別、HitObstacleCommand 類別和 ArchiveCommand 類別的實作省略

public class GameApplication {
  private static final int MAX_HANDLED_REQ_COUNT_PER_LOOP = 100;
  private Queue<Command> queue = new LinkedList<>();

  public void mainloop() {
    while (true) {
      List<Request> requests = new ArrayList<>();

      // 省略從 epoll 或 select 中取得資料，並封裝成 Request 類別的邏輯。
      // 注意設定超時時間，如果很長時間沒有接收到請求，就繼續下面的邏輯處理
      for (Request request : requests) {
```

```
    Event event = request.getEvent();
    Command command = null;
    if (event.equals(Event.GOT_DIAMOND)) {
      command = new GotDiamondCommand(/* 資料 */);
    } else if (event.equals(Event.GOT_STAR)) {
      command = new GotStartCommand(/* 資料 */);
    } else if (event.equals(Event.HIT_OBSTACLE)) {
      command = new HitObstacleCommand(/* 資料 */);
    } else if (event.equals(Event.ARCHIVE)) {
      command = new ArchiveCommand(/* 資料 */);
    } // 一系列 else if 語句
    queue.add(command);
  }
  int handledCount = 0;
  while (handledCount < MAX_HANDLED_REQ_COUNT_PER_LOOP) {
    if (queue.isEmpty()) {
      break;
    }
    Command command = queue.poll();
    command.execute();
    handledCount++;
  }
      }
    }
  }
```

8.11.3　命令模式與策略模式的區別

實際上，每個設計模式都應該由兩部分組成，第一部分是應用情境，即這個設計模式用來解決哪類問題；第二部分是解決方案，即這個設計模式的設計思維和具體的程式實作。如果我們只關注解決方案這一部分，甚至只關注程式實作，就會產生大部分設計模式都很相似的錯覺。實際上，設計模式之間的區別主要體現在應用情境上。

有了上面的鋪墊，接下來，我們再來看命令模式與策略模式的區別。在策略模式中，不同的策略具有相同的目的、不同的實作，互相之間可以替換。例如，BubbleSort、SelectionSort 都是用來排序的類別，只不過實作方式不同。而在命令模式中，不同的命令具有不同的目的，對應不同的處理邏輯，並且互相之間不可替換。

8.11.4　思考題

在本節設計的手遊後端伺服器中，如果我們採用單執行緒模式，那麼，對於多核系統，我們如何最大限度地利用 CPU 資源呢？

8.12　直譯器模式：如何設計實作自訂介面警告規則的功能

直譯器模式用來描述如何建構一個簡單的「語言」直譯器。相較於命令模式，直譯器模式更加小眾，只有在一些特定領域才會被用到，如編譯器、規則引擎、規則運算式。

8.12.1　直譯器模式的定義

直譯器設計模式（Interpreter Design Pattern）簡稱直譯器模式。在 GoF 合著的《設計模式：可複用物件導向軟體的基礎》一書中，它是這樣定義的：直譯器模式為某個語言定義語法（或文法），並定義直譯器處理這個語法（Interpreter pattern is used to defines a grammatical representation for a language and provides an interpreter to deal with this grammar）。

看了上面的定義，讀者可能一頭霧水，因為定義中包含很多我們平時開發中很少接觸的概念，如「語言」「語法」「直譯器」。實際上，這裡的「語言」不僅僅指我們平時說的中文、英語、日語、法語等語言。從廣義上來講，只要是能夠承載資訊的載體，我們都可以稱之為「語言」，如古代的結繩記事、盲文、手語、摩斯密碼等。

要想瞭解「語言」表達的資訊，我們就必須定義相應的語法規則。這樣，書寫者就可以根據語法規則來書寫「句子」（專業稱呼應該是「運算式」），閱讀者能夠根據語法規則來閱讀「句子」，這樣才能做到資訊的正確傳遞。而直譯器模式就是用來實作根據語法規則解讀「句子」的直譯器。

實際上，我們可以透過類比中英文翻譯來理解直譯器模式。我們知道，不同語言之間的翻譯是有一定規則的。這個規則就是定義中的「語法」。我們可以開發一個類似 Google Translate 的翻譯器，它能夠根據語法規則，將輸入的中文翻譯成英文。這裡的翻譯器就是直譯器模式定義中的「直譯器」。

8.12.2　直譯器模式的應用：運算式計算

上面的例子貼近日常生活，現在，我們舉一個貼近程式設計的例子。假設我們定義了一個新的四則運算「語言」，語法規則如下。

1）運算子只包含加號、減號、乘號和除號，並且沒有優先順序的概念。

2）運算式的寫規則：先書寫數字，後書寫運算子，中間用空格隔開。

3）按照先後順序，取出兩個數字和一個運算子並計算結果，結果重新被放入運算式的頭部位置，迴圈上述過程，直到只剩下一個數字，這個數字就是運算式的最終計算結果。

我們舉個例子來解釋一下上面的語法規則。例如「8 3 2 4 - + *」這樣一個運算式，按照上面的語法規則進行處理，取出數字「8 3」和運算子「-」，計算得到數字 5，數字 5 被放回運算式的最前面，運算式就變成了「5 2 4 + *」。然後，我們取出數字「5 2」和運算子「+」，計算得到數字 7，數字 7 被放回運算式的最前面，運算式就變成了「7 4 *」。最後，我們取出數字「7 4」和運算子「*」，計算之後，得到的最終結果是 28。

上述語法規則對應的程式實作如下所示。讀者可以按照上述語法規則書寫運算式，並將其傳遞給 interpret() 函式，就可以得到最終的計算結果。

```java
public class ExpressionInterpreter {
  private Deque<Long> numbers = new LinkedList<>();

  public long interpret(String expression) {
    String[] elements = expression.split(" ");
    int length = elements.length;
    for (int i = 0; i < (length+1)/2; ++i) {
      numbers.addLast(Long.parseLong(elements[i]));
    }
    for (int i = (length+1)/2; i < length; ++i) {
      String operator = elements[i];
      boolean isValid = "+".equals(operator) || "-".equals(operator)
              || "*".equals(operator) || "/".equals(operator);
      if (!isValid) {
        throw new RuntimeException("Expression is invalid: " + expression);
      }
      long number1 = numbers.pollFirst();
      long number2 = numbers.pollFirst();
      long result = 0;
      if (operator.equals("+")) {
        result = number1 + number2;
      } else if (operator.equals("-")) {
        result = number1 - number2;
      } else if (operator.equals("*")) {
        result = number1 * number2;
      } else if (operator.equals("/")) {
        result = number1 / number2;
      }
      numbers.addFirst(result);
    }
```

```
      if (numbers.size() != 1) {
        throw new RuntimeException("Expression is invalid: " + expression);
      }
      return numbers.pop();
    }
  }
```

在上面的程式實作中，語法規則的解析邏輯集中在一個函式中。如果語法規則比較簡單，那麼這樣的設計就足夠了。但是，如果語法規則比較複雜，所有的解析邏輯都耦合在一個函式中，顯然是不合適的。這個時候，我們就要考慮使用直譯器模式來拆分程式。

直譯器模式的程式實作比較靈活，沒有固定的模板。直譯器模式的程式實作的重要指導思維是將語法解析的工作拆分到各個職責單一的類別中，以此來避免大而全的解析類別。一般的做法是將語法規則拆分成一些小的獨立的單元，然後對每個單元進行解析，最終合併為對整個語法規則的解析。

這個例子中定義的語法規則有兩類運算式，一類是數字，另一類是運算子（運算子包括加號、減號、乘號和除號）。利用直譯器模式，我們把解析的工作拆 分 到 NumberExpression、AdditionExpression、SubstractionExpression、MultiplicationExpression 和 DivisionExpression 這 5 個解析類別中。按照這個實作思路，我們對程式進行重構，重構之後的程式如下所示。不過，四則運算式的解析比較簡單，利用直譯器模式來實作有點過度設計。

```java
public interface Expression {
  long interpret();
}

public class NumberExpression implements Expression {
  private long number;

  public NumberExpression(long number) {
    this.number = number;
  }

  public NumberExpression(String number) {
    this.number = Long.parseLong(number);
  }

  @Override
  public long interpret() {
    return this.number;
  }
}

public class AdditionExpression implements Expression {
```

```
      private Expression exp1;
      private Expression exp2;

      public AdditionExpression(Expression exp1, Expression exp2) {
        this.exp1 = exp1;
        this.exp2 = exp2;
      }

      @Override
      public long interpret() {
        return exp1.interpret() + exp2.interpret();
      }
    }
    //SubstractionExpression 類別、MultiplicationExpression 類別和 DivisionExpression 類
別的程式結構與
    //AdditionExpression 類別相似,這裡就省略了它們的實作程式

    public class ExpressionInterpreter {
      private Deque<Expression> numbers = new LinkedList<>();

      public long interpret(String expression) {
        String[] elements = expression.split(" ");
        int length = elements.length;
        for (int i = 0; i < (length+1)/2; ++i) {
          numbers.addLast(new NumberExpression(elements[i]));
        }
        for (int i = (length+1)/2; i < length; ++i) {
          String operator = elements[i];
          boolean isValid = "+".equals(operator) || "-".equals(operator)
                  || "*".equals(operator) || "/".equals(operator);
          if (!isValid) {
            throw new RuntimeException("Expression is invalid: " + expression);
          }
          Expression exp1 = numbers.pollFirst();
          Expression exp2 = numbers.pollFirst();
          Expression combinedExp = null;
          if (operator.equals("+")) {
            combinedExp = new AdditionExpression(exp1, exp2);
          } else if (operator.equals("-")) {
            combinedExp = new SubstractionExpression(exp1, exp2);
          } else if (operator.equals("*")) {
            combinedExp = new MultiplicationExpression(exp1, exp2);
          } else if (operator.equals("/")) {
            combinedExp = new DivisionExpression(exp1, exp2);
          }
          long result = combinedExp.interpret();
          numbers.addFirst(new NumberExpression(result));
        }
        if (numbers.size() != 1) {
          throw new RuntimeException("Expression is invalid: " + expression);
        }
        return numbers.pop().interpret();
      }
    }
```

8.12.3　直譯器模式的應用：規則引擎

在商業開發中，監控系統非常重要，它可以時刻監控商業系統的執行情況，及時將異常報告給開發者。例如，如果每分鐘介面出錯數超過 100，那麼監控系統就會透過郵件等方式發送警告給開發者。一般而言，監控系統支援開發者自訂警告規則，如下所示，表示每分鐘 API 總出錯數超過 100 或每分鐘 API 總呼叫數超過 10000 就觸發警告。

```
api_error_per_minute > 100 || api_count_per_minute > 10000
```

在監控系統中，警告模組只負責根據統計資料和警告規則判斷是否觸發警告，而每分鐘 API 介面出錯數、每分鐘介面呼叫數等統計資料的計算由其他模組負責。其他模組將統計資料放到一個 Map 中，資料格式如下所示，然後發送給警告模組。接下來，我們只關注警告模組。

```
Map<String, Long> apiStat = new HashMap<>();
apiStat.put("api_error_per_minute", 103);
apiStat.put("api_count_per_minute", 987);
```

為了簡化講解和程式實作，我們假設警告規則只包含 ||、&&、>、< 和 == 這 5 個運算子，其中，>、< 和 == 運算子的優先順序高於 ||、&& 運算子，「&&」運算子的優先順序高於「||」運算子。在運算式中，任意元素之間需要透過空格來分隔。除此之外，使用者可以自訂監控指標，如 api_error_per_minute、api_count_per_minute。實作上述需求的「骨幹」程式如下所示，其中的核心程式實作暫時沒有秀出來，下文會補全。

```java
public class AlertRuleInterpreter {
  public AlertRuleInterpreter(String ruleExpression) {
    //TODO：下文補充完善
  }

  public boolean interpret(Map<String, Long> stats) {
    //TODO：下文補充完善
  }
}

public class DemoTest {
  public static void main(String[] args) {
    String rule = "key1 > 100 && key2 < 30 && key3 < 100 && key4 == 88";
    AlertRuleInterpreter interpreter = new AlertRuleInterpreter(rule);
    Map<String, Long> stats = new HashMap<>();
    stats.put("key1", 101);
    stats.put("key2", 10);
    stats.put("key3", 12);
    stats.put("key4", 88);
```

```
      boolean alert = interpreter.interpret(stats);
      System.out.println(alert);
    }
  }
```

實際上，我們可以把警告規則看成一種特殊「語言」的語法規則。我們可以實作一個直譯器，該直譯器根據警告規則，針對使用者輸入的資料，判斷是否觸發警告。利用直譯器模式，我們可以把解析運算式的邏輯拆分到各個職責單一的類別中，避免大而複雜的類別的出現。按照這個實作思路，我們把上面的「骨幹」程式補全，如下所示。

```java
public interface Expression {
  boolean interpret(Map<String, Long> stats);
}

public class GreaterExpression implements Expression {
  private String key;
  private long value;

  public GreaterExpression(String strExpression) {
    String[] elements = strExpression.trim().split("\\s+");
    if (elements.length != 3 || !elements[1].trim().equals(">")) {
      throw new RuntimeException("Expression is invalid: " + strExpression);
    }
    this.key = elements[0].trim();
    this.value = Long.parseLong(elements[2].trim());
  }

  public GreaterExpression(String key, long value) {
    this.key = key;
    this.value = value;
  }

  @Override
  public boolean interpret(Map<String, Long> stats) {
    if (!stats.containsKey(key)) {
      return false;
    }
    long statValue = stats.get(key);
    return statValue > value;
  }
}
//LessExpression 類別和 EqualExpression 類別的程式結構
// 與 GreaterExpression 類別相似，這裡就省略具體的實作程式

public class AndExpression implements Expression {
  private List<Expression> expressions = new ArrayList<>();

  public AndExpression(String strAndExpression) {
    String[] strExpressions = strAndExpression.split("&&");
    for (String strExpr : strExpressions) {
      if (strExpr.contains(">")) {
```

```
            expressions.add(new GreaterExpression(strExpr));
          } else if (strExpr.contains("<")) {
            expressions.add(new LessExpression(strExpr));
          } else if (strExpr.contains("==")) {
            expressions.add(new EqualExpression(strExpr));
          } else {
            throw new RuntimeException("Expression is invalid: " +
strAndExpression);
          }
        }
      }
    }

    public AndExpression(List<Expression> expressions) {
      this.expressions.addAll(expressions);
    }

    @Override
    public boolean interpret(Map<String, Long> stats) {
      for (Expression expr : expressions) {
        if (!expr.interpret(stats)) {
          return false;
        }
      }
      return true;
    }
  }

  public class OrExpression implements Expression {
    private List<Expression> expressions = new ArrayList<>();

    public OrExpression(String strOrExpression) {
      String[] andExpressions = strOrExpression.split("\\|\\|");
      for (String andExpr : andExpressions) {
        expressions.add(new AndExpression(andExpr));
      }
    }

    public OrExpression(List<Expression> expressions) {
      this.expressions.addAll(expressions);
    }

    @Override
    public boolean interpret(Map<String, Long> stats) {
      for (Expression expr : expressions) {
        if (expr.interpret(stats)) {
          return true;
        }
      }
      return false;
    }
  }

  public class AlertRuleInterpreter {
    private Expression expression;

    public AlertRuleInterpreter(String ruleExpression) {
```

431

```
    this.expression = new OrExpression(ruleExpression);
  }

  public boolean interpret(Map<String, Long> stats) {
    return expression.interpret(stats);
  }
}
```

8.12.4　思考題

在警告規則解析的例子中，如果我們要在運算式中支援括弧「()」，那麼如何對程式進行重構呢？

8.13　中介模式：何時使用中介模式？何時使用觀察者模式？

本節講解 22 種經典設計模式的最後一個：中介模式。與命令模式、直譯器模式類似，中介模式也屬於我們不常用的設計模式，其應用情境比較特殊、有限。但是，與命令模式、直譯器模式不同的是，中介模式並不難理解，程式實作也非常簡單，學習難度要小很多。中介模式與觀察者模式有點相似，因此，本節還會討論這兩種設計模式的區別。

8.13.1　中介模式的定義和實作

中介設計模式（Mediator Design Pattern）簡稱中介模式。在 GoF 合著的《設計模式：可複用物件導向軟體的基礎》一書中，它是這樣定義的：中介模式定義了一個單獨的（中介）物件來封裝一組物件之間的互動；將這組物件之間的互動委派給與中介物件互動來避免物件之間的直接互動（Mediator pattern defines a separate (mediator) object that encapsulates the interaction between a set of objects and the objects delegate their interaction to a mediator object instead of interacting with each other directly）。

中介模式透過引入中介這個中間層，將一組物件之間的互動關係（或者稱為依賴關係）從多對多（網狀關係）轉換為一對多（星狀關係）。一個物件原本要與很多個物件互動，現在只需要與一個中介物件互動，從而最小化物件之間的互動關係，降低了程式的複雜度，提高了程式的可讀性和可維護性。如圖 8-8 所示，右邊的互動圖是利用中介模式對左邊互動關係優化之後的結果。從圖 8-8 中，我們可以直觀地看出，右邊的互動關係更加簡單。

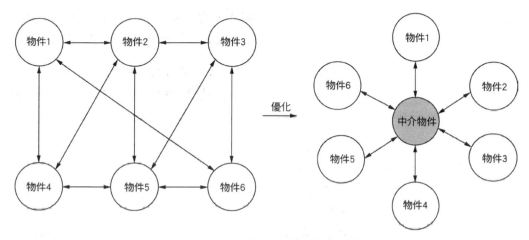

圖 8-8　利用中介模式對互動關係進行優化

提到中介模式，我們不得不說一個經典的例子，那就是航空管制。

為了讓飛機在飛行時互不干擾，每架飛機都需要知道其他飛機每時每刻的位置，這就要求每架飛機時刻都要與其他飛機通信。飛機通信形成的通信網路就會無比複雜。透過引入『塔台』這樣一個中介，每架飛機只與塔台通信，發送自己的位置給塔台，由塔台負責每架飛機的航線調度。這樣就大大簡化了通信網路。

平時的開發中也有一些中介模式的應用情境。例如，即時通信系統（IM 系統）或移動消息推送系統（Push 系統），使用者或設備會先將消息發送給伺服器，再透過伺服器將消息推送給目標使用者或設備。發送消息的使用者或設備與目標使用者或設備並不會直接互動。

實際上，除降低互動的複雜性以外，中介模式還起到了一個重要作用：協調。例如，A 使用者發送消息給 B 使用者，但 B 使用者並不線上，這種情況下，中介（伺服器）就起到了暫存消息的作用，等到 B 使用者上線之後，伺服器再將消息轉發給 B 使用者。

8.13.2　中介模式與觀察者模式的區別

觀察者模式有多種實作方式。在跨程序的實作方式中，我們可以利用訊息佇列實作徹底解耦，觀察者和被觀察者都只需要與訊息佇列互動，觀察者完全不知道被觀察者的存在，被觀察者也完全不知道觀察者的存在。在中介模式中，所有的參與者都只與中介進行互動。觀察者模式中的訊息佇列有點類似中介模式中的「中介」，觀察者模式中的觀察者和被觀察者有點類似中介模式中的「參與者」。那麼，中介模式和觀察者模式的區別在哪裡呢？什麼時候使用中介模式？什麼時候使用觀察者模式？

在觀察者模式中，雖然一個參與者既可以是觀察者，又可以是被觀察者，但是，大部分情況下，互動關係都是單向的，一個參與者不是觀察者，就是被觀察者，不會同時兼具這兩種身份。而中介模式正好相反。

只有當參與者的互動關係錯綜複雜，維護成本很高時，我們才考慮使用中介模式。畢竟，中介模式的應用會帶來一些副作用，有可能產生大而複雜的中介類別。除此之外，如果一個參與者的狀態改變，其他參與者執行的操作有一定的先後順序的要求，那麼，中介模式就可以利用中介類，透過先後呼叫不同參與者的方法，來實作順序控制，這是中介模式特有的協調作用，而觀察者模式是無法實作這樣的順序要求的。

8.13.3　思考題

基於 EventBus 框架，我們可以輕鬆實作觀察者模式，那麼，我們是否可以使用 EventBus 框架實作中介模式呢？

設計模式之美

作　　者：王　爭
譯　　者：22dotsstudio
企劃編輯：蔡彤孟
文字編輯：詹祐甯
特約編輯：陳佑慈
設計裝幀：張寶莉
發 行 人：廖文良

發 行 所：碁峰資訊股份有限公司
地　　址：台北市南港區三重路 66 號 7 樓之 6
電　　話：(02)2788-2408
傳　　真：(02)8192-4433
網　　站：www.gotop.com.tw
書　　號：ACL067800
版　　次：2023 年 12 月初版
建議售價：NT$580

國家圖書館出版品預行編目資料

設計模式之美 / 王爭原著；22dotsstudio 譯. -- 初版. -- 臺北
　市：碁峰資訊, 2023.12
　　面；　公分
　　ISBN 978-626-324-576-1(平裝)
　　1.CST：電腦程式設計
312. 2   112011268